CC 2018 / CC 2017 対応
InDesign
InDesign
クリエイター
養成講座
瀧野 福子 ―― 著
JN209508
マイナビ

本書のサポートサイト

本書の補足情報、訂正情報を掲載してあります。適宜ご参照ください。

https://book.mynavi.jp/supportsite/detail/9784839965327.html

- 本書は2018年3月段階での情報に基づいて執筆されています。
  本書に登場する製品やソフトウェア、サービスのバージョン、画面、機能、URL、
  製品のスペックなどの情報は、すべてその原稿執筆時点でのものです。
  執筆以降に変更されている可能性がありますので、ご了承ください。
- 本書に記載された内容は、情報の提供のみを目的としております。
  したがって、本書を用いての運用はすべてお客様自身の責任と判断において行ってください。
- 本書の制作にあたっては正確な記述につとめましたが、
  著者や出版社のいずれも、本書の内容に関してなんらかの保証をするものではなく、
  内容に関するいかなる運用結果についてもいっさいの責任を負いません。あらかじめご了承ください。
- 本書中の会社名や商品名は、該当する各社の商標または登録商標です。
  本書中では™および®マークは省略させていただいております。

はじめに

本書はInDesign入門者から、きちんとInDesignを使いたい人のためのInDesign実践書です。私は現在、DTPの現場、学校、さまざまなところで講習を行っています。
受講される方も、仕事で必要にせまられている方、我流で使っているのが不安になった方、同人誌を作りたい方……とさまざまです。そういった方達と接するなかで「InDesignを習得する最良の方法」を考えるヒントをたくさん貰いました。それをもとに書かせていただいたのが本書です。

● こんな方に

本書は、InDesignを初めて使う方から、一応使えるけど一から作るのはちょっと……という方まで、InDesignをきちんと習得したいすべての方に読んでいただきたいです。
InDesignを習得するには、まず全体のワークフローをしっかりと理解することが大事です。

● セミナーのように

本書は、リーフレット、冊子、取り扱い説明書といった作例を、ステップバイステップで作っていきます。操作の前には、その操作を行う意味や機能の解説を、つまづきやすいところには補足をつけました。作例を一から完成させることで、InDesignの使い方の大枠を知ることができます。

● InDesignでいろいろ作りましょう

作例は仕事の現場でよく作るものですが、別の用途にも置き換えられます。例えば、冊子の作成は同人誌や本作りに、取り扱い説明書の作成は、ポートフォリオやWEBサイトの操作マニュアルにと。プレゼン資料や企画書もスピーディにサクサク作れます。すべての作例を作り終えた頃には、きっと色々なものが作成できるはずです。

● InDesignクリエイターへ

InDesignの制作は、作り手の技量によって、レイアウトの美しさ、効率性、スピードが変わります。実践を重ねていくうちに、どんどんレベルアップした制作が可能になり面白くなってくるはずです。このとてもクリエイティブなソフトを使いこなして、InDesignクリエイターになってください。本書がそのための一助になれば幸いです。

2018年4月
瀧野 福子（株式会社ウイッシュ）

本書の使い方

● 本書の解説環境

・本書はAdobe InDesign CC 2018 / CC 2017に対応しています。

・CC 2018の画面を使って操作・解説していますので、CC 2017をお使いの方は、適宜読み替えてください。大きく操作が違う箇所については、補足を入れています。

・本書はMac環境にて解説を行っています。

・キー表記は、『[command(Ctrl)] キー』というように、Mac環境のキーの後に括弧付きでWindows環境のキーを表記しています。

・メニューは、『[InDesign ▶ 環境設定 ▶ 単位と増減値...](Windowsは [編集 ▶ 環境設定 ▶ 単位と増減値...])』というように、Mac環境のメニューの後に括弧付きでWindows環境のメニューを表記しています。

● 本書の練習ファイル

・本書は、練習ファイルを使って実際に操作しながら学習していきます。練習ファイルは本書のサポートサイトからダウンロードできます。

https://book.mynavi.jp/supportsite/detail/9784839965327.html

・練習ファイルの使い方については、本書中の解説をお読みください。使う場面になった段階で、適宜、使用するフォルダ名やファイル名を記載してあります。

● 本書の構成

本書は全部で7章構成となっています。

・第一章はInDesignの基本を解説しています。

・第二章、第三章、第五章、第六章は、作例制作の章です。
作例をステップバイステップで作っていく「STEP」と、その作例に関連した応用テクニックを解説した「STEPUP」から構成されています。

・第四章と第七章は、作例制作はありませんが、実習用のデータは適宜用意されています。

● 本書の誌面

STEP1から、手順に沿って解説を進めています。
STEPにしたがって、学習を進めてください
マージン・段組みで
新規ドキュメントを作成しよう
1-1_新規ドキュメントを作成する
新規ドキュメントを作成する
[ファイル ▶ 新規 ▶ ドキュメント…]の順にクリックします。
メニュー表記
ITALIAN FAIR
その章の課題の完成図です

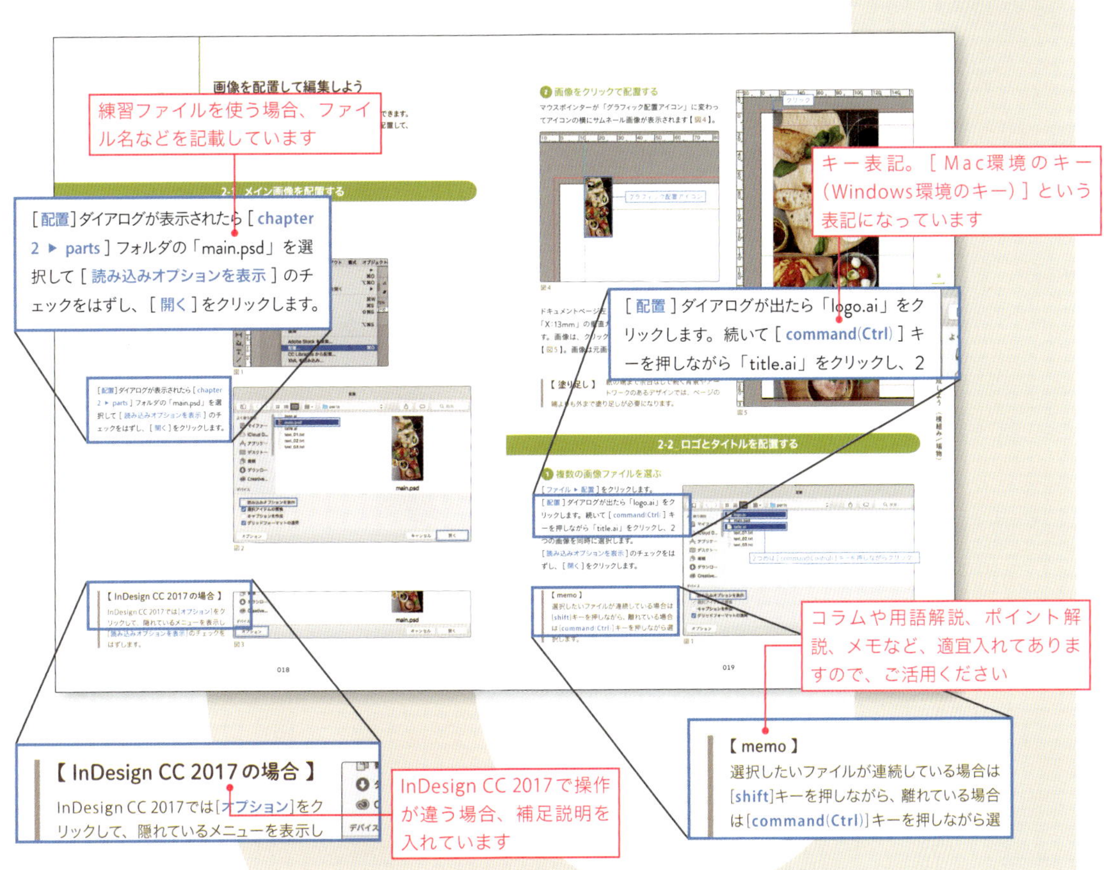
画像を配置して編集しよう
練習ファイルを使う場合、ファイル名などを記載しています
[配置]ダイアログが表示されたら[chapter 2 ▶ parts]フォルダの「main.psd」を選択して[読み込みオプションを表示]のチェックをはずし、[開く]をクリックします。
キー表記。[Mac環境のキー(Windows環境のキー)]という表記になっています
[配置]ダイアログが出たら「logo.ai」をクリックします。続いて[command(Ctrl)]キーを押しながら「title.ai」をクリックし、2
2-2 ロゴとタイトルを配置する
コラムや用語解説、ポイント解説、メモなど、適宜入れてありますので、ご活用ください
【 InDesign CC 2017 の場合 】
InDesign CC 2017では[オプション]をクリックして、隠れているメニューを表示し
InDesign CC 2017で操作が違う場合、補足説明を入れています
【 memo 】
選択したいファイルが連続している場合は[shift]キーを押しながら、離れている場合は[command(Ctrl)]キーを押しながら選

もくじ

第一章

InDesignの基本

この章ではInDesignの概要、画面やパネルの構成、基本操作などを学びます。

STEP 1

InDesignってどんなソフト？

Adobe InDesignは
多機能なDTP（デスクトップパブリッシング）アプリケーションソフトです。
Photoshopで加工した写真、Illustratorで作成したロゴや
イラストなどの素材とテキストを、ページに美しく配置していく、
プロフェッショナルなレイアウトソフトです。
雑誌、カタログ、パンフレット、チラシなど
幅広い印刷物を作成することができます。

1-1_InDesignの特徴

美しい組版

細かい数値指定でのレイアウトや、日本語特有の多様な文字組みルールに対応しているため、縦組みにも強い美しい組版を実現します。またレイアウトグリッドの使用で、統一感ある文字の配置が簡単に実現します。

ページものが得意

優れたページ管理機能や、自動ページ番号、マスターページ、各種スタイルの定義など複数のページを合理的に制作するための機能が充実しています。
大きなファイルサイズも快適に操作できるので、何十ページもあるドキュメントもストレスなく制作できます。

入稿用データが作れる

印刷所に入稿するまでのワークフローをInDesignで完結できます。PDF書き出しや電子書籍用データの出力もでき、商用印刷をはじめ、クリエイターのポートフォリオ（作品集）や同人誌の制作など幅広い用途で使われています。

【DTP】 DTP（デスクトップパブリッシング）とは、「Desktop Publishing」の略で、日本語で机上出版を意味し、パソコンなどを使って、テキストや写真をデザイン、レイアウトして誌面を作り、出力までの作業をすることの総称です。

1-2_InDesign ファイルの構成要素

InDesign のページを構成する要素：第二章で作成するリーフレットの場合

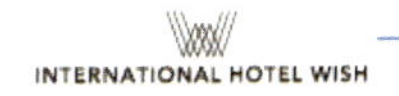

INTERNATIONAL HOTEL WISH
ITALIAN FAIR
イタリアン料理フェア開催
2017.10.10TUE 〜 2017.10.16MON
イタリア各地の名物料理をお得な価格でご提供します。
ぜひこの機会に美味しい郷土料理をお楽しみください。
<シェフおまかせローマコース>
食前酒
アンティパスト
スパゲッティ　カルボナーラ
子羊のカツレツ
ローマ風サラダ
ドルチェ
エスプレッソ・コーヒー
5,000 円（税別）
ご予約・お問い合わせ
インターナショナルホテル　ウイッシュ
TEL 00_111_2222
ロゴ：
Illustrator ファイル
メニュー：
テキストファイル
インフォメーション：
InDesign で文字入力
写真：
Photoshop ファイル

図 1

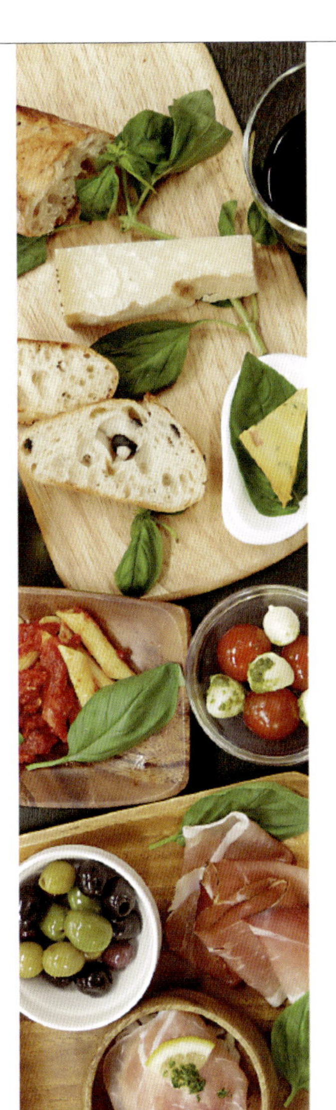

InDesignの起動と終了

Adobe InDesign CC 2018 の
起動と終了を行います。
ここでは、一般的な起動と終了の方法を確認します。

2-1_InDesignを起動する

Macintosh版

サイドバーの［アプリケーション］をクリックし、［Adobe InDesign CC 2018］フォルダの中にある［Adobe InDesign CC 2018.app］のアイコンをダブルクリックします。

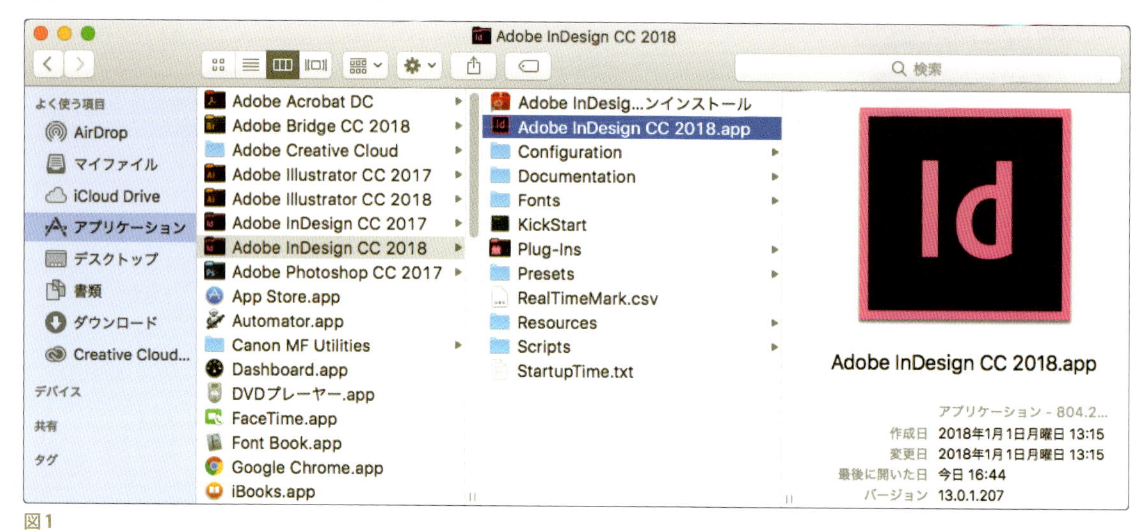

図1

Windows版

スタートボタンをクリックして［すべてのアプリ ▶ Adobe InDesign CC 2018］をクリックします。

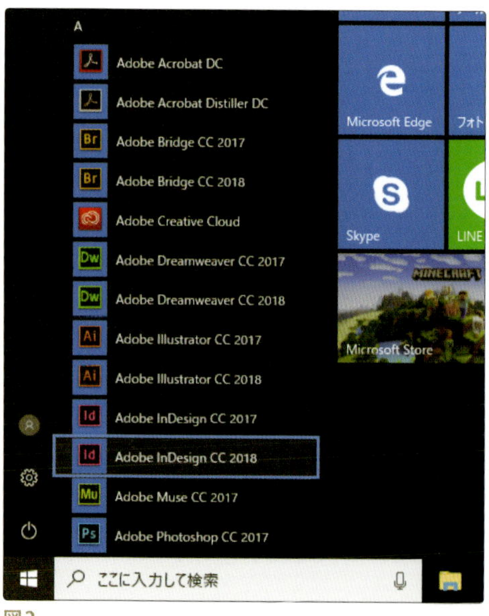

図2

InDesignの起動画面

InDesignの起動が始まると、起動画面が表示されます。

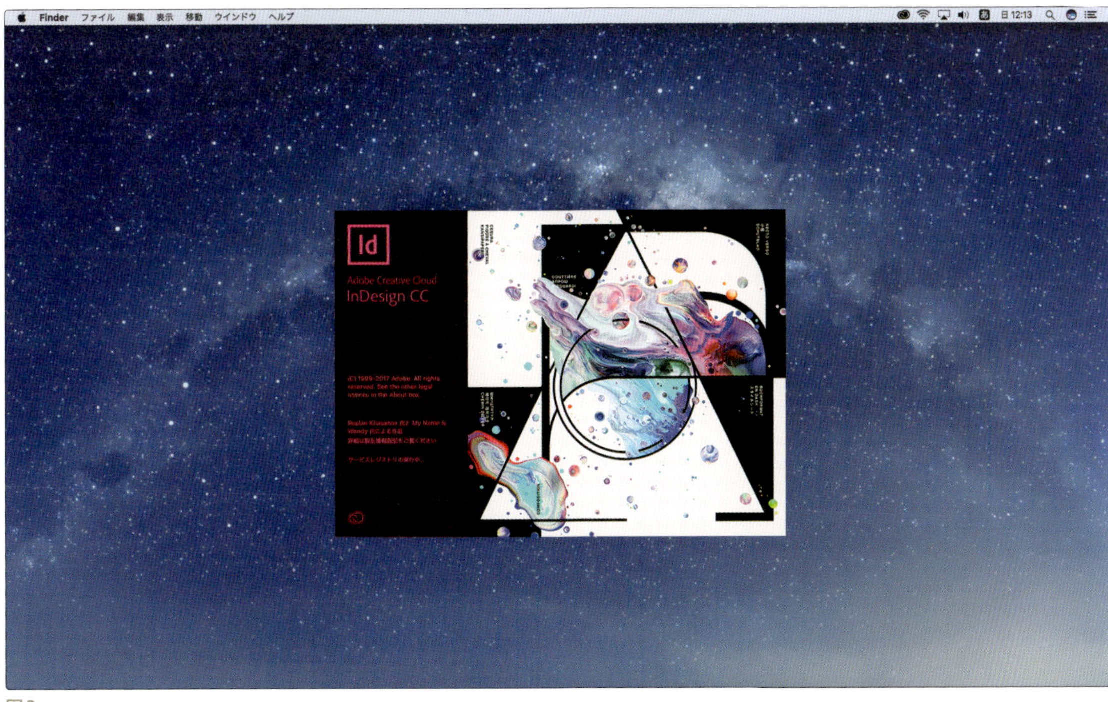

図3

2-2_InDesignを終了する

Macintosh版

[InDesign CC] メニューから [InDesignを終了] を選択します【 図1 】。

図1

Windows版

[ファイル] メニューから [InDesignを終了] を選択します【 図2 】。

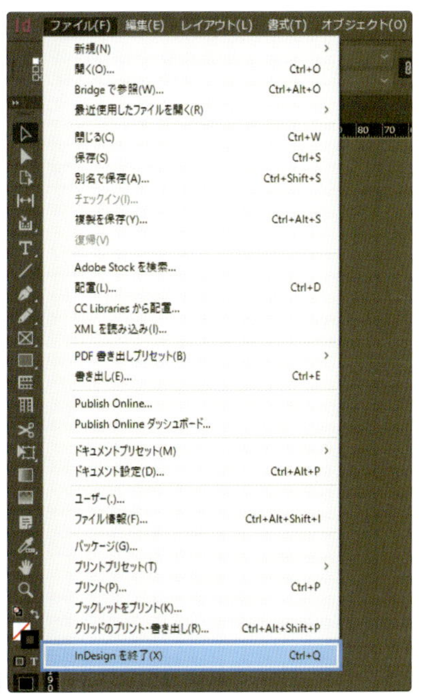

図2

InDesignの基本画面

InDesignを起動した直後、ドキュメントは表示されていません。
新規ドキュメントの作成は、空白のドキュメントから始めるほかに、
Adobe Stock のテンプレートなどからも始められます。
新規ドキュメントを作成する方法については、この後の章で詳しく学びます。
ここでは、設定変更はしないまま新規ドキュメントを作成して
画面のインターフェースを確認しましょう。

3-1_InDesignの画面構成

InDesignを起動すると、[スタート] ワークスペースが表示されます【 図1 】。
[スタート] ワークスペースでは、最近使用したファイルや既存のファイルを開いたり、新規ドキュメントの作成ができます。
[スタート] ワークスペースの [新規作成] をクリックします。

図1

【 スタートワークスペースを非表示にする 】

ドキュメントが開いていないときに、[InDesign ▶ 環境設定 ▶ 一般...]（Windowsは[編集 ▶ 環境設定 ▶ 一般...]）で [環境設定] ダイアログを表示し、「開いているドキュメントがない場合、「スタート」ワークスペースを表示する」のチェックを外します。

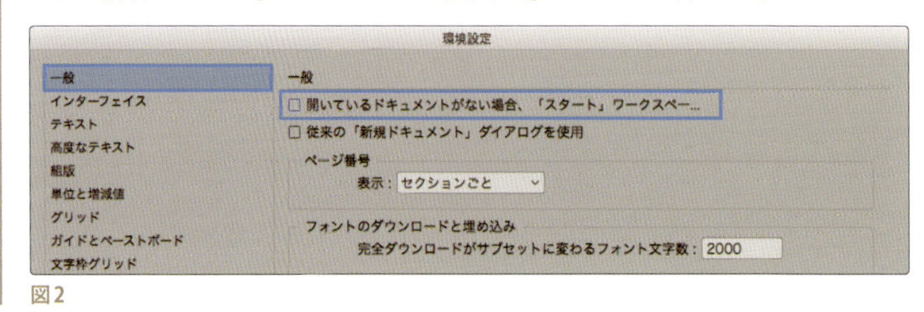

図2

［ 新規ドキュメント ］ダイアログが表示されたら［ マージン・段組 ... ］をクリックします【 図3 】。

図3

［ 新規マージン・段組 ... ］ダイアログが表示されたらそのまま［ OK ］をクリックします【 図4 】。

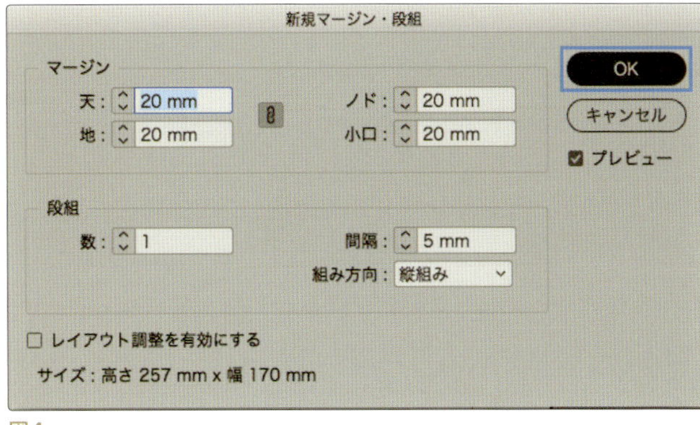

図4

第1章 InDesignの基本

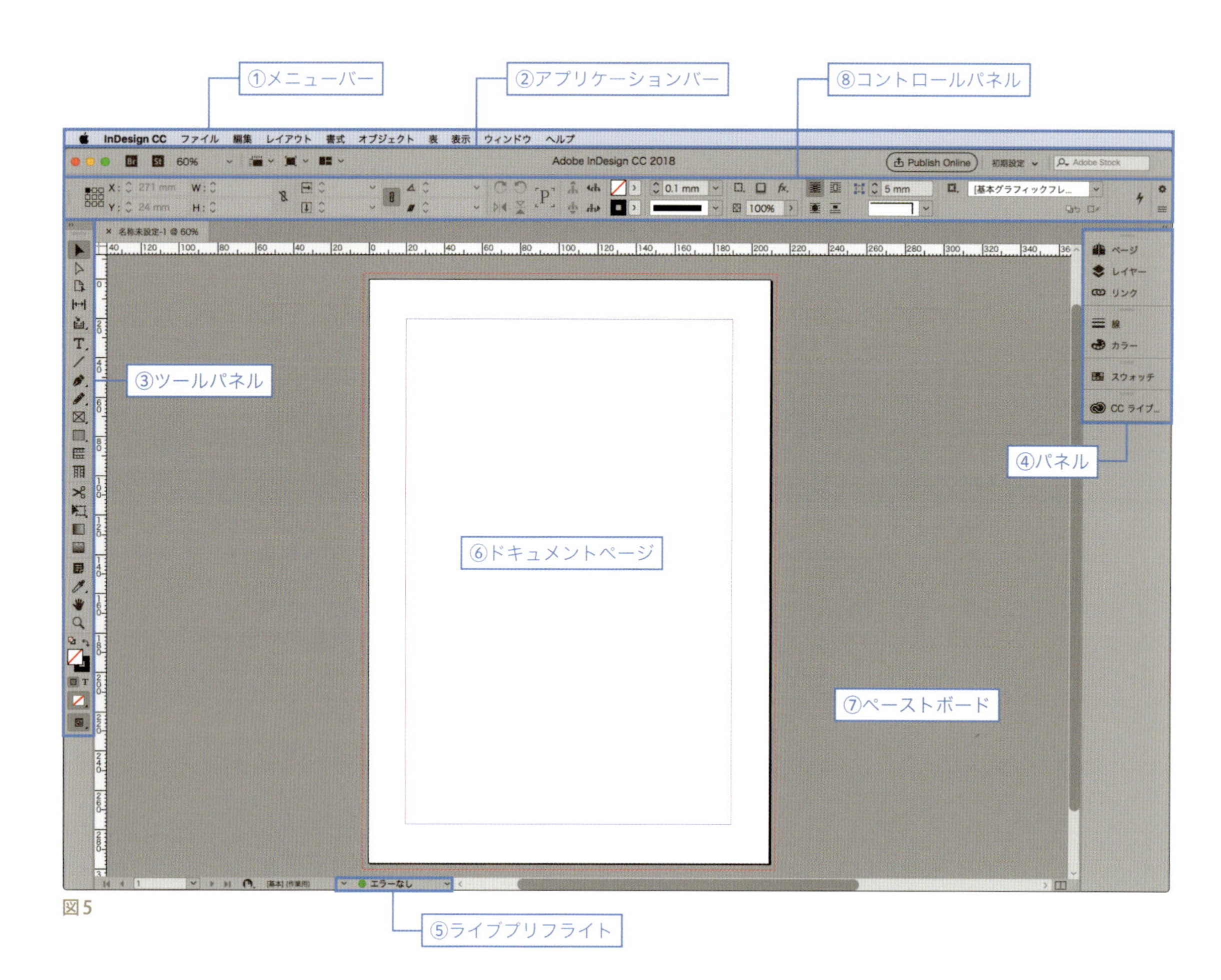

図5

① メニューバー

InDesignで操作するためのさまざまな命令項目が、まとめられています。

② アプリケーションバー

Adobe Bridgeの起動ボタンや、画面の表示を切り替えるボタンなどが配置されています。

③ ツールパネル

いろいろな機能を持ったツールがまとめられています。関連性のあるツールはグループにまとめられています。

④ パネルとドック

複数のパネルが、通常は縦方向に並べて表示されています。複数のパネルまたはパネルグループの集合をドックといいます。

⑤ ライブプリフライト

リアルタイムでエラーの有無が表示されます（第四章参照）。

⑥ ドキュメントページ

画像やテキストを配置して、ページを作成するための領域です。

黒のガイドが印刷可能領域を表し、内側の赤い線はマージンガイド、外側の赤い線は裁ち落としガイド（第二章参照）になります。

⑦ ペーストボード

ドキュメントページ領域外のエリアを指し、ここに配置したオブジェクトは印刷されません。

レイアウト途中のオブジェクトやテキストを一時的に置いておくなど、作業スペースとして使うことができます。

⑧［コントロール］パネル

［コントロール］パネルに表示される内容は、選択しているツールやアイテムによって変わります。

［選択］ツールを選択した場合、文字の入っているテキストフレーム、画像のフレームなどの情報（位置、サイズなど）を表示します【図6】。

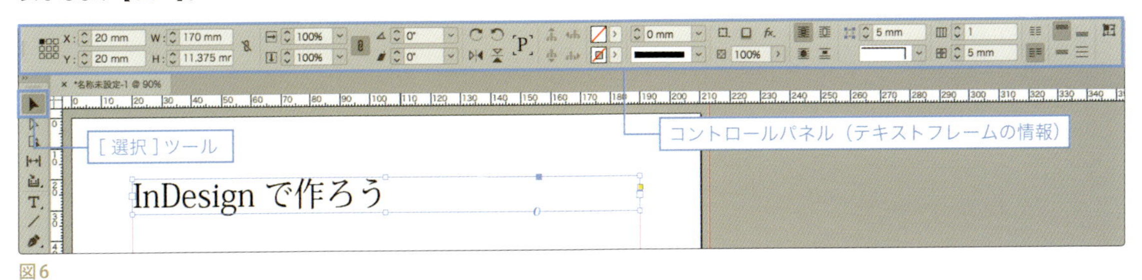

図6

［横組み文字/縦組み文字］ツールを選択した場合、文字形式の情報（フォント、フォントサイズなど）を表示します【図7】。

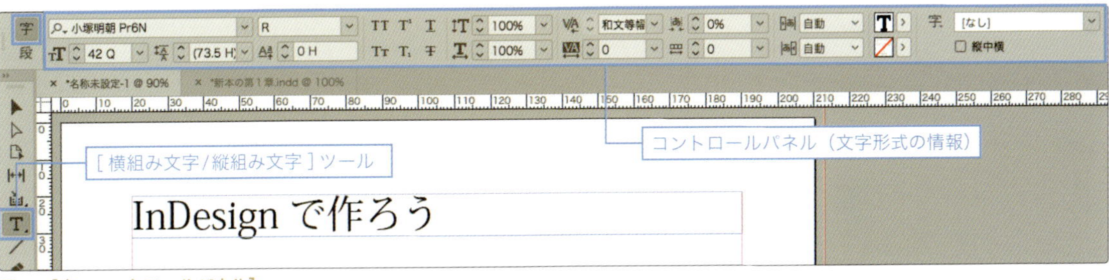

図7　［字：コントロールパネル］

【図7】の状態で［コントロール］パネル左端の［段］をクリックすると段形式の情報（段落揃え、インデントなど）を表示します【図8】。

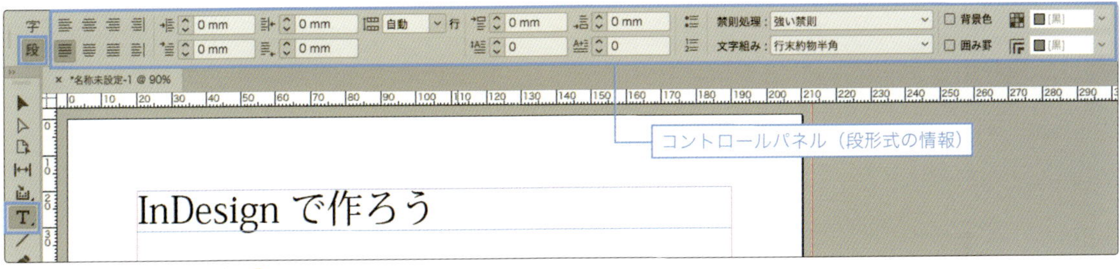

図8　［段：コントロールパネル］

3-2_パネルを操作する

ツールパネル

右下の角に◢マークがついているツールは、ツールアイコンの上でマウスを押し続けると、隠れているツールが表示されます。

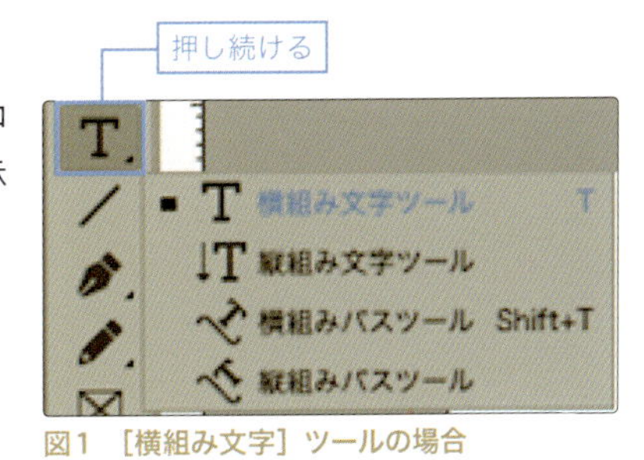

図1　［横組み文字］ツールの場合

パネルの表示

パネル名をクリックすると、パネルが広がって表示されます。パネルの表示は、[ウィンドウ]メニューや[書式]メニューからも行えます。

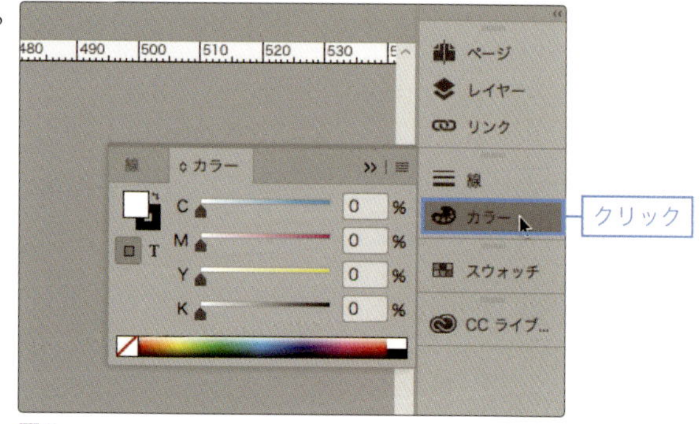

図2

フローティングパネル

パネルのタブをドックの外側や内側にドラッグすると、ドックから切り離されフローティングパネルになります。

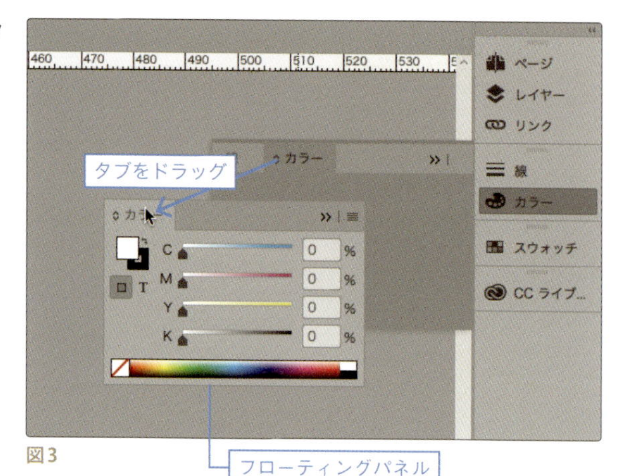

図3

パネルのドッキング

パネルのタブをドックの上にドラッグすると表示される、青色のドロップゾーンの位置にドッキングされます。

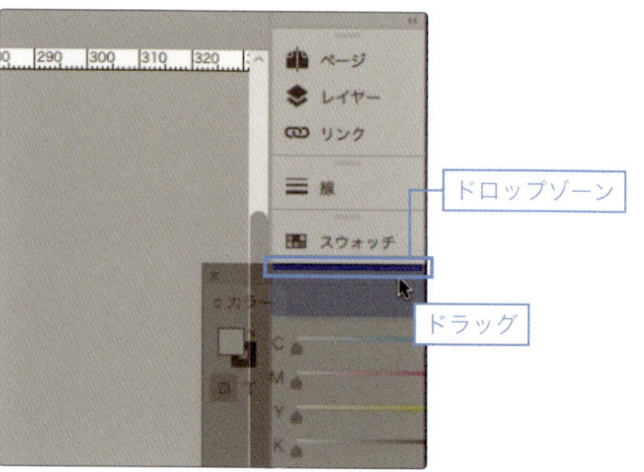

図4

パネルメニュー

パネルの右上のボタンをクリックするとパネルメニューが表示されます。

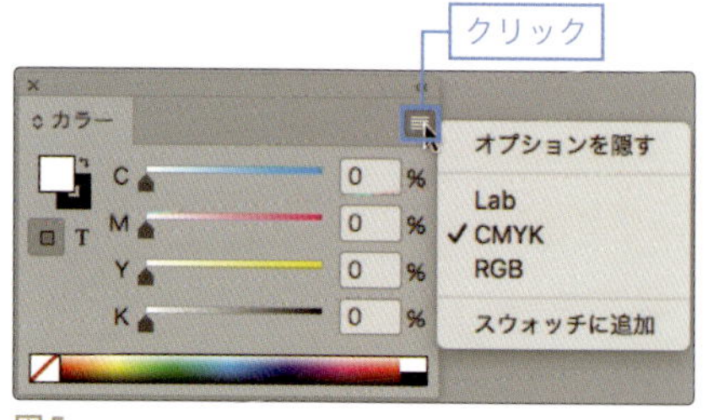

図5

第二章

リーフレットを作成しよう（横組み/端物）

この章では「イタリアンフェア」のリーフレットを作成しながら、
InDesignの基本操作やページ操作、作業の流れを学びます。

第二章 課題

STEP 1
マージン・段組みで
新規ドキュメントを作成しよう

STEP 2
画像を配置して
編集しよう

INTERNATIONAL HOTEL WISH

ITALIAN
FAIR

イタリアン料理フェア開催

2017.10.10TUE ～ 2017.10.16MON

イタリア各地の名物料理をお得な価格でご提供します。
ぜひこの機会に美味しい郷土料理をお楽しみください。

<シェフおまかせローマコース>
食前酒
アンティパスト
スパゲッティ　カルボナーラ
子羊のカツレツ
ローマ風サラダ
ドルチェ
エスプレッソ・コーヒー
5,000円（税別）

ご予約・お問い合わせ
インターナショナルホテル　ウイッシュ
TEL 00_111_2222

STEP 3
テキストを配置しよう

STEP 4
テキストを編集しよう

STEP 5
テキストフレームと
テキストに
カラーを設定しよう

STEP 6
完成したリーフレットを
保存してプリントしよう

STEP UP

1 ドキュメントの設定をプリセットに保存する
2 段分割を使ってテキストを読みやすくする
3 特色を使用する

STEP 1

マージン・段組みで新規ドキュメントを作成しよう

ここでは、誌面のレイアウトデザインを設定します。
今回作成するリーフレットは、画像がメインの誌面なので、
自由にレイアウトができる
「マージン・段組」で作成します。

1-1_新規ドキュメントを作成する

❶ 新規ドキュメントを作成する

[ファイル ▶ 新規 ▶ ドキュメント...] の順にクリックします。

図1

[新規ドキュメント] ダイアログが表示されたら、「印刷」のタブをクリックして、次のように設定します。

ページサイズ：A4
方向：縦置き
ページ数：1
見開きページ：チェックをはずす

設定が終わったら [マージン・段組] をクリックします。

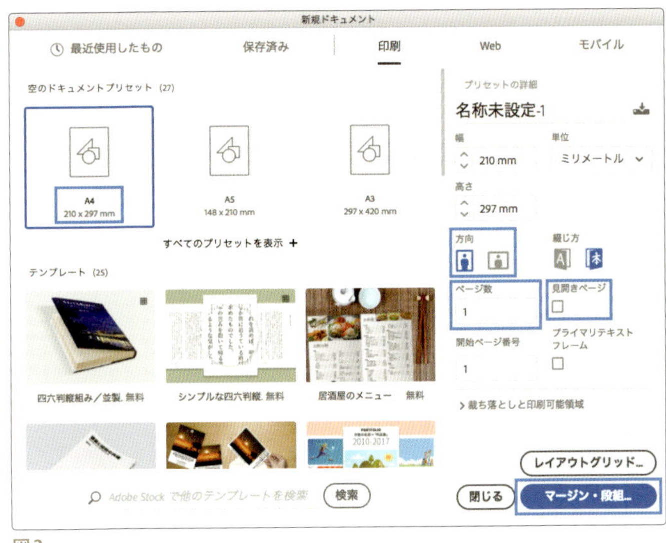

図2

❷ マージン・段組を設定する

[新規マージン・段組] ダイアログが表示されたら、「天：13mm」と入力して「すべての設定を同一にする」の鎖のアイコンをクリックし、「天」「地」「左」「右」すべて13mmに設定します。
[組み方向] を「横組み」にして [OK] をクリックします。

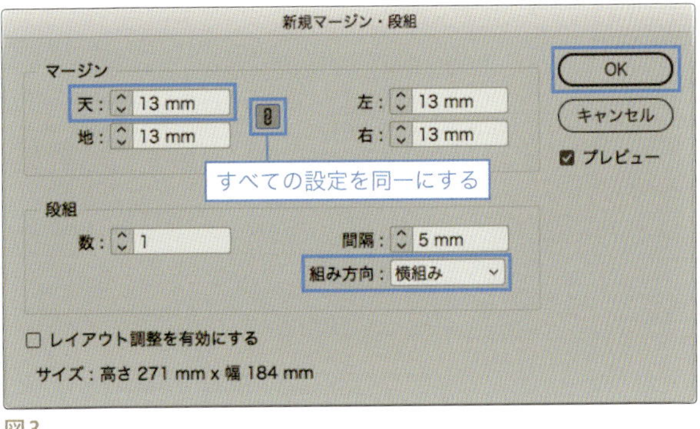

図3

❸ 新規ドキュメントの完成

新規ドキュメントが作成されます。A4の用紙にマージンガイドが設定されています。
マージンガイドの内側が、テキストや画像などを配置する版面になります。
用紙の端からマージンガイドまでが余白になります。マージンガイドは印刷されません。

【 裁ち落とし 】 一般的に印刷物は仕上がりサイズよりも大きな用紙に印刷します。
最終的に、仕上がりサイズで断裁しますが、そのとき微妙なズレが生じて仕上がりラインの外側で断裁される場合があります。そのため用紙の端まで写真や絵柄を印刷したい場合はズレを考慮して仕上がりサイズよりも3mm程度大きめに配置しておきます。この3mmを「裁ち落とし領域」と呼びます。InDesignでは、ドキュメントより外側に表示される赤いラインが裁ち落とし線になります。

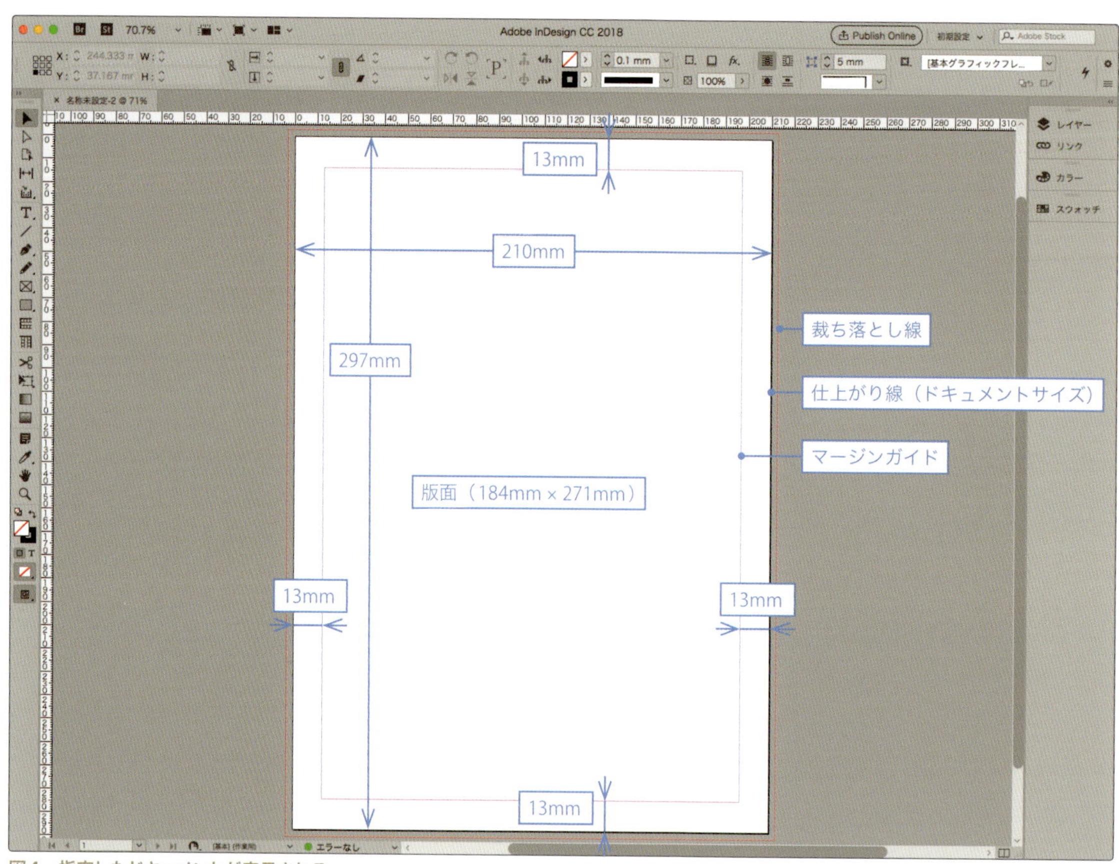

図4 指定したドキュメントが表示される

1-2_環境設定をカスタマイズする

InDesignでは、テキストサイズの単位に「級」や「ポイント」を用います。
「級」は日本語組版で古くから使用されている文字サイズを表す単位で、[文字] パネル、[コントロール] パネルでは「Q」と表示されます。
「ポイント」は欧米の活字サイズに基づく単位で、[文字] パネル、[コントロール] パネルでは「pt」と表示されます。
ここでは文字の単位に「ポイント」を使用します。
初期設定では「級」が設定されているため [環境設定] で単位を「ポイント」に変更します。

❶ [環境設定] ダイアログを表示する

[InDesign ▶ 環境設定 ▶ 単位と増減値...]（Windowsは[編集 ▶ 環境設定 ▶ 単位と増減値...]）で [環境設定] ダイアログを表示します。

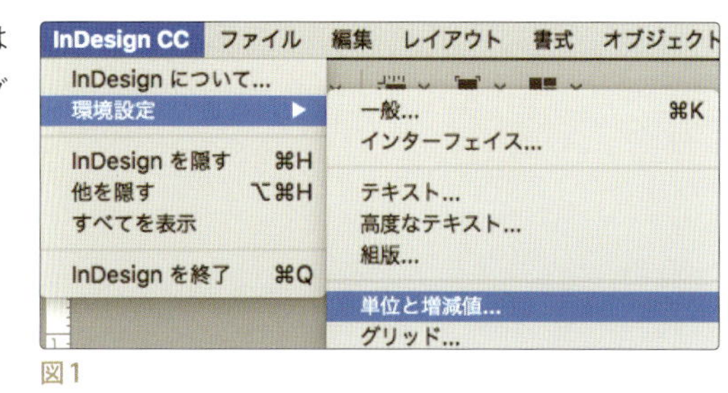

図1

❷ 単位を変更する

[単位と増減値] を選択して [テキストサイズ:] [組版:] のポップアップメニューから「ポイント」を選択します。設定が終わったら [OK] をクリックします。

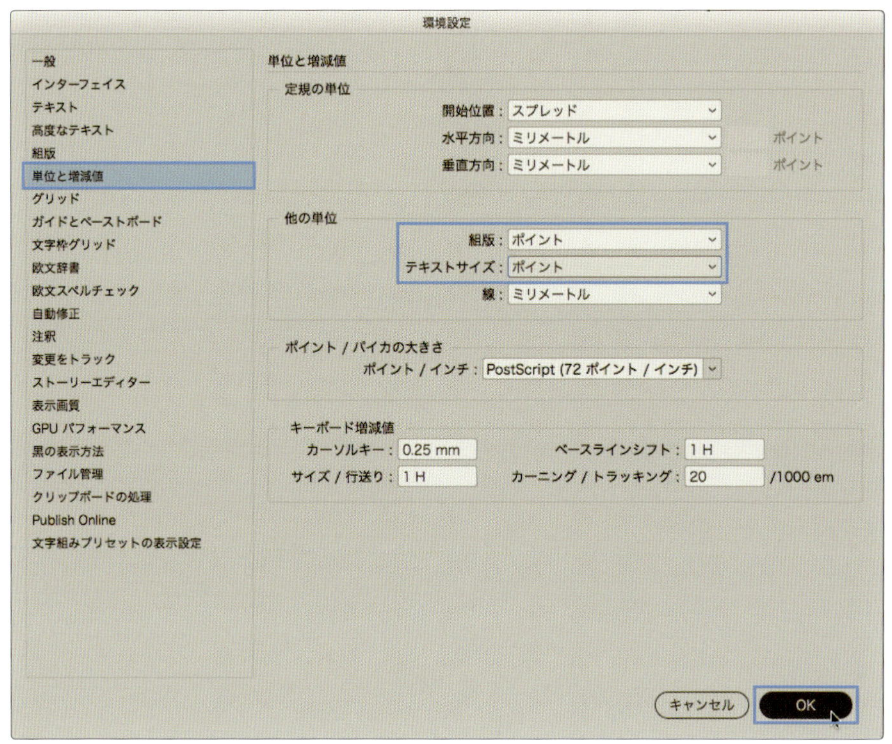

図2

組版は、字送りや行送りなどを表す単位です。
通常テキストサイズを「ポイント」で設定した場合、組版も「ポイント」に設定します。

【point】 ドキュメントが開いているときに設定を変更すると、その設定は変更時に開いていたドキュメントにだけ適用されます。ドキュメントを開いていないときに設定を変更すると、次回より作成される新しいドキュメントのデフォルト設定になります。

ポイント・級・ミリ換算表

1pt = 1.411Q(H) = 0.35mm　1Q = 0.71pt = 0.25mm

pt	8	9	10	11	12	13	14	15	16	17	18	19	20	30
Q	11.29	12.70	14.11	15.52	16.93	18.34	19.76	21.17	22.58	23.99	25.40	26.81	28.22	42.33
mm	2.82	3.17	3.53	3.88	4.23	4.59	4.94	5.29	5.64	6.00	6.35	6.70	7.06	10.58

1-3_ガイドを作成する

レイアウトを行ううえで、目安となるガイドを作成しておくと、作業がはかどります。
定規ガイドは、ページやペーストボードの任意の位置に置くことができます。

定規が表示されていない場合は、[表示 ▶ 定規を表示] を選択します【 図1 】。

デフォルトではドキュメントの左上端が「X値：0」「Y値：0」になっています【 図2 】。

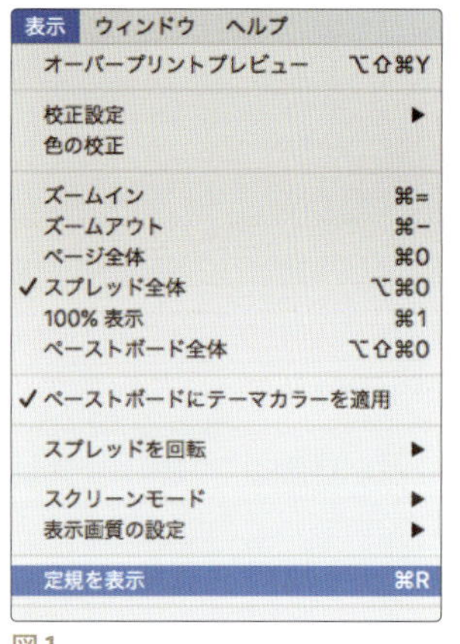

図1

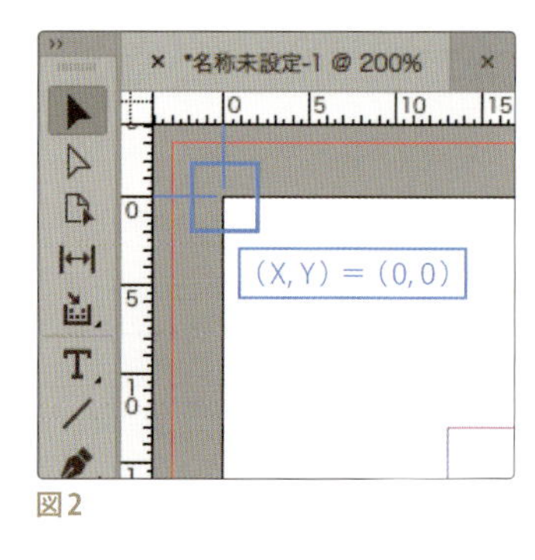

図2

① 垂直のガイドを作成する

垂直定規の内側にカーソルを置いて、そのまま右へドラッグして、スマートカーソルの情報が「X：105mm」になったところで手を放します。定規の値は [コントロール] パネルで数値入力することもできます。

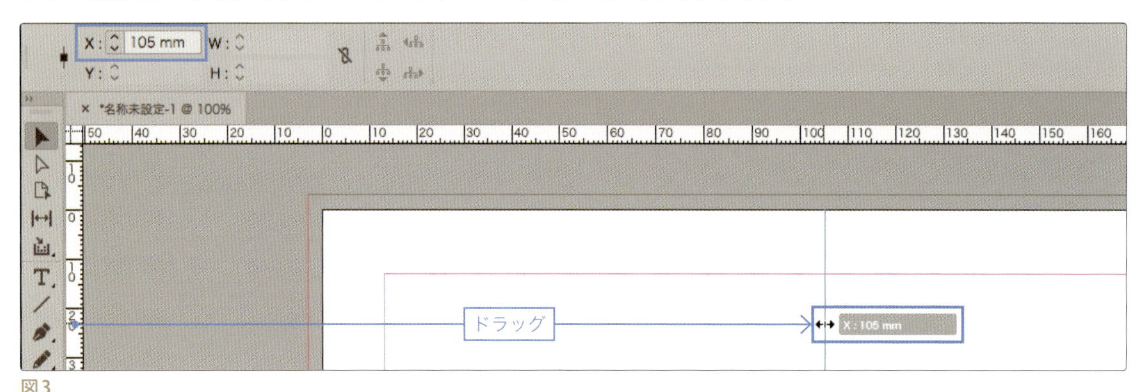

図3

【 スマートカーソル 】 オブジェクトやガイドをドラッグしたり、サイズを変更するときには X 値と Y 値が、回転するときには回転値が、カーソルの横に表示されます。スマートガイド機能がオンになっているときに表示されます。

同様に「X値：93mm」にも垂直ガイドを作成します。

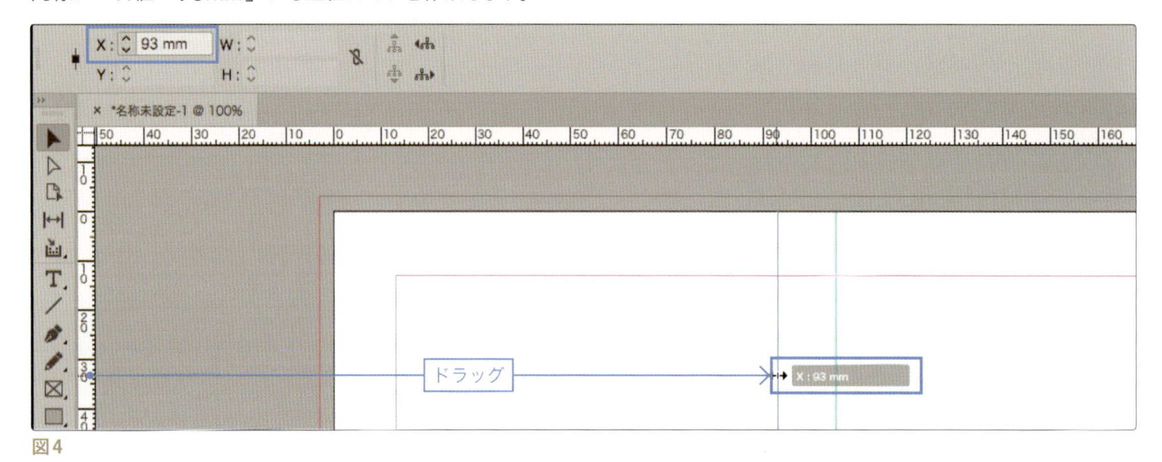

図4

❷ 垂直のスプレッドガイドを作成する

垂直定規の内側にカーソルを置いて、[command(Ctrl)] キーを押しながら右へドラッグして、「X値」が「13mm」になったところで手を放します。
ペーストボードとページ上にスプレッドガイドが引かれます。

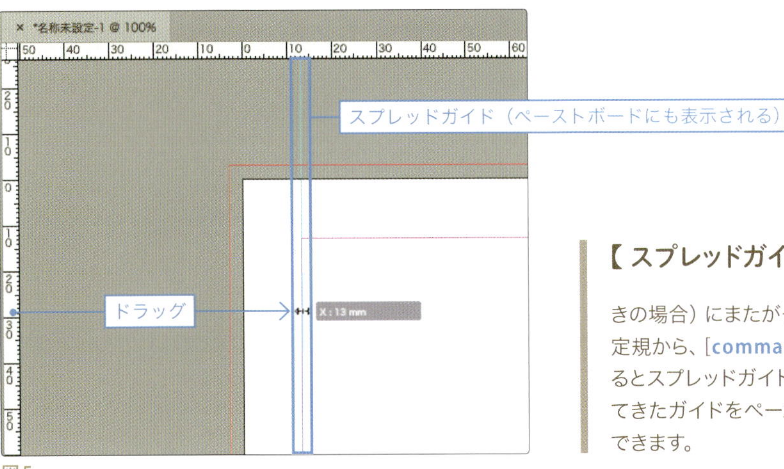

図5

【スプレッドガイド】 スプレッドガイドとはペーストボードと左右のページ（見開きの場合）にまたがって表示されるガイドのことをいいます。定規から、[command(Ctrl)] キーを押しながらドラッグするとスプレッドガイドになります。また定規からドラッグしてきたガイドをペーストボード内で手を放すことでも作成できます。

❸ 水平のガイドを作成する

水平定規の内側にカーソルを置いて、そのまま下へドラッグして、「Y値」が「148.5mm」になったところで手を放します。

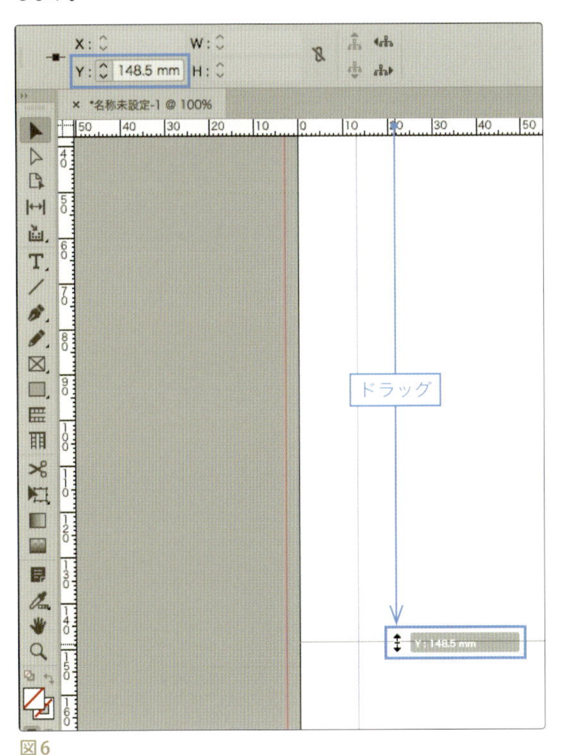

図6

❹ ガイドをロックする

[表示 ▶ グリッドとガイド ▶ ガイドをロック] で、ガイドをロックしておきます。

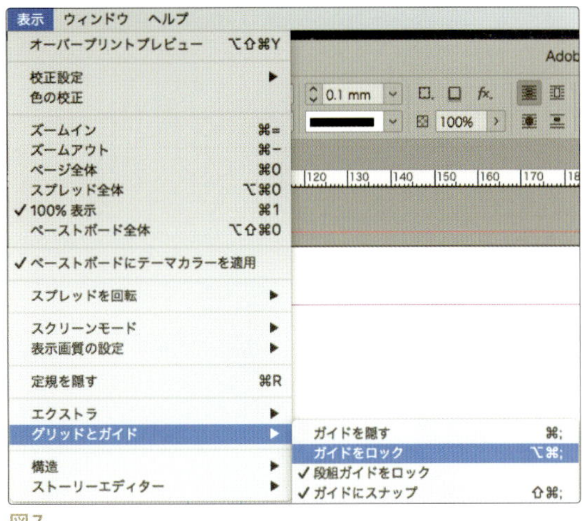

図7

画像を配置して編集しよう

InDesignには、さまざまなファイル形式の画像を配置できます。
ここでは、IllustratorやPhotoshopの画像ファイルを配置して、
画像のサイズを変更したり、
画像の一部を非表示にするトリミングをおこないます。

2-1_メイン画像を配置する

Photoshopの画像ファイルを配置します。

❶ [配置] ダイアログを表示する

[ファイル ▶ 配置...] をクリックします。

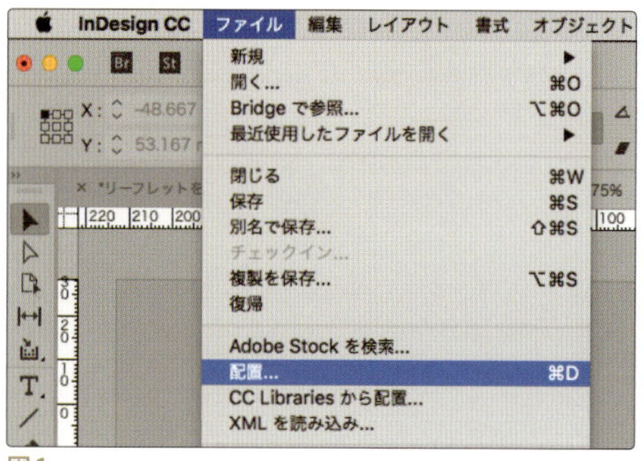

図1

[配置]ダイアログが表示されたら[chapter 2 ▶ parts] フォルダの「main.psd」を選択して [読み込みオプションを表示] のチェックをはずし、[開く] をクリックします。

図2

【 InDesign CC 2017の場合 】

InDesign CC 2017では[オプション]をクリックして、隠れているメニューを表示し[読み込みオプションを表示]のチェックをはずします。

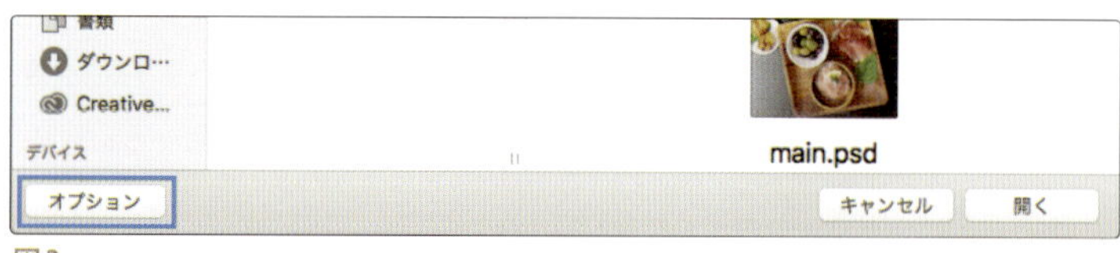

図3

❷ 画像をクリックで配置する

マウスポインターが「グラフィック配置アイコン」に変わってアイコンの横にサムネール画像が表示されます【図4】。

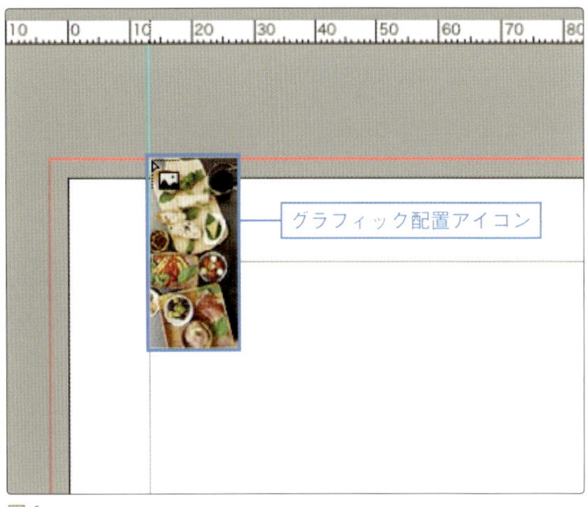

図4

ドキュメントページ左上の裁ち落としガイド（赤い線）と「X：13mm」の垂直ガイドの交差したところでクリックします。画像は、クリックした位置を左上として配置されます【図5】。画像は元画像の100％で配置されます。

> 【塗り足し】　紙の端まで余白なしで続く背景やアートワークのあるデザインでは、ページの端よりも外まで塗り足しが必要になります。

図5

2-2_ロゴとタイトルを配置する

❶ 複数の画像ファイルを選ぶ

［ファイル ▶ 配置］をクリックします。

［配置］ダイアログが出たら「logo.ai」をクリックします。続いて［command(Ctrl)］キーを押しながら「title.ai」をクリックし、2つの画像を同時に選択します。

［読み込みオプションを表示］のチェックをはずし、［開く］をクリックします。

> 【memo】
> 選択したいファイルが連続している場合は［shift］キーを押しながら、離れている場合は［command(Ctrl)］キーを押しながら選択します。

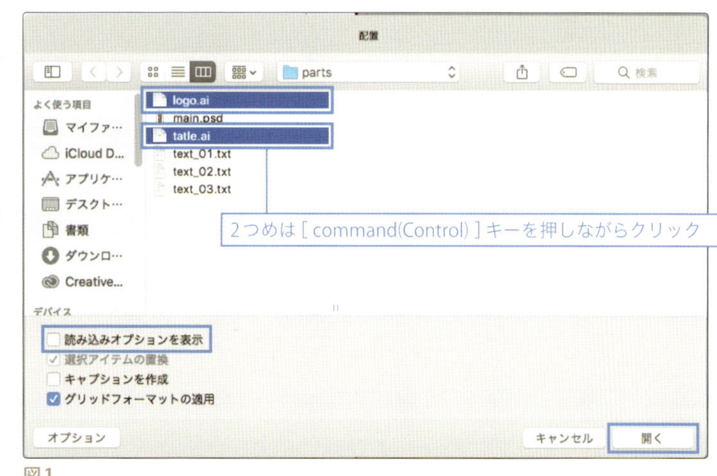

図1

❷ 画像を順番に配置する

選択した最初のグラフィックのサムネール画像が、グラフィック配置アイコンの横に表示されます。アイコンの横の数字は、読み込む準備ができているグラフィックの数を表示しています【図2】。

図2

ドキュメント上をクリックして1つ目の画像を配置し、少し離れたところでもう一度クリックして2つ目の画像を配置します【図3】。

図3

2-3_画像のサイズを変更する

【はじめに】画像とグラフィックフレームについて理解しよう

InDesignでは、画像を配置すると、画像と同じサイズのグラフィックフレームが自動的に作成され、そのなかに画像が配置されます。

画像とフレームは別々に選択することができます。

画像の編集を行う際に、現在選択しているのは画像なのか、フレームなのかを確実に理解しておきましょう。

❶ グラフィックフレームのサイズを変更する

［選択］ツールでタイトル画像の入ったフレームを選択します。

図1

青い枠をドラッグしてフレームのサイズを小さくすると【図2】、中の画像サイズはそのままで、フレームだけが小さくなるので画像はトリミングされた状態になります。[コントロール]パネルには、フレームの情報が表示されます【図3】。

図2

図3　フレームのサイズにあわせて、画像がトリミングされた

画像のサイズを変更する

[選択]ツールをタイトル画像の中心に置くと現れるコンテンツグラバー（ドーナツ状のアイコン）をクリックすると、画像の大きさを示す赤い枠が表示されます【図4】。

図4

赤い枠をドラッグして拡大すると【図5】、画像のサイズが拡大し[コントロール]パネルにはフレームの中の画像の情報が表示されます【図6】。

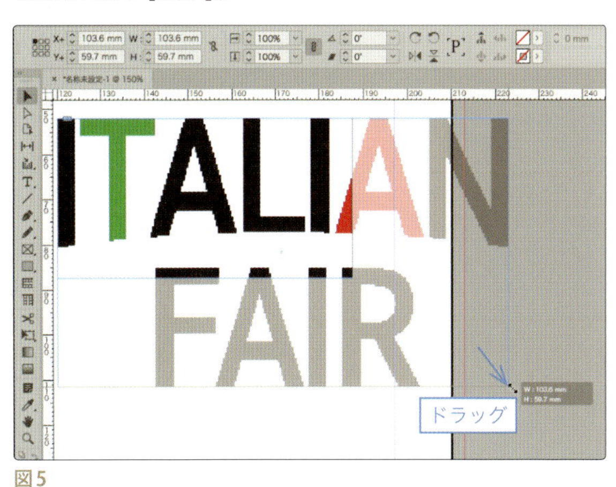

図5

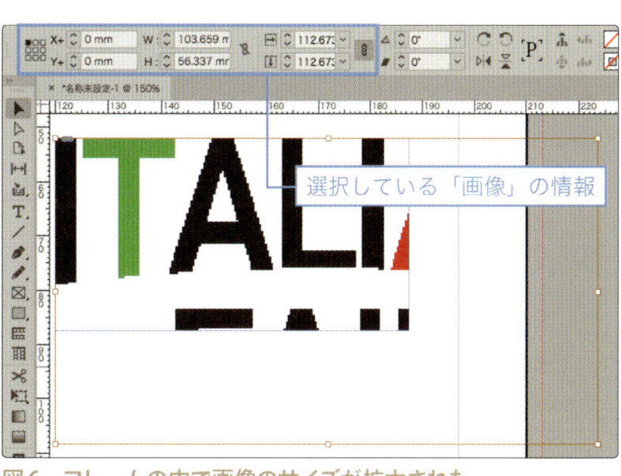

図6　フレームの中で画像のサイズが拡大された

赤い枠を選択した状態で［コントロール］パネルの「拡大/縮小の縦横の比率を固定」の鎖が繋がった状態で［垂直比率：100%］とします【図7】。
画像のサイズが配置したときと同じ、元画像の100%になります。

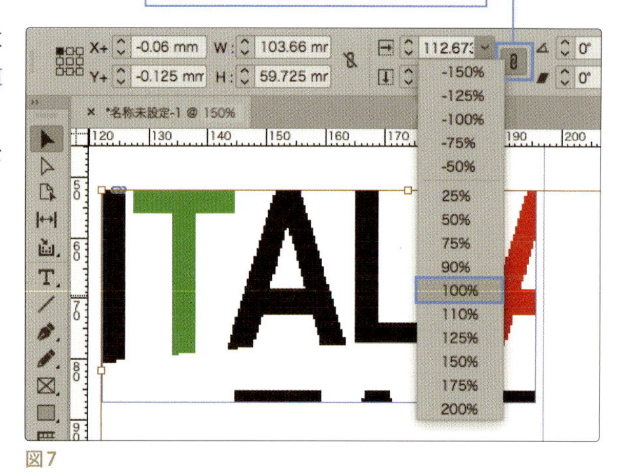

図7

画像とフレームの調整

フレームとその中の画像のサイズが異なる場合は、「オブジェクトサイズの調整」コマンドを使用して、サイズを一致させることができます。
［選択］ツールでタイトル画像の入ったフレームを選択し、青い枠が表示された状態にします。
［オブジェクト ▶ オブジェクトサイズの調整］を選択すると調整する方法が表示されます【図8】。
ここでは「フレームを内容に合わせる」を選択してフレームのサイズを画像サイズに合わせます【図9】。

図8

図9　フレームが画像の大きさになった

1 ロゴのサイズを縮小する

［選択］ツールで、ロゴのコンテンツグラバー以外のところをクリックします。
［コントロール］パネルの「拡大/縮小の縦横の比率を固定」の鎖が繋がった状態で［垂直比率：50%］を選択して、画像のサイズを縦横「50%」に縮小します。
［コントロール］パネルでサイズを変更すると、画像とフレームの両方が同時に変更します。

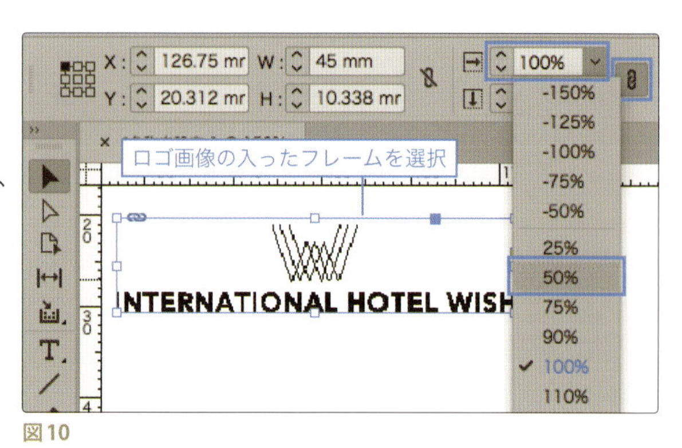

図10

【 ドラッグで画像とフレームを同時に拡大・縮小する方法 】

・[自動調整]機能をオンにする

「選択」ツールで、画像をクリックして、[コントロール]パネルの[自動調整]にチェックを入れて、[shift]キーを押しながら青い枠をドラッグすると、中の画像も一緒に拡大・縮小します。、[shift]キーを押すことで画像の縦横比率を保ちます。

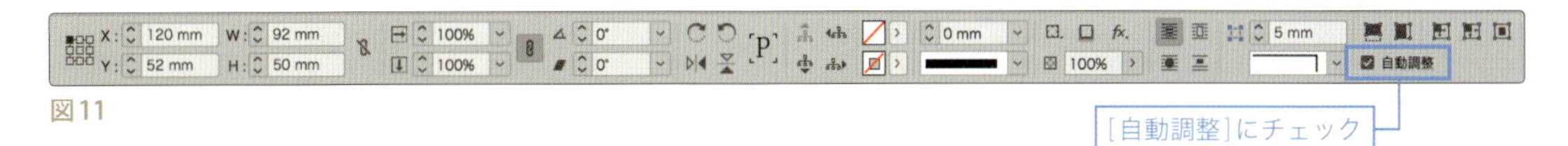

図11

・[command(Ctrl)]キー+[shift]キーでドラッグ

「選択」ツールで、画像をクリックして[command(Ctrl)]キー+[shift]キーを押しながら、青い枠をドラッグする【図12】と中の画像も一緒に拡大・縮小します。[shift]キーを押すことで画像の縦横比率を保ちます【図13】。

図12 [command(Ctrl)]キー+[shift]キーを押しながら、ドラッグ

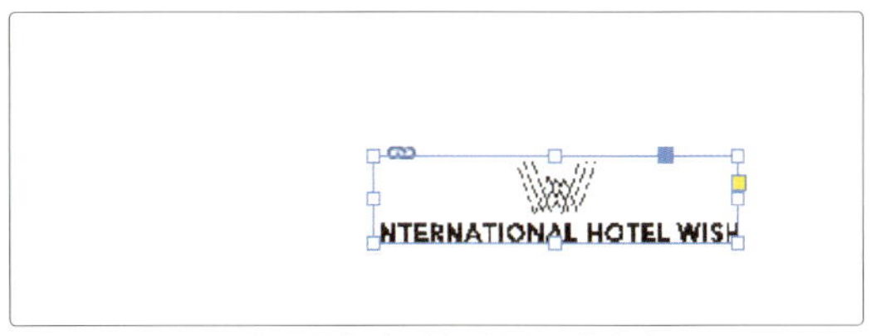

図13 フレームと中の画像が一緒に拡大・縮小する

【 memo 】 InDesign上ではPhotoshopで作成した画像も自由に拡大・縮小できます。しかし一般的な印刷の場合、画像の解像度は「350 dpi」が標準です。そのため元画像の解像度が350dpiのとき、InDesign上で拡大すると解像度が下がって荒れた画像になります。また極端に縮小すると階調がきれいに出力されません。画像の拡大・縮小は80%～110%くらいが限度と考えましょう。

2-4_画像をトリミングする

❶ フレームを縮小する

[選択]ツールで「料理の写真」をクリックして、表示される画像フレーム（青い枠）の右側の四角いハンドルを[X : 93mm]のガイドまでドラッグします【 図1 】。

フレームのサイズが縮小され、画像がトリミングされます【 図2 】。

図1

図2

❷ 画像を動かしてトリミング位置を変更する

続いて［選択］ツールを写真のコンテンツグラバーの上においてドラッグすると、フレーム内で画像が移動します。【図3】のように写真の見える位置を調整します。

図3

2-5_画像を移動する

タイトルや、ロゴマークの画像をレイアウトします。
［選択］ツールで、画像をドラッグすると画像とフレームは一緒に移動します。
ドラッグで移動する際、フレームの色が青になっていることを確認します。フレームが赤のときは、画像が移動するので注意します。またフレームの四角形のハンドルを掴んでドラッグするとフレームサイズが変わるので注意しましょう。

❶ 画像をドラッグで移動する

［選択］ツールでロゴマークをドラッグし、右上のマージンガイドに合わせて配置します。

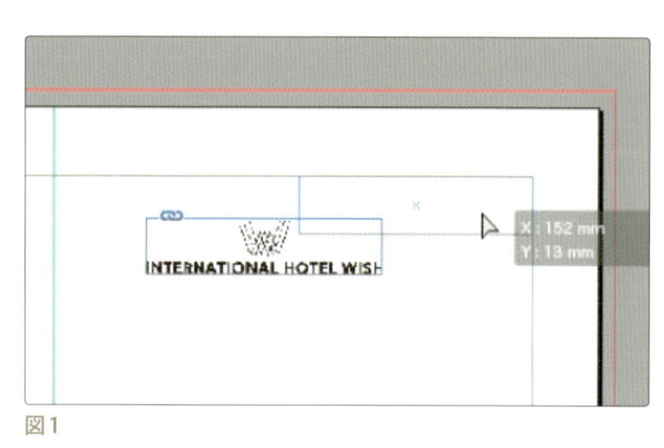

図1

❷ 画像を［コントロール］パネルで移動する

［選択］ツールでタイトルをクリックして選択します。
［コントロール］パネルで位置を次のように設定します【図2】【図3】。

基準点：左上
X：105mm
Y：50mm

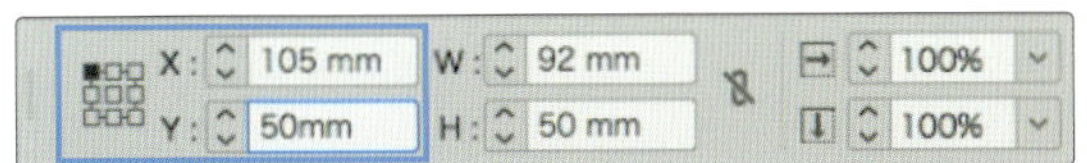

図2

図3

❸ 画像をロックする

［選択］ツールで配置した3つの画像を選択して【図4】、［オブジェクト ▶ ロック］でロックします【図5】。
画像をロックしておくことで、この後の作業で誤って移動や拡大・縮小といったミスを防ぎます。

図4

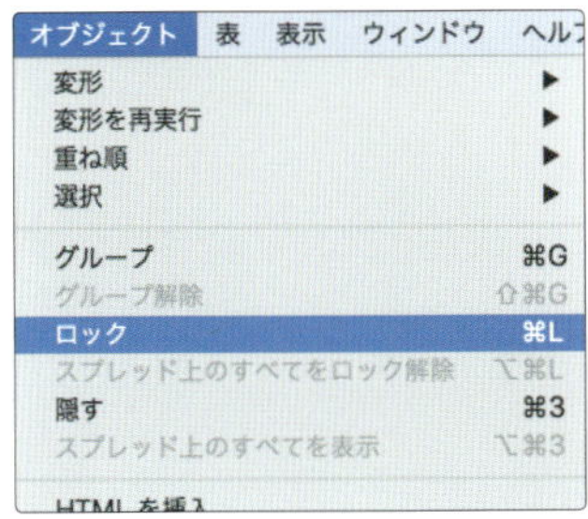

図5

図6　STEP 2 完成図

STEP 3

テキストを配置しよう

InDesign のテキストは、テキストフレームと呼ばれる枠の中に配置されます。
キャッチコピーとメニューを入れるテキストフレームを作成して、
あらかじめ準備したテキストファイルを配置します。
お問い合わせのテキストは、テキストフレームにキーボードから直接入力します。

3-1_テキストフレームを作成する

❶ テキストフレームを3つ作成する

[横組み文字] ツールを選択します。

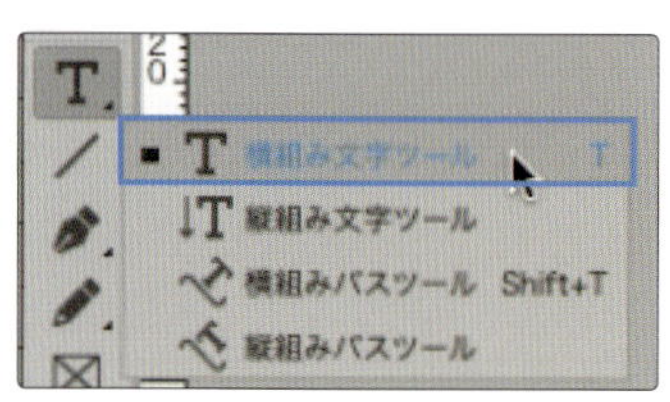

図1

タイトルの下をドラッグして、横長のテキストフレームを1つ作成します【 図2 】。
さらにその下に縦長のテキストフレーム1つと横長のテキストフレーム1つを作成します。

図2

❷ サイズと位置を設定する

[選択] ツールに持ち替えて、各々のテキストフレームを選択し、[コントロール] パネルで、サイズを次のように設定します。

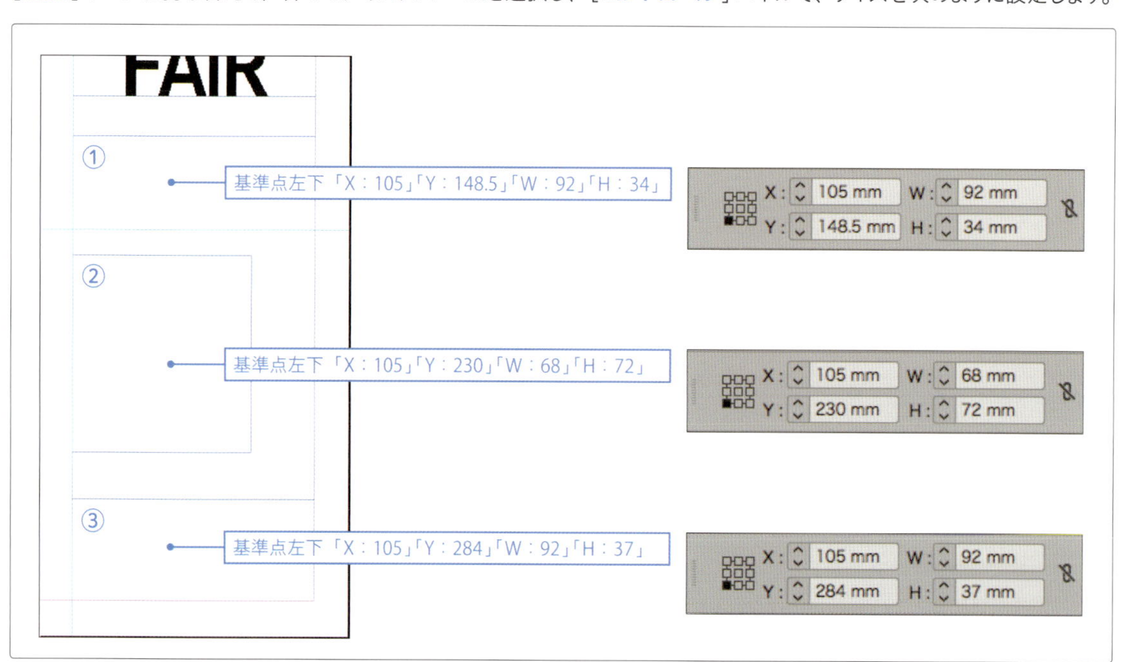

図3

3 スマートガイドで位置を変更する

スマートガイド機能は、オブジェクトをドラッグまたは作成するときに、一時的にガイドが表示される機能です。スマートガイド機能を使用すると、レイアウト上の項目にオブジェクト（テキストフレームや、グラフィックフレームなど）を簡単にスナップできるようになります。オブジェクトを揃えたり、位置やサイズの確認もできるので大変便利です。

［選択］ツールで②のテキストフレームをドラッグして、スマートガイドの表示が図のようになったら手を放します。①のテキストフレームと③のテキストフレームとの間隔が同一で、中心に揃ったところに配置されます。

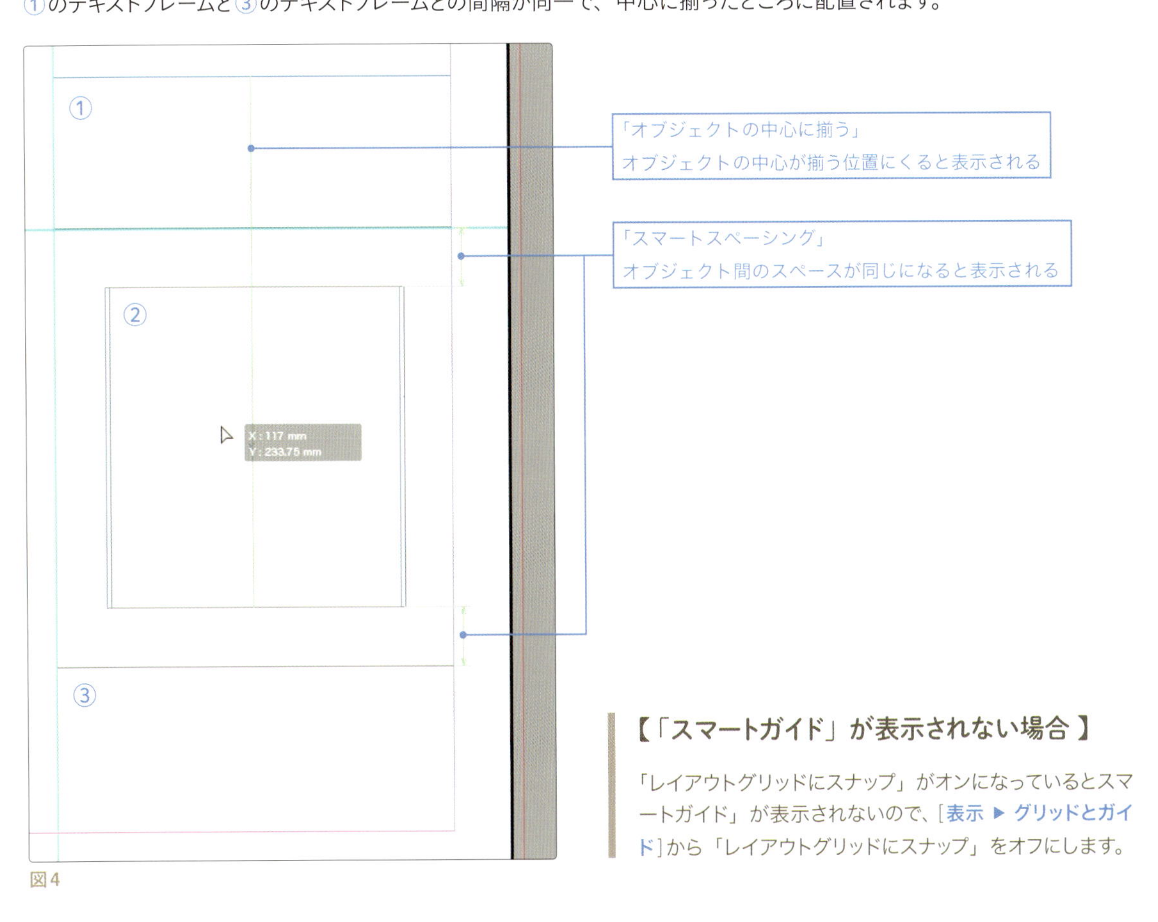

図4

【「スマートガイド」が表示されない場合】

「レイアウトグリッドにスナップ」がオンになっているとスマートガイド」が表示されないので、［表示 ▶ グリッドとガイド］から「レイアウトグリッドにスナップ」をオフにします。

【 memo 】

ガイドの表示・非表示は、［環境設定］ダイアログボックスの「ガイドとペーストボード」で切り替えることができます。またガイドのカラーを変更することもできます。

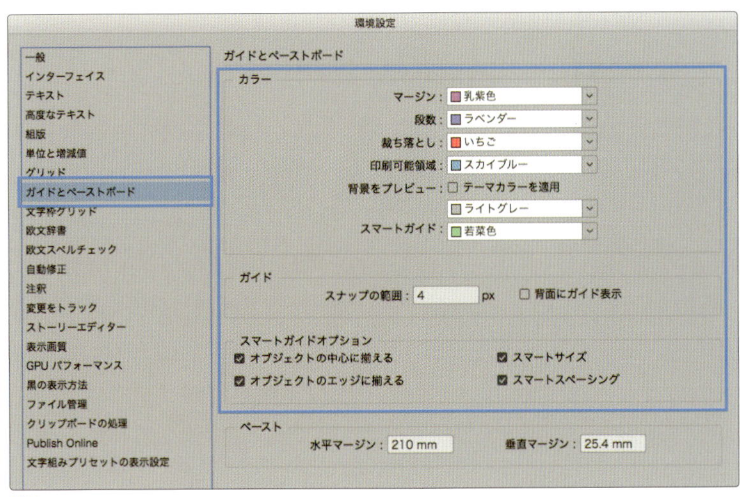

図5

3-2_テキストを配置する

別のアプリケーションで作成したテキストファイルを読み込んで配置します。

❶ 配置ダイアログを表示する

[横組み文字] ツールで①のテキストフレームをクリックして、カーソルが点滅したら、[ファイル ▶ 配置...] を選択して [配置] ダイアログを表示します。

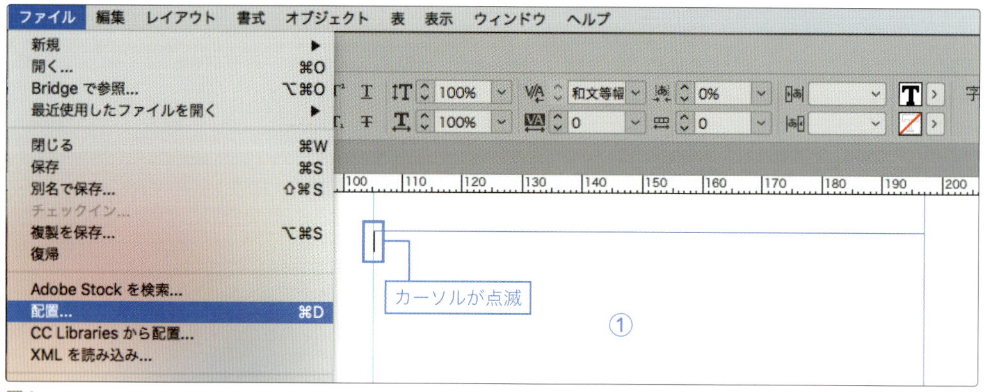

図1

❷ テキストを配置する

「text_01.txt」ファイルを選択して、[読み込みオプションを表示] のチェックをはずし [選択アイテムの置換] にチェックを入れて、[開く] をクリックします。

素材ファイル：
chapter2 > parts > text_01.txt

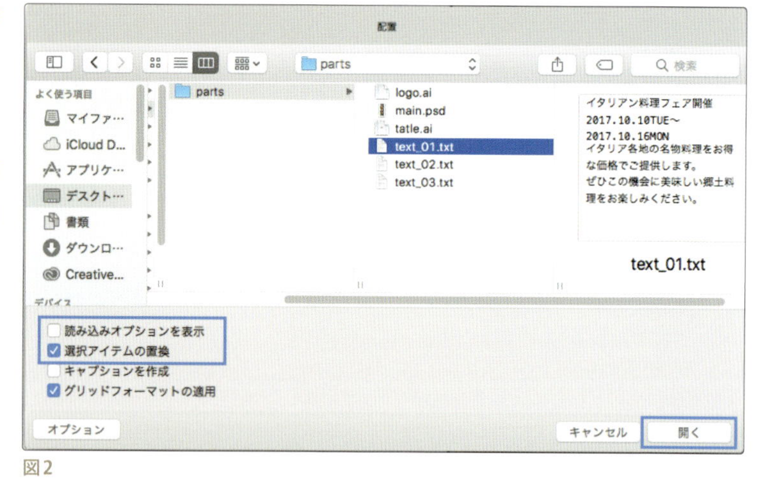

図2

テキストが配置されます。
テキストフレーム右下に赤い⊞マークが表示されているのは、割り付けられていないテキストが残っていることを表しています。今回はこのままにしておきます。

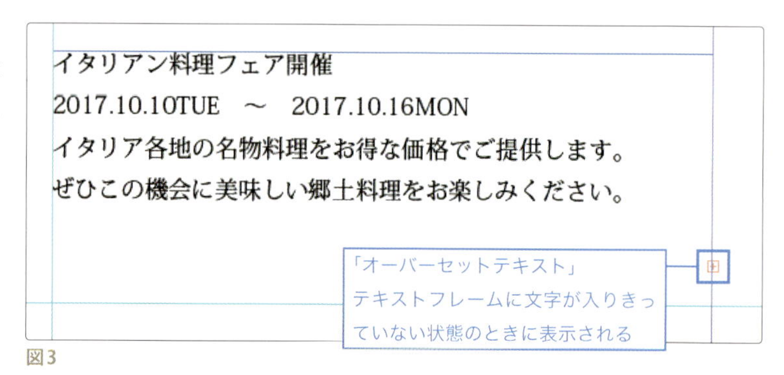

図3

同様の手順で②のテキストフレームに「text_02.txt」ファイルのテキストを配置します。

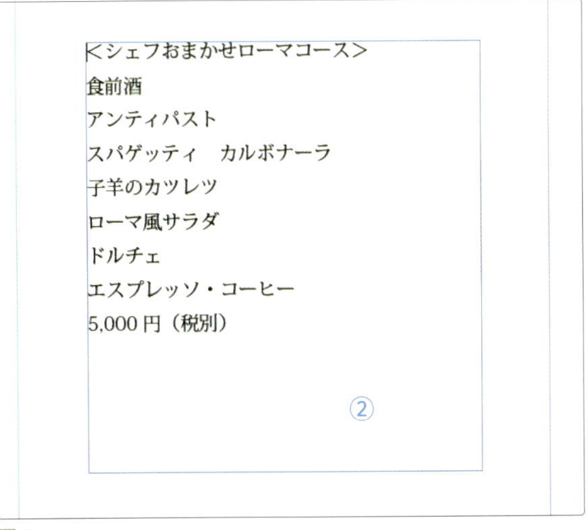

図4

3-3_テキストをキーボードから入力する

テキストフレームに、キーボードからテキストを入力します。

❶ テキストを入力する

［横組み文字］ツールで③のテキストフレームをクリックして、カーソルが点滅したら【図1】、次のように文字を入力します【図2】。

ご予約・お問い合わせ（改行）
インターナショナルホテル　ウイッシュ（改行）
TEL 00-111-2222

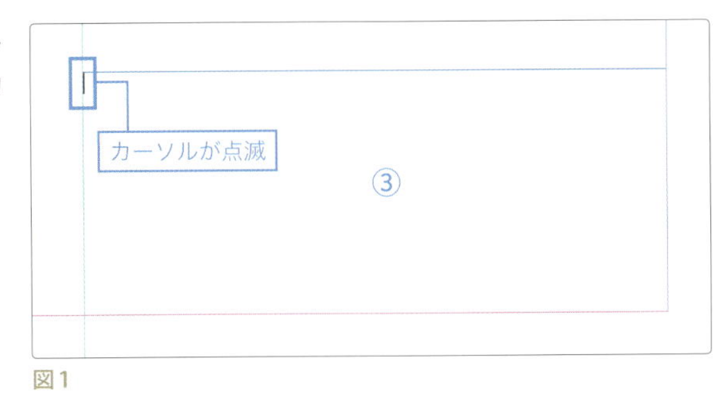

図1

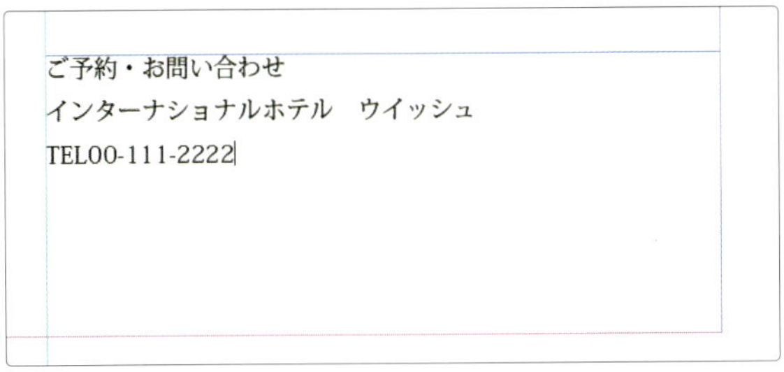

ご予約・お問い合わせ
インターナショナルホテル　ウイッシュ
TEL00-111-2222

図2

STEP 4

テキストを編集しよう

キャッチコピーやメニュー、
お問い合わせのテキストを見やすくするため、
文字のサイズやフォント、
行間などの書式を整えていきます。

【はじめに】制御文字を理解しよう

InDesignでのテキストの入力は、ほとんどの場合、InDesign上で文章を打ち込んでいくのではなく、テキストファイルを読み込んで配置する作業になります。そのため、例えば配置したテキストの文字間のアキなども、スペースが入っているのか、タブの設定なのか判断がつきません。
そんなとき、制御文字を表示しておくと「スペース」「タブ」「改行（リターン）」などが制御文字として表示されるので、作業がしやすくなります。
これらの制御文字は、ドキュメントウィンドウとストーリーエディターウィンドウに表示されるだけで、印刷されることもなく、PDFやXMLなどのファイル形式にも出力されません。

主な制御文字一覧

制御文字	意味
¶	改行
⌄	全角スペース
·	半角スペース
»	タブ
¬	ソフトリターン（強制改行）
#	ストーリーの最後

1 制御文字の表示

［書式 ▶ 制御文字を表示］を選択します【図1】。ドキュメント上のすべてのテキストに制御文字が表示されます。
【図2】のテキストフレームには、テキスト中の「〜」の前後に「全角スペース」、テキスト末尾に「改行」が入力されているのが確認できます。
さらにテキストフレームを広げると、そこにも「改行」が入っています。文字が入りきっているのに右下に赤い田マークが表示されていたのは余分な「改行（リターン）」が入っていたためです。

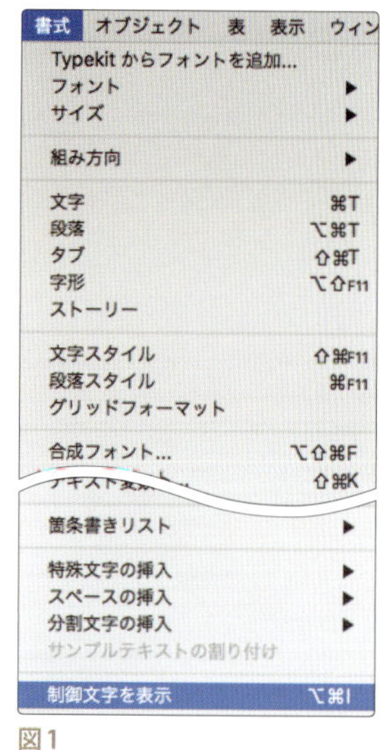

図1

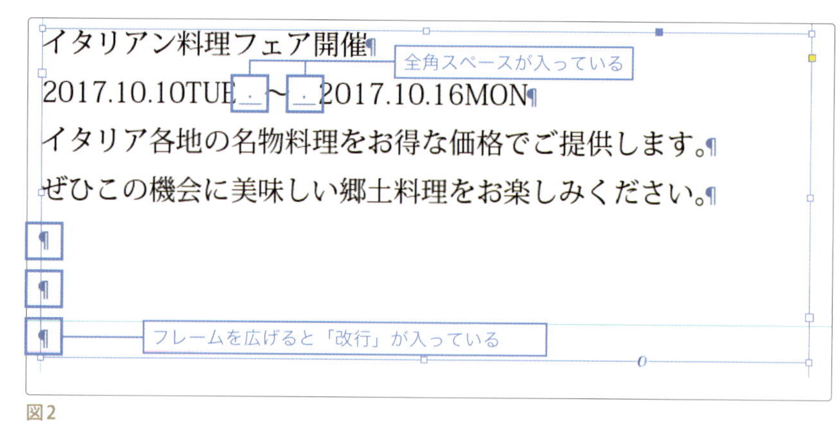

図2

❷ 制御文字の削除

[横組み文字] ツールで不要な制御文字（全角スペースと改行）を選択し【 図3 】、[delete] で削除します。

制御文字はドラッグ、またはダブルクリックで選択できます。

右下の赤い⊞マークが消えます【 図4 】。

テキストフレームのサイズを元に戻しておきます。

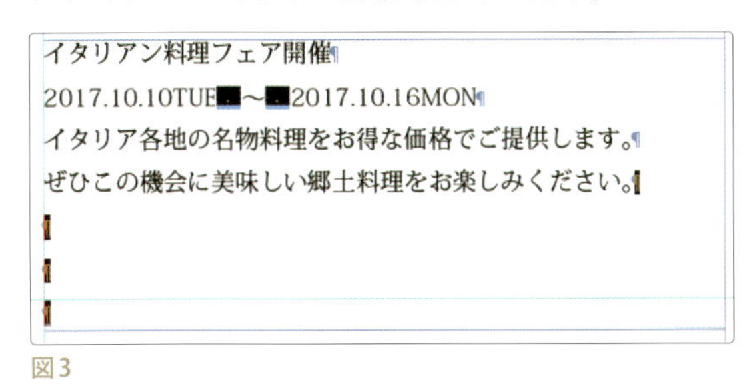

図3

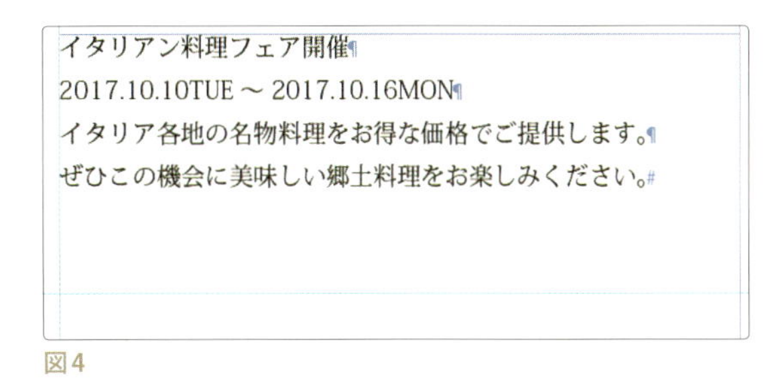

図4

4-1_文字の設定をする

❶ フォントを設定する

[横組み文字] ツールで「イタリアン料理フェア・・・」から始まるすべてのテキストを選択して、[字：コントロール] パネルで、「フォント：小塚ゴシック Pro M」に設定します【 図1 】【 図2 】。

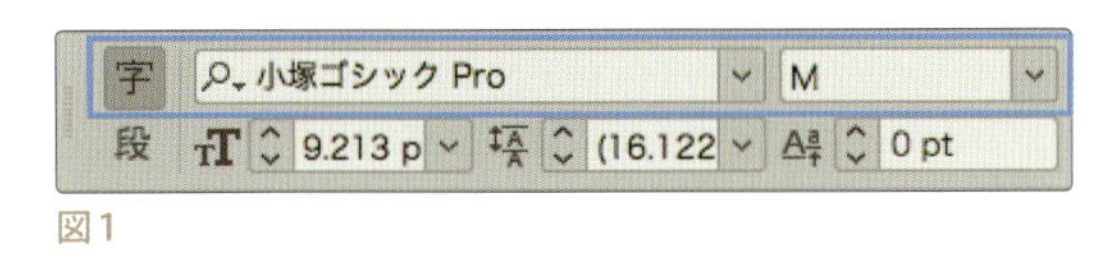

図1

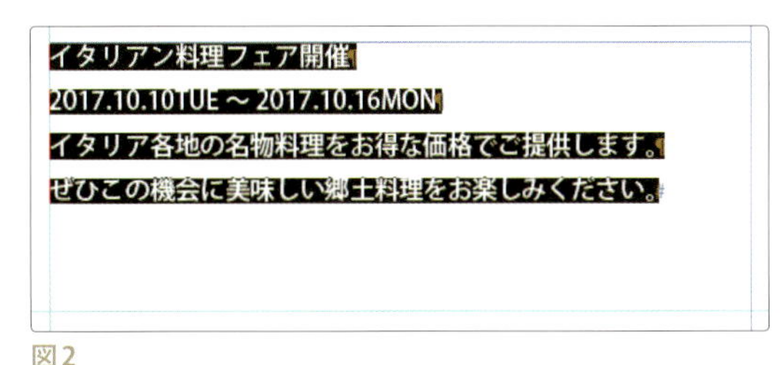

図2

❷ テキストのサイズを設定する

「イタリアン料理フェア・・・」を選択して、[字：コントロール] パネルで文字サイズを「20pt」に設定します【 図3 】【 図4 】。同様に「2017・・・」から始まる次の行を選択して「16pt」に【 図5 】【 図6 】、3～4行目を「10pt」に設定します【 図7 】【 図8 】。

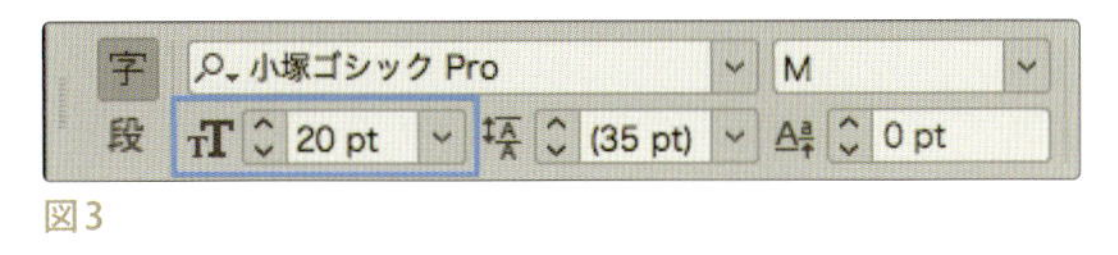

図3

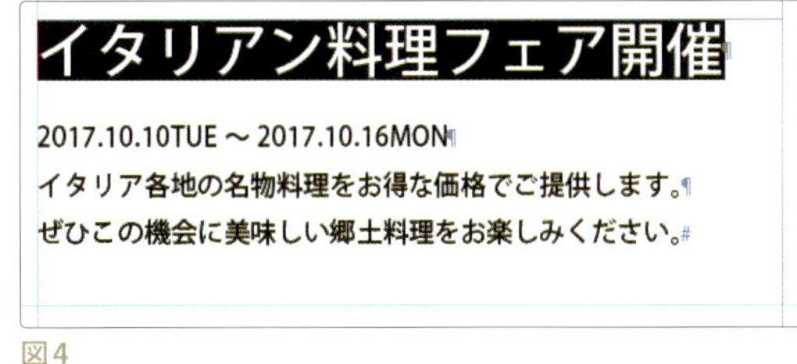

図4

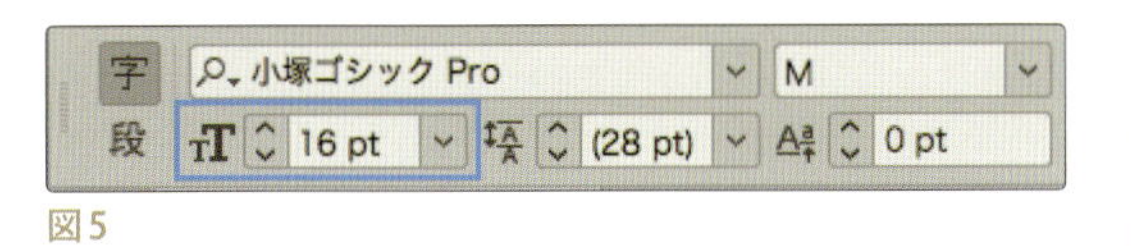

図5

図6

字
段
小塚ゴシック Pro
R
10 pt
(17.5 pt
0 pt

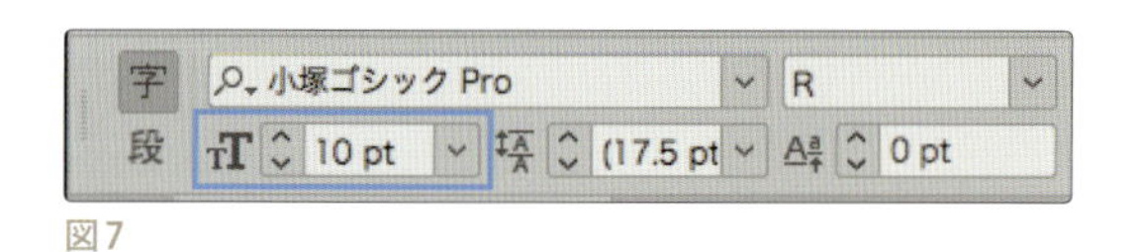

図7

イタリアン料理フェア開催
2017.10.10TUE ～ 2017.10.16MON
イタリア各地の名物料理をお得な価格でご提供します。
ぜひこの機会に美味しい郷土料理をお楽しみください。

図8

4-2_ 行揃えを設定する

行揃えは、複数行のテキストをどこを基準に揃えるかを設定する機能です。
左や右に揃えるほか、テキストを両方の端に揃えたり、最終行を除いて均等に配置したりすることができます。

❶ 両端揃えにする

［横組み文字］ツールで「イタリアン・・・MON」までの2行をドラッグで選択して、［段：コントロール］パネルで、行揃えを「両端揃え」に設定します【図1】。
2行のテキストがテキストフレームの両端に揃って配置されます【図2】。

字
段
0 mm
0 mm
0 mm
0 mm

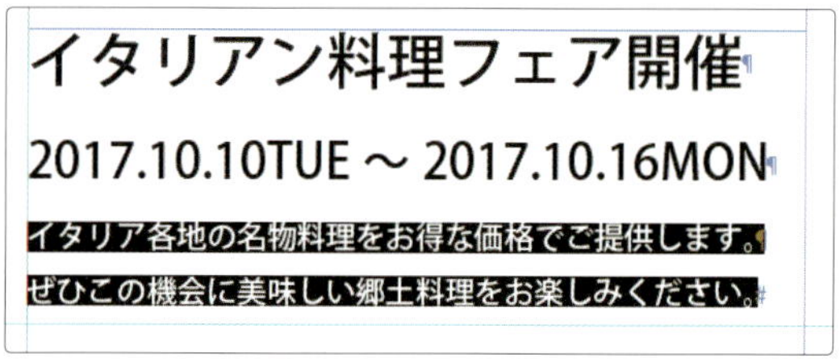

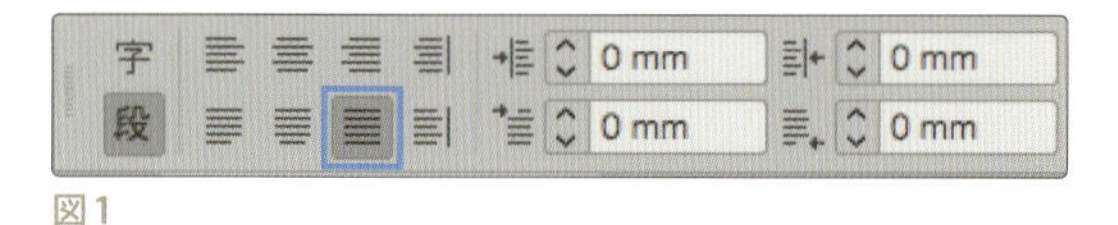

図1

イタリアン料理フェア開催
2017.10.10TUE ～ 2017.10.16MON
イタリア各地の名物料理をお得な価格でご提供します。
ぜひこの機会に美味しい郷土料理をお楽しみください。

図2

4-3_ 行送りを設定する

InDesignでは、行送りは、テキストの上から次の行のテキストの上までの距離をいいます。
デフォルト（初期設定）では「自動行送り」が設定されていて、対象となるフォントサイズの175%になっています。
メニュー部分のテキストの行間を広げて見やすくします。

❶ フォントとサイズを設定する

［横組み文字］ツールで「<シェフおまかせ・・・」のテキストをすべてドラッグで選択して、［字：コントロール］パネルで「フォント：小塚ゴシック Pro M」「サイズ：10pt」に設定します【図1】【図2】。

字
段
小塚ゴシック Pro
M
10 pt
(17.5 pt
0 pt

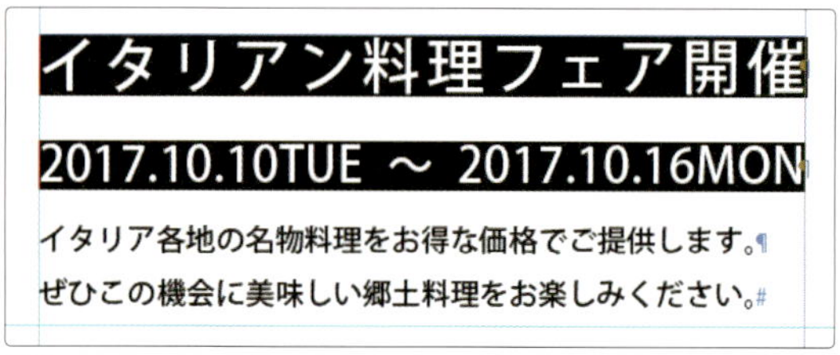

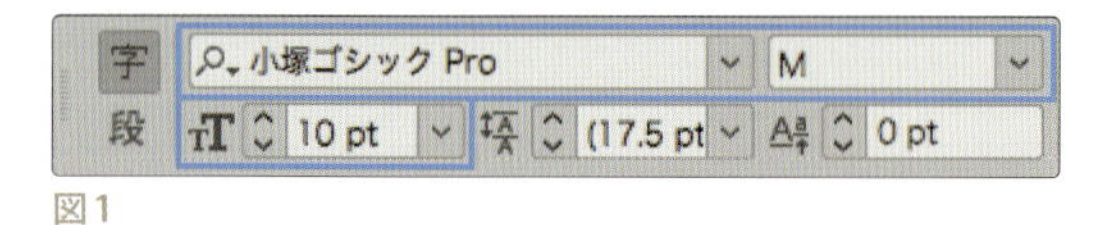

図1

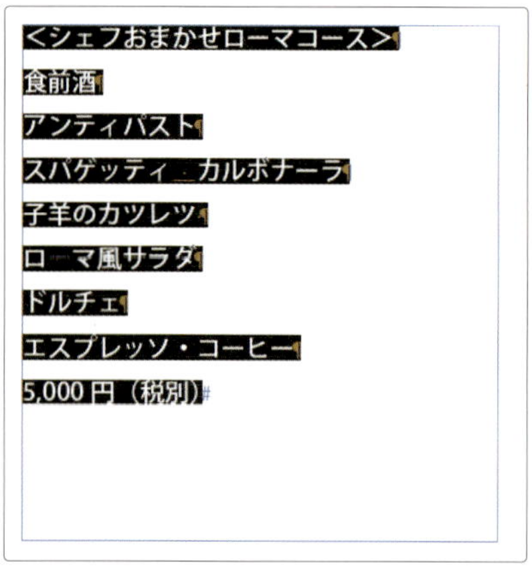

<シェフおまかせローマコース>
食前酒
アンティパスト
スパゲッティ カルボナーラ
子羊のカツレツ
ローマ風サラダ
ドルチェ
エスプレッソ・コーヒー
5,000円（税別）

図2

❷ 行送りを「20pt」に設定する

文字のサイズを10ptに設定したので、自動行送り値は10pt×1.75で「17.5pt」になっています【図3】。「自動行送り」が設定されている場合、文字パネルの［行送り］には、括弧内に行送り値が表示されます【図4】。

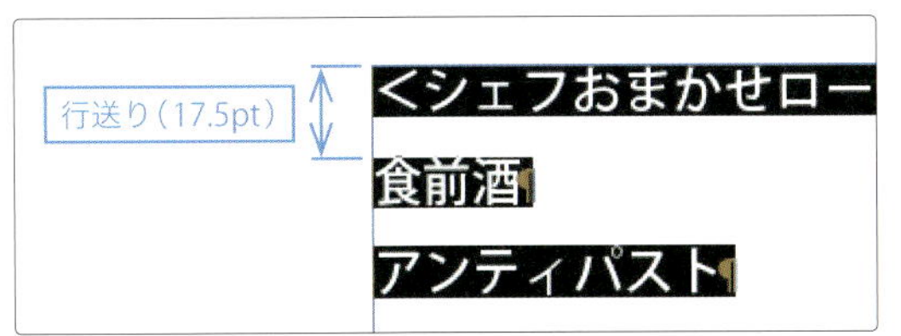

図3

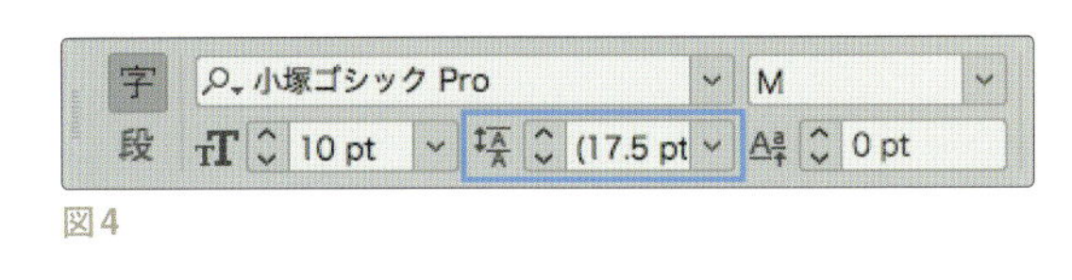

図4

テキストを選択した状態で［字：コントロール］パネルで行送りを「20pt」に設定します【図5】。行間が開いて見やすくなります【図6】。

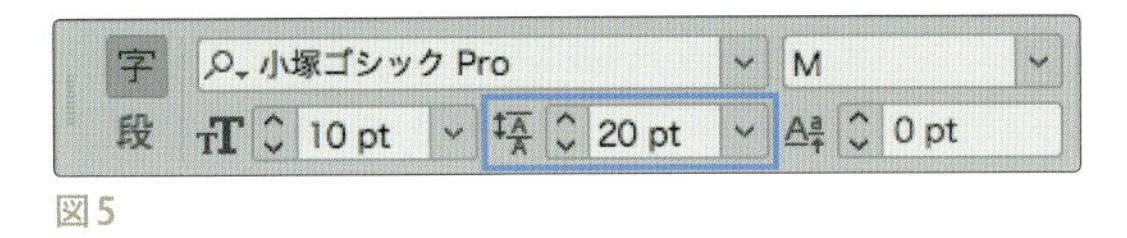

図5

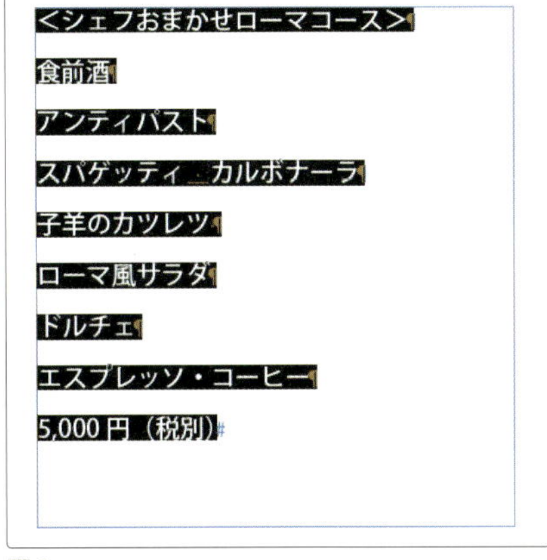

図6

最後に［段：コントロール］パネルで、行揃えを「中央揃え」に設定します【図7】【図8】。

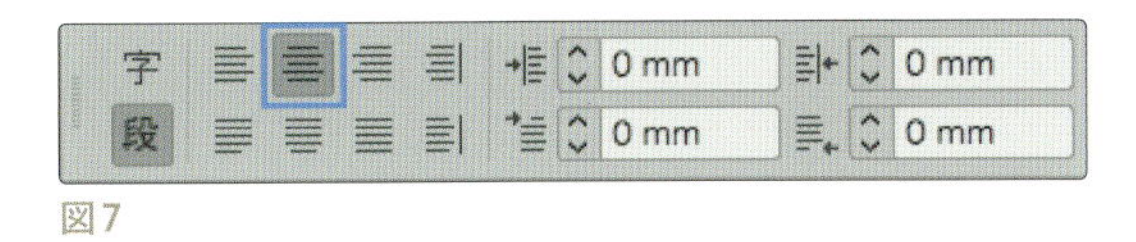

図7

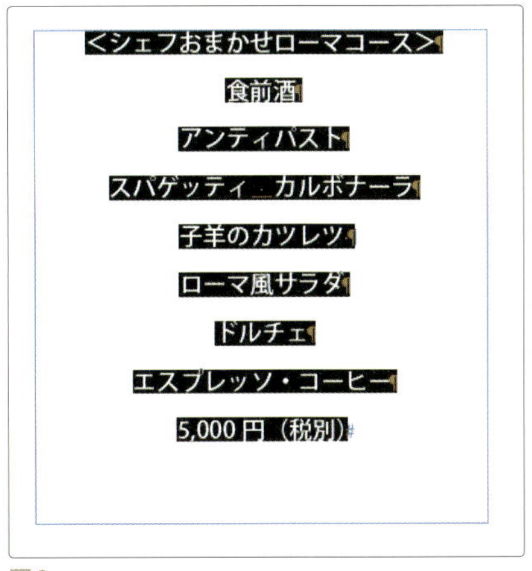

図8

4-4_段落境界線を設定する

段落境界線は、段落の前後に付けられる線分で、段落が移動すると一緒に移動します。
ここでは「ご予約・・・」の行の後に罫線を設定します。

❶ フォントとサイズを設定する

［ 横組み文字 ］ツールで「ご予約・・・」から電話番号までの3行全てをドラッグで選択して【 図1 】、［ 字：コントロール ］パネルで、「フォント：小塚ゴシックPro M」「サイズ：12pt」に設定します【 図2 】。
さらに、［ 段：コントロール ］パネルで行揃えを「中央揃え」に設定します【 図3 】。

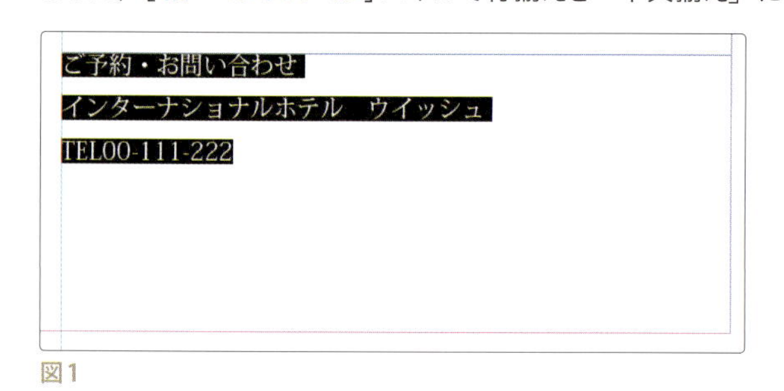

図1

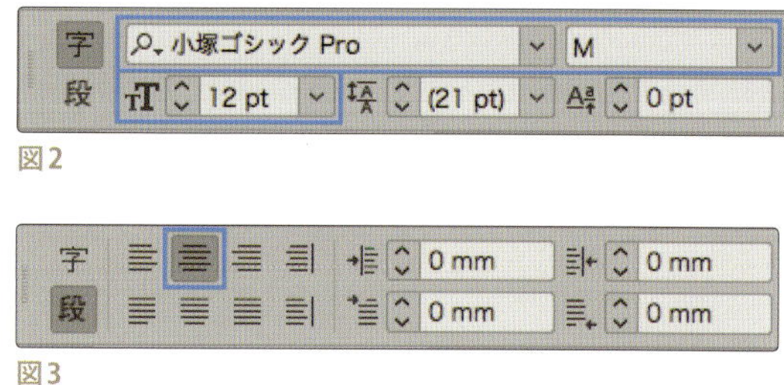

図2

図3

TELの行をドラッグで選択して「サイズ：26pt」に変更します【 図4 】【 図5 】。

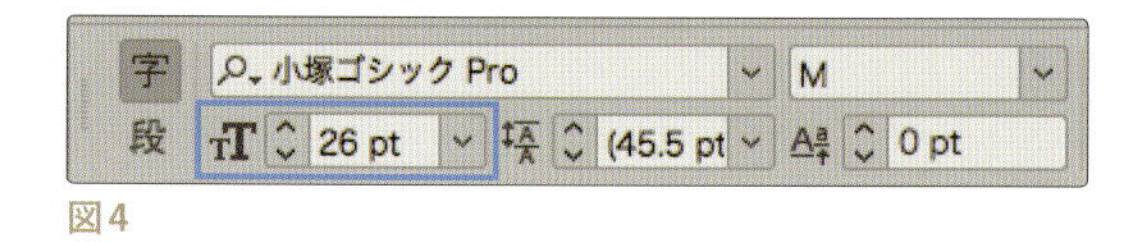

図4

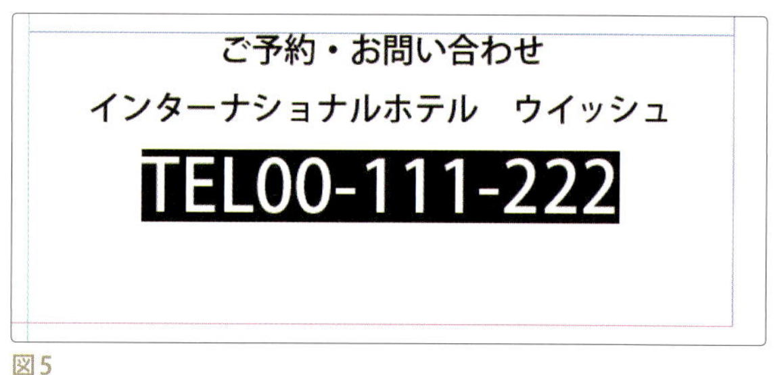

図5

❷ ［ 段落境界線 ］ダイアログを表示する

「ご予約・・・」から始まる1行目を選択します【 図6 】。
［ 書式 ▶ 段落 ］を選択して【 図7 】、［ 段落 ］パネルを表示し、［ 段落 ］パネルメニューから［ 段落境界線... ］を選択します【 図8 】。

図6

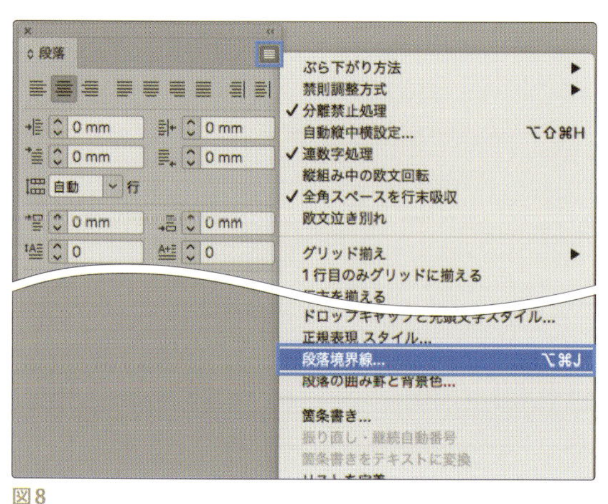

図8

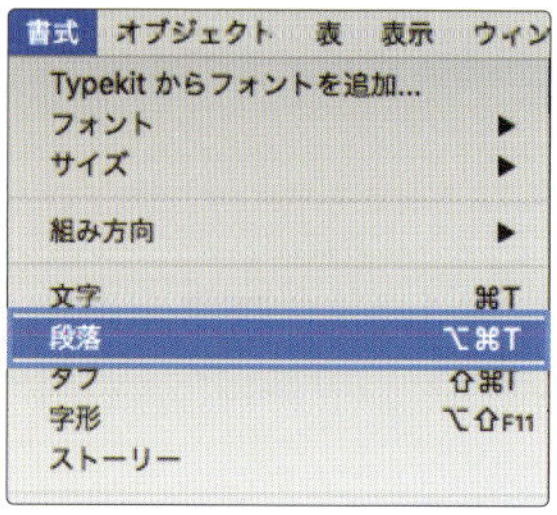

図7

❸ [後境界線] を設定する

[段落境界線] ダイアログが表示されたら、次のように設定して [OK] をクリックします。

最上部 にあるポップアップメニューで [後境界線] を選択
「境界線を挿入」にチェック
線幅：0.5mm
幅：列
オフセット：1mm

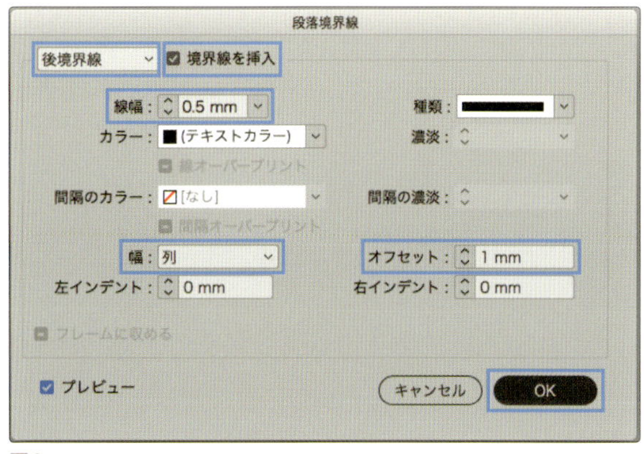

図9

幅を「列」としたので、線が段の左から右まで、オフセットを「1mm」としたので行の下1mmのところに線が引かれています。

図10

【 memo 】
[段落境界線]ダイアログで[幅：テキスト]に設定した場合、線はテキストの長さと同じだけ引かれます。
テキストの長さが変更になればそれに伴って線の長さも変わります。

図11 [幅：テキスト]と設定した場合

4-5_テキストをフレームの中央に配置する

メニューのテキストフレームに線を設定して、テキストを中央に配置します。

❶ テキストフレームを角丸にする

メニューのテキストフレームを選択します。右上に黄色い四角形が表示されます【 図1 】。
この黄色い四角形をクリックすると、4つすべてのコーナーに黄色の菱形が表示されます【 図2 】。

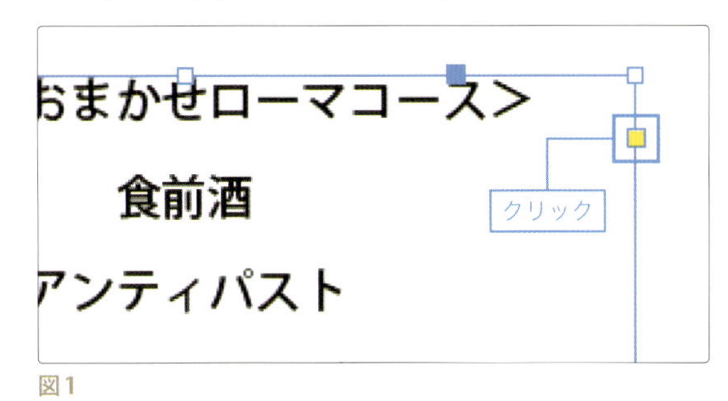

図1

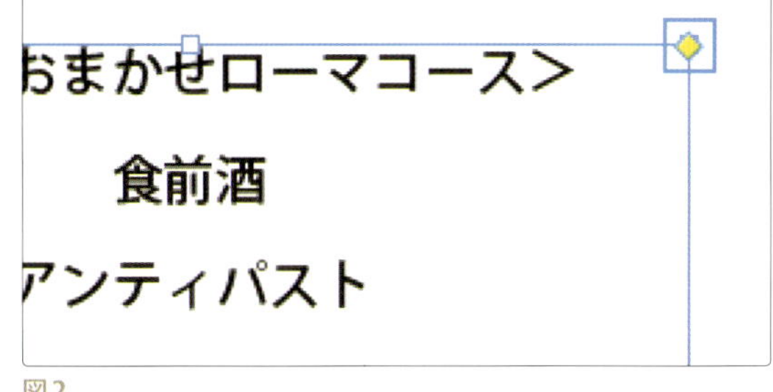

図2

黄色の菱形をドラッグして、スマートカーソルの表示が「R：5mm」になったら手を放します【図3】。
テキストフレームの４つの角が丸くなります【図4】。

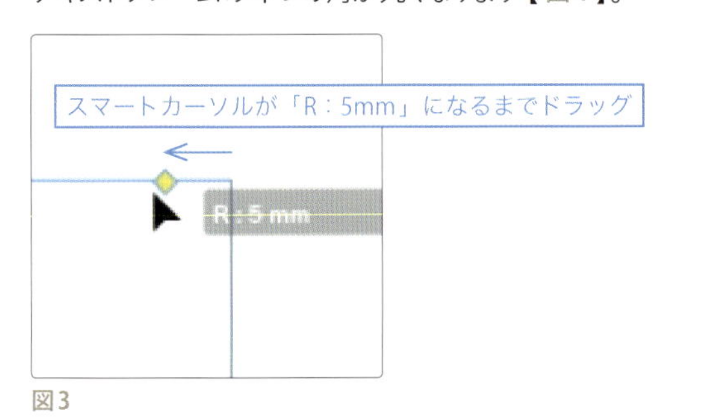

図3

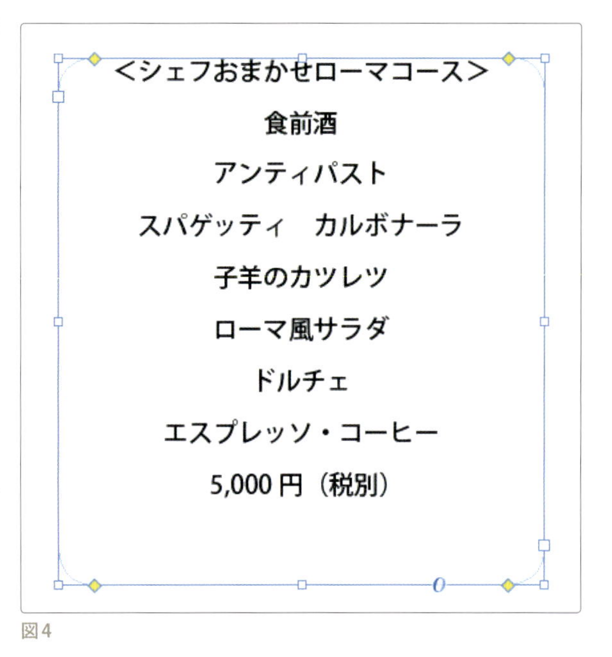

図4

［コントロール］パネルの［角］オプションでも設定することができます。

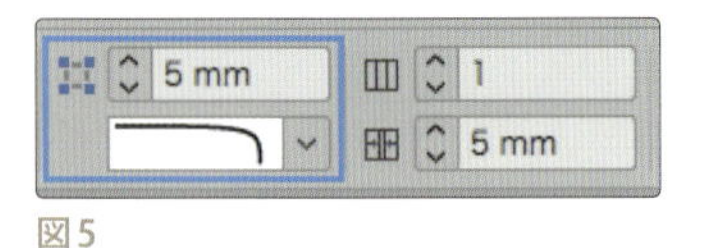

図5

❷ テキストフレームに線を設定する

テキストフレームを選択したまま［ウィンドウ ▶ 線］【図6】で、［線］パネルを表示して［線幅］に「0.75mm」と入力します【図7】。
テキストフレームに線が設定されます【図8】。

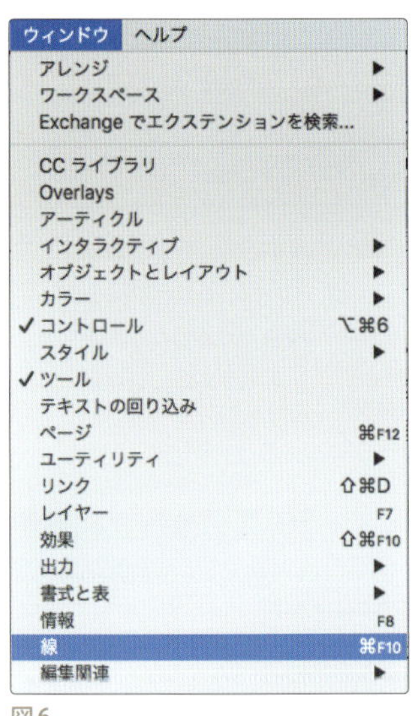

図6

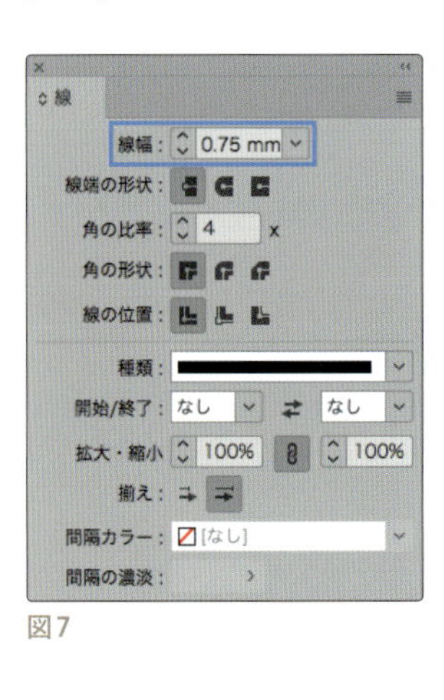

図7

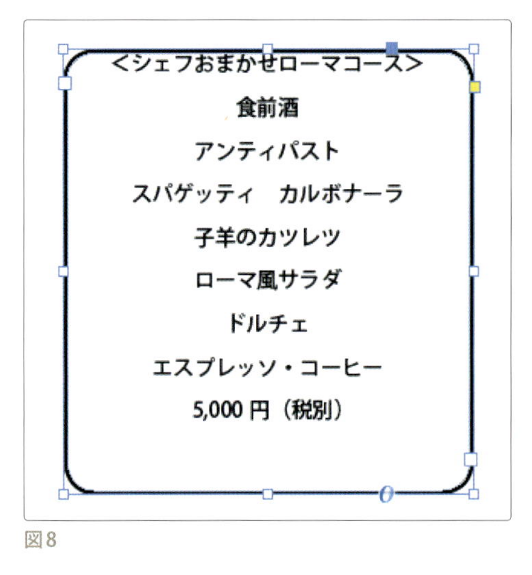

図8

【 memo 】
［線］ツールの上をダブルクリックしても［線］パネルを表示できます。

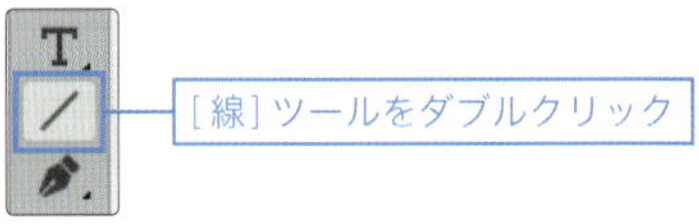

［線］ツールをダブルクリック

図9

❸ テキストをフレームの中央に配置する

[選択] ツールでテキストフレームを選択して [オブジェクト ▶ テキストフレーム設定 ...] を選択し [テキストフレーム設定] ダイアログを表示します。

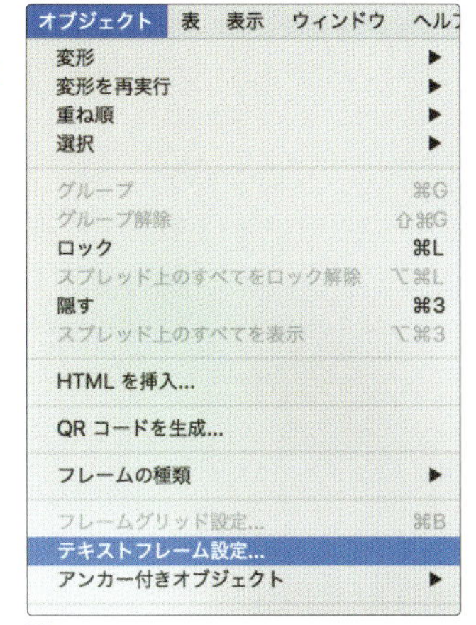

図10

「テキストの配置」を「配置：中央」に設定して [OK] をクリックします【 図11 】。
すべてのテキストがフレームの中央に移動します【 図12 】。

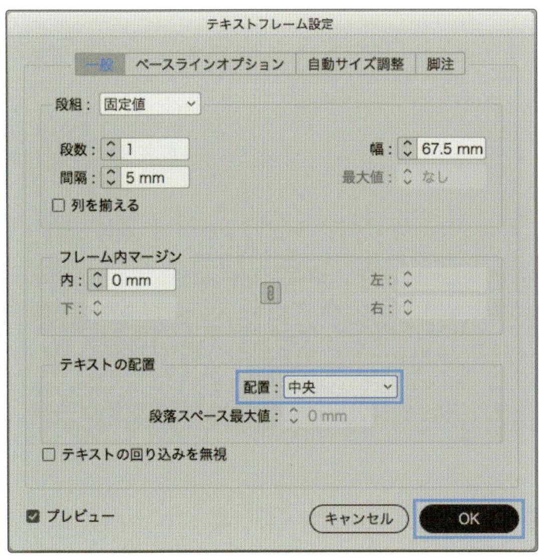

図11

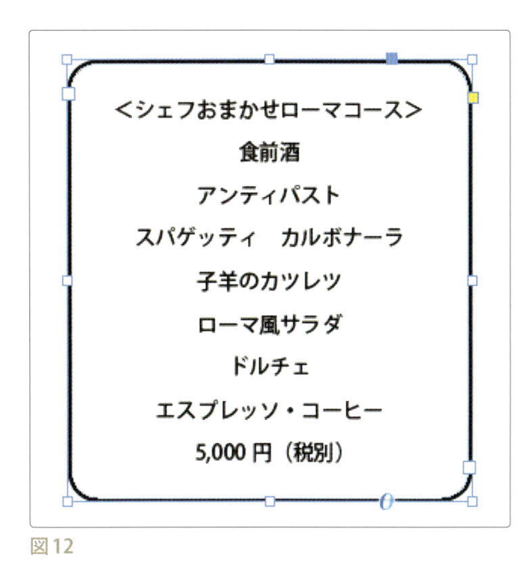

図12

テキストフレームとテキストにカラーを設定しよう

InDesign では、カラーパネル、スウォッチパネル、カラーピッカーなど、
カラーを指定する方法がたくさんあります。
頻繁に使用する色は、あらかじめスウォッチパネルに登録しておくと便利です。
ここでは、テキストに適用する色をカラーパネルで作成し、
作成したカラーをスウォッチパネルに登録します。
その他のフレームなどはスウォッチパネルから色を適用します。

5-1_テキストに色を設定する

❶ カラーパネルを表示する

[ウィンドウ ▶ カラー ▶ カラー] を選択して【 図1 】、[カラー] パネルを表示します【 図2 】。

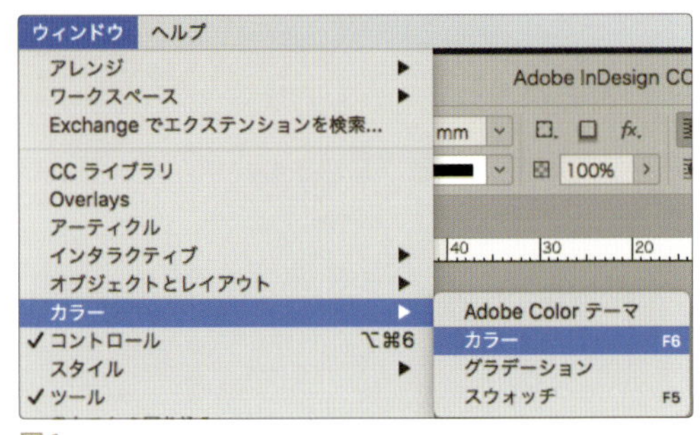

図1

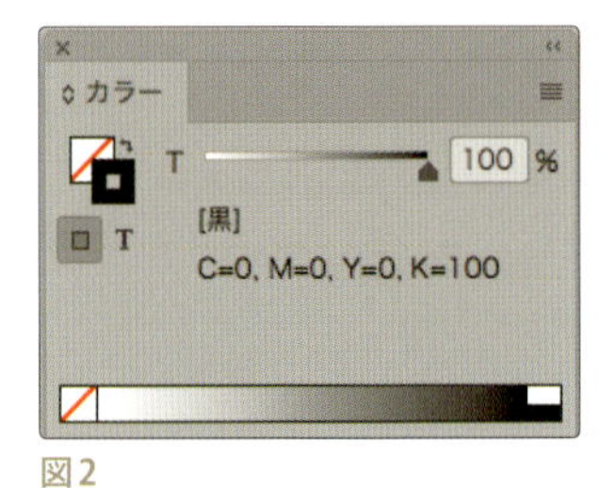

図2

❷ テキストに色を適用する

[横組み文字] ツールで「2017.10.10TUE～2017.10.16MON」のテキストを選択します。

イタリアン料理フェア開催

2017.10.10TUE ～ 2017.10.16MON

イタリア各地の名物料理をお得な価格でご提供します。
ぜひこの機会に美味しい郷土料理をお楽しみください。

図3

[カラー] パネルメニューから [CMYK] を選択します【 図4 】。
CMYKの数値を「C：100%」「M：0%」「Y：100%」「K：0%」と設定し、テキストの色を緑に変更します【 図5 】。

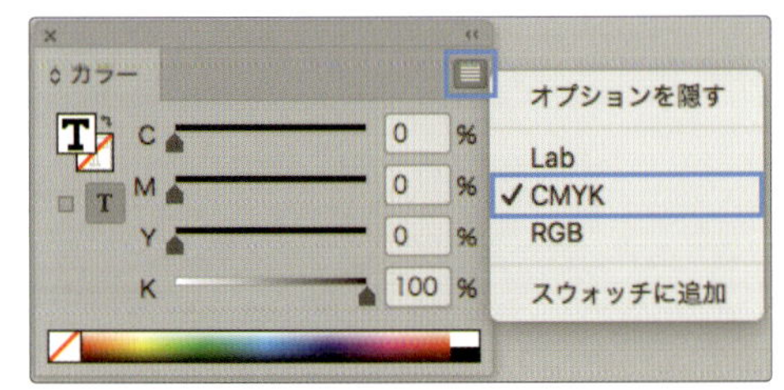

図4

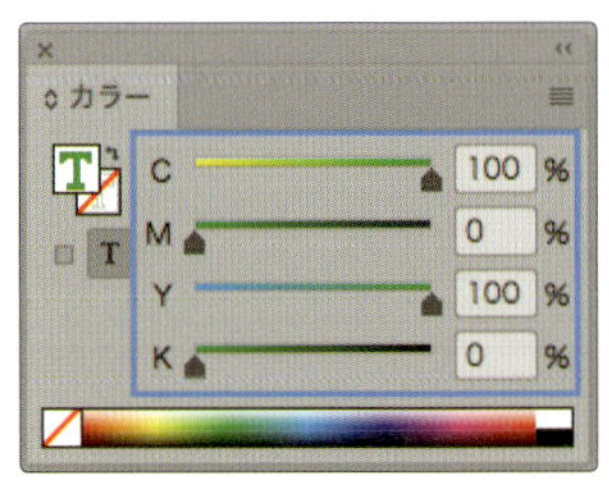

図5

5-2_スウォッチパネルにカラーを登録する

❶ カラーを登録する

緑を適用したテキストを選択した状態で［カラー］パネルメニューの［スウォッチに追加］を選択します。

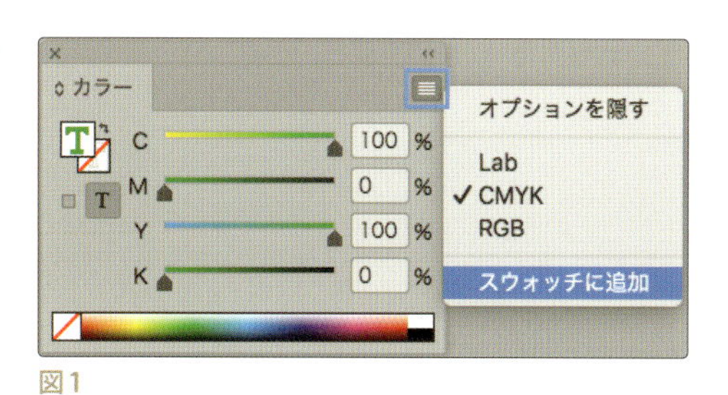

図1

［ウィンドウ ▶ カラー ▶ スウォッチ］を選択して［スウォッチ］パネルを表示します【図2】。

［スウォッチ］パネルの最下部に追加したカラーが登録されています【図3】。

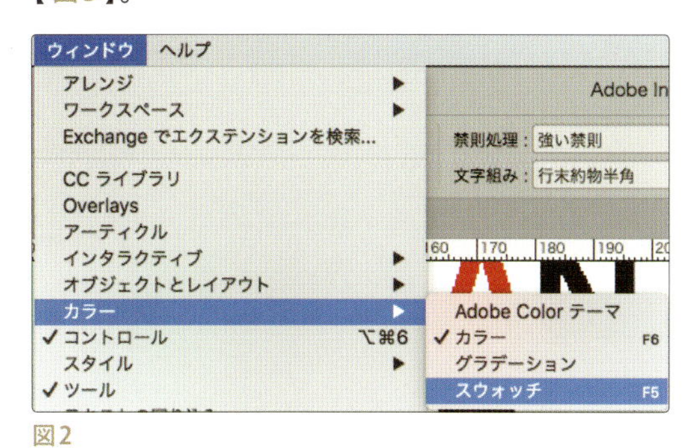

図2

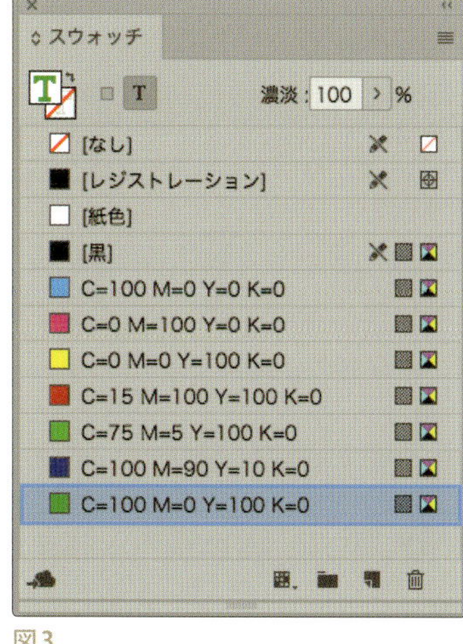

図3

5-3_フレームにスウォッチパネルの色を設定する

❶ テキストフレームに色を設定する

［選択］ツールでメニューの入ったテキストフレームをクリックして選択します。

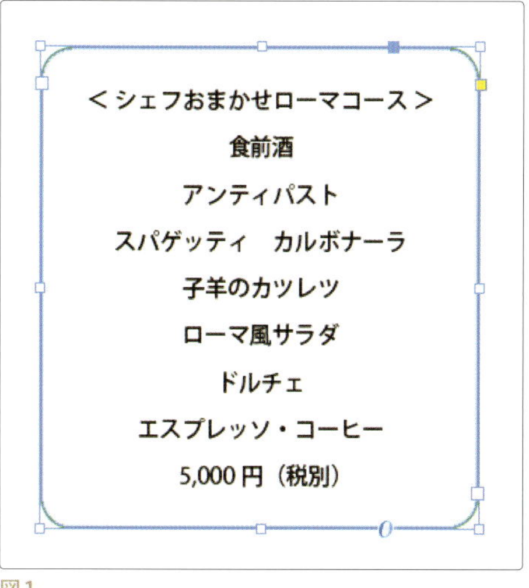

図1

［スウォッチ］パネルの［線］をクリックして、先ほど追加した「C:100%」「M：0%」「Y：100%」「K：0%」を選択します【図2】。
フレームの色が緑に変わります【図3】。

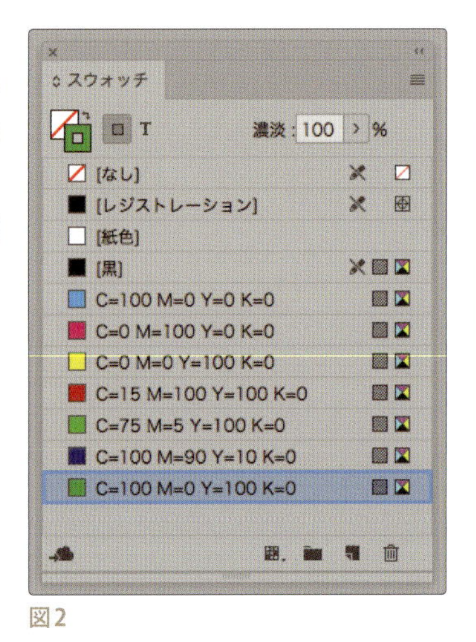

図2

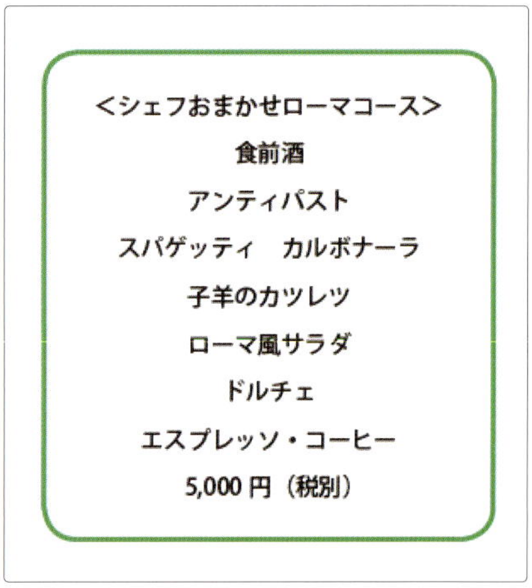

<シェフおまかせローマコース>
食前酒
アンティパスト
スパゲッティ　カルボナーラ
子羊のカツレツ
ローマ風サラダ
ドルチェ
エスプレッソ・コーヒー
5,000 円（税別）

図3

② テキストに色を設定する

［横組み文字］ツールで「TEL・・・」のテキストを選択します【図4】。

テキストを選択すると［スウォッチ］パネルの［塗り］ボックスの表示は、Tに変わります。［スウォッチ］パネルに登録されている「C：15%」「M：100%」「Y：100%」「K：0%」を選択して文字の色を赤に変更します【図5】。

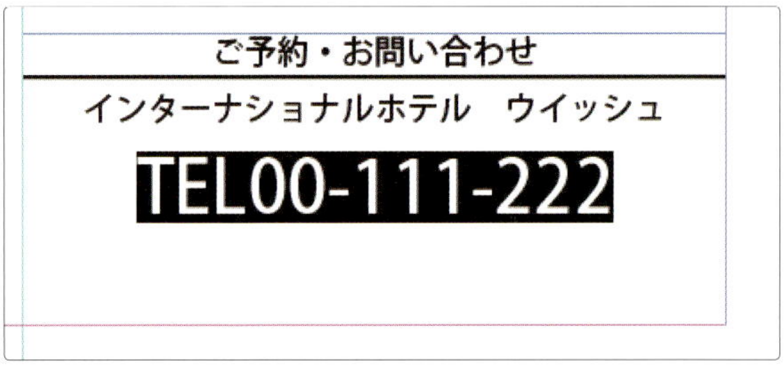

ご予約・お問い合わせ
インターナショナルホテル　ウイッシュ
TEL00-111-222

図4

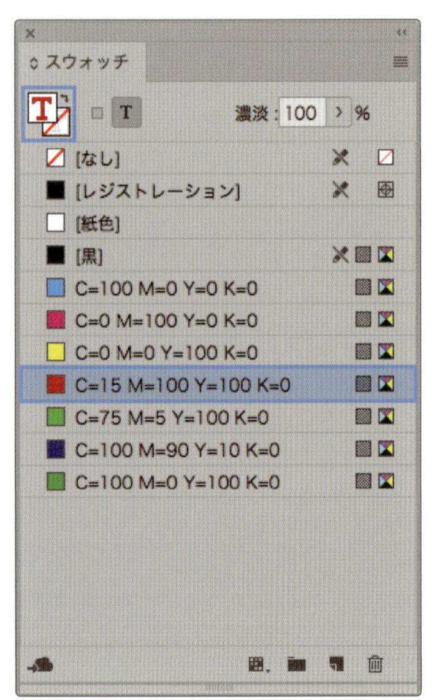

図5

図6　STEP 5 完成図

完成したリーフレットを保存してプリントしよう

完成したリーフレットを保存してプリントします。

6-1_リーフレットを保存する

❶ 保存する

[ファイル ▶ 保存] をクリックします【 図1 】。一度保存をしている場合は、[別名で保存...] を選択します。
[保存] ダイアログが表示されたらファイルの「名前」を入力し、「保存先」を指定します。
[フォーマット] に [InDesign CC 2018 ドキュメント] を選択し、[保存] ボタンをクリックします【 図2 】。

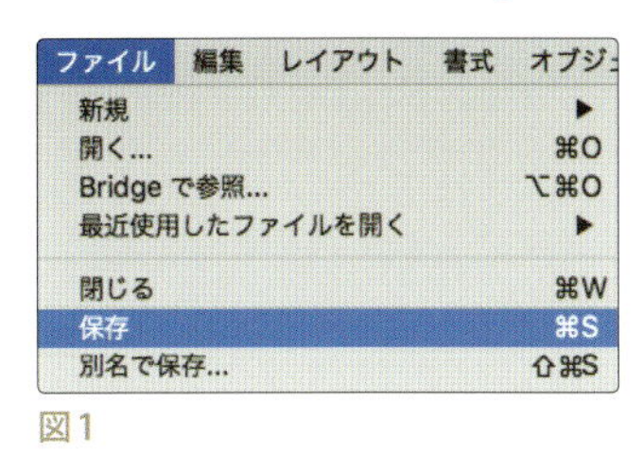

図1

図2

【 memo 】
実際の作業では、新規ドキュメントを作成してレイアウトを始める前に「保存」をします。
その後は作業の途中でこまめに保存することをおすすめします。

6-2_完成データの仕上がりイメージを確認する

画面の表示モード、表示画質を切り替えて、完成したデータの仕上がりイメージを確認します。

❶ 表示モードを変更する

[ツール] パネルの最下部にある「各種モード」アイコンを押し続け、「プレビュー」を選択します。

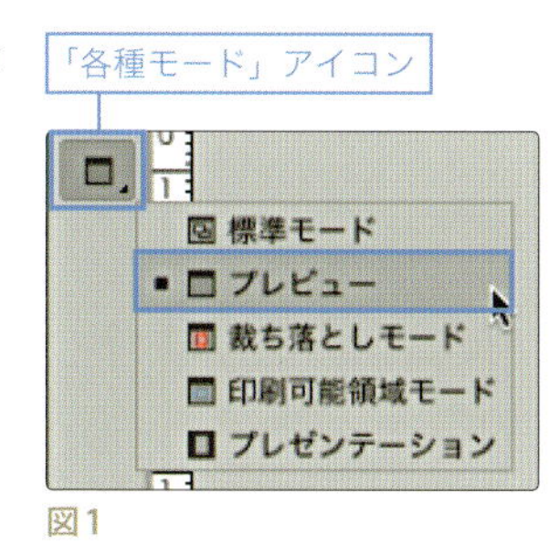

図1

グリッド、ガイド、フレームの表示がなくなり、出力した場合と同じ状態の仕上がりイメージが表示されます。

図2

【画面の表示モード】

- **標準モード**：グリッド、ガイド、フレームなどすべて表示された通常の画面です。
- **プレビュー**：出力した場合と同じ状態の仕上がりイメージを表示します。グリッド、ガイド、フレームなどは表示されません。
- **裁ち落としモード**：出力した場合と同じ状態の仕上がりイメージと、裁ち落とし領域（ドキュメント設定で定義）内の印刷対象の要素も表示されます。
- **印刷可能領域モード**：出力した場合と同じ状態の仕上がりイメージと、印刷可能領域（ドキュメント設定で定義）内の印刷対象の要素も表示されます。通常はプレビューモードと同じ状態になります。

② 表示画質を変更する

［表示 ▶ 表示画質の設定］を選択して、［高品質表示］に変更します【図1】。
画像の表示品質が高くなり、配置画像は元画像のレベルで表示されます【図2】。

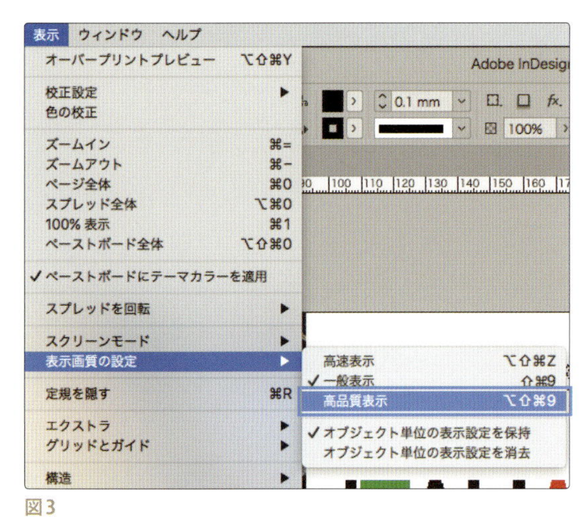

図3

図4

【memo】
画質の表示を変更しても、ドキュメント内の画像の書き出しや印刷を行うときの出力解像度には影響しません。
画像の表示品質のデフォルト設定は環境設定で行います。

作業は「高品質表示」のままでも行えますが、画像の点数が多い場合など表示速度が遅くなります。
作業中は「一般表示」にしておきましょう。

6-3_プリントする

❶ 一般設定

［ファイル ▶ プリント...］を選択して【図1】、［プリント］ダイアログを開き以下の設定をします【図2】。

プリンター：接続しているプリンタを選択

コピー：1

ページ：すべて

図1

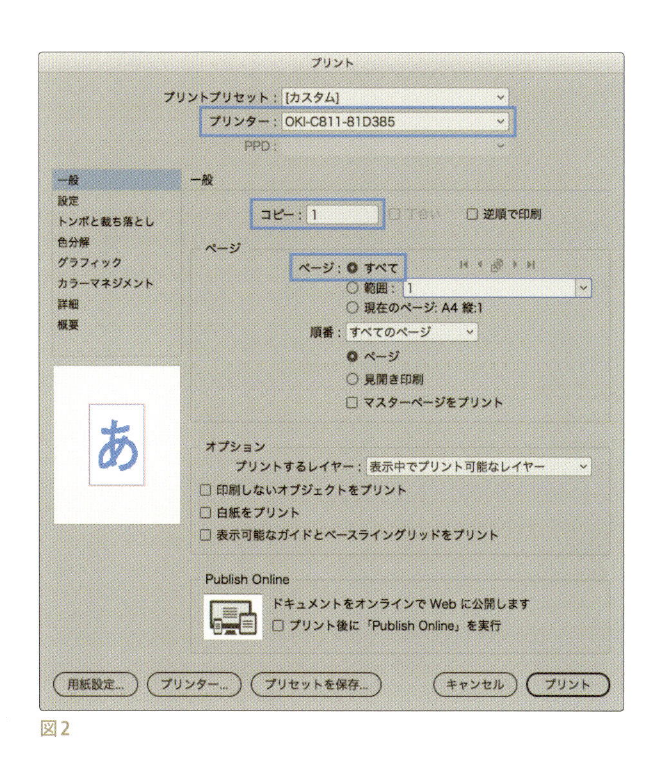

図2

【ページ範囲の指定方法について】

連続したページの指定はハイフンで範囲を指定し、連続しないページの指定にはカンマを使用します。
図のように指定した場合、1頁から5頁と、6頁、8頁が印刷されます。

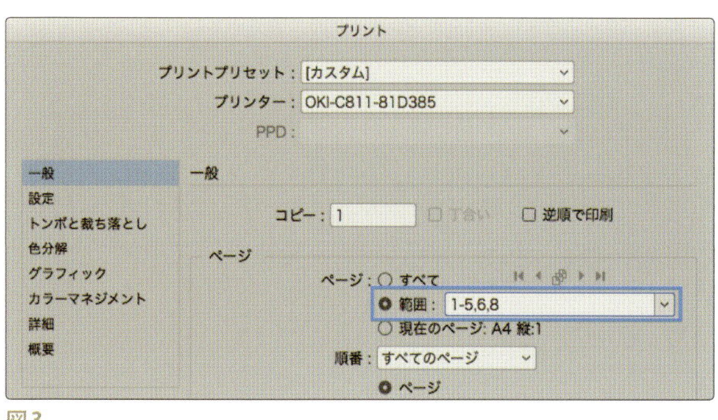

図3

❷ 用紙サイズを設定

［プリント］ダイアログ左上のリストから「設定」をクリックして「用紙サイズ：A4」にして［プリント］をクリックします。ドキュメントがプリントされます。

「トンボと裁ち落とし」の設定が必要な場合は用紙サイズに「A4」以上を設定して次に進みます。

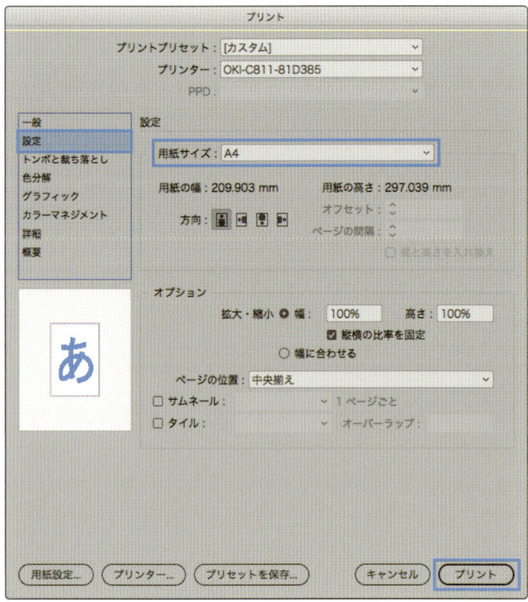

図4

図6　ドキュメントサイズでプリントした場合

❸ トンボと裁ち落としを設定

ダイアログ左上のリストから「トンボと裁ち落とし」をクリックし、「すべてのトンボとページ情報を印刷」にチェックを入れます。

［プリント］ボタンをクリックするとトンボの付いたドキュメントがプリントされます。

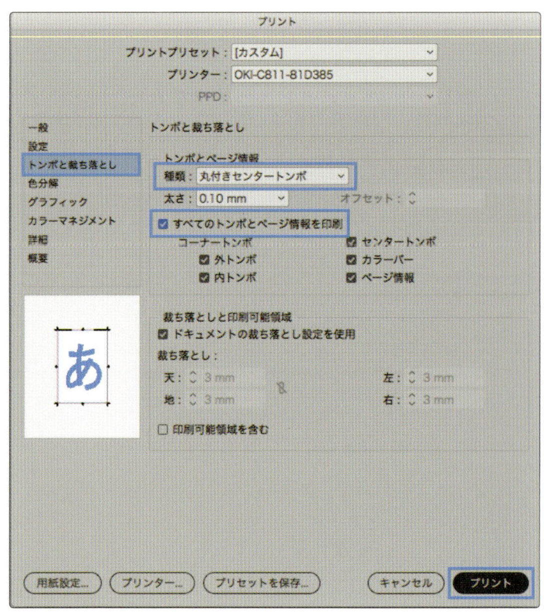

図5

【トンボ】 印刷物を作成する際に、仕上がりサイズに断裁するための位置を表す目印です。各角と各辺の中央などに作成します。

図7　トンボを付けてプリントした場合

STEP UP 1

ドキュメントの設定をプリセットに保存する

InDesign CCではドキュメントを作成する際の
「ページサイズ、段組、マージン、裁ち落とし印刷可能領域」など
さまざまな設定をプリセットとして登録しておくことができます。
よく使用するドキュメントの設定を登録しておくことで、
作業の効率化を図ることができます。

1_プリセットを登録する

❶ [ドキュメントプリセット] ダイアログを表示する

[ファイル ▶ ドキュメントプリセット ▶ 定義...] を選択します【図1】。
[ドキュメントプリセット] ダイアログが表示されたら [新規] ボタンをクリックします【図2】。

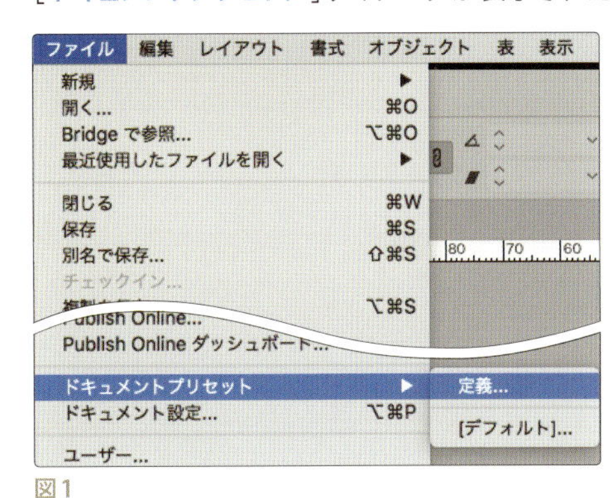

図1

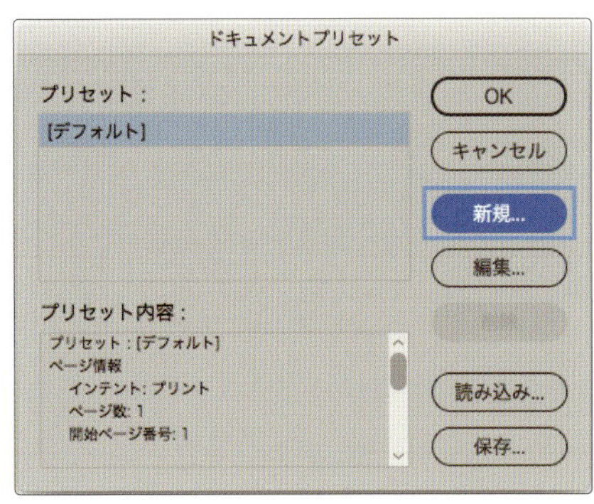

図2

❷ 新規ドキュメントプリセットを登録する

[新規ドキュメントプリセット] が表示されたら、プリセットの名称を入力して、各項目を設定します。設定が終わったら [OK] ボタンをクリックします【図3】。

続いて、[ドキュメントプリセット] ダイアログにプリセットが保存されているのを確認して、[OK] ボタンをクリックします【図4】。

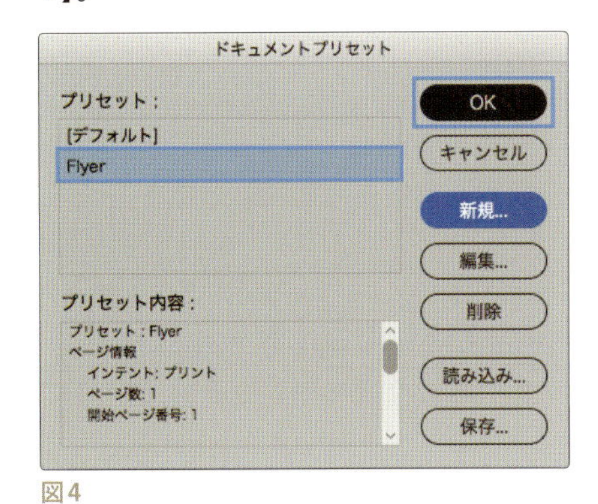

図4

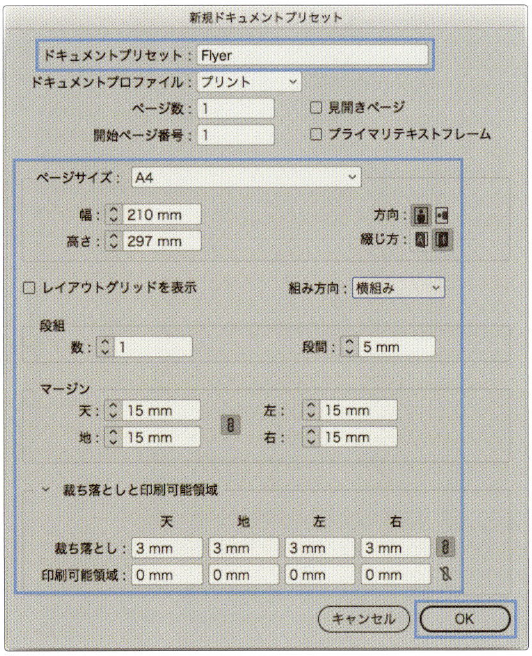

新規ドキュメントプリセット
ドキュメントプリセット：Flyer
ドキュメントプロファイル：プリント
ページ数：1　見開きページ
開始ページ番号：1　プライマリテキストフレーム
ページサイズ：A4
幅：210 mm　方向：
高さ：297 mm　綴じ方：
レイアウトグリッドを表示　組み方向：横組み
段組
数：1　段間：5 mm
マージン
天：15 mm　左：15 mm
地：15 mm　右：15 mm
裁ち落としと印刷可能領域
天 地 左 右
裁ち落とし：3 mm 3 mm 3 mm 3 mm
印刷可能領域：0 mm 0 mm 0 mm 0 mm
キャンセル　OK

図3

2_プリセットを使用したドキュメントを作成する

❶ プリセットを選択する

[ファイル ▶ ドキュメントプリセット] で使用したい「プリセット名」を選択します。

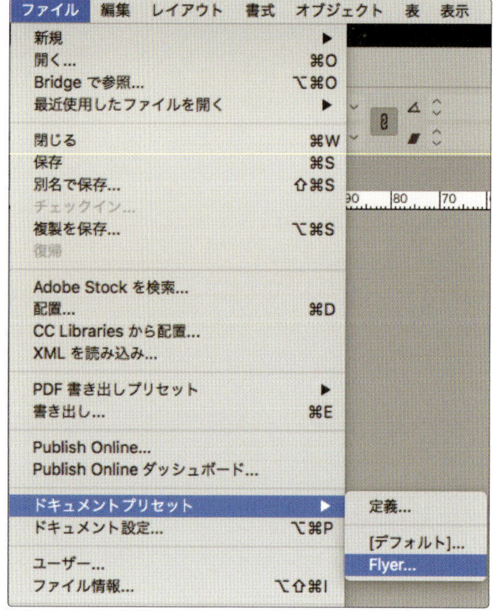

図1

❷ 新規ドキュメントを作成する

登録しているプリセットの内容で [新規ドキュメント] ダイアログが表示されるので [OK] ボタンをクリックして新規ドキュメントを作成します。
変更箇所がある場合は必要な変更を行って [OK] ボタンをクリックします。

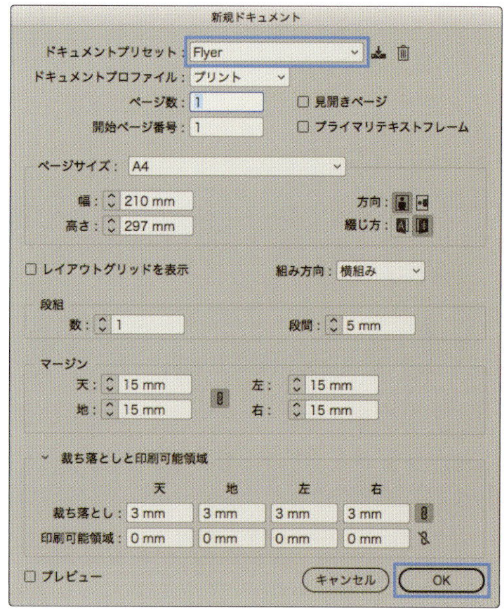

図2

【 memo 】
新規ドキュメントダイアログボックスを開かずに、プリセットに基づいた新しいドキュメントを作成するには、[Shift] キーを押しながらプリセットを選択します。

STEP UP 2

段分割を使ってテキストを読みやすくする

InDesignでは、同じテキストフレーム内の任意の段落だけを複数の段数に分割することができます。
この機能を使ってサンプルテキストのコースメニューの部分を、2列に配置します。

練習ファイル：
chapter2 > c2_stepup2.indd

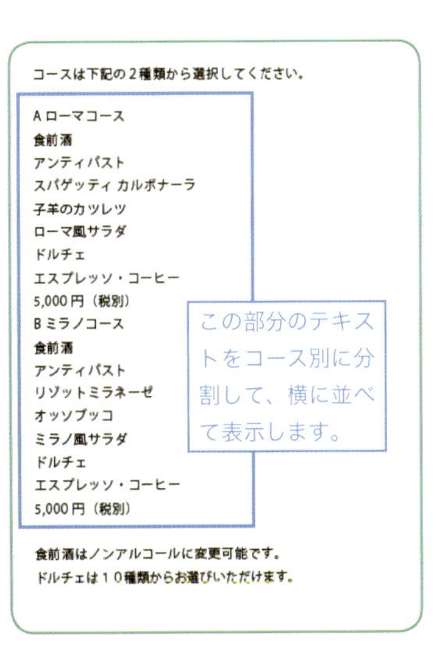

1_段分割を適用する

1 段落を選択する

[横組み文字] ツールで段分割を適用したい段落を選択します。

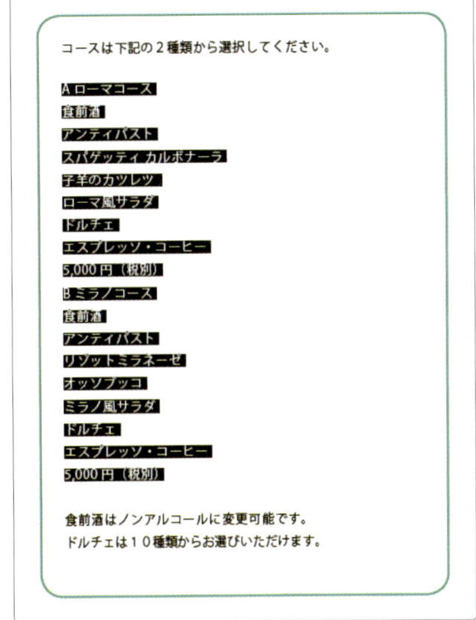

図1

2 段分割を設定する

[コントロール] パネルの [段抜きと段分割] の設定を「段分割2」とします。

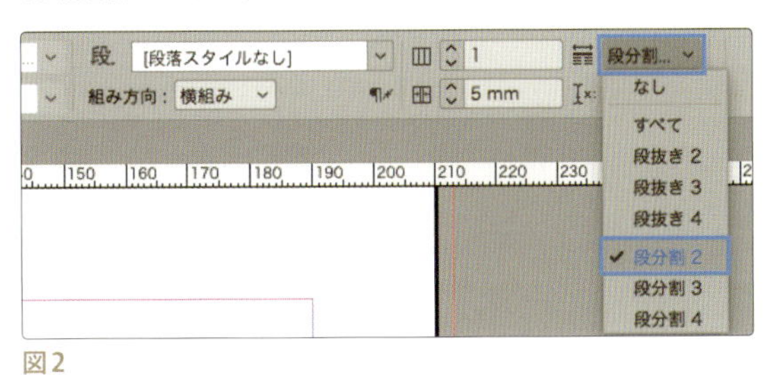

図2

選択していたテキストが2段に分割して配置されます。

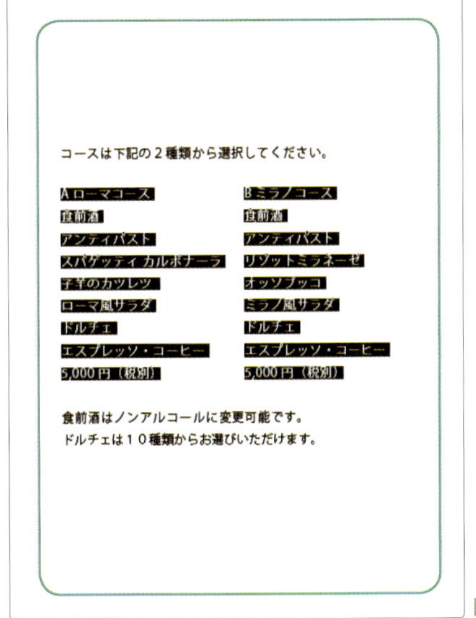

図3

最後に選択部分のテキストを中央揃えにして、フレームのサイズを調整します。

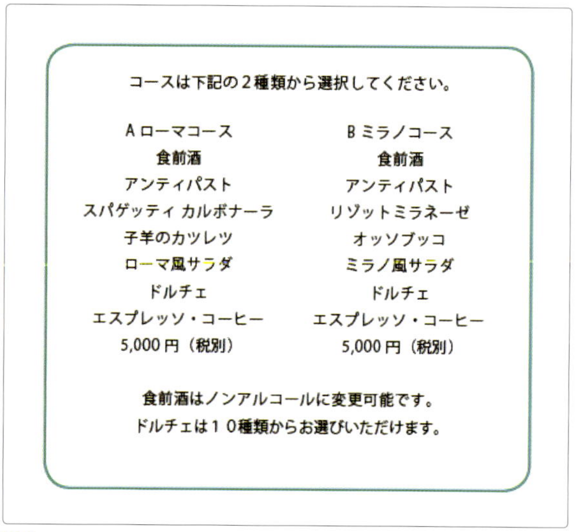

コースは下記の２種類から選択してください。

A ローマコース	B ミラノコース
食前酒	食前酒
アンティパスト	アンティパスト
スパゲッティ カルボナーラ	リゾットミラネーゼ
子羊のカツレツ	オッソブッコ
ローマ風サラダ	ミラノ風サラダ
ドルチェ	ドルチェ
エスプレッソ・コーヒー	エスプレッソ・コーヒー
5,000 円（税別）	5,000 円（税別）

食前酒はノンアルコールに変更可能です。
ドルチェは１０種類からお選びいただけます。

図4

2_段分割に詳細を設定する

❶［段抜きと段分割］のダイアログを表示する

［横組み文字］ツールで段分割を適用したい段落を選択し、［段落］パネルメニューから［段抜きと段分割...］を選択します。

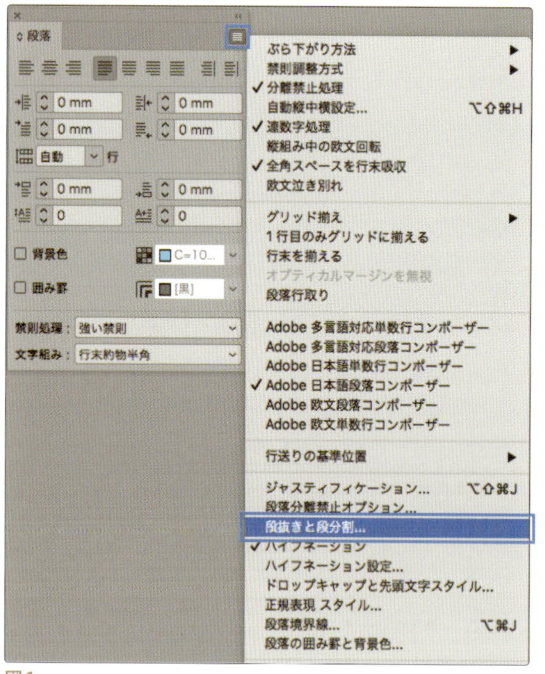

図1

❷ 段分割の詳細を設定する

［段抜きと段分割］のダイアログボックスが表示されたら［段落レイアウト：］を「段分割」として、詳細を設定します。

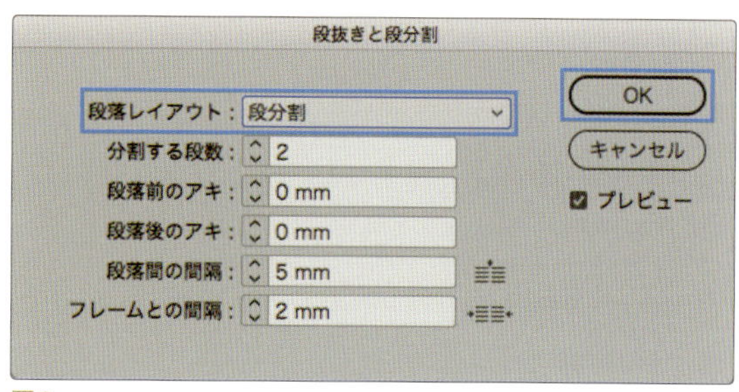

図2

【memo】
［段抜きと段分割］のダイアログボックスは、［段：コントロール］パネルの［段抜きと段分割］のアイコンを［option（Alt）］キーを押しながらクリックしても開くことができます。

STEP UP 3

特色を使用する

InDesignでは、さまざまな特色を使用することができます。
特色（スポットカラー）とは、
CMYK以外のあらかじめインクが混合された1色の色のことを言います。
通常、印刷データを作成する場合、
C（シアン）、M（マゼンタ）、Y（イエロー）、K（黒）の
4色のプロセスインキを組み合わせて色を作ります。
これをプロセスカラーといい、
一般的な商業印刷はプロセスカラーを使用して印刷します。
特色はCMYKの4色では表現できない特殊な色を使う場合や、
2色刷りなどの色を指定する場合などに使います。

1_特色を追加する

1 新規カラースウォッチを選択する

［スウォッチ］パネルのパネルメニューから［新規カラースウォッチ...］を選択します【図1】。

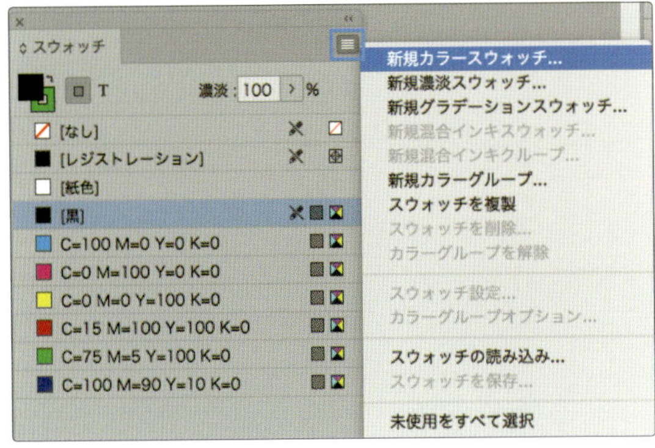

図1

2 カラーモードを選択する

［新規カラースウォッチ］ダイアログが開いたら、［カラータイプ：］に特色を選択して、［カラーモード：］ポップアップメニューから使用するライブラリファイルを選択します。
ここでは「DIC Color Guide」を選択します。

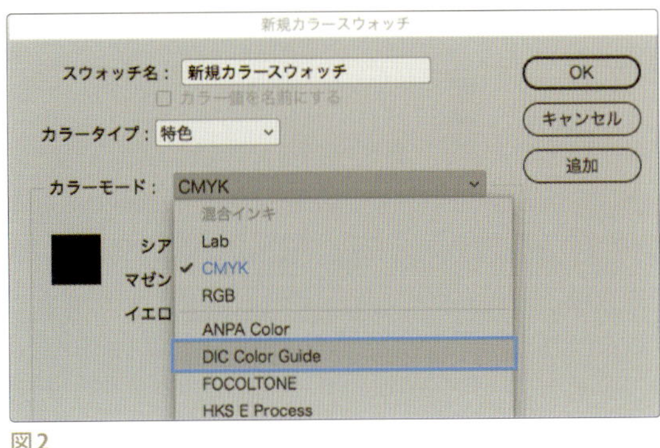

図2

3 特色を追加する

ライブラリから使用するスウォッチを選択し、［OK］をクリックします【図3】。
複数を選択する場合は［追加］をクリックして最後に「終了」をクリックします。

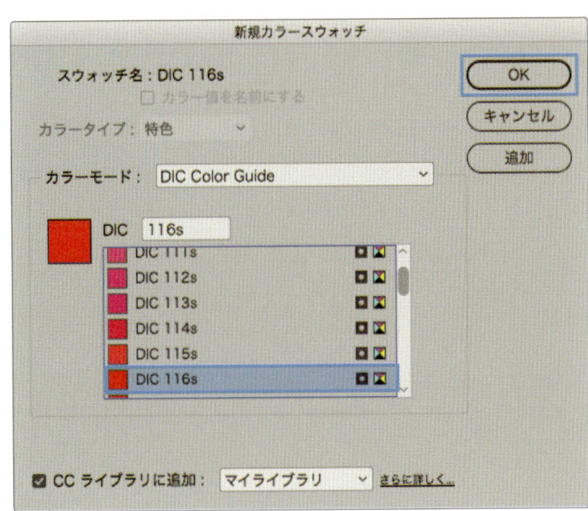

図3

【特色の使用について】 基本はCMYKで指定し、一部分のみ特色で指定するといった場合、CMYKの4つの版＋特色の版となり、5つの版が必要になります。そのため通常の印刷よりもコストが高くなってしまいます。特色の使用には注意しましょう。

2_特色を使用する

❶［スウォッチ］パネルを確認する

追加した特色は［スウォッチ］パネルに表示されます。カラー名の横にあるアイコンの形が、プロセスカラーのアイコンから特色のアイコンに変更になっています。

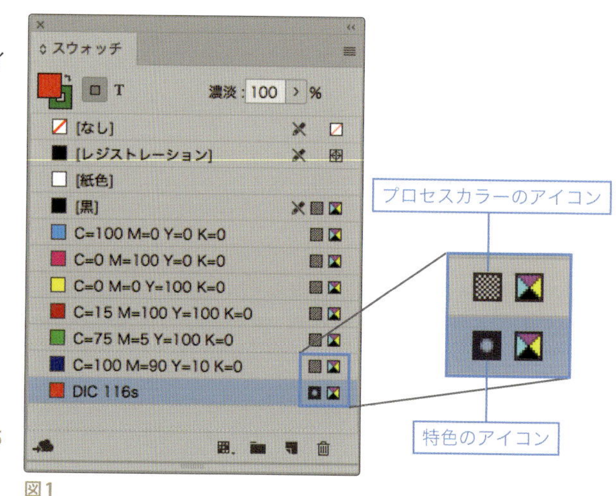

図1

❷ 特色を使用する

特色の使用方法は、通常のカラー設定と同じです（STEP5参照）。

【特色をプロセスカラーの近似色に置き換える】

［スウォッチ］パネルの特色をダブルクリックします【図2】。
［スウォッチ設定］ダイアログが開いたら、［カラーモード：］を「CMYK」にして［カラータイプ：］を「プロセス」に設定します【図3】。
［スウォッチ］パネルのアイコンがプロセスカラーのアイコンに変更しています【図4】。

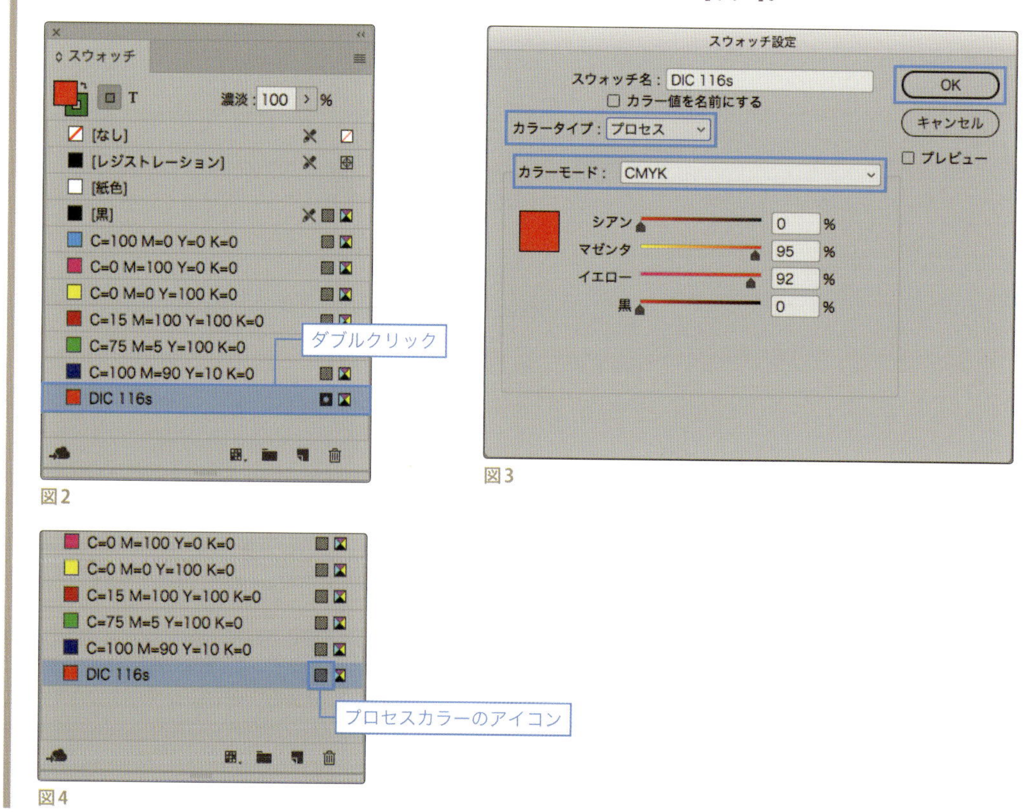

図2

図3

図4

第三章

冊子の誌面を作成しよう（縦組み／ページ物）

この章では「日本の四季」という
レイアウトグリッドを使った縦組みの冊子を作成します。
マスターページや段落スタイルなどページものを効率よく作成するための機能や、
日本語組版の設定を学びます。

第
二
章
課題

STEP 6

画像を配置して
テキストを回り込ませよう

日本の四季　京都

高雄山・神護寺

真言宗の古刹「神護寺」は厄除け祈願のかわらけ投げ発祥のお寺

清滝口から嵐山・高雄パークウェイを走ると、北山杉の美しい林を背景に、様々に色づいた景色が広がり、それは美しい眺めです。

高雄山の山腹にある「神護寺」は、和気清麻呂が建てた愛宕五坊の一つで、高野山真言宗のお寺で密教美術の宝庫といわれています。

嵐山・高雄パークウェイ

後に、唐から帰国した空海（弘法大師）が14年間ここで密教を教えていました。

広大な境内の紅葉は、朱色が際立つのびのびとした様子で、市街地にある紅葉の名所とはまた違った深山ならではの趣きがあります。

このお寺に来たら、ぜひやってみたいことは厄払いの「かわらけ（素焼きの皿）投げ」です。丸いかわらけを、渓谷に向かっておもいっきり投げると、弧を描いてすーっと谷底に沈んでいく様がとても気持ち良いです。

永観堂

後から来る者を気使って見返る、自分の来た道を見返る、見返り阿弥陀さま

古くより「もみじの永観堂」といわれる東山の麓に並んで建つ京都有数の古刹です。

昼間の美しさは言わずもがな夜のライトアップはまた違った様相でそれはもう見応えがあります。

暗い住宅街の道の先に紅葉に彩られた総門が見えたときは、あまりの美しさに嗚呼っ、と声が、いっそカメラなど忘れてゆっくり鑑賞したい。そう思わずにいられない感動です。

3

STEP 1

レイアウトグリッドで
新規ドキュメントを
作成しよう

STEP 2

マスターページを
作成しよう

STEP UP

1　本文の章末にサイズの違う補足文を設定する
2　リンクの更新と画像の差し替えについて
3　先頭文字スタイルで段落行頭の文字を強調する

STEP 4

見出しと
本文の書式を設定しよう

STEP 3

タイトルと本文を
配置しよう

京都の紅葉狩り

今年はどこへまいりましょう

神泉苑

義経と静御前の出会いの地は、善女龍王の棲むパワースポット

京都二条城の南側にひっそりと佇む最古の苑池は、延暦13年の平安京造営の時に設けられた宮中附属の禁苑で、天皇や公家が舟遊びや管弦の遊びに興じたそうです。またこの池には、善女龍王（ぜんにょりゅうおう）が棲んでいて、どんなに日照りが続いても水が枯れることはないという伝説があります。

源義経と静御前の出会いの場所としても有名で、神泉苑に架かる赤い橋「法成橋」は、一つだけ大切な願い事をしながら渡ると願いが叶うといわれています。

紅葉した神泉苑の美しさは、昼はもとより夜の艶やかさといったら、夢か現か思わず目をしばたいてしまいそうなくらいで妖艶で、いっそ何か妖しげな事象にでも遭遇したいような気持ちにさえなります。

ここには、その年によって向きが変わる珍しい日本唯一の恵方社（えほうしゃ）が有ります。回転式になっていて、毎年一年の始めに神泉苑住職により、その年の恵方へと向きを変えられます。

神泉苑は、祇園祭発祥の地としても有名です。貞観5年に都に流行った疫病を鎮める為に、66本の鉾を立てて行った御霊会がその始まりと言われています。

御池に揺れる屋形船では食事もできるそうです。平安時代の船遊びよろしく船上で一献なんていうのも一興です。

2

STEP 5

見出しと本文の
段落スタイルを設定しよう

STEP 1

レイアウトグリッドで新規ドキュメントを作成しよう

ここでは、冊子の誌面レイアウトを設定します。
今回作成する冊子の誌面は、
レイアウトグリッドを使って「縦書き2段組み」をベースに、
画像やテキストを配置していきます。

【はじめに】誌面を構成する各部の名称を知っておこう

新規にドキュメントを作成する場合、用紙設定・アキ・組み方向・段組みなど、設定しなければならないレイアウトの要素がたくさんあります。
はじめに、誌面（見開き）のレイアウトを構成する各部の名称を知っておきましょう。

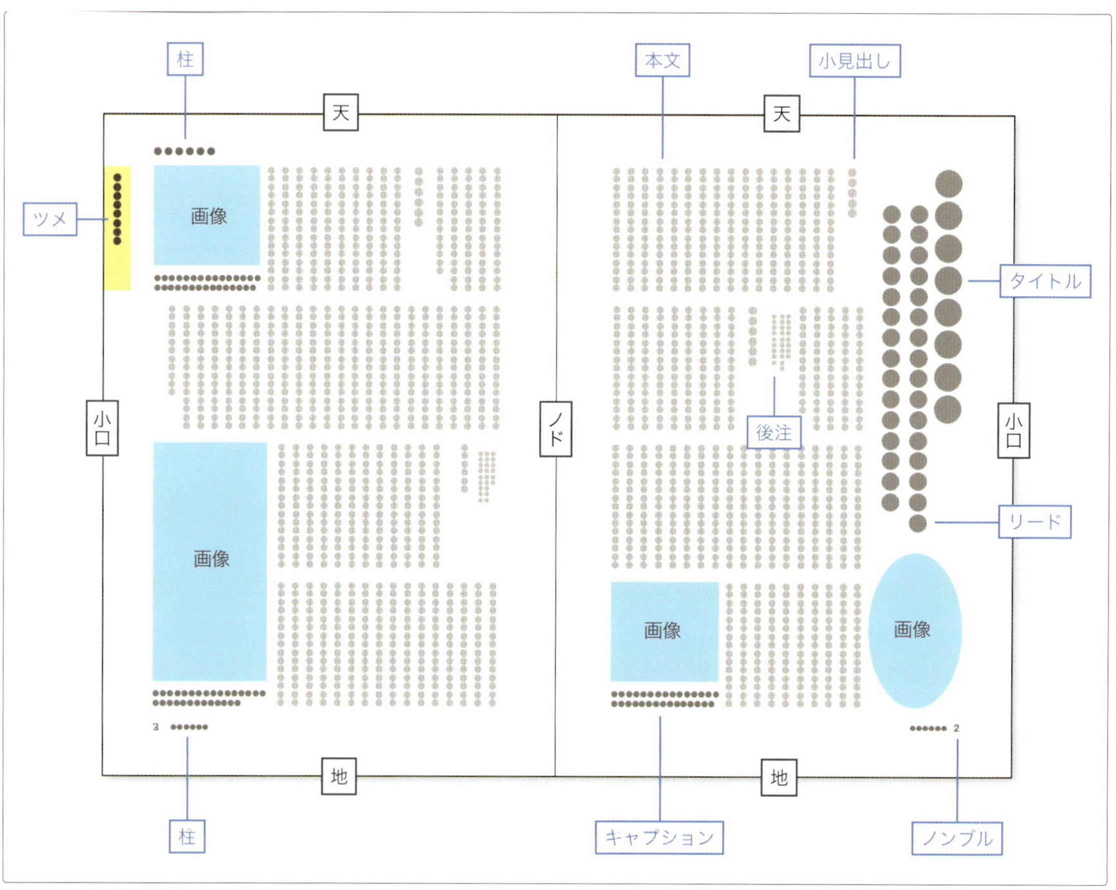

図1　誌面の各部の名称

【 用語 Check 】

版面（はんづら）：用紙のサイズから、天地などの四方のアキを引いた本文を収めるスペース
ノンブル：ページ番号
柱（はしら）：版面以外のところに統一して入れる書名・見出し・タイトルなど
ツメ：カテゴリの境目を分かりやすくするためなどの役割で本の小口側につけるインデックス

組み方向

日本語の文字の組み方には、縦組み（縦書き）と横組み（横書き）があります。
ページ物の印刷物では、右開き（右綴じ）の本は縦組み、左開き（左綴じ）の本は横組みが基本です。

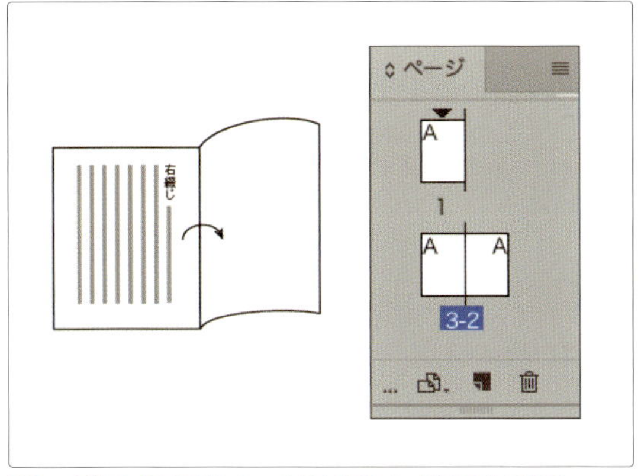

図2　右開き（右綴じ）と、そのときのページパネルの表示

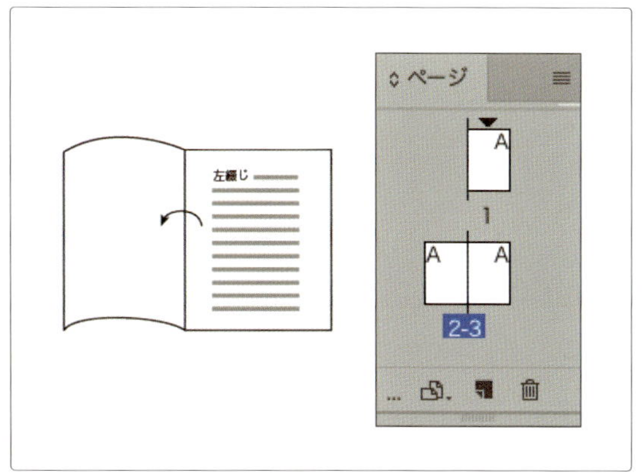

図3　左開き（左綴じ）と、そのときのページパネルの表示

1-1_新規ドキュメントを作成する

四六判用紙で縦2段組みの体裁をレイアウトグリッドで設定します。
レイアウトグリッドを利用すると、本文組みの体裁をマス目状のグリッドとして表示することができます。
書籍や文字主体の冊子、雑誌のレイアウトなどに有効です。

❶ 新規ドキュメントの作成

[ファイル ▶ 新規 ▶ ドキュメント...] の順にクリックします。[新規ドキュメント] ダイアログが表示されたら、次のように設定して [レイアウトグリッド] をクリックします。

ページサイズ：四六判
方向：縦置き
綴じ方：右綴じ
ページ数：1
見開きページ：チェック

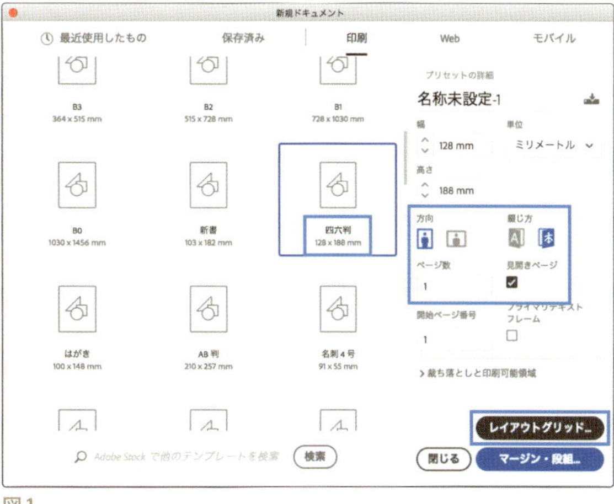

図1

【 memo 】
「四六判」は [新規ドキュメント] ダイアログの「印刷」をクリックし「すべてのプリセットを表示＋」をクリックすると表示されます。

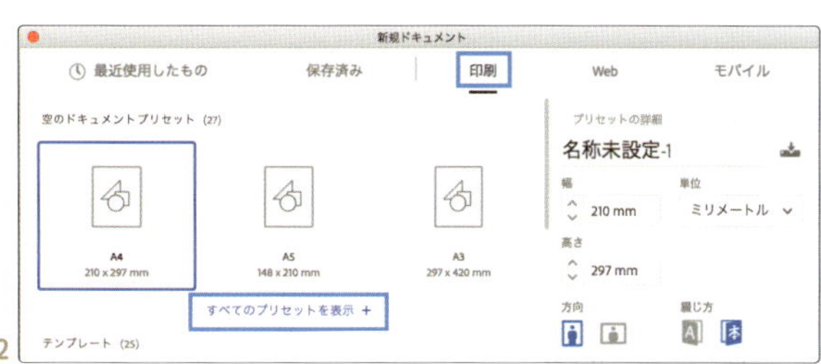

図2

❷ レイアウトグリッドを設定する

[**レイアウトグリッド設定**] ダイアログが表示されたら、次のように設定して [**OK**] をクリックします。

組み方向：縦組み
フォント：小塚明朝 Pro R
サイズ：12Q
行間：10H
行文字数：24　行数：19
段数：2　段間：5mm
天：20mm
小口：13mm

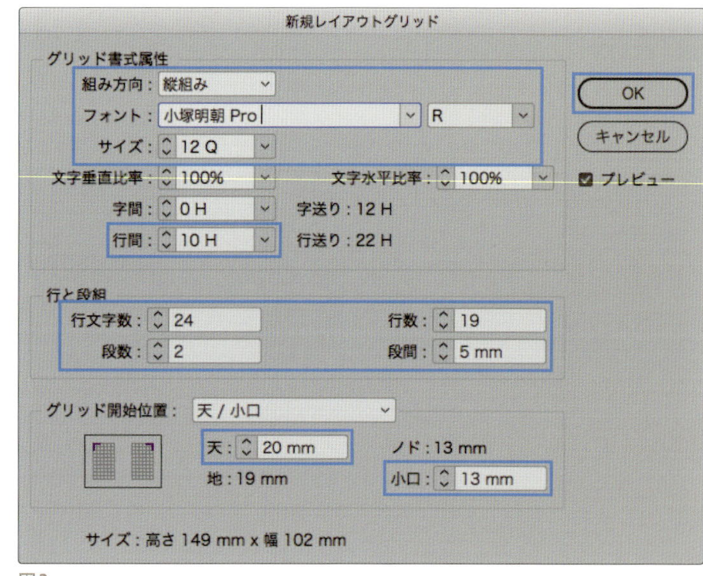

図3

【 point 】
[**段数**]を先に入力してから、[**行文字数**]を入力すると効率的です。

❸ 新規ドキュメントの完成

新規ドキュメントが作成されます。
レイアウトグリッドは、一見テキストフレームに見えますが、単なるガイド表示なのでクリックしても選択できません。

図4　STEP 1 完成図

【 memo 】
レイアウトグリッドを非表示にするには[**表示 ▶ グリッド・ガイド ▶ レイアウトグリッドを隠す**]を選択します。

STEP 2

マスターページを作成しよう

複数のページに共通する要素を
マスターページに設定していきます。
ここでは、ノンブルと柱を設定した2つのマスターページを作成します。

【はじめに】マスターページの機能を理解しよう

マスターページとは、複数のページに同一のアイテムをすばやく適用するために作成する、ドキュメントページとは別のテンプレートのようなページのことです。
ページ物の作成では、「ノンブルや見出し」など同一のアイテムが何ページにも配置されます。これらを1ページごとに作成するのは大変な手間です。さらに変更が入った場合の修正作業も大変です。
そこで、あらかじめ共通要素だけを配置したマスターページを作成しておきます。
新規ページを作成するときは、このマスターページを適用したドキュメントページの上に、それぞれのページ要素を作成していきます。マスターページは複数作成することができます。

例えば、ページのレイアウトデザインを2パターン使用したいといった場合、デザインの違う2つのマスターページを作成しておきます。そして新規ページを作成するときに、使用したいマスターページを選択してドキュメントを作成します。

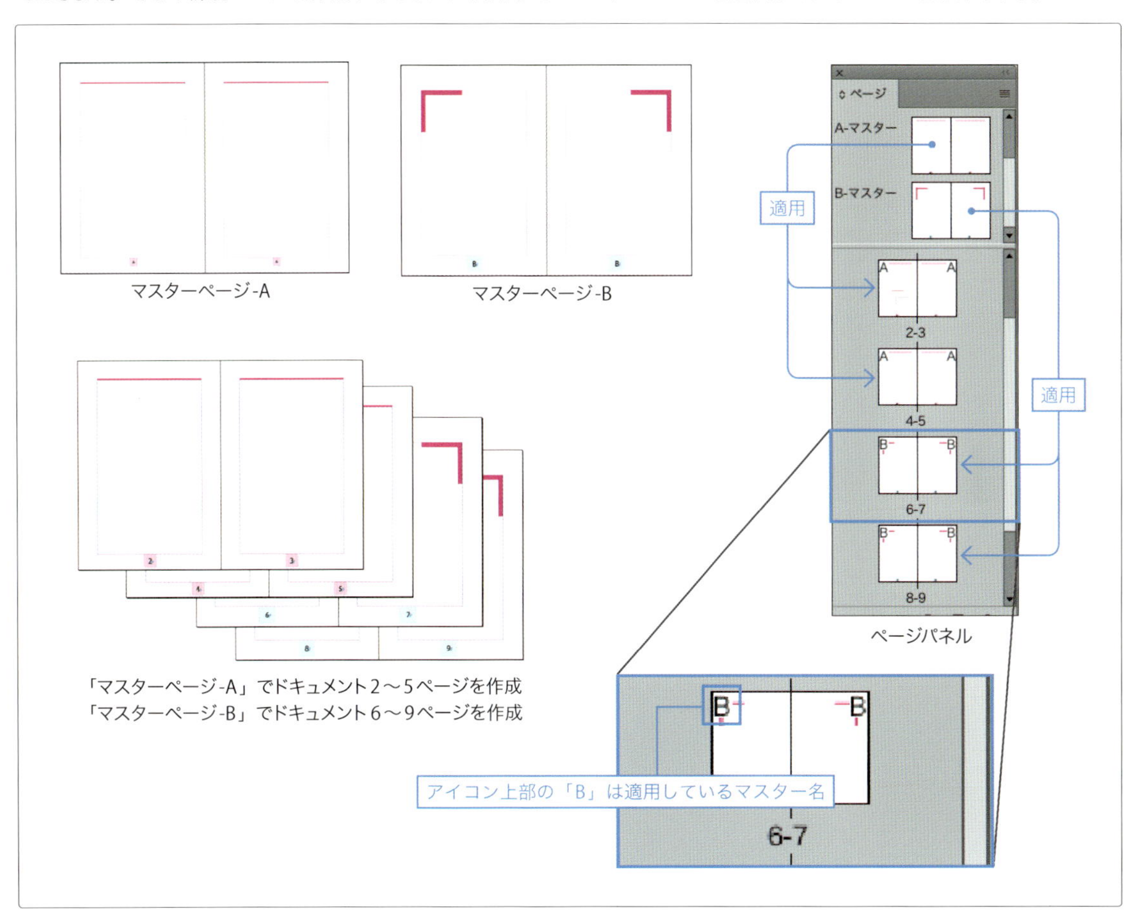

図1　「マスターページ-A」でドキュメント2〜5ページを作成し、「マスターページ-B」でドキュメント6〜9ページを作成した場合

マスターページの編集

マスターページのアイテムに修正があった場合は、マスターページを変更すると、既にそのマスターページが適用されているすべてのドキュメントページに反映されるので、修正、変更作業を効率よく行えます。

2-1_マスターページにガイドを作成する

1 ページパネルを表示

[ウィンドウ ▶ ページ]を選択して[ページ]パネルを表示します【図1】。

ドキュメントページやマスターページの表示は、この[ページ]パネル【図2】で行います。

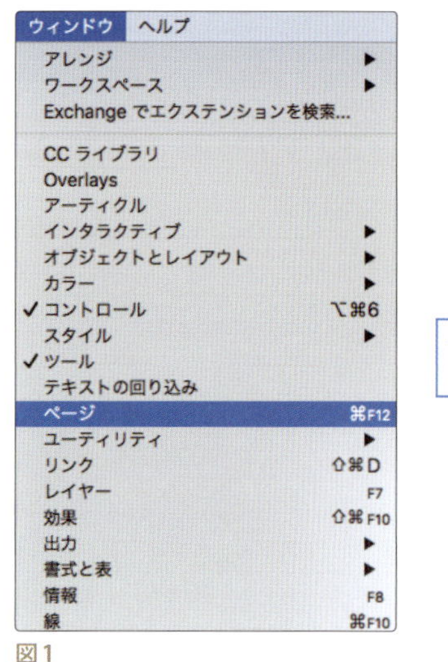

図1

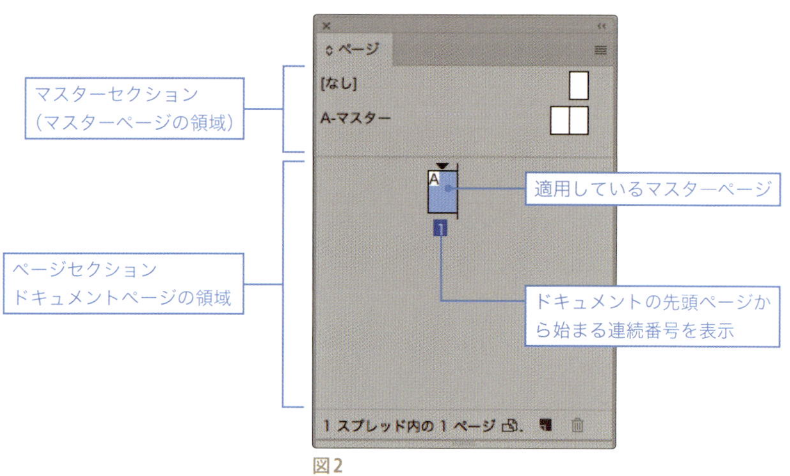

図2

上段のマスターページ表示領域（マスターセクション）には、デフォルトで、「A-マスター」が設定されています。

下段のドキュメントページ表示領域（ページセクション）には、ドキュメントの1ページ目が作成されています。

ページアイコンの上部に「A」の文字が表示されているのは「A-マスター」が適用になっていることを表します。新規ドキュメント作成で「右綴じ」を選択したので、1ページ目は左ページになります。

アイコンがハイライト表示（水色）になっているのは、このページが画面上に表示されていることを示しています。

2 マスターページを表示

[ページ]パネルの「A-マスター」の文字の上をダブルクリックします。

マスターページアイコンがハイライト表示になり、マスターページ「A-マスター」が画面上に表示されます。

【memo】 [ページ]パネルを使って目的のページを表示するには、ページアイコン、または文字や番号をダブルクリックします。見開き（スプレッド）の左右のページ全体を表示するには、ページ番号をダブルクリックします。

クリックでは、そのページを選択しただけで、表示は変わりません。表示されているページと選択したページ（ターゲット）が違う場合に注意しましょう！

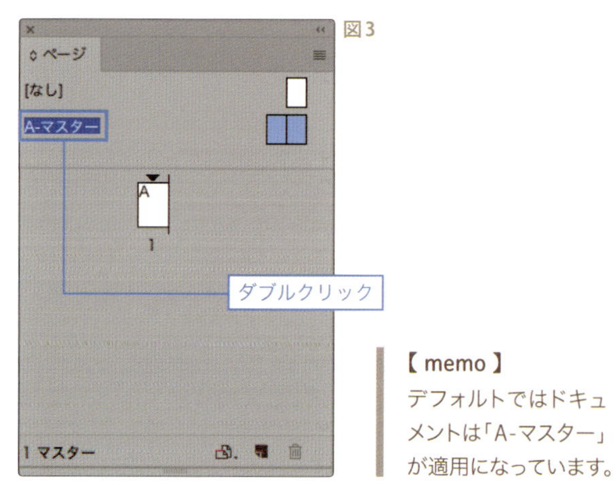

図3

【memo】
デフォルトではドキュメントは「A-マスター」が適用になっています。

新規ドキュメント作成で「見開きページ」を選択しているので、マスターページはスプレッド（見開き）で表示されます。
ウィンドウ左下のステータスバーには「A-マスター」と表示されます。

図4

③ 垂直と水平のガイドを作成

垂直定規から右へドラッグして、見開きの「左」レイアウトグリッド（X値：13mm）と、「右」レイアウトグリッド（X値：243mm）に揃えたところにそれぞれ1本ずつ垂直のガイドを引きます。
水平定規から、[command(Ctrl)] キーを押しながらドラッグしてレイアウトグリッド上端（Y値：20mm）とレイアウトグリッド下端（Y値：169mm）に揃えたところにそれぞ1本ずつ水平のスプレッドガイドを引きます。

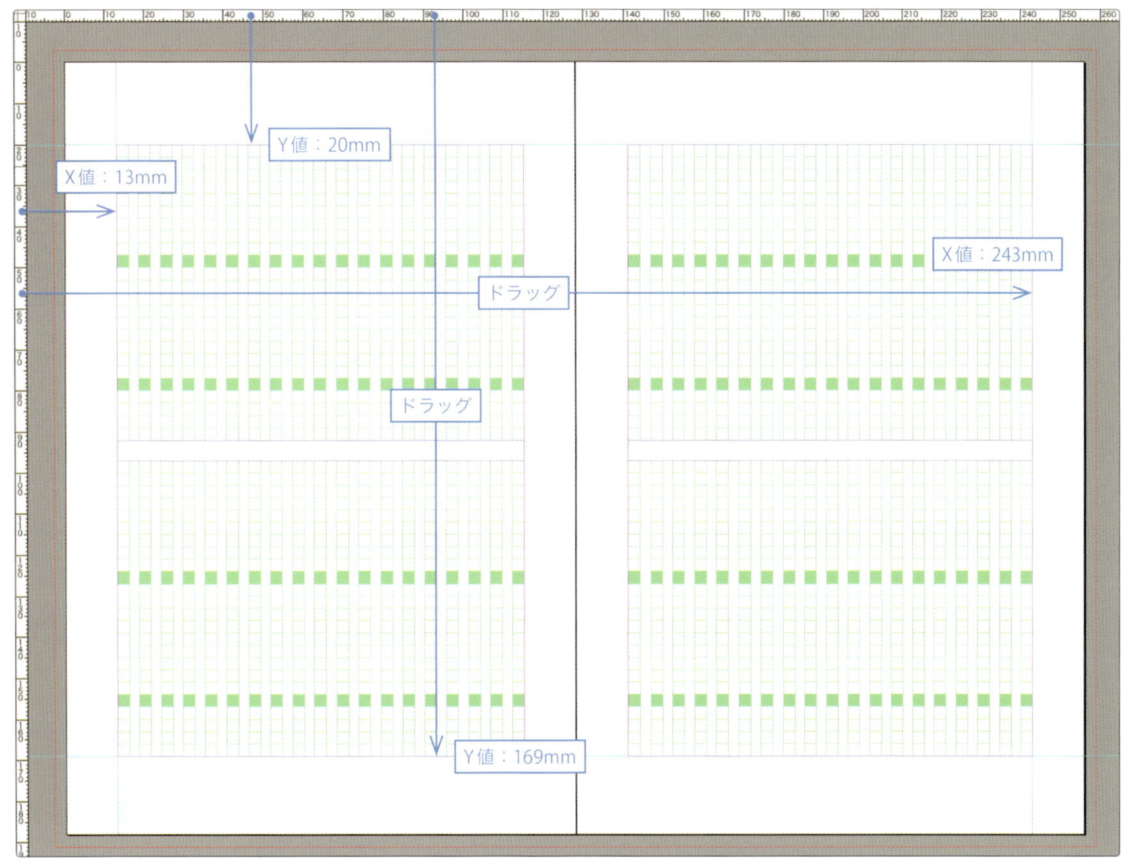

図5　定規からドラッグしてガイドを作成する

④ ガイドを移動する

水平のガイドをそれぞれ文字1つ分移動させます。

ガイド（Y値：20mm）をクリックで選択して、［コントロール］パネルの「Y値：20mm」の後に「−12Q」と入力し、上に12Q移動させます【図6】【図7】。

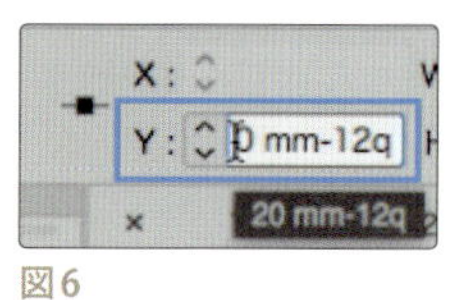

図6

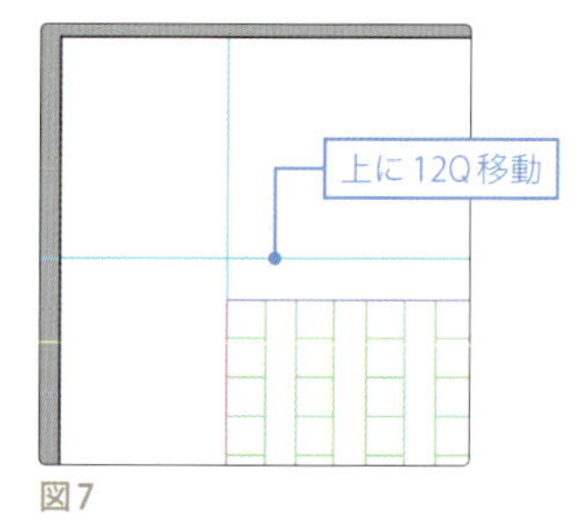

図7

同じようにガイド（Y値：169mm）をクリックで選択して、［コントロール］パネルの「Y値：169mm」の後に「＋12Q」と入力し、下に12Q移動させます【図8】【図9】。

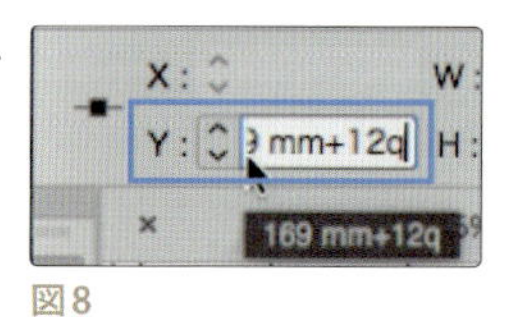

図8

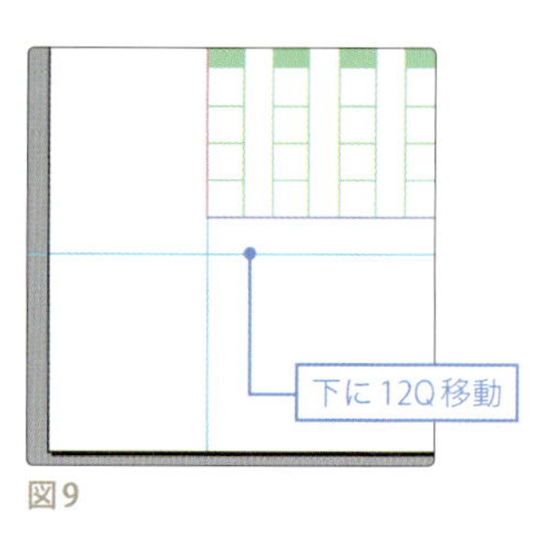

図9

⑤ ガイドをロックする

［表示 ▶ グリッドとガイド ▶ ガイドをロック］でガイドをロックしておきます。

【四則演算と単位】 ［コントロール］パネルのダイアログなどに「mm」「pt」「Q」など、違った単位を入力して演算させることができます。例えば、文字の個数で移動したいなどといった場合に便利です。同じ単位の場合は、単位を省略することができます。

2-2_マスターページに自動ページ番号を設定する

① テキストフレームを作成する

［横組み文字］ツールで、左ページの縦のガイドと「Y：172mm」の水平ガイドが交差したところからドラッグして、図のようなテキストフレームを作ります。

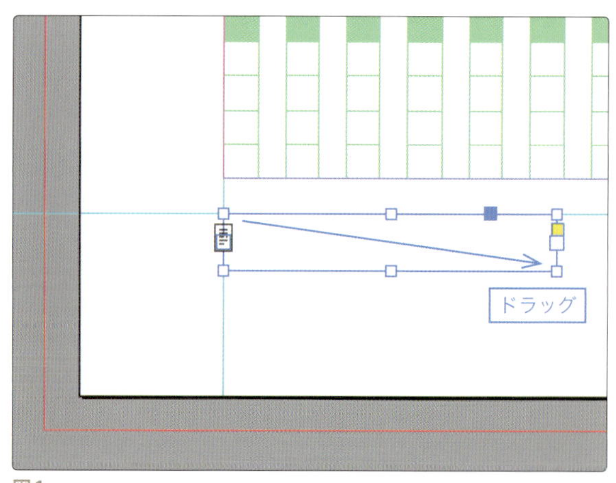

図1

❷ 自動ページ番号を入力する

[書式 ▶ 特殊文字の挿入 ▶ マーカー ▶ 現在のページ番号] をクリックして、「A」を表示します。

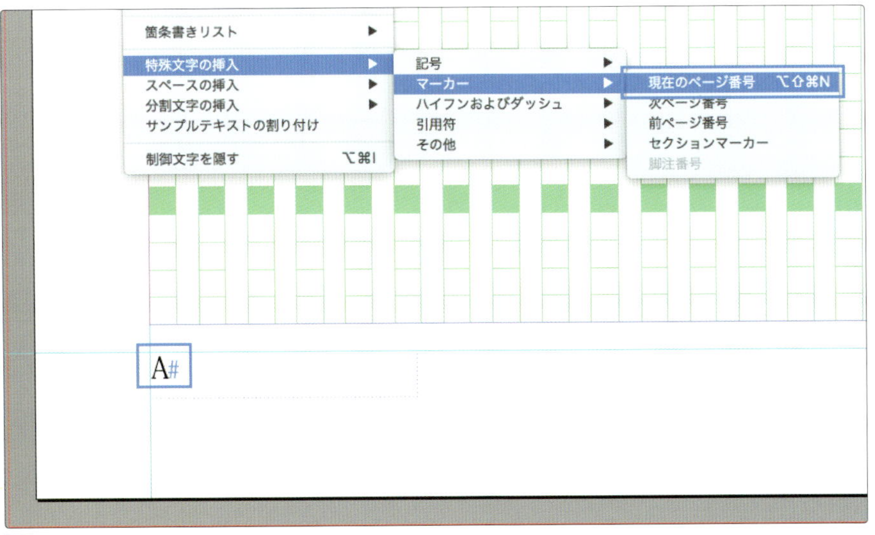

図2

❸ ノンブルの文字設定をする

「A」を選択して [字：コントロール] パネルで「小塚ゴシックPro R 11Q」にし【 図3 】、[段：コントロール] パネルで「小口揃え」に設定します【 図4 】。

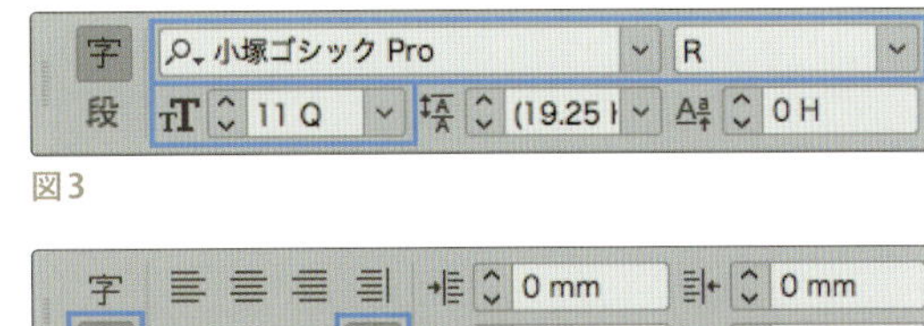

図3

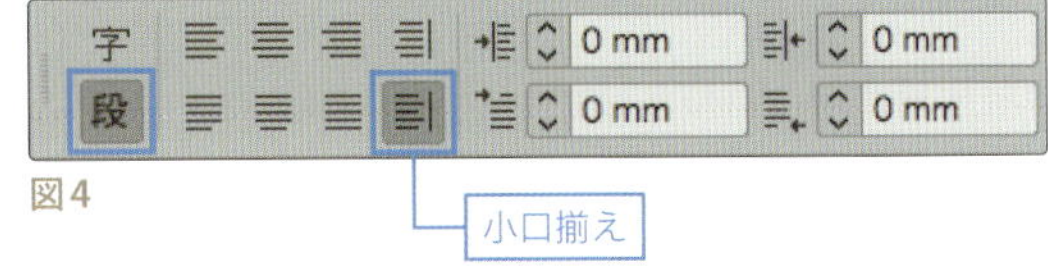

図4

❹ ノンブルを右ページにコピーする

[選択] ツールで「A」のテキストフレームを選択して [option(Alt)] キー＋ [shift] キーを押しながら右ページのガイドに揃えてドラッグコピーします。

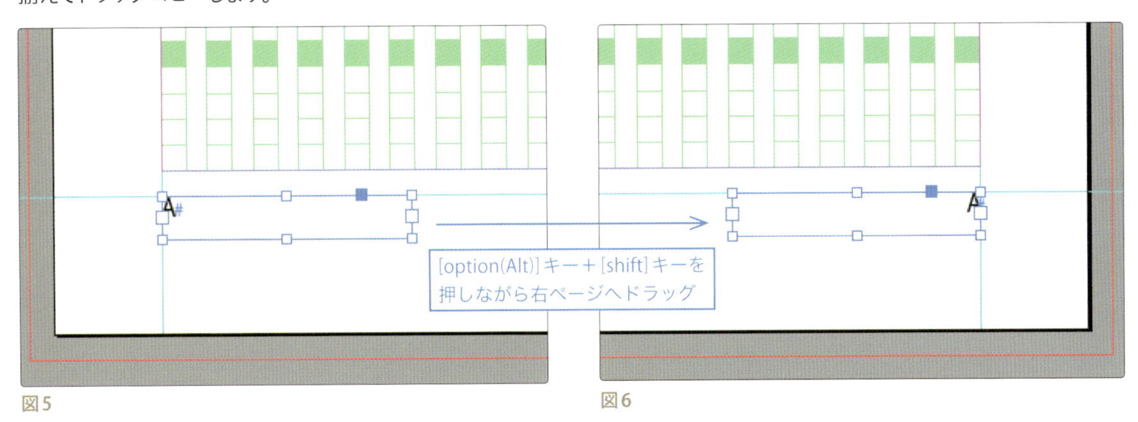

図5

図6

「小口揃え」を設定しているので右ページにコピーしたノンブルはテキストフレームの右に揃います【 図6 】。

2-3_マスターページに柱を設定する

❶ テキストフレームを作成する

[横組み文字] ツールで左ページ上のガイドの交差するところからドラッグをして、図のようなテキストフレームを作ります。

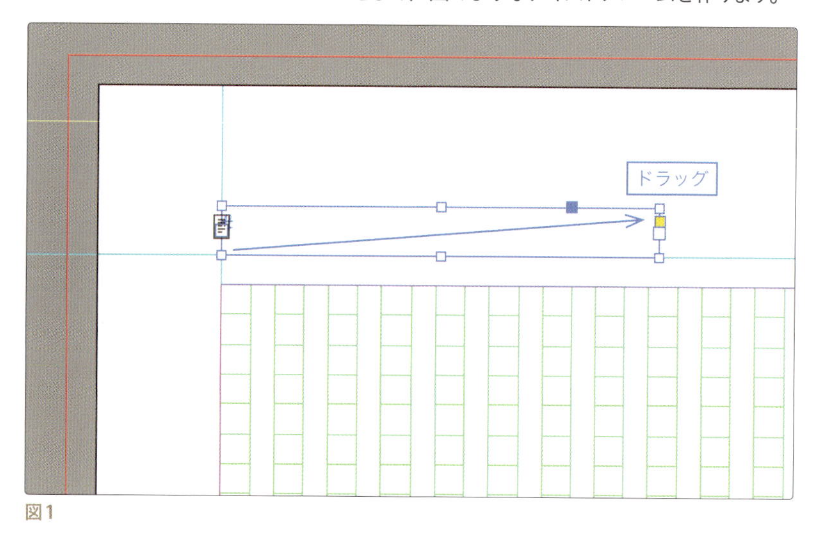

図1

＊テキストフレームのサイズは [コントロール] パネルで設定しても構いません。

❷ 文字設定をする

テキストフレームに「日本の四季　京都」と入力して、[字：コントロール] パネルで「小塚ゴシック ProR 10Q」にします。

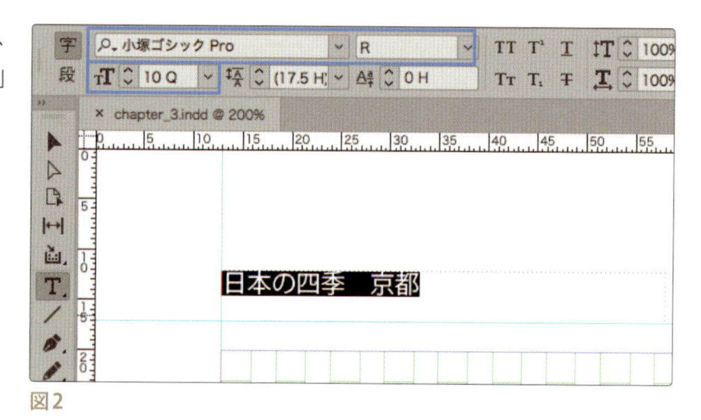

図2

[選択] ツールに持ち替えてフレームをクリックして、[段：コントロール] パネルで「下揃え」に設定します。

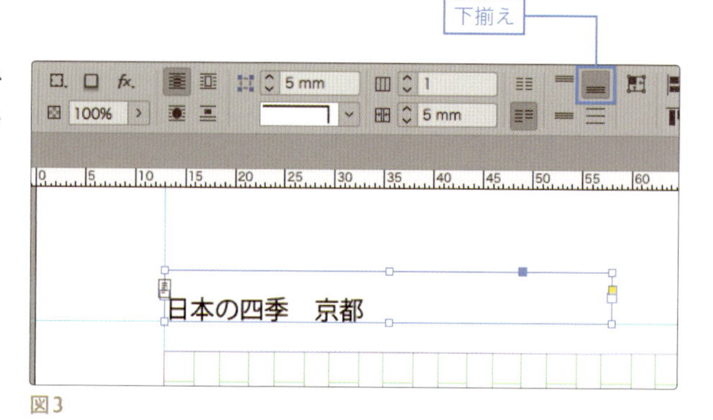

図3

③ マスターページの完成

マスターページ「A- マスター」が完成しました。画面を全体表示にして、次の設定を確認しましょう。

左右のページに設定したノンブル

左ページ上の柱：日本の四季　京都

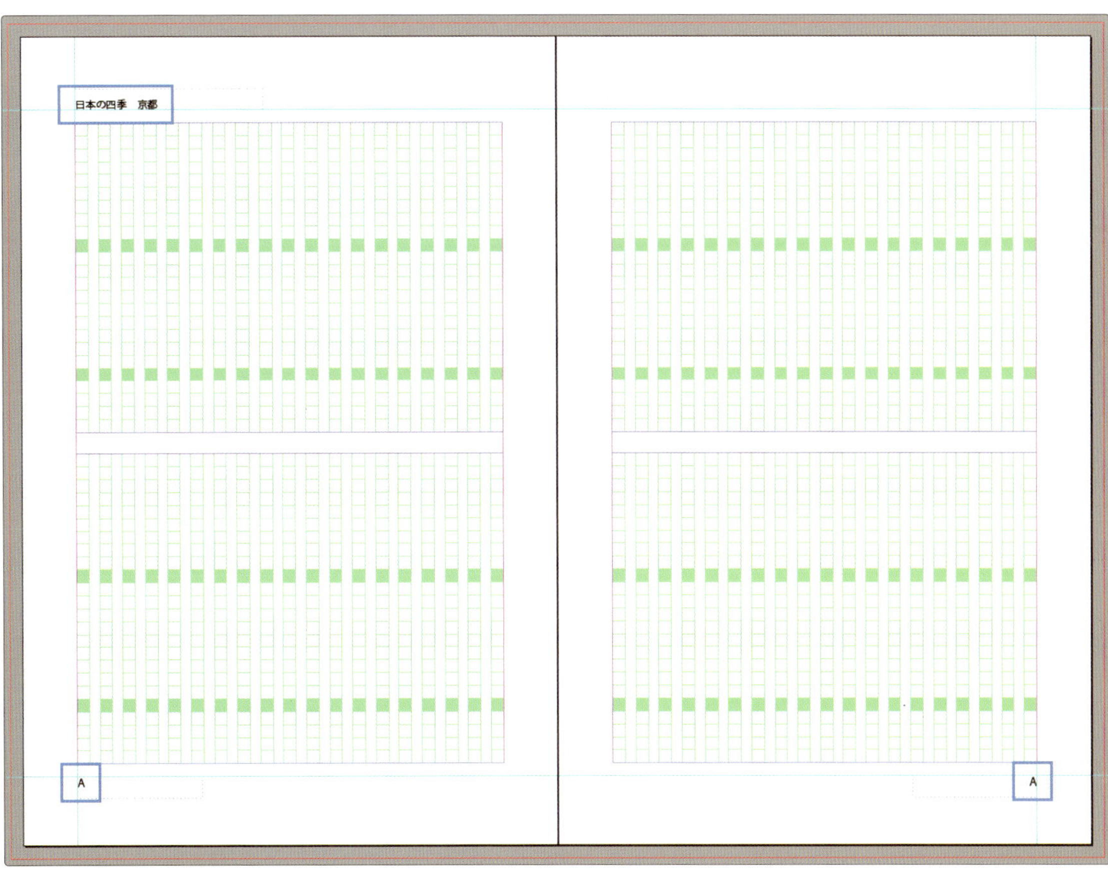

図4 「A- マスター」完成図

2-4_マスターページを追加する

A- マスターページに設定した「柱」の部分を「日本の四季　東京」に変更したB- マスターページを作成します。ここでは、「A- マスター」を基準にした新規マスターページを作成し「柱」の部分を変更します。

① 新規マスターページを作成する

[ページ] パネルメニューから [新規マスター...] をクリックして [新規マスター] ダイアログを表示させます。

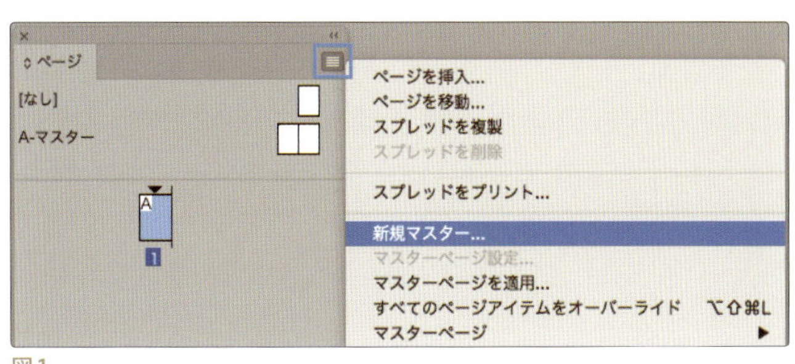

図1

❷ 基準マスターを設定する

「基準マスター」を「A-マスター」にして［ OK ］をクリックします【 図2 】。
［ ページ ］パネルに新規マスターページ「B-マスター」が追加されます【 図3 】。「B-マスター」は既存の「A-マスター」を基準にしているためマスターアイコンの上部に「A」の文字が表示されています。

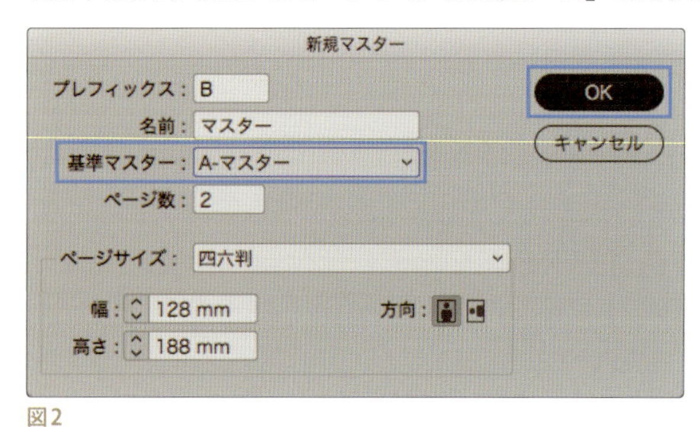

図2

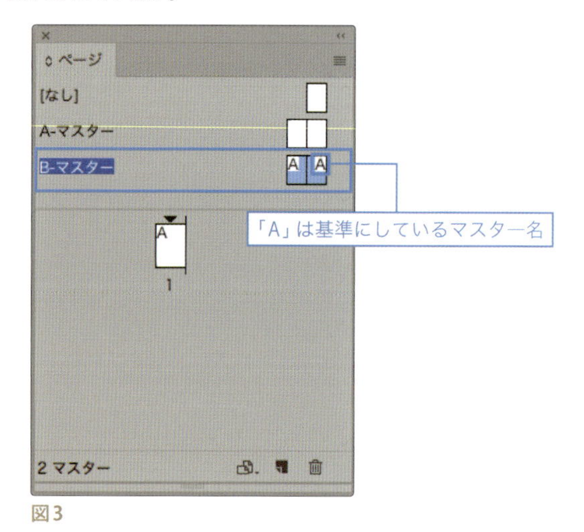

図3

画面は「B-マスター」の表示になります【 図4 】。

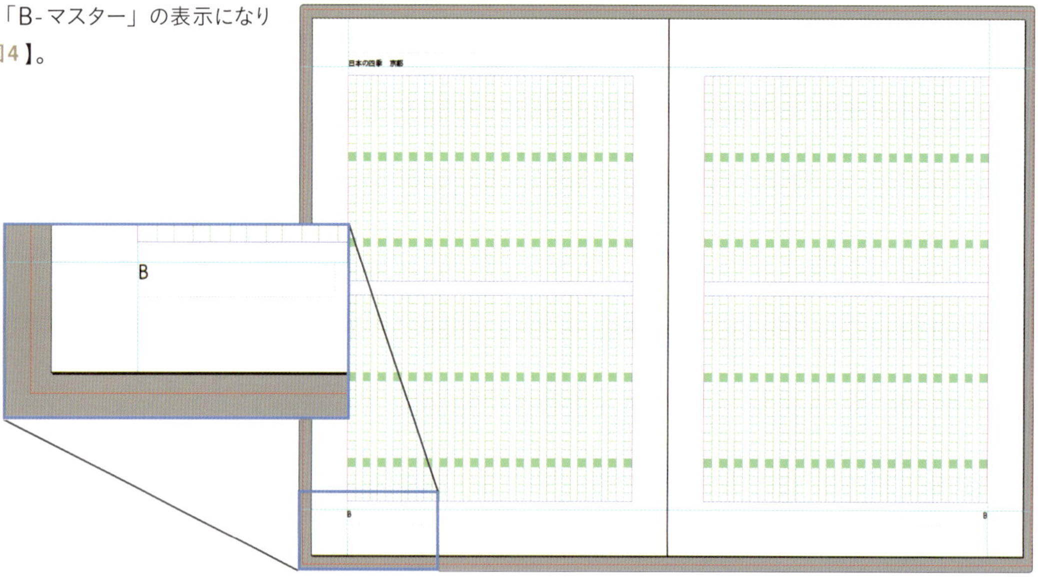

図4

❸ マスターページをオーバーライドする

［ 選択 ］ツールで左上のテキストフレームを［ command (Ctrl) ］キー＋［ shift ］キーを押しながらクリックして選択できる状態にします【 図5 】。

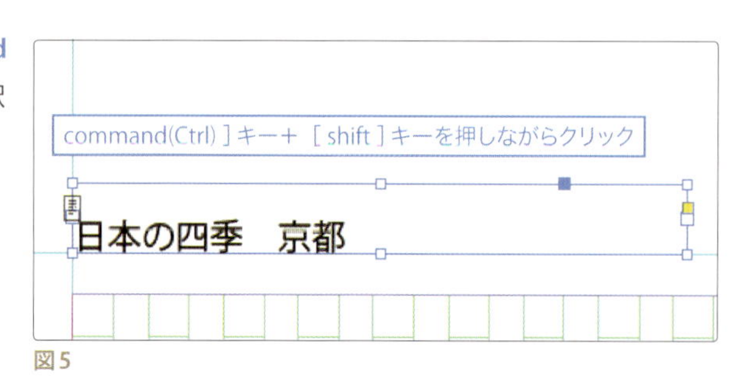

図5

[横組み文字] ツールで「京都」をドラッグで選択して「東京」と変更します【 図6 】。

【 オーバーライド 】 通常、親マスター（基準としたマスター）である「A-マスター」上で作成しているアイテムを、子マスターの「B-マスターやドキュメント上で選択や変更することはできませんが、アイテムを[command(Ctrl)+shift]を押しながらクリックすることで可能となります。この状態を「オーバーライド」といいます。オーバーライドされたオブジェクトは、編集することができますが、編集された属性以外は、元のマスターページとのリンクが保たれています。

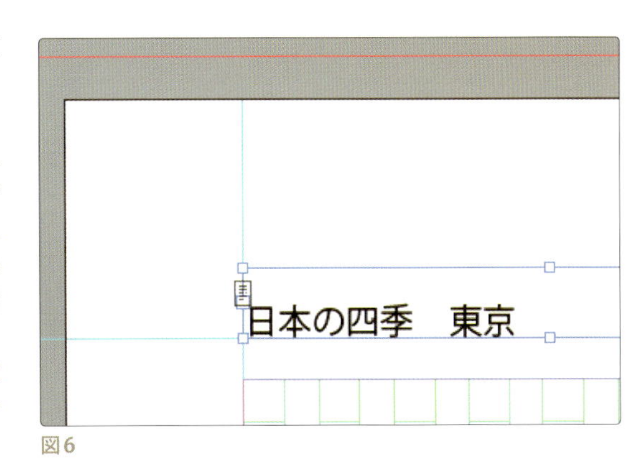

図6

❹「B-マスター」の完成

マスターページ「B-マスター」が完成しました。画面を全体表示にして次の設定を確認しましょう。

左右のページのノンブル

左ページ上の柱：日本の四季　東京

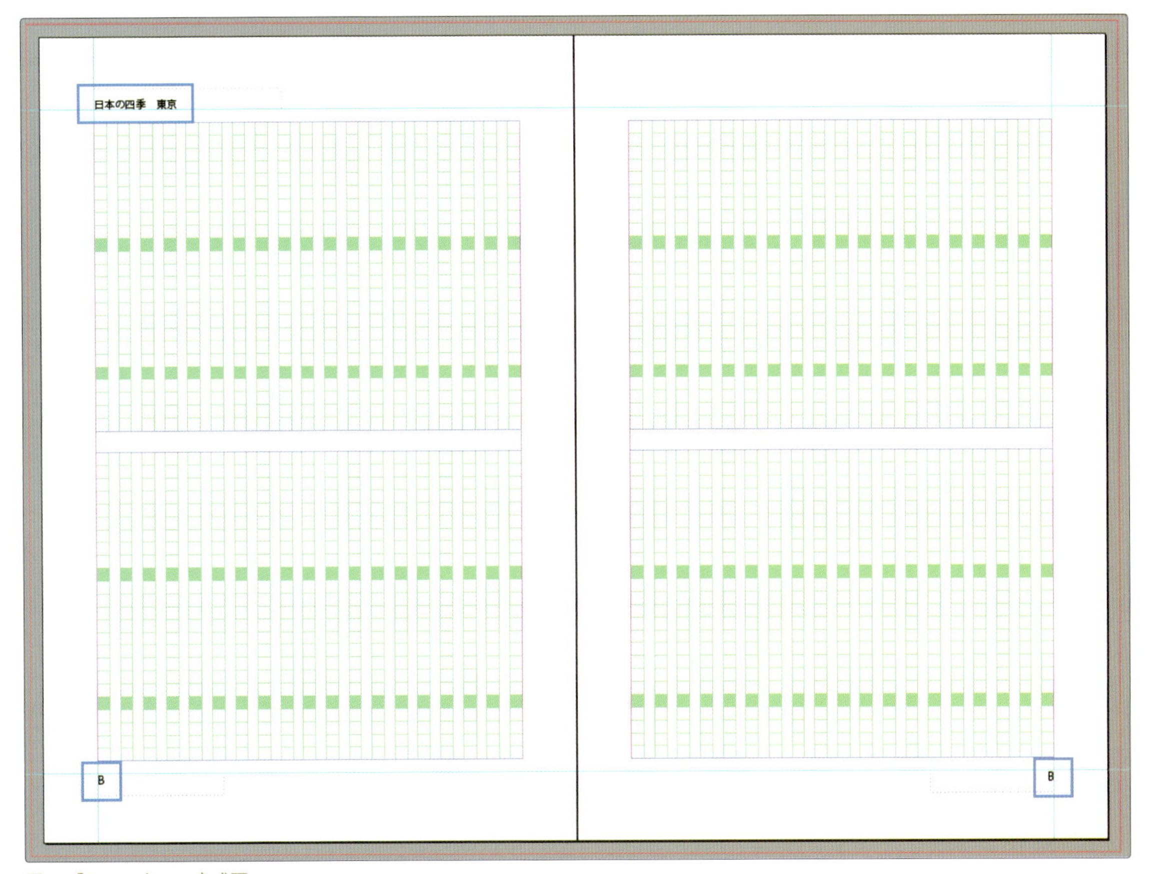

図7 「B-マスター」完成図

【 memo 】 「B-マスター」のノンブルには親マスターである「A-マスター」で作成したノンブルが反映されています。ノンブルの表示は、「B-マスター」を適用したドキュメントページ上では「B」と表示されます。「親マスター」には、すべてのページに共通するレイアウト、ノンブルなどを作成しておくと、ノンブルのデザインなどが変更になった場合に、各マスターを個々に変更しなくても「親マスター」を変更するだけで済むので大変効率的です。

2-5_マスター適用のドキュメントページを追加する

「A-マスター」「B-マスター」を適用したドキュメントページを4ページずつ追加します。

❶ ドキュメントページを表示する

[ページ] パネルのページアイコン「1」の文字の上をダブルクリックします【 図1 】。
ドキュメント1ページ目が画面上に表示されます。1ページには、デフォルトでマスターページ「A-マスター」が設定されているので、ノンブル、柱が反映され、ノンブルは具体的な数字で表示されています【 図2 】。

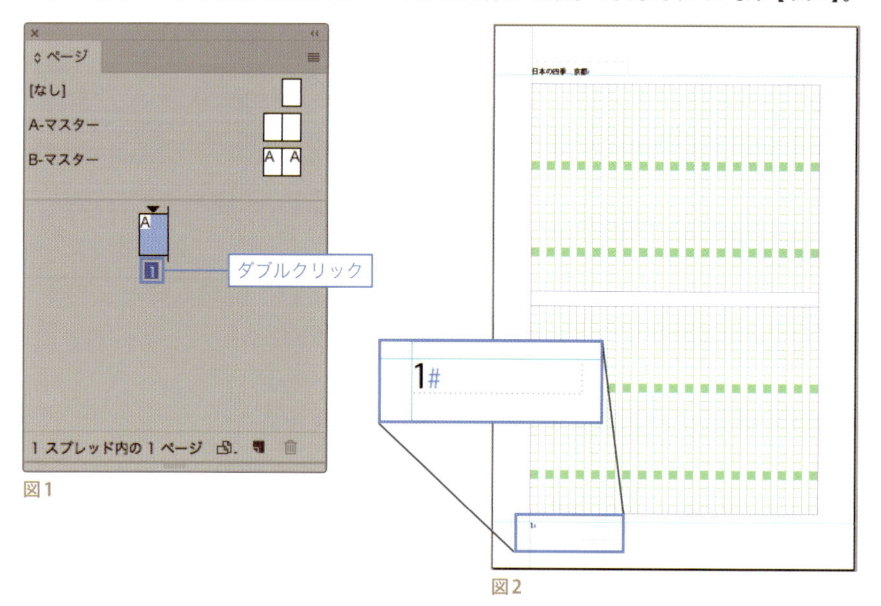

図1
図2

❷「A-マスター」適用のドキュメントページを挿入する

「1」ページの後ろに「A-マスター」を適用したドキュメントページを4ページ挿入します。
[ページ] パネルメニューから [ページを挿入 ...] をクリックします【 図3 】。

図3

[ページを挿入] ダイアログが表示されたら、次のように設定して [OK] をクリックします【 図4 】。

ページ：4
挿入：ページの後　1
マスター：「A-マスター」

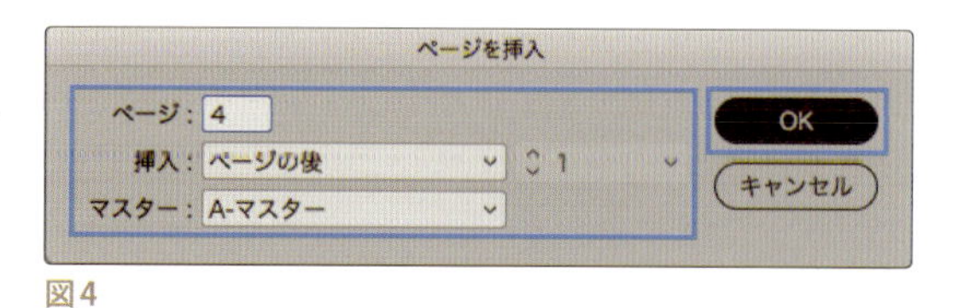

図4

[ページ] パネルに新規ドキュメントページ「2-3」「4-5」が追加されます。
ページアイコン右上の「A」の文字が [A-マスター] を使って作成したページであることを示しています【 図5 】。

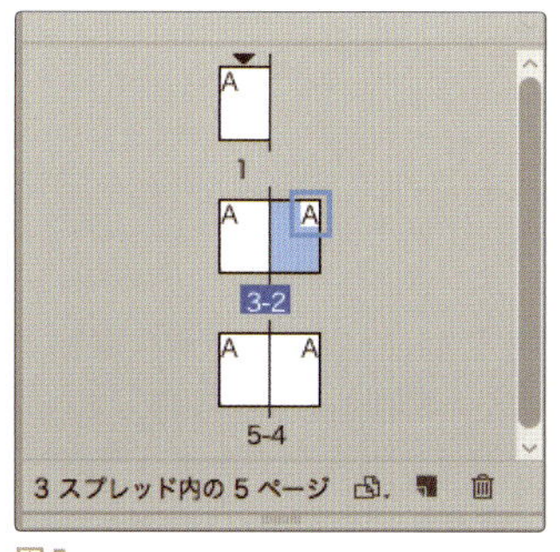

図5

❸「B-マスター」適用のドキュメントページを挿入する

「5」ページの後ろに「B-マスター」を適用したドキュメントページを4ページ挿入します。
[ページ] パネルのパネルメニューから [ページを挿入...] をクリックして【 図3 】、[ページを挿入] ダイアログが表示されたら、次のように設定して [OK] をクリックします【 図6 】。

ページ：4
挿入：ページの後　5
マスター：「B-マスター」

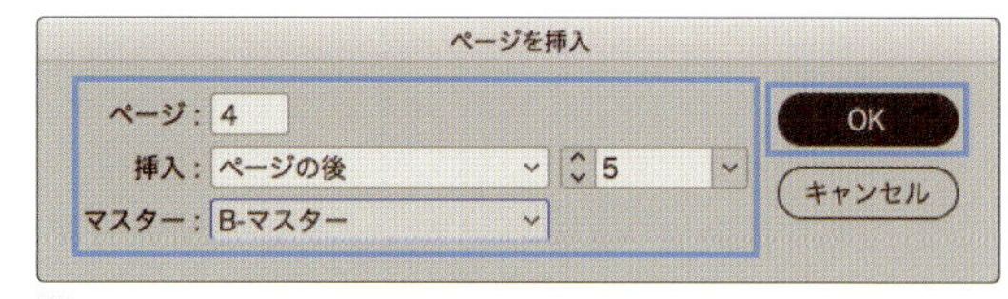

図6

[ページ] パネルに新規ドキュメントページ「6-7」「8-9」が追加されます。ページアイコン右上の「B」の文字が [B-マスター] を使って作成したページであることを示しています【 図7 】。

「6-7」のページを開いて、左ページの柱が「日本の四季　東京」になっていることを確認してみましょう。

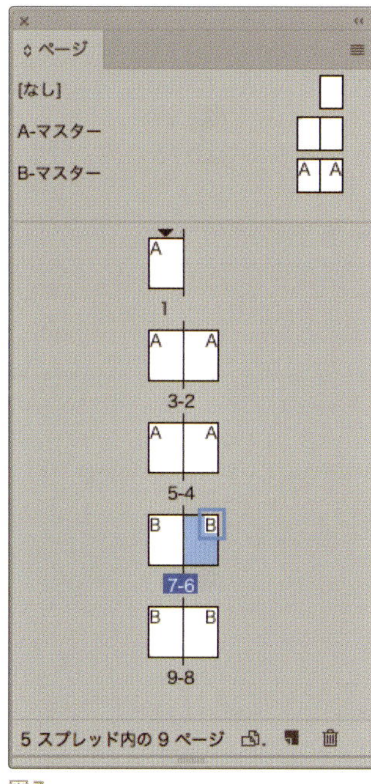

図7

【 memo 】　ドキュメントのマスターページを変更する場合、例えば「6-7」ページに [A-マスター] を適用したいときには [A-マスター] のアイコンを「6-7」ページのアイコンの角にドラッグします。アイコン全体が黒い四角形で囲まれたら手を放します。

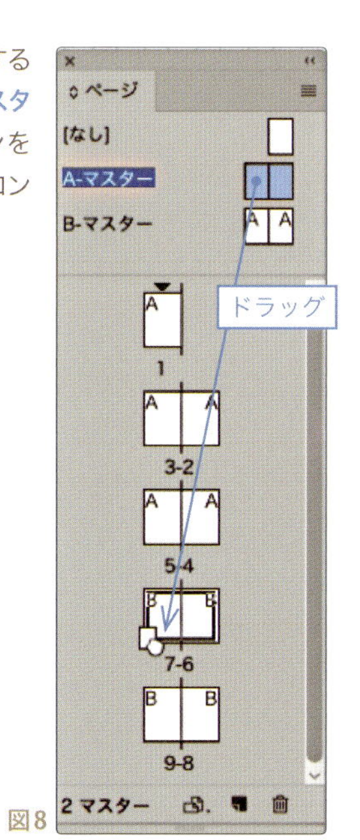

図8

タイトルと本文を配置しよう

タイトルはレイアウトグリッドに関係なくテキストを配置するので、
縦組みのテキストフレームを作成します。
本文は、レイアウトグリッドに流し込み機能を使って配置します。

3-1_タイトルを作成する

1 ドキュメントページを表示する

［ページ］パネルのページアイコン「2-3」の文字の上をダブルクリックして、ドキュメントの2、3ページを表示します。

2 テキストフレームを作成する

［縦組み文字］ツール【図1】で、2ページのレイアウトグリッド右上角からドラッグして、グリッド5行分のテキストフレームを作成します【図2】。

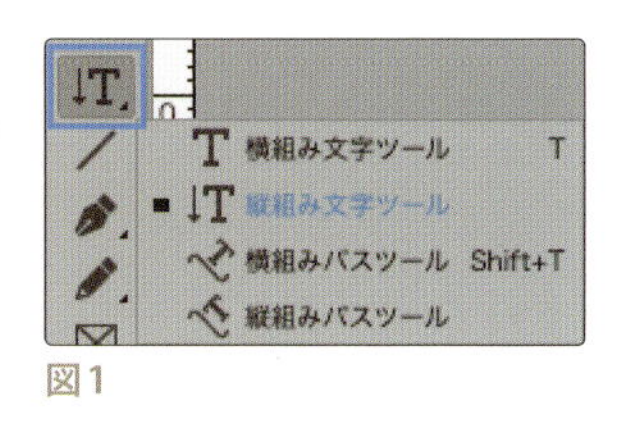

図1

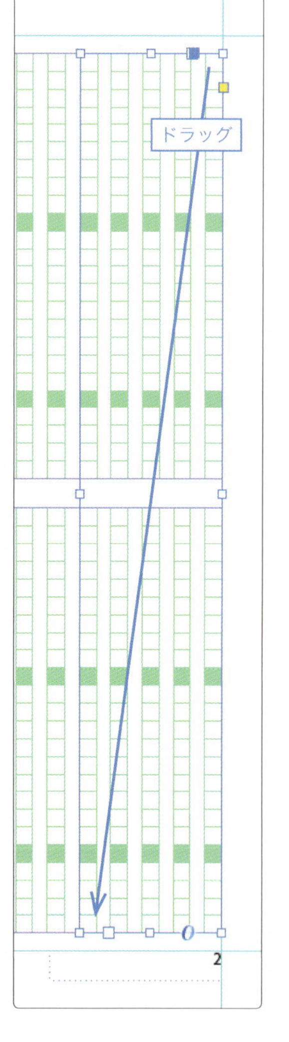

図2

サイズと位置を［コントロール］パネルで次のように設定します【図3】。

「基準点：右上」
「X:243　Y:20　W:25　H:149」

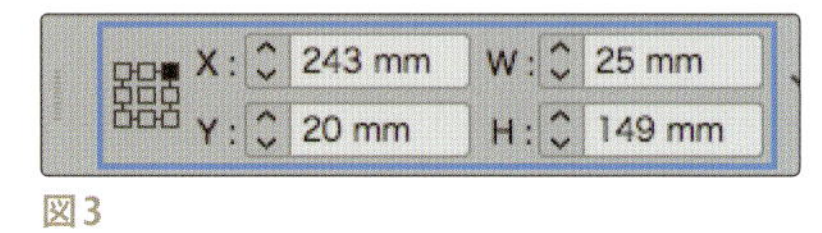

図3

3 テキストを入力して文字の設定をする

［縦組み文字］ツールで「京都の紅葉狩り（改行）今年はどこへまいりましょう」と入力して、「フォント：小塚明朝ProB」「サイズ：30Q」 に設定します【図4】【図5】。

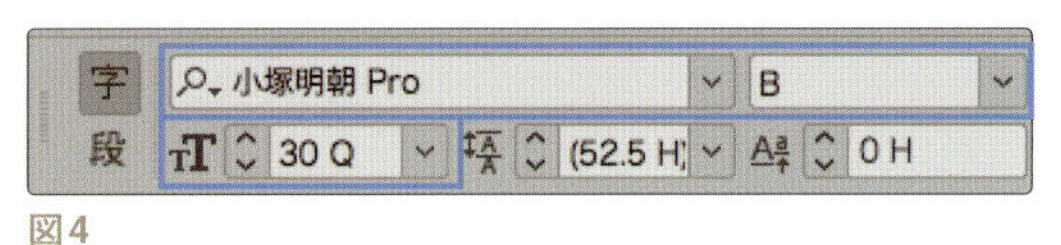

図4

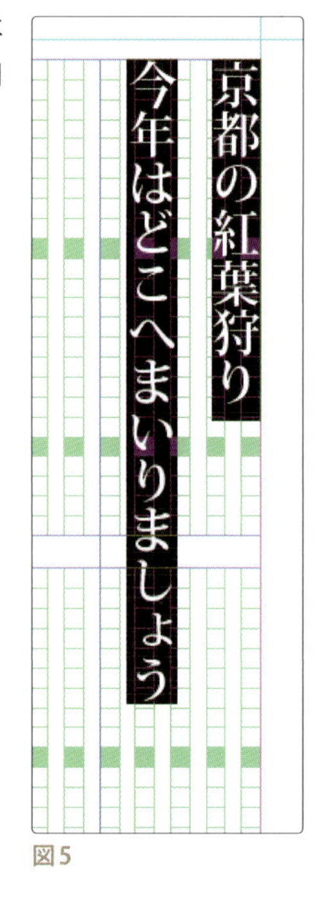

図5

さらに「今年はどこへまいりましょう」を選択して、「サイズ：22Q」に変更します【図6】【図7】。

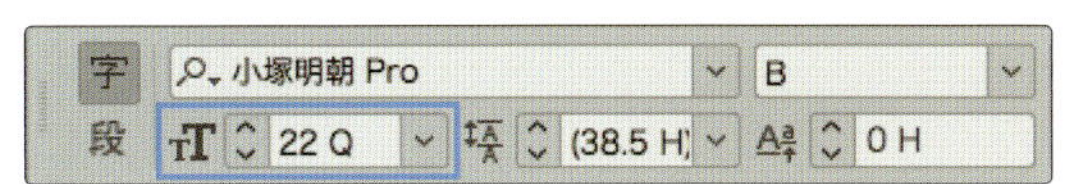

図6

図7

3-2_テキストにインデントを設定する

タイトルの2行目にインデントを設定して、文字を字下げします。
インデントは、テキストをフレームの端から内側へ向かって移動させる段落設定です。

1 カーソルを挿入する

［縦組み文字］ツールで「今年は・・・」の段落をクリックしてカーソルを挿入します【図1】。

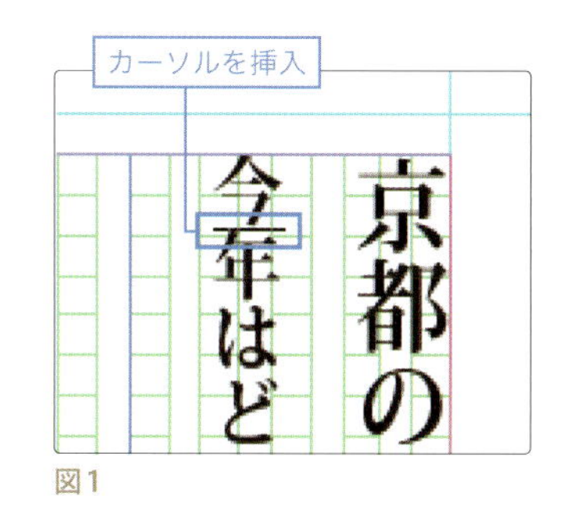

図1

2 インデントを設定する

［段:コントロール］パネルの「左/上インデント」に「16mm」と設定します【図2】。
テキストフレームの上端から16mm内側に配置されます【図3】。

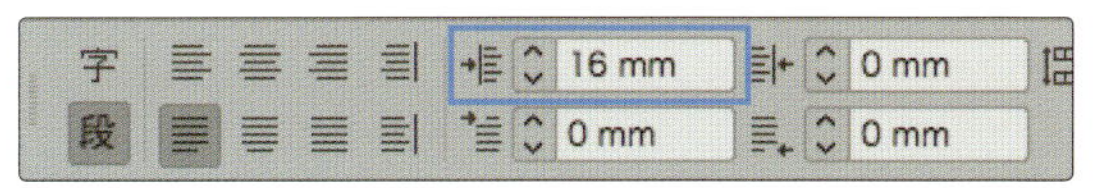

図2

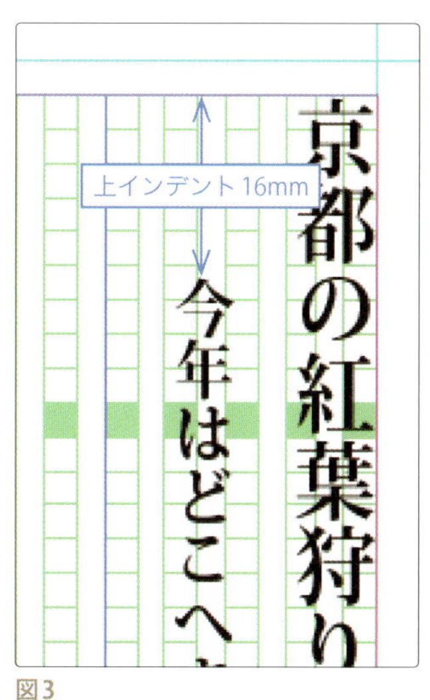

図3

【memo】
「インデントの設定」「行揃え」「行取り」といった段落を対象とした設定を行う場合は、段落内にカーソルを挿入しておくと、その1段落すべてに設定が適用されます。
ただし複数の段落を対象とする場合はドラッグで選択します。
1段落は［return（改行）］キーから［return（改行）］キーまでをいいます。

3-3_テキストを流し込み機能で配置する

長文テキストを配置する際には「自動流し込み」や「半自動流し込み」または「手動流し込み」を使うと効率的です。ここでは、右ページのレイアウトグリッド1段目に「手動流し込み」でテキストを配置します。
続いて「自動流し込み」ですべてのテキストを配置します。

❶ フレームグリッド設定の確認をする

フレームを何も選択していない状態で［オブジェクト ▶ フレームグリッド設定...］を選択して［フレームグリッド設定］ダイアログを表示します【図1】。
ダイアログの［グリッド書式属性］が「STEP1-1」で設定したとおりであることを確認して、［OK］をクリックします【図2】。

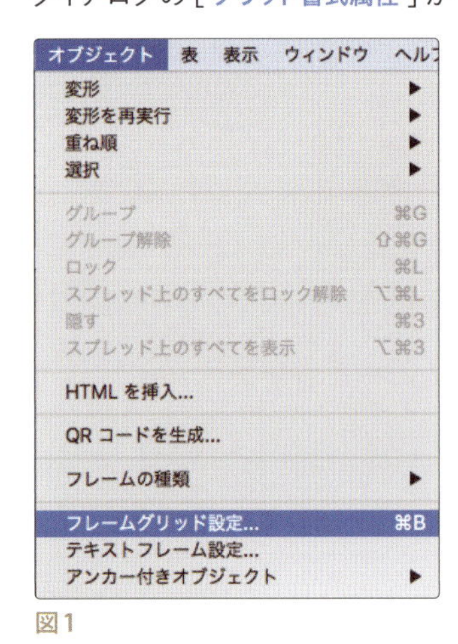

図1

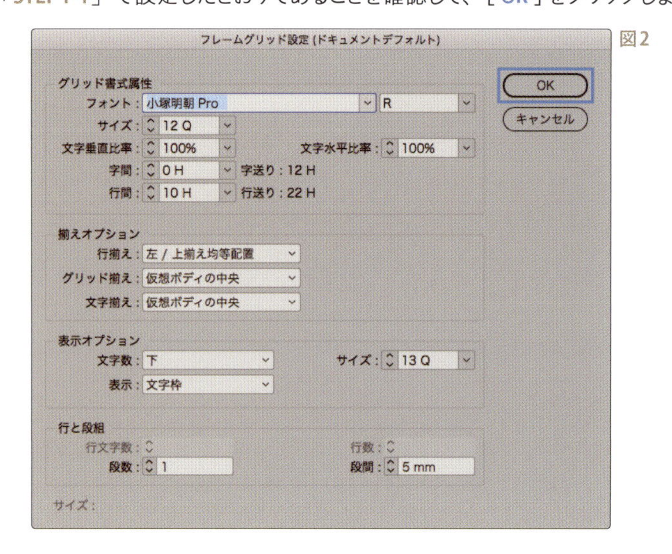

図2

通常テキストは、レイアウトグリッドに沿って配置されるので、「テキストはレイアウトグリッドの設定に基づいて配置される」と思われますが、テキストは「フレームグリッド」に基づいて配置されます。
そのためテキストを流し込む前に、フレームグリッドの設定が新規ドキュメント作成時の設定と同じことを確認しておきます。

❷［配置］ダイアログを表示する

［ファイル ▶ 配置...］を選択して［配置］ダイアログを表示します【図3】。
「parts」フォルダの「text_01.txt」を選んで［開く］をクリックします【図4】。

素材ファイル：
chapter3 > parts

図3

図4

❸ 手動流し込みで配置する

マウスポインターが流し込みアイコンに変わったら、右ページ1段目のグリッド6行目でクリックします【図5】。

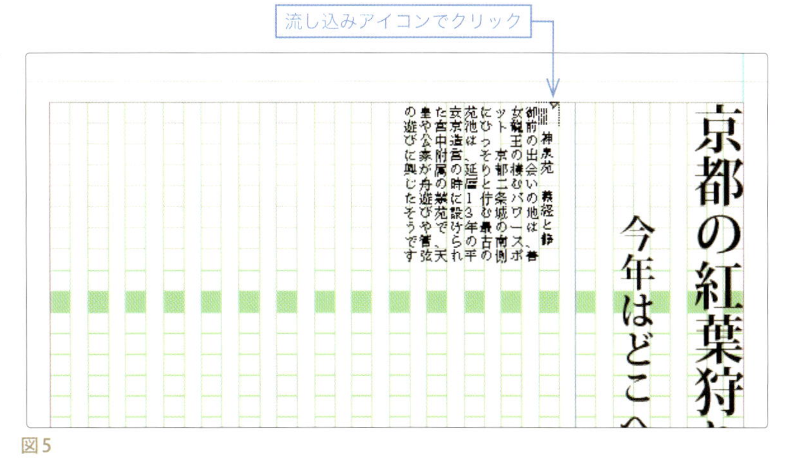

図5

クリックした位置から、段の幅と同じ幅のフレームが自動的に作成され、テキストが配置されます【図6】。
割り付けられていないテキストが残っているため、テキストフレームの左下に赤い⊞マークが表示されています。

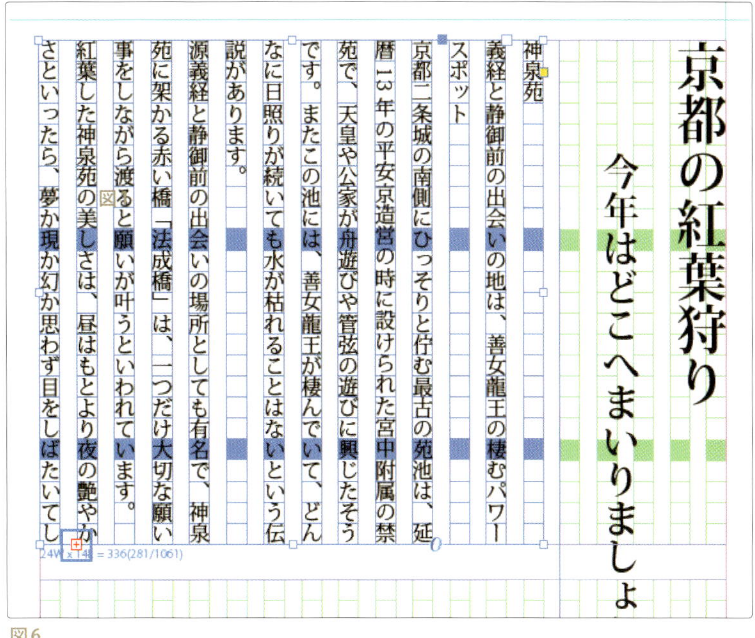

図6

【memo】
テキスト流し込みアイコンで配置した際に、組み方向が違っていた場合は【図7】、[書式 ▶ 組み方向]で変更します【図8】。
流し込みを行う前に確認しておくと良いでしょう。

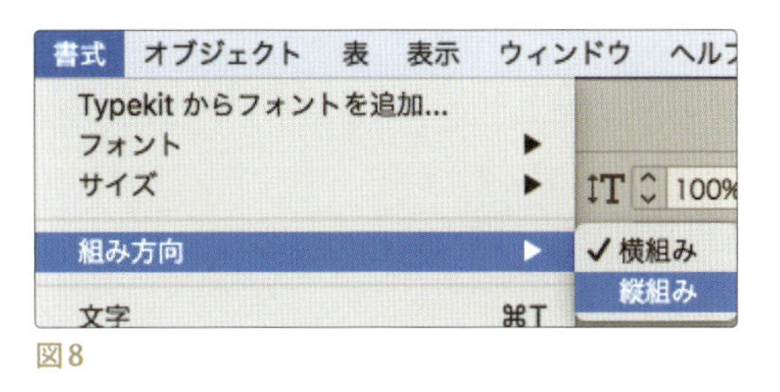

図8

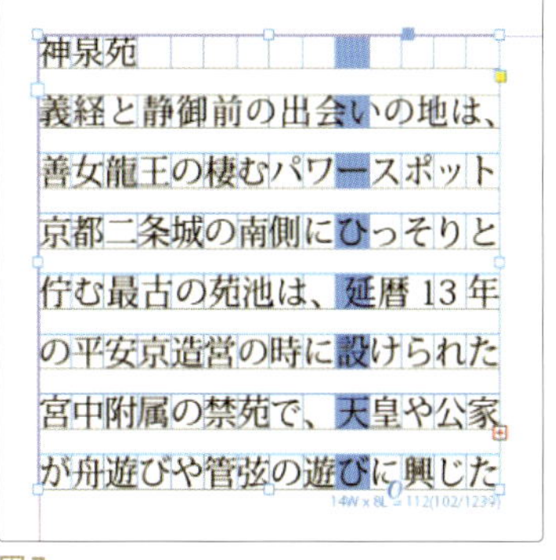

図7

❹ 自動流し込みで配置する

［選択］ツールで1段目の赤い⊞マークをクリックすると、マウスポインターが流し込みアイコンに変わります。
［shift］キーを押して、マウスポインターが自動流し込み【図9】の形状に変わったら、右ページ2段目のグリッド6行目でクリックします【図10】。

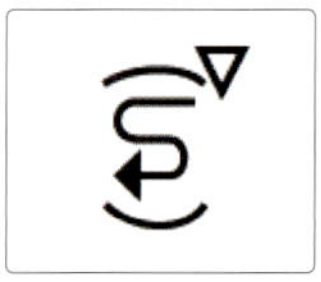

図9　自動流し込み

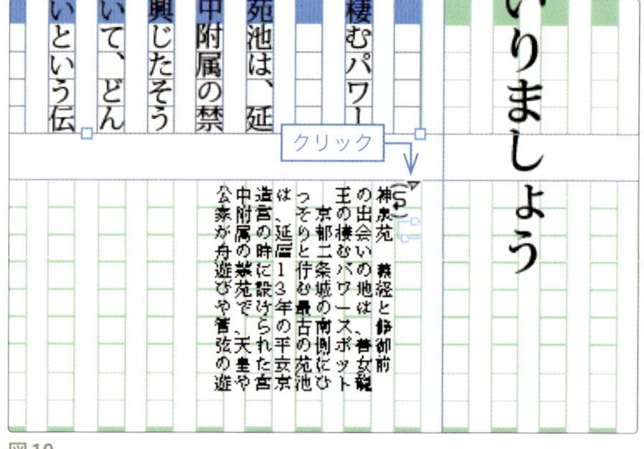

図10

クリックした位置から、段の幅と同じ幅のフレームが自動的に作成され、テキストがすべて配置されます【図11】。

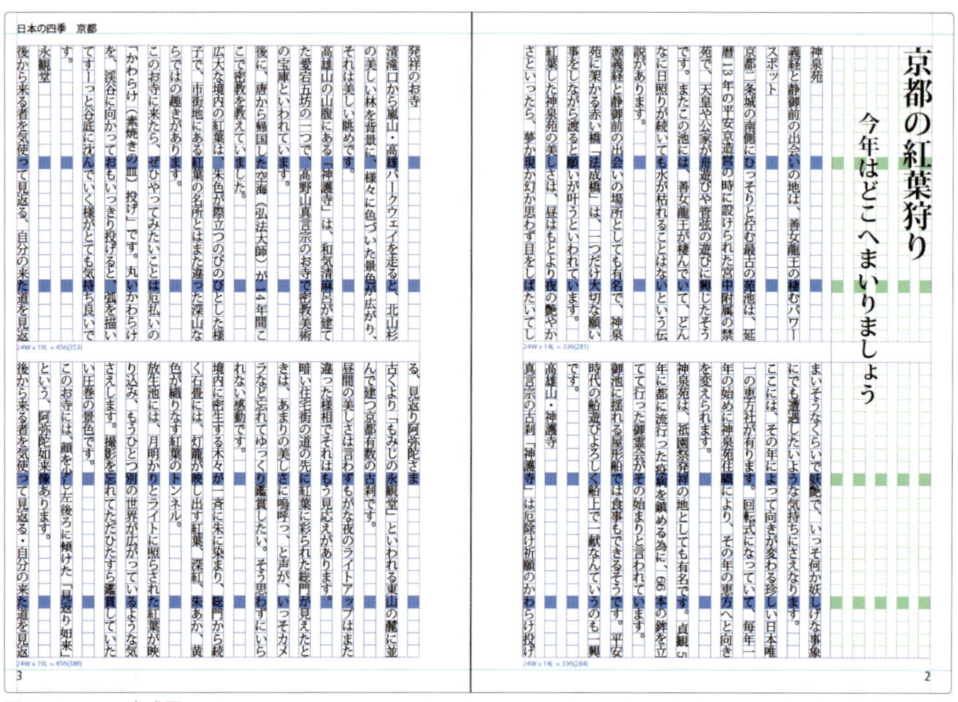

図11　STEP 3 完成図

自動流し込みの場合、すべてのテキストが配置されるまで、フレームが自動的に作成され、テキストが流し込まれます。1ページで割り付けられない場合は、すべてのテキストがドキュメントに流し込まれるまで、ドキュメントページとフレームが追加されます。

【半自動テキスト流し込み】 テキスト流し込みアイコンのとき［option(Alt)］キーを押すと、マウスポインターの形状が変わります【図12】。
このポインターでテキストを開始したい位置で、クリックまたはドラッグすると1つの段にテキストが流し込まれます。流し込みが止まった時点で、割り付けられていないテキストが残っている場合、ポインターはまだテキストの流し込みアイコンのままなので、連続して流し込みを続けられます。

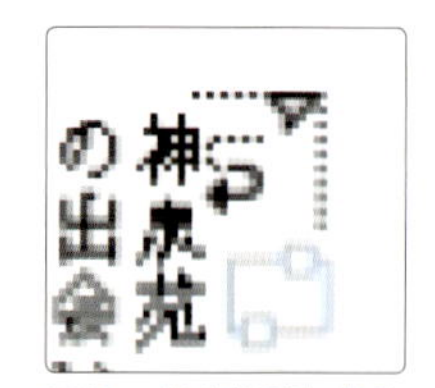

図12　半自動流し込みアイコン

STEP 4

見出しと本文の書式を設定しよう

「見出し」や「本文」のテキストの書式を設定して体裁を整えていきます。
ここでは「文字組みアキ量設定」「段落行取り」など、
さまざまな日本語組版機能を設定します。

4-1_見出しに段落前のアキと行取り中央を設定する

1 [文字] パネルで文字設定をする

[書式 ▶ 文字] をクリックします【 図1 】。
[文字] パネルが表示されたら、[縦組み文字] ツールで1段目の「神泉苑」を選択して【 図2 】、[文字] パネルで次のように設定します【 図3 】。

フォント：小塚ゴシック Pro M
サイズ：12Q

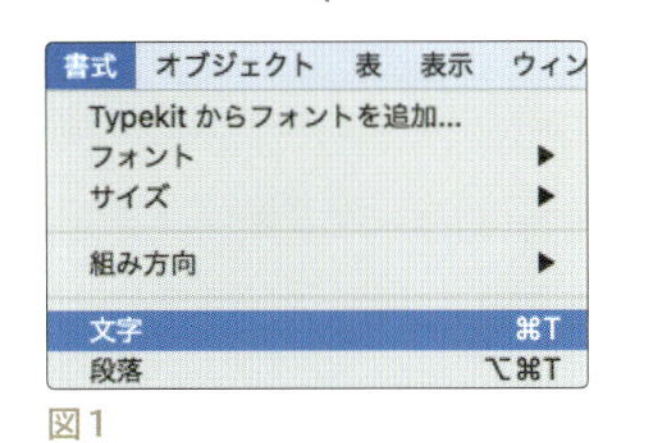

図1

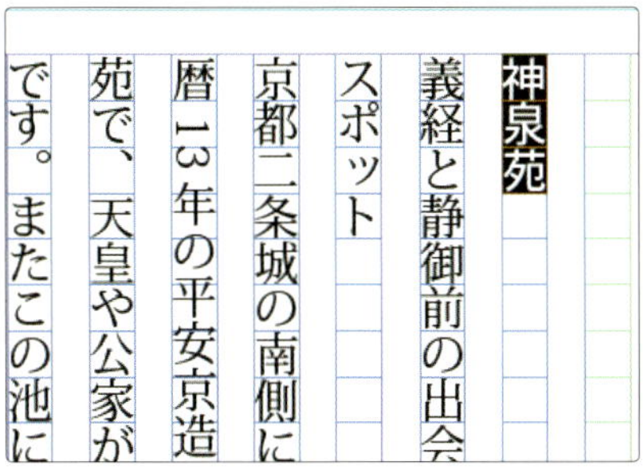

図2

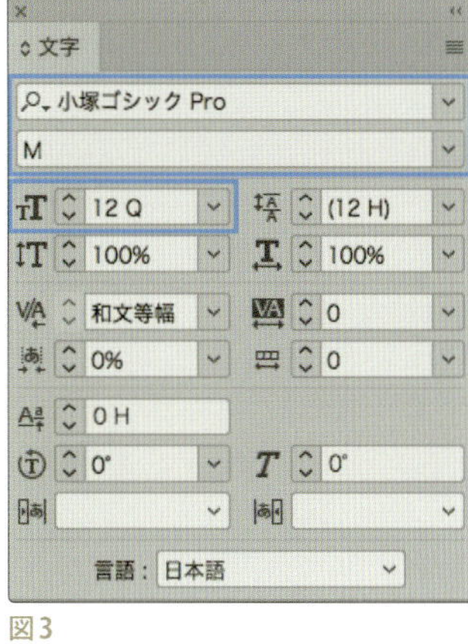

図3

2 段落前のアキを設定する

見出しがページの途中にきた場合、本文の最後と次の見出しの間にアキを設定しておきます。
ここでは1行分「22H（5.5mm）」のアキを設定します。
[書式 ▶ 段落] をクリックします【 図4 】。[段落] パネルが表示されたら、[縦組み文字] ツールで1段目の「神泉苑」をクリックして【 図5 】、[段落] パネルで次のように設定します【 図6 】。

左 / 上インデント：3mm
段落前のアキ：5.5mm
（22Hと設定しても構いません）

図4

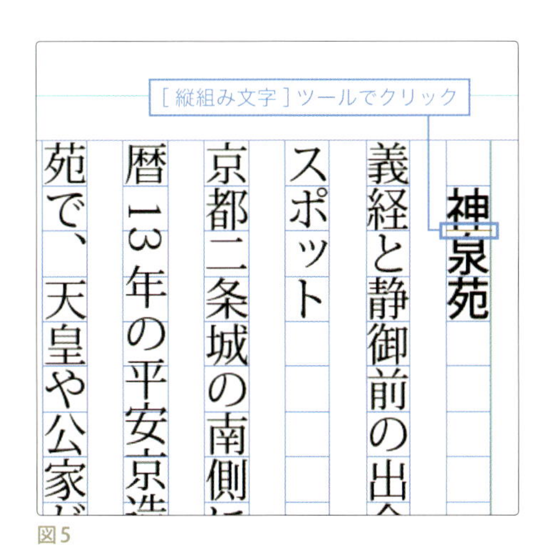

図5

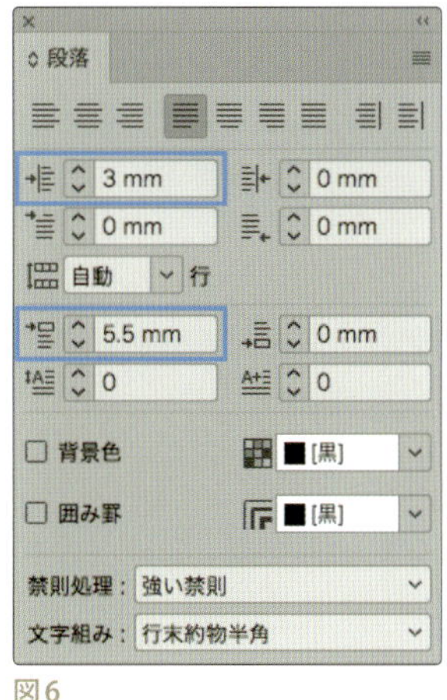

図6

[段落前のアキ] を設定すると、段落の前にスペースを追加します。
ただしその段落がページの先頭にある場合、アキは入りません。よって「神泉苑」の前にアキは生じていません。

❸ 行取りを設定する

見出しのように1行の段落を強調したいとき「行取り」を設定すると便利です。

「神泉苑」にカーソルを挿入した状態で[段落]パネルで「行取り:2」と設定します【 図7 】。
「神泉苑」が2行分の中央に配置されます【 図8 】。

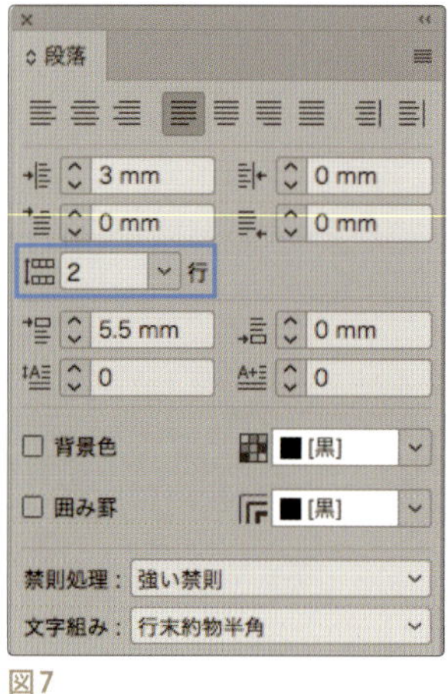

図7

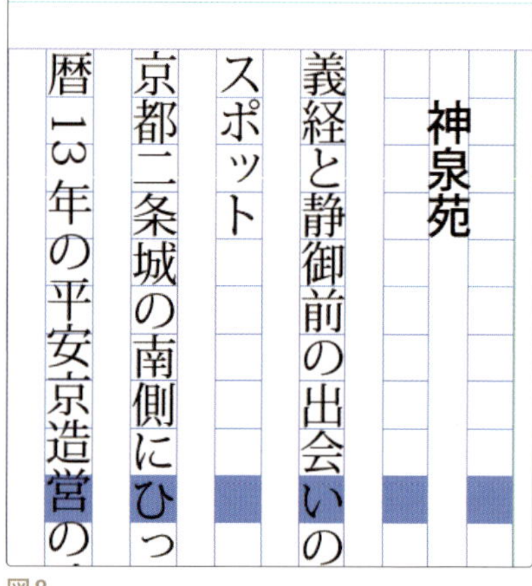

図8

4-2_見出しに段落境界線を設定する

段落境界線の機能を使って見出しを装飾します。

❶ [段落境界線]ダイアログを表示する

[縦組み文字]ツールで「神泉苑」を選択して【 図1 】、[段落]パネルメニューから[段落境界線...]を選択し、[段落境界線]ダイアログを表示します【 図2 】。

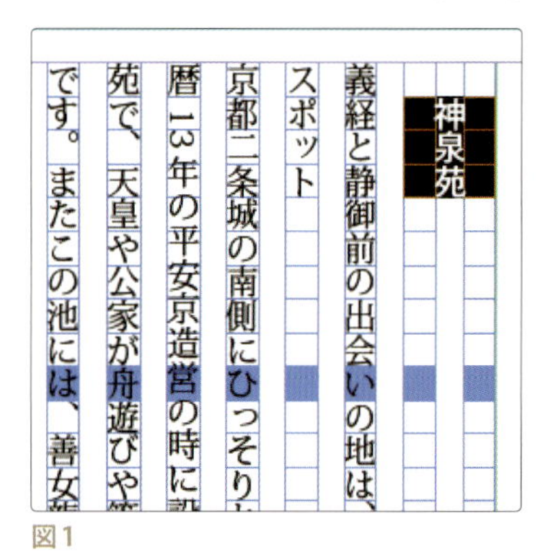

図1

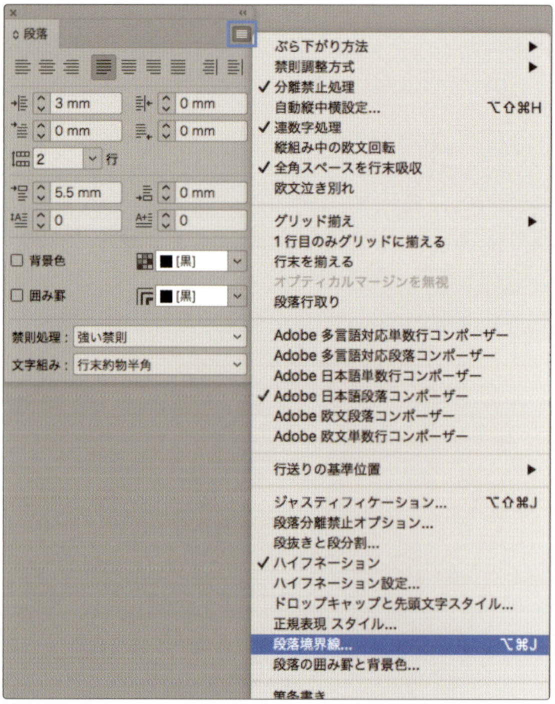

図2

❷ [前境界線] を設定する

[段落境界線] ダイアログを次のように設定して [OK] をクリックします【 図3 】。

最上部のポップアップメニューで [前境界線] を選択
「境界線を挿入」 にチェック
線幅：8.5mm
カラー：C=15 M=100 Y=100 K=0
幅：列
右インデント：70.5
（縦組みの場合は下インデントになります）

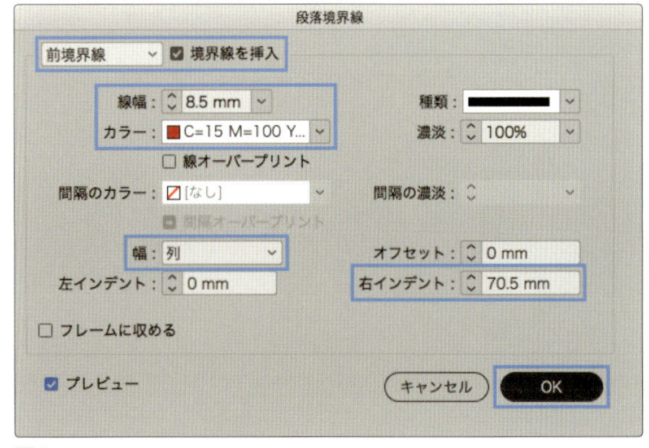

図3

「神泉苑」 の上に赤の線が引かれています【 図4 】。
幅を 「列」 下インデントを 「70.5mm」 としたので、線は段の下から70.5mmのところに引かれ、実質1.5mmの線の長さになります。

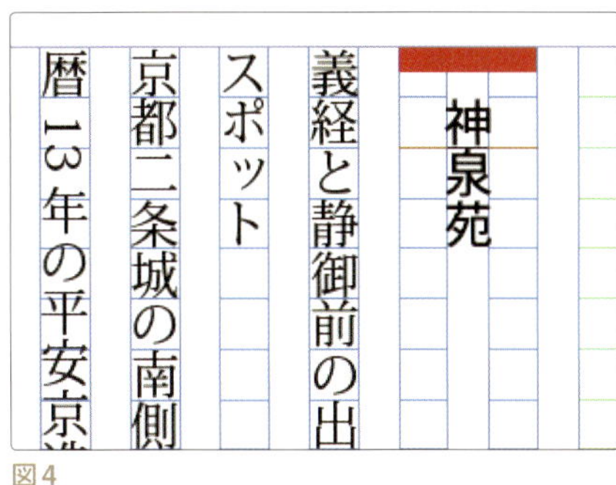

図4

【 memo 】 見出しが複数行になる場合は、個別に修正が必要になります。

4-3_小見出しに段落行取りとカラーを設定する

小見出しの2行のテキストを、3行分の中央に配置して、色を橙色にします。

❶ インデントを設定する

[縦組み文字] ツールで2段落目の 「義経と・・・」 をドラッグで選択して（クリックで段落にカーソルを挿入でも構いません）、[段落] パネルで次のように設定します【 図1 】。

行揃え：左揃え
（縦組みの場合は上揃えになります）
左 / 上インデント：3mm
右 / 下インデント：6mm

テキストがフレームの上端から3mm、下端から6mm内側に配置されます【 図2 】。

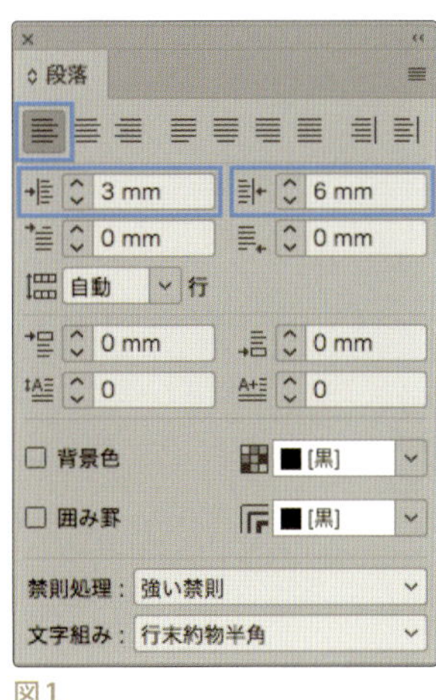

図1

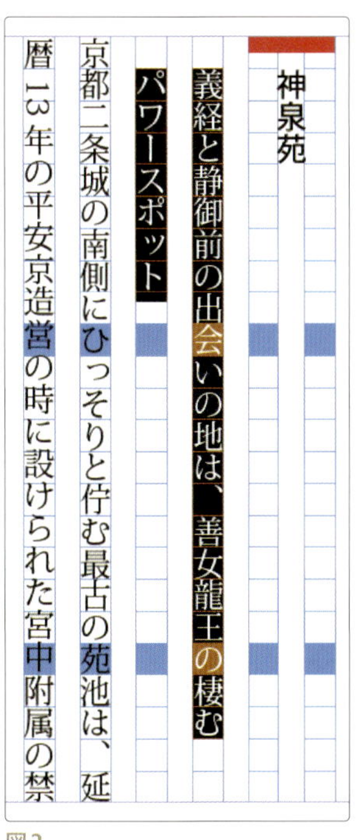

図2

❷ 段落行取りを設定する

「義経と…」の段落を選択した状態で［段落］パネルで「行取り：3」と設定します【図3】。
「義経と・・・」の段落の2行が、それぞれ3行分の中央に配置されます【図4】。

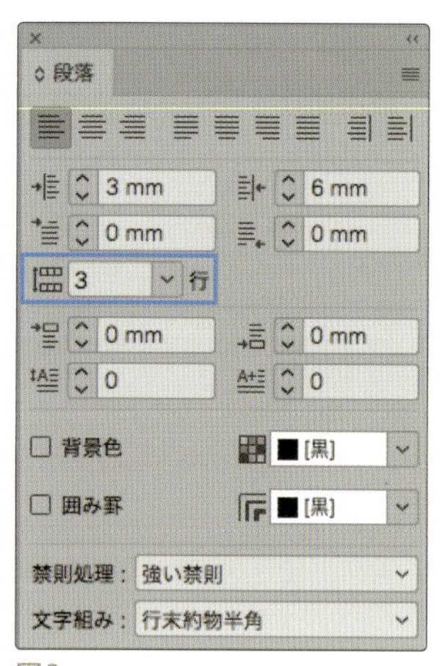

図3

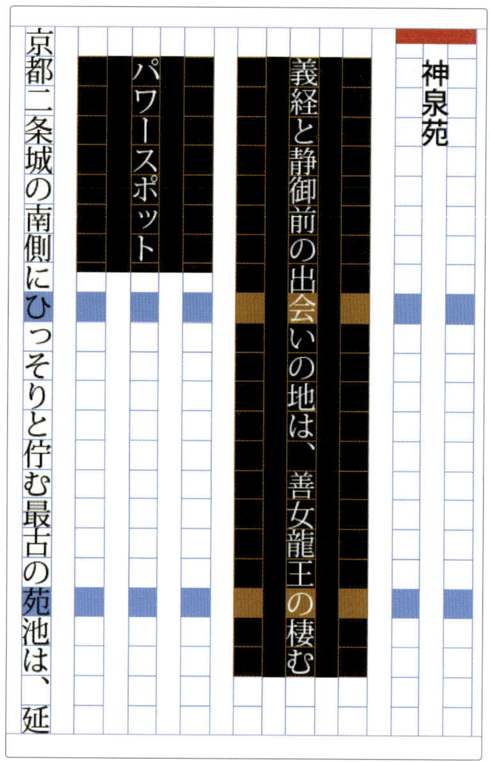

図4

2行を選択した状態で、［段落］パネルメニューの［段落行取り］をクリックします【図5】。
すると段落のテキストすべて（2行）が、3行分の中央に配置されます【図6】。

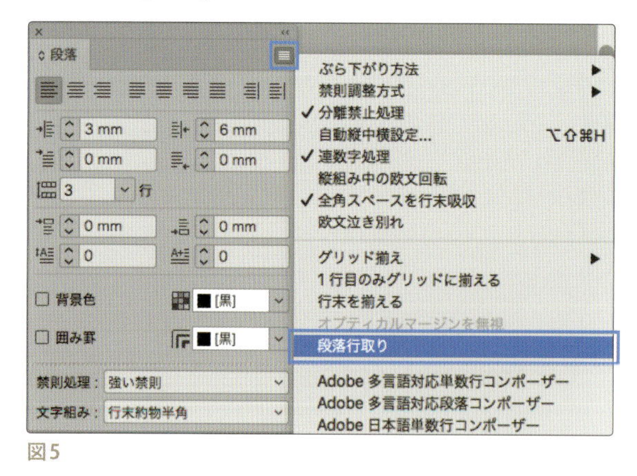

図5

図6

❸ 行送りを設定する

［文字］パネルで行送りを「22H」に設定し、整えます【図7】。

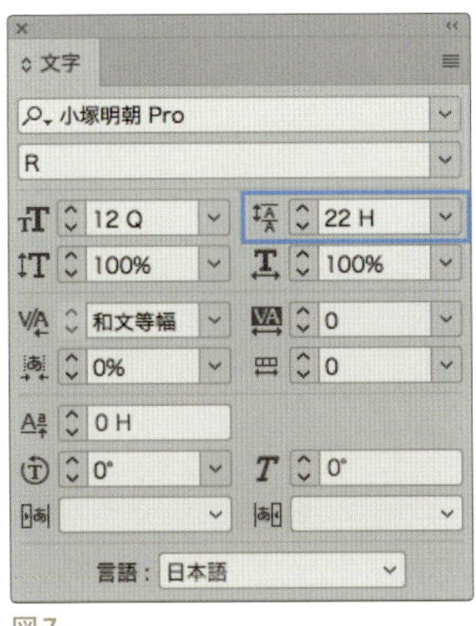

図7

❹ テキストにカラーを設定する

2行を選択した状態で、［カラー］パネルで「C=0 M=80 Y=100 K=0」と設定して【図8】、文字を橙色にします【図9】。

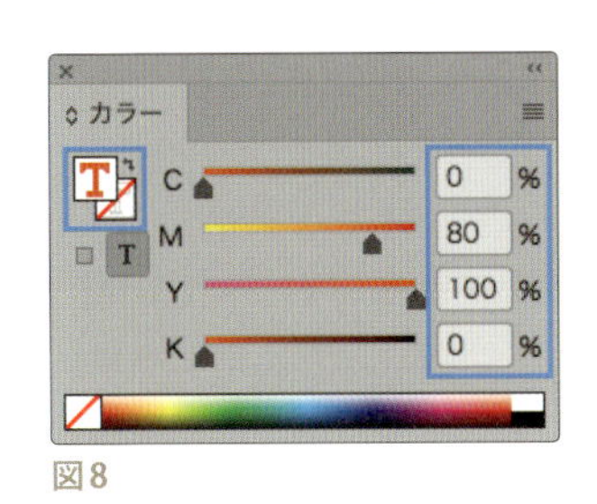

図8

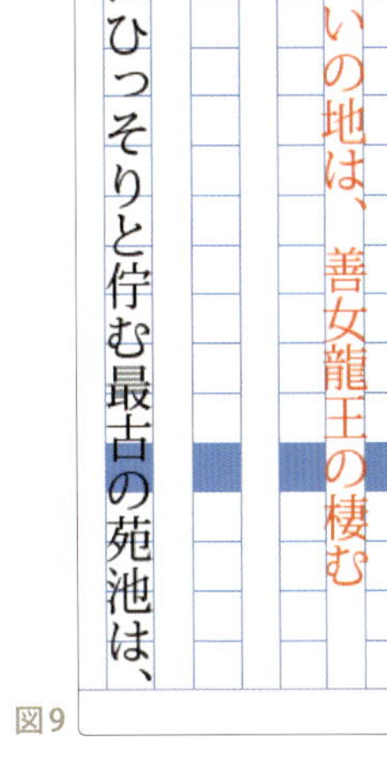

図9

4-4_本文に文字組みアキ量設定をする

「文字組みアキ量設定」は、文字と文字の間隔（アキ）を設定する機能です。
欧文文字、句読点、特殊文字、行頭、行末、数字についての組版の方法を決定します。美しい文字組みを素早く実現するために欠かせない機能のひとつです。InDesign には日本語組版ルールをもとに作成された14 種類の「文字組みアキ量設定」が用意されています。ここではその中の1つを設定して、本文の段落の行頭の文字を1字下げにします。

❶ 文字組みアキ量設定をする

［縦組み文字］ツールで「京都二条城の・・・」から始まる3段落目の上を4回連続クリックして段落のテキストを全て選択します。

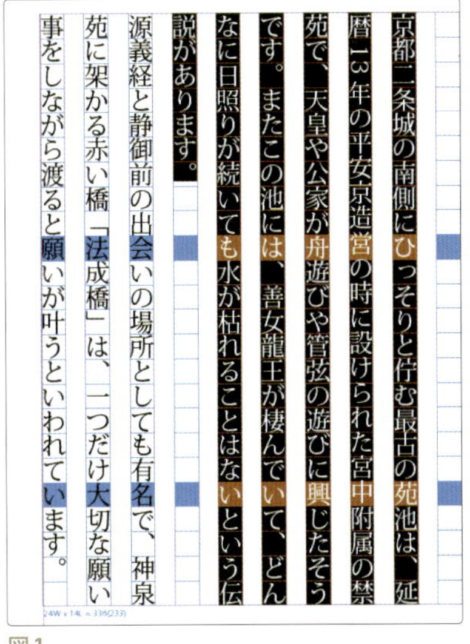

図1

［段落］パネル下部の「文字組み：」をクリックして「行末受け約物半角・段落1字下げ（起こし全角）」を選択します【図2】。

段落行頭の文字が1字下げになります【図3】。

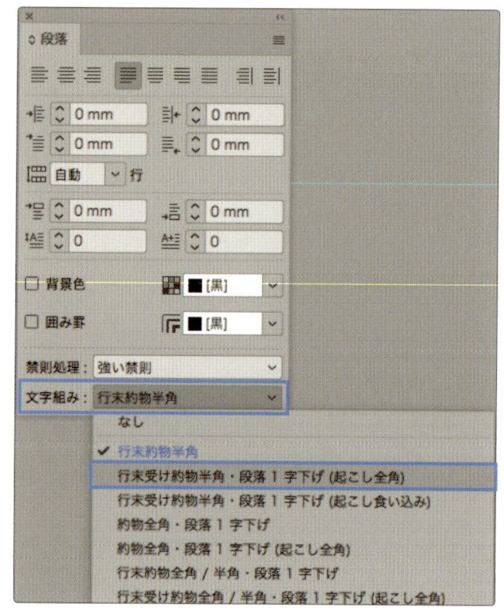

図2

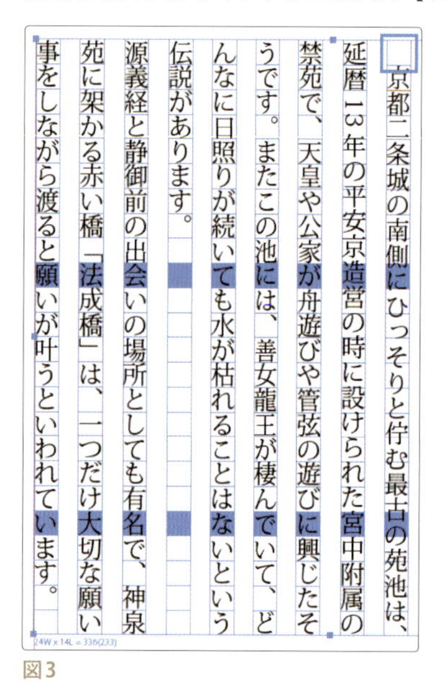

　京都二条城の南側にひっそりと佇む最古の苑池は、延暦13年の平安京造営の時に設けられた宮中附属の禁苑で、天皇や公家が舟遊びや管弦の遊びに興じたそうです。またこの池には、善女龍王が棲んでいて、どんなに日照りが続いても水が枯れることはないという伝説があります。
　源義経と静御前の出会いの場所としても有名で、神泉苑に架かる赤い橋「法成橋」は、一つだけ大切な願い事をしながら渡ると願いが叶うといわれています。

図3

【COLUMN：文字組みアキ量設定のカスタマイズ】

出版社や印刷会社のハウスルールや、用途に応じて文字組みアキ量設定をカスタマイズすることができます。

❶［書式 ▶ 文字組みアキ量設定 ▶ 基本設定...］で【図4】、［文字組みアキ量設定］ダイアログを表示して、［新規］ボタンをクリックします【図5】。

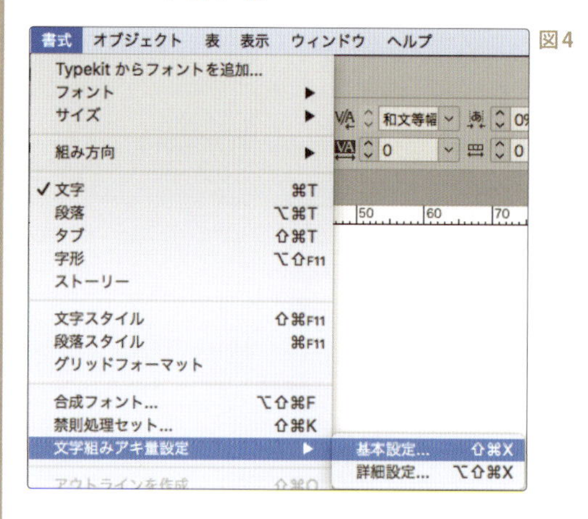

図4

図5

❷［新規文字組みセット］ダイアログが表示されたら、名前を入力し、元とする文字組みを選択して、［OK］をクリックします【図6】。

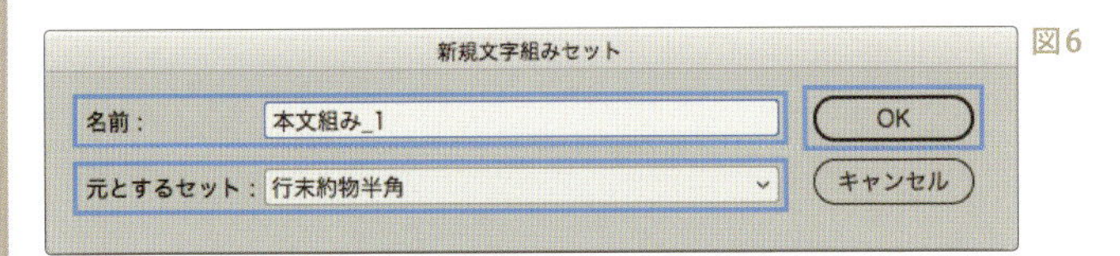

図6

❸新しい文字組みセットが作成され、［文字組みアキ量設定］ダイアログが表示されるので、ここで設定を変更します【図7】。

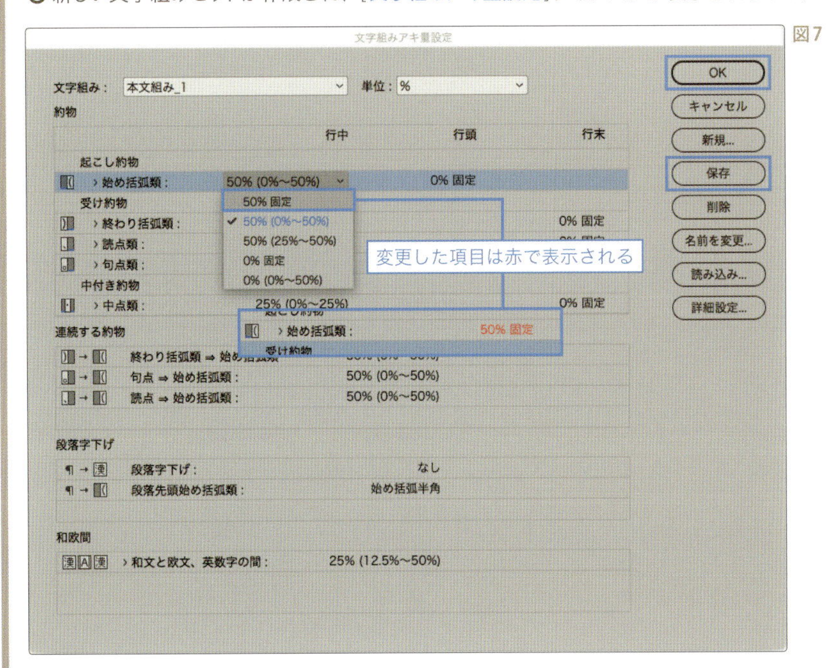

図7

❹設定が終わったら［保存］→［OK］の順にクリックします。

❺新規作成した設定は、［段落］パネルの「文字組み：」で選択できます【図8】。

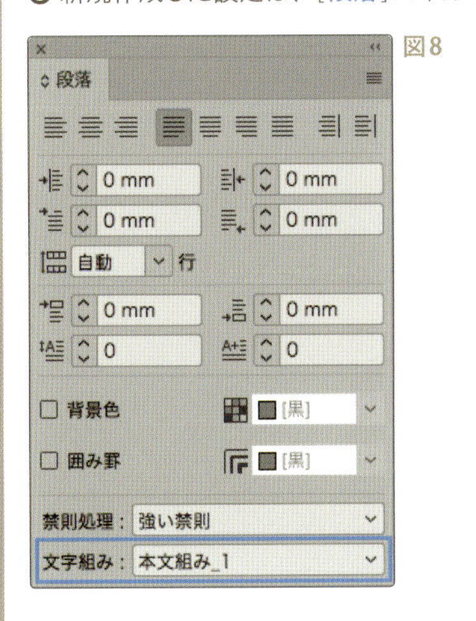

図8

慣れないうちは14種類の基本設定をベースにカスタマイズすることをおすすめします。

4-5_縦組み中の英数字を回転させる

縦組みテキストでは、数字や日付などの半角数字が横に寝てしまいます。
ここでは「自動縦中横設定」を使って、段落中の半角数字を自動で縦方向に回転させ読みやすくします。

1 自動縦中横設定をする

[縦組み文字] ツールで「京都二条城の・・・」で始まる段落をクリックして、カーソルを挿入します【 図1 】。
[段落] パネルメニューから [自動縦中横設定...] をクリックします【 図2 】。

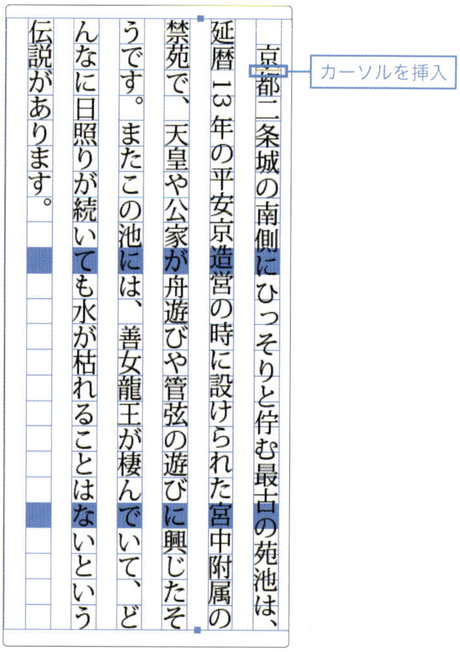

段落
ぶら下がり方法
禁則調整方式
✓ 分離禁止処理
自動縦中横設定...　⌥⇧⌘H
✓ 連数字処理
縦組み中の欧文回転
✓ 全角スペースを行末吸収
欧文泣き別れ
グリッド揃え
1行目のみグリッドに揃える
行末を揃える
オプティカルマージンを無視
段落行取り
Adobe 多言語対応単数行コンポーザー
Adobe 多言語対応段落コンポーザー
Adobe 日本語単数行コンポーザー
背景色
囲み罫
禁則処理：強い禁則
文字組み：行末受け約物半角・段落...

図2

京都二条城の南側にひっそりと佇む最古の苑池は、延暦13年の平安京造営の時に設けられた宮中附属の禁苑で、天皇や公家が舟遊びや管弦の遊びに興じたそうです。またこの池には、善女龍王が棲んでいて、どんなに日照りが続いても水が枯れることはないという伝説があります。
カーソルを挿入

図1

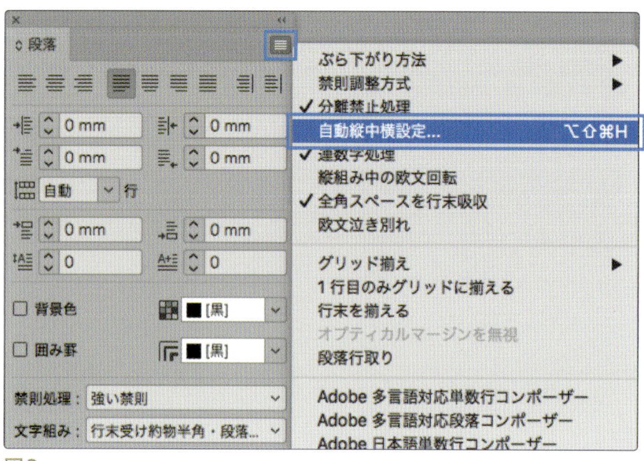

2 回転させる桁数を指定する

[自動縦中横設定] ダイアログが表示されたら、連続する半角文字を何文字まで縦方向に回転するかを桁数で指定します。
[組数字：2] と設定し [OK] をクリックします【 図3 】。

自動縦中横設定
組数字：2 桁まで
欧文も含める
OK
キャンセル
プレビュー

図3

「延暦13年」の「13」の文字が縦に起きます【 図4 】。

京都二条城の南側にひっそりと佇む最古の苑池は、延暦13年の平安京造営の時に設けられた宮中附属の禁苑で、天皇や公家が舟遊びや管弦の遊びに興じたそうです。またこの池には、善女龍王が棲んでいて、どんなに日照りが続いても水が枯れることはないという伝説があります。

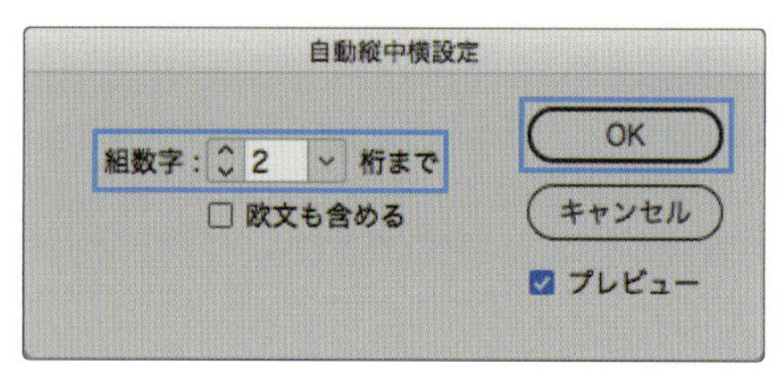

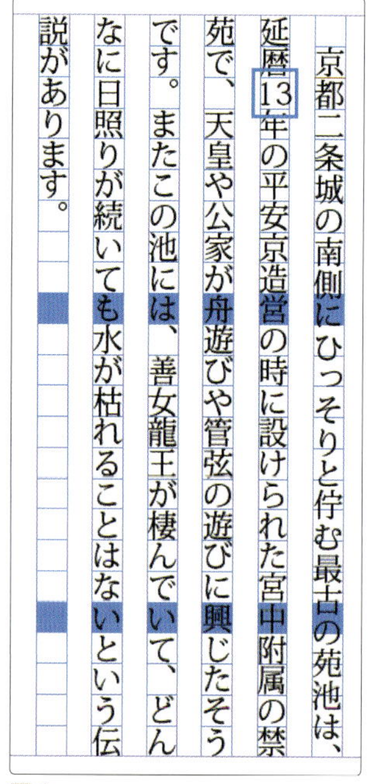

図4

STEP 5

見出しと本文の段落スタイルを設定しよう

STEP4で1段落～3段落に設定した書式を、
それぞれ「見出し」「小見出し」「本文」スタイルとして
[スタイル] パネルに登録して、別の見出しや本文に適用します。

【はじめに】段落スタイルとは

段落スタイルとは、複数のテキストに同一の書式をすばやく適用するために作成する、文字書式と段落書式の属性の集まりのことです。
ページ数の多い冊子や書籍などでは、見出しや本文、キャプションなど、同じ書式の設定をする箇所が何度も出てきます。
その都度1つひとつ手作業で設定していくのは大変な手間です。
そこで、それら文字や段落の書式の属性を1つのスタイルとして登録しておきます。
スタイルを適用するときは、目的のテキストを選択して、[段落スタイル] パネルのスタイル名をクリックするだけです。
これで同じ書式を素早く適用できます。

例えばサンプルの場合、「見出し」のスタイルを適用したいテキストを選択して、[段落スタイル] パネルの「見出し」をクリックします【 図1 】。
テキストは一瞬で「見出し」の書式に変更します。この方法だと同じ書式設定を何箇所にもする必要がなく、合理的に作業が進められます。

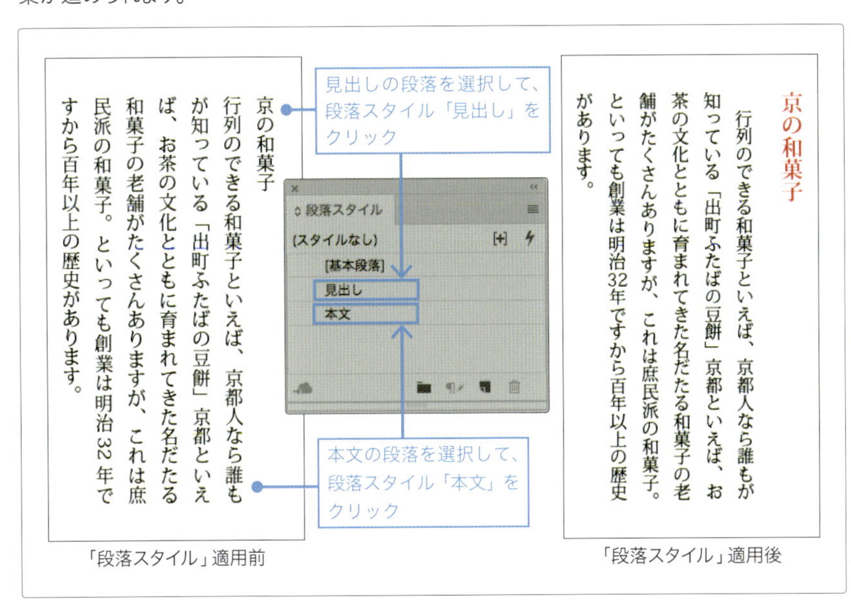

図1　一瞬で「見出し」と「本文」のスタイルが適用される

段落スタイルに登録できる項目

段落スタイルにはフォント、サイズ、カラー、インデントなど、さまざまな設定を登録することができます【 図2 】。

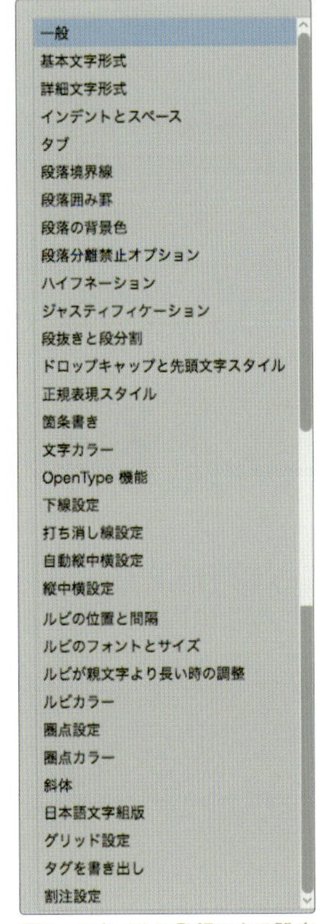

図2　スタイルに登録できる設定

5-1_段落スタイルを登録する

段落スタイルの登録には、既存のテキストに設定されている属性を新しいスタイルとして定義する方法と、新規で段落スタイルを作成する2通りの方法があります。
ここでは、STEP 4でテキストに設定した書式設定などの属性を「見出し」「小見出し」「本文」の段落スタイルとして登録します。

❶［段落スタイル］パネルを表示する

［ウィンドウ ▶ スタイル ▶ 段落スタイル］で［段落スタイル］パネルを表示します。

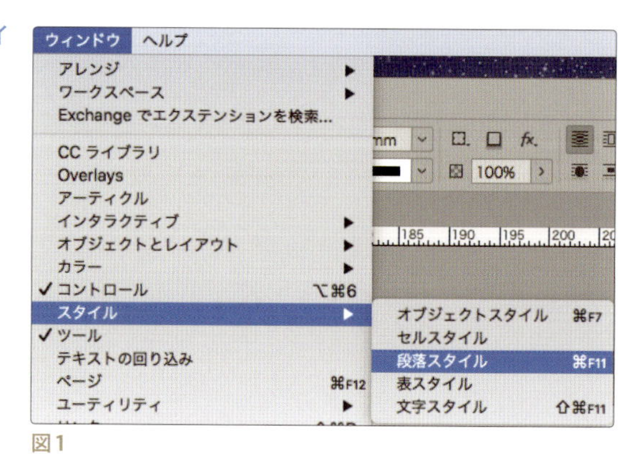

図1

❷「見出し」の段落スタイルを作成する

［縦組み文字］ツールで1段落目「神泉苑」をクリックしてカーソルを挿入します【図2】。
［段落スタイル］パネル下部の「新規スタイルを作成」ボタンをクリックして、「段落スタイル1」が作成されたら、スタイル名をダブルクリックします【図3】。

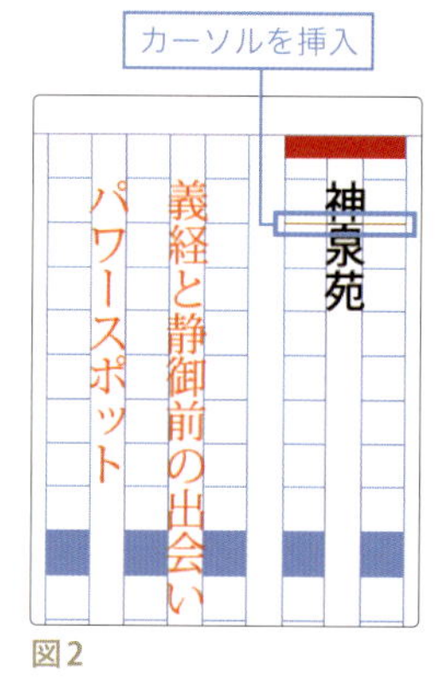

図2

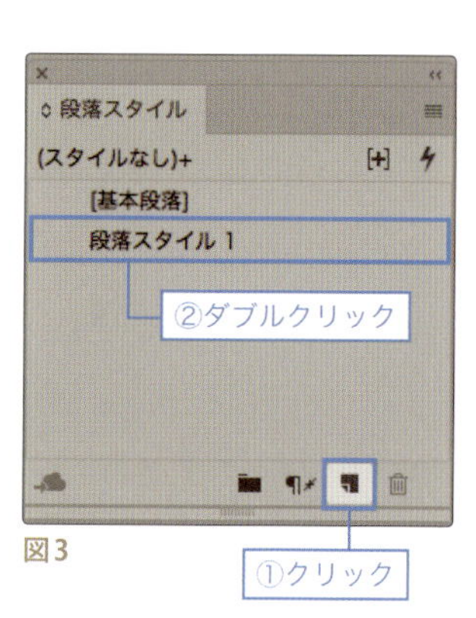

図3

❸ 段落スタイルの名前を変更する

［段落スタイルの編集］ダイアログが表示されたら、「スタイル名」に「見出し」と入れて［OK］をクリックします【図4】。

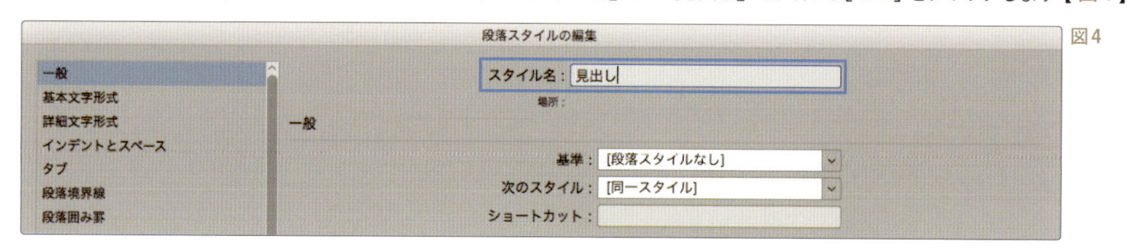

図4

［段落スタイル］パネルの「段落スタイル1」が「見出し」に変更されます【図5】。

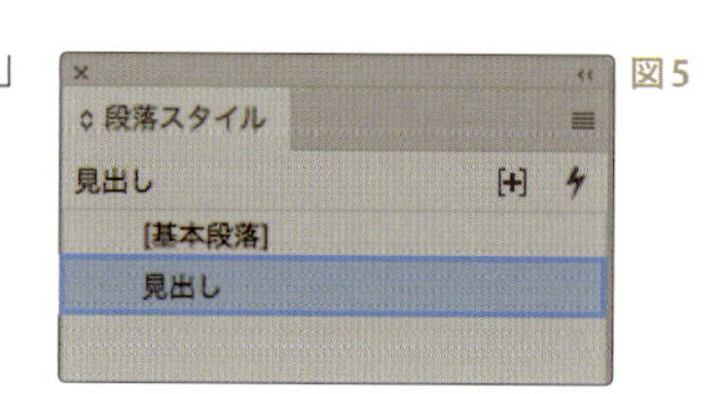

図5

同様の手順で、2段落目をクリックして【図6】、「新規スタイルを作成」ボタンをクリックし【図7】、[段落スタイルの編集]ダイアログのスタイル名に「小見出し」と入れます【図8】。

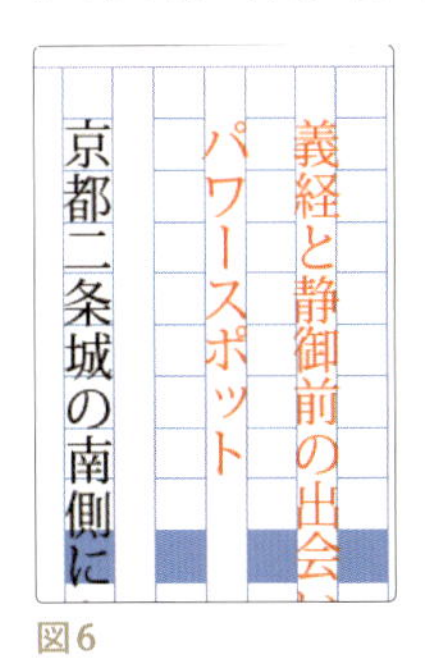

図6

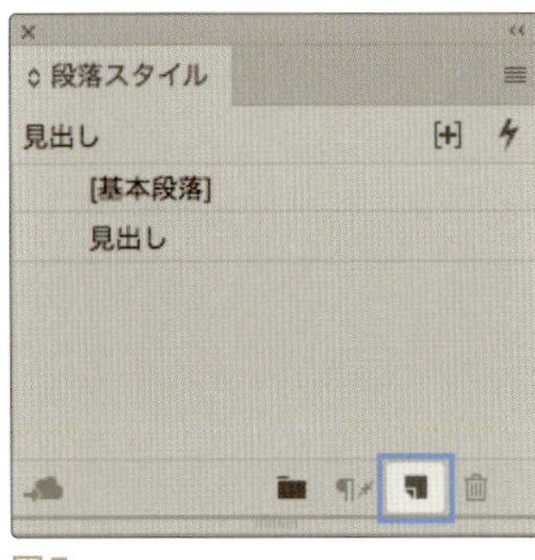

図7

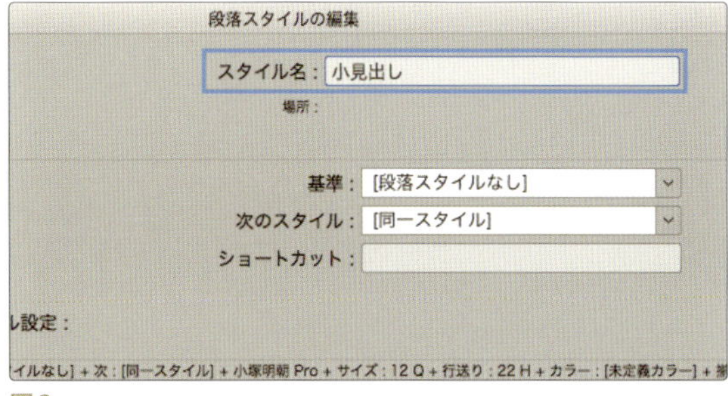

図8

3段落目をクリックして【図9】、「新規スタイルを作成」ボタンをクリックし【図10】、[段落スタイルの編集]ダイアログのスタイル名に「本文」と入れます【図11】。

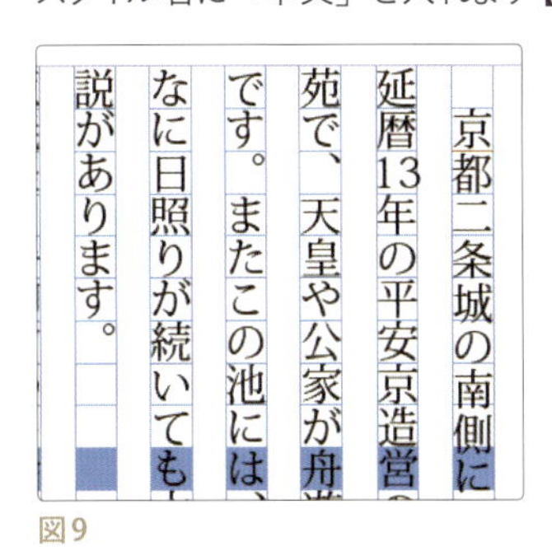

図9

図10

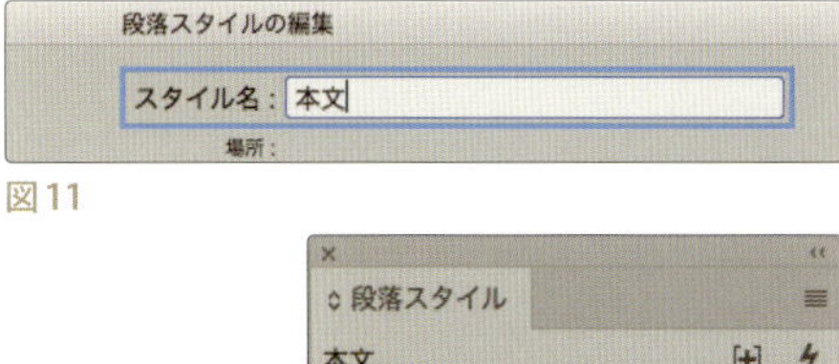

図11

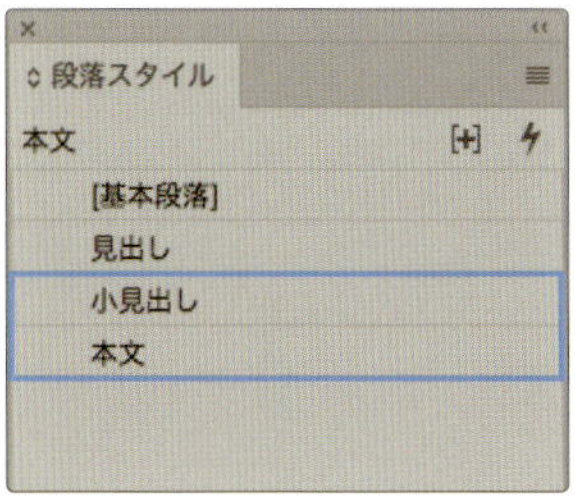

段落スタイル
本文
[基本段落]
見出し
小見出し
本文

図12

[段落スタイル]パネルに「小見出し」と「本文」のスタイルが追加されます【図12】。

5-2_段落スタイルを適用する

[段落スタイル]パネルに登録した「見出し」と「本文」のスタイルを実際に適用していきます。

ここでは一旦全体に「本文」のスタイルを適用し、後から見出し部分には「見出し」、小見出し部分には「小見出し」のスタイルを適用します。

1段落目から順番に各々のスタイルを適用していくより効率よく設定できます。

❶「本文」のスタイルを適用する

[縦組み文字]ツールでテキストフレーム内を5回連続クリックして、全てのテキストを選択します【図1】。

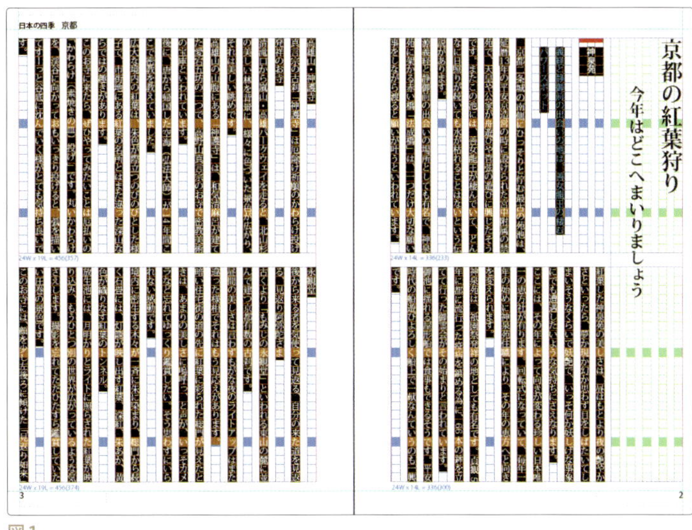

図1

［段落スタイル］パネルの「本文」をクリックします【図2】。

図2

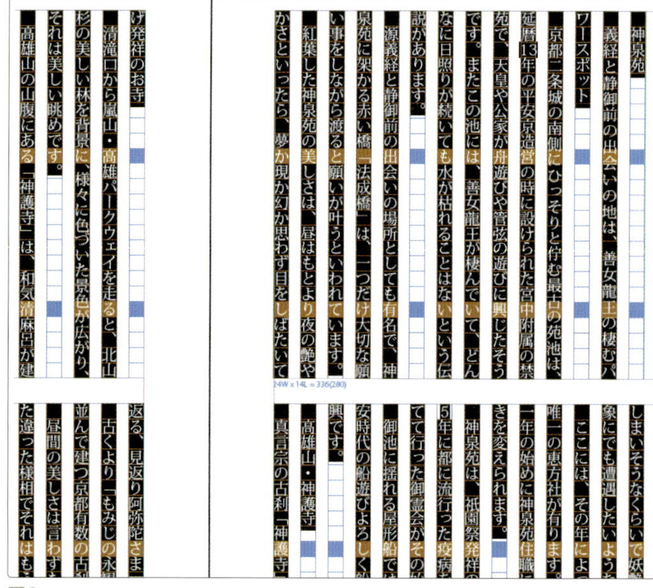
図3

全てのテキストに「本文」のスタイルが適用され、段落行頭の文字が1字下げになります【図3】。また、2桁までの半角数字がすべて縦方向に回転しています。

②「見出し」のスタイルを適用する

［縦組み文字］ツールで、順に次の3箇所のテキスト内にカーソルを挿入し、［段落スタイル］パネルの「見出し」をクリックします【図7】。

「神泉苑」【図4】
「高雄山・神護寺」【図5】
「永観堂」【図6】

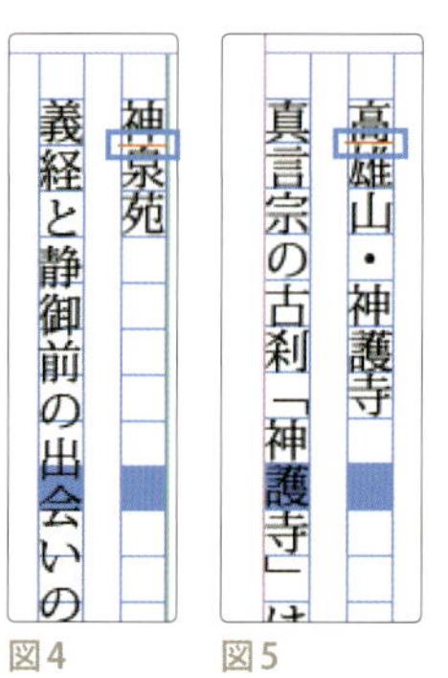

図4

図5

図6

図7

3箇所に「見出し」のスタイルが適用されます【図8】。

STEP4で「見出し」の段落スタイルに、［段落前のアキ］「5.5mm（22H）」を設定しているため、見出しの「永観堂」と、前の本文との間にアキが生じています【図9】。

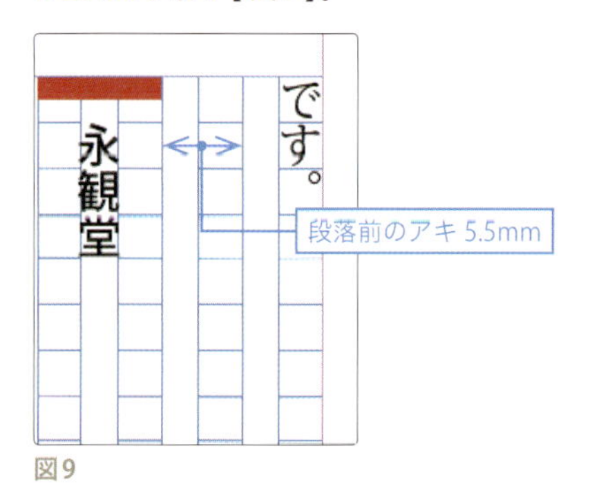

図9

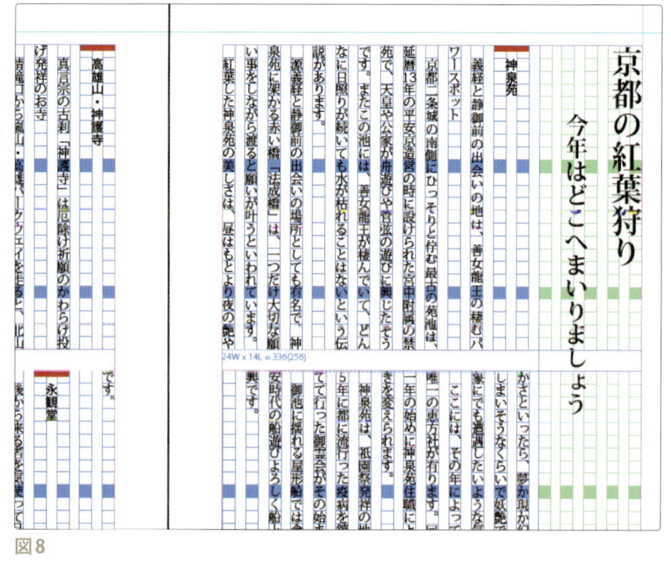

図8

③「小見出し」のスタイルを適用する

［縦組み文字］ツールで、順に次の3箇所のテキスト内にカーソルを挿入し、［段落スタイル］パネルの「小見出し」をクリックします【図12】。

「義経と静御前・・・」【図9】
「真言宗の・・・」【図10】
「後から来る・・・」【図11】

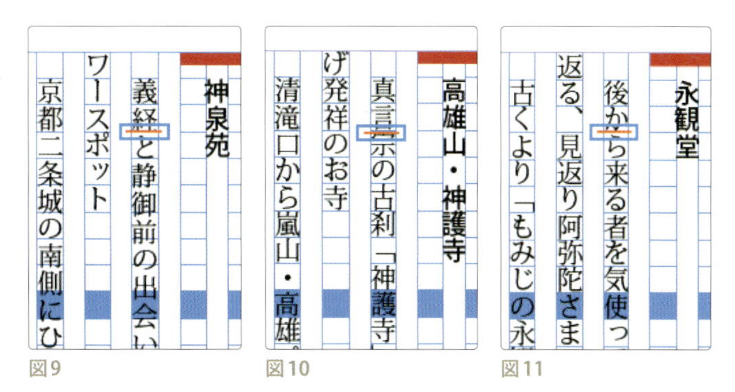

図9　図10　図11

3箇所に「小見出し」のスタイルが適用されます【図13】。

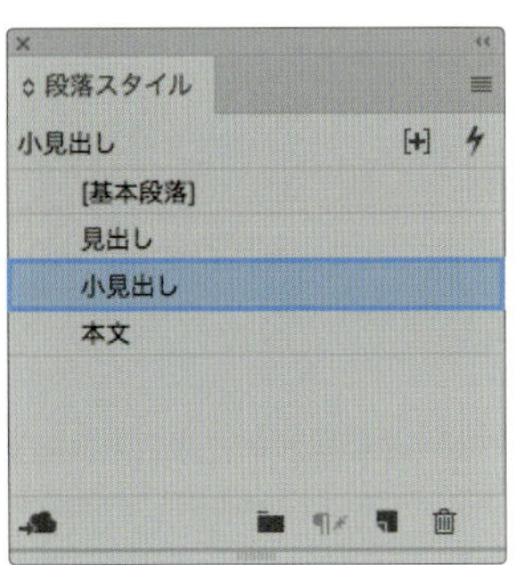

図12

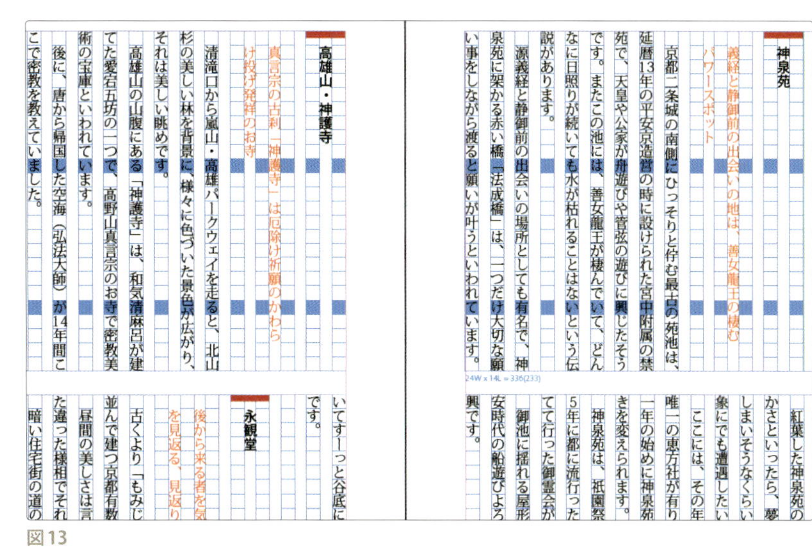

図13

5-3_強制改行をする

強制改行とは、新しい段落を開始せずに、新しい行を開始することをいいます。1つの段落内で改行を行いたいときに設定します。
強制改行はソフトリターンとも呼ばれます。操作方法は改行したいところで、［shift］キー＋［return］キーを押します。

①小見出しを強制改行する

「真言宗の古刹神護寺は厄除け祈願の」の「の」の後ろにカーソルを挿入します【図1】。
［shift］キー＋［return］キーを押します。

「かわらけ投げ発祥のお寺」のテキストが改行しましたが、新しい段落ではないので、段落行取りの設定はそのままです【図2】。

【memo】　［return］キーで改行を行った場合、別の段落になるため、3行取り1行が2つできてしまいます。

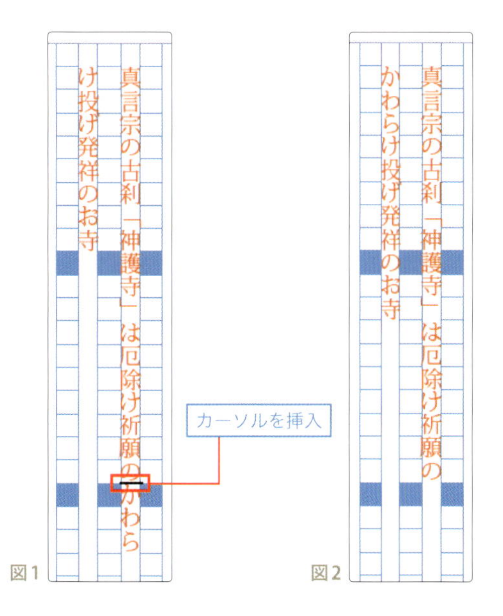

図1　図2

5-4_漢字にルビを設定する

ルビ（ふりがな）は通常、漢字の「読み」をひらがなで表すために使用します。
InDesign では、ルビの位置、サイズ、カラーなどを指定することができます。
また、親文字に対するルビのふり方を指定することもできます。

1 [ルビ] ダイアログを表示する

[縦組み文字] ツールで右ページ上段本文中の「善女龍王」を選択します【 図1 】。

[文字] パネルメニューから [ルビ ▶ ルビの位置と間隔 ...] を選択します【 図2 】。

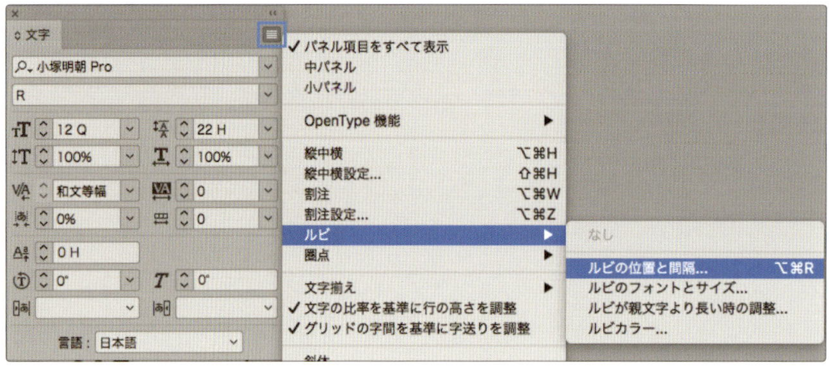

図2

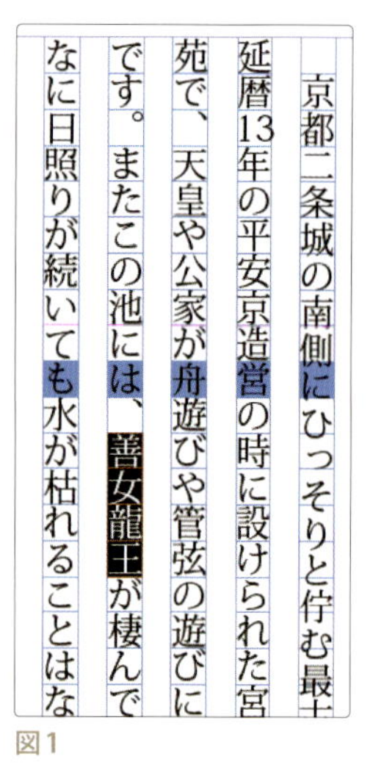

図1

2 グループルビを設定する

[ルビ] ダイアログが表示されたら次のように設定します【 図3 】。

ルビ：ぜんにょりゅうおう
種類：グループルビ

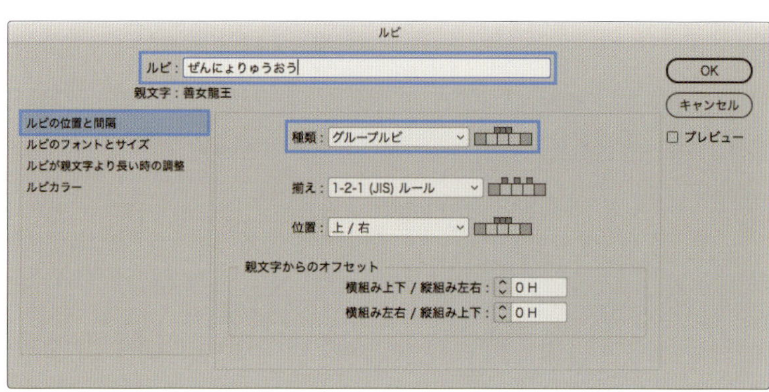

図3

3 ルビのフォントとサイズを設定する

続いてダイアログの左メニューから「ルビのフォントとサイズ」を選択して [サイズ：5Q] とします【 図4 】。

【 memo 】 デフォルトのルビサイズは、親文字の半分です。

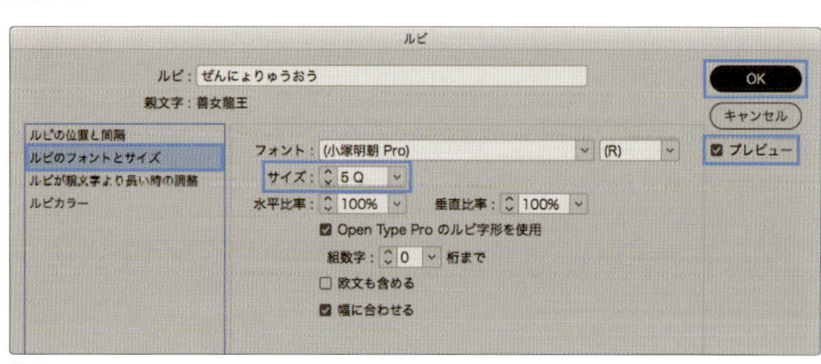

図4

[ルビ] ダイアログの「プレビュー」をチェックしてルビの付け方を確認し、[OK] をクリックします。
親文字にルビがふられています【 図5 】。

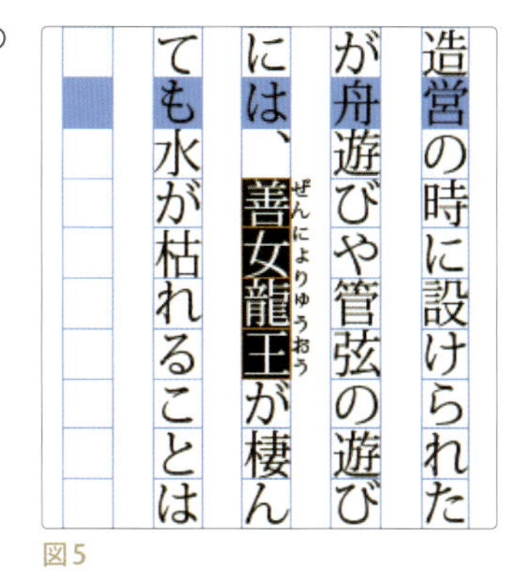

図5

❹ モノルビを設定する

[縦組み文字] ツールで右ページ下段の「恵方社」を選択して【 図6 】、[文字] パネルメニューから [ルビ ▶ ルビの位置と間隔...] を選択し、[ルビ] ダイアログが表示されたら、次のように設定します【 図7 】。

「モノルビ」を選択したとき「ルビ」入力欄に入れるフリガナは、各親文字に割り当てる文字列の間にスペースを入力して区切ります。

ルビ：え（スペース）ほう（スペース）しゃ
種類：モノルビ

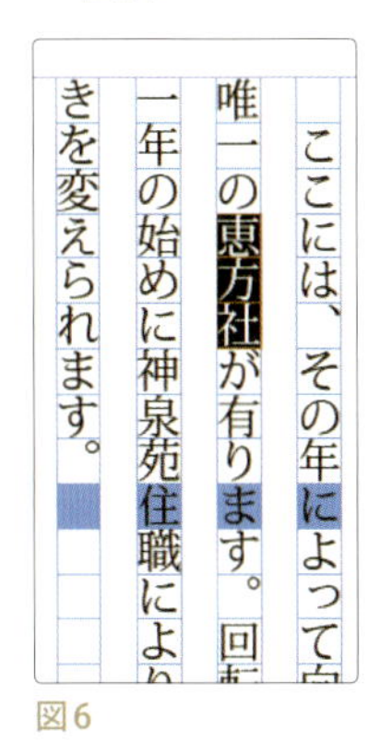

図6

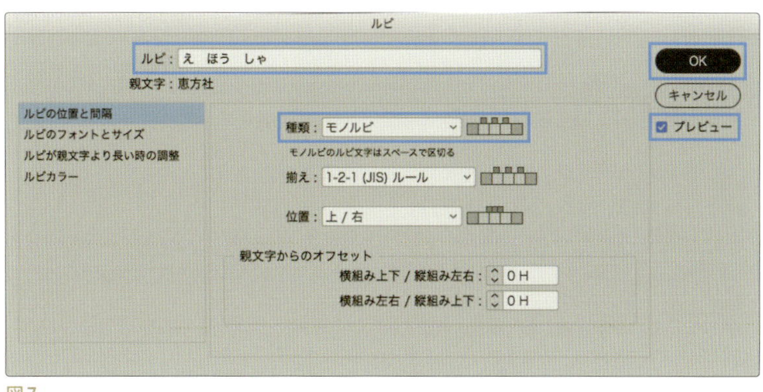

図7

「プレビュー」をチェックしてルビの付け方を確認し、[OK] をクリックします。
親文字にモノルビがふられています【 図8 】。

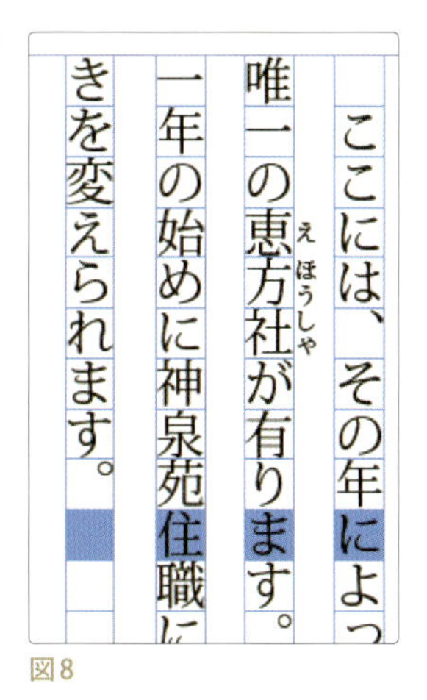

図8

画像を配置して
テキストを回り込ませよう

ここでは、あらかじめ画像を配置するフレームを作成し、
その中に画像を配置していきます。
テキストの上に配置した画像には、
テキストに重ならないように回り込みの設定をします。

6-1_画像を配置する

❶ 画像フレームを作成する

［長方形フレーム］ツールを選択し【図1】、ドキュメントページ上をドラッグしてタイトルの下に【図2】のようなフレームを作成します。

［コントロール］パネルでフレームの位置とサイズを次のように設定します【図3】。

基準点：左上
X：218　Y：119　W：25　H：50

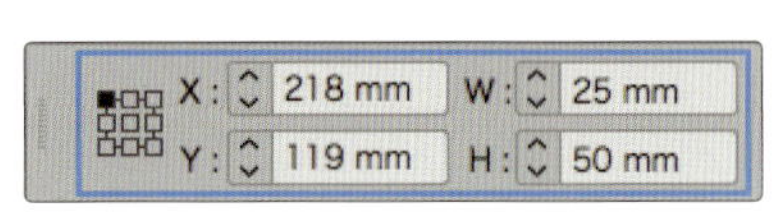

図3

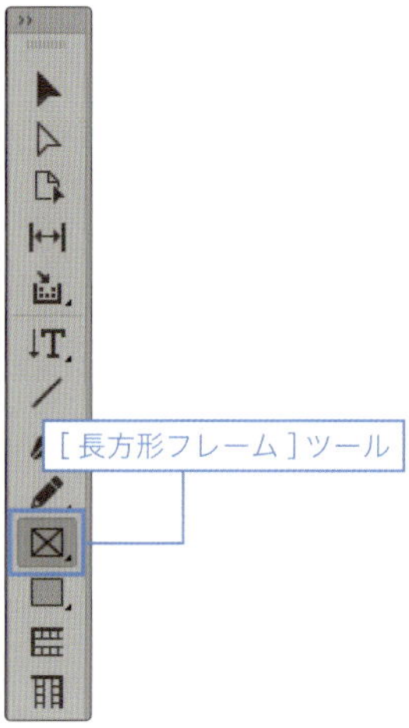

［長方形フレーム］ツール

図1

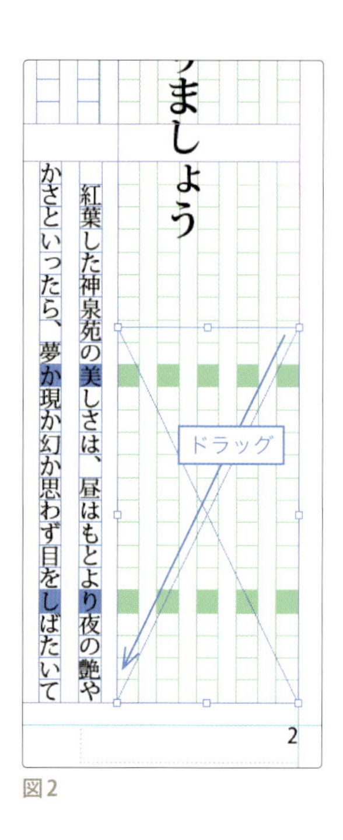

図2

さらに同じ要領で2つの画像フレームを作成して、位置とサイズを［コントロール］パネルで次のように設定します【図4】。

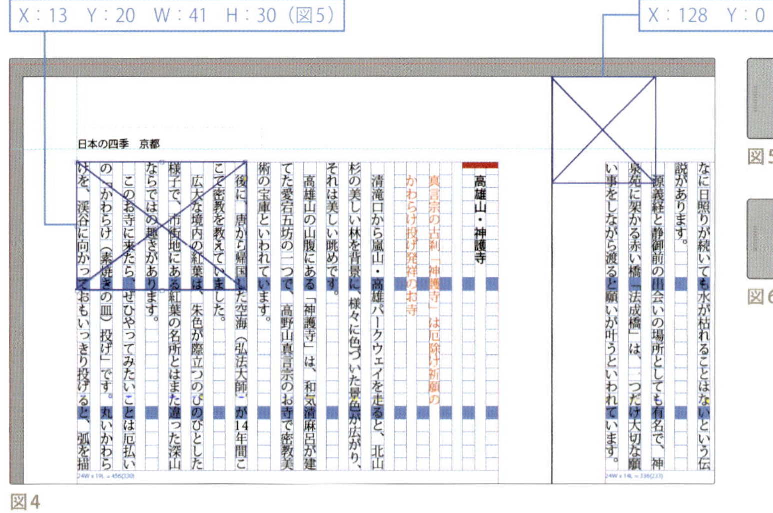

図4

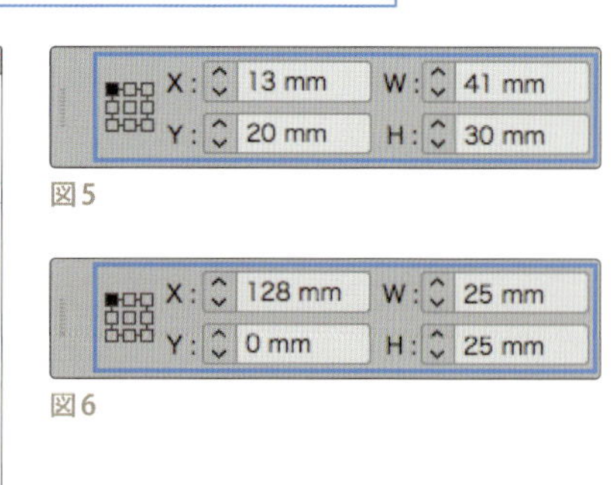

図5

図6

2 画像を選択する

［ファイル ▶ 配置…］をクリックします【図7】。

［配置］ダイアログが表示されたら「photo_01.psd」をクリックします。続いて［shift］キーを押しながら「photo_03.psd」をクリックし、3つの画像を同時に選択します【図8】。

「読み込みオプションを表示」のチェックをはずし、［開く］をクリックします。

素材ファイル：chapter3 > parts

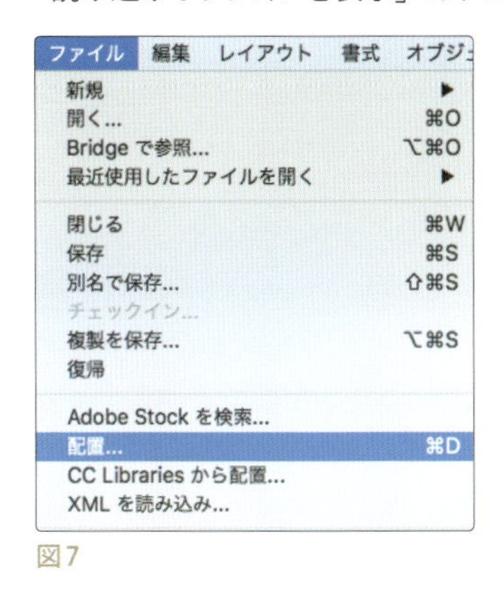

図7

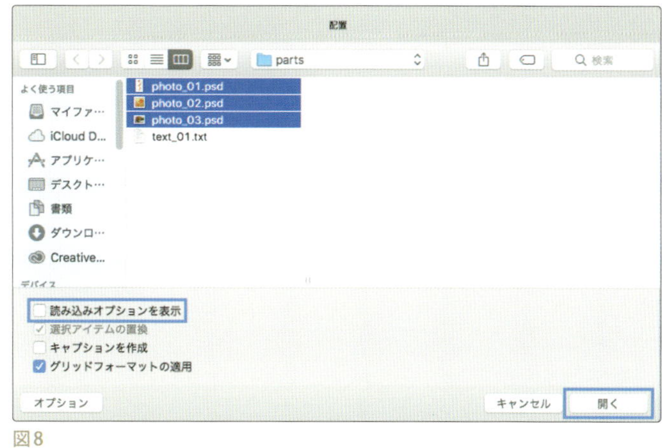

図8

3 画像を順番に配置する

タイトル下の画像フレームから順番にフレーム上でクリックして、3つの画像を配置します。

図9

4 画像のサイズを調整する

画像を配置したら、［選択］ツールで画像フレーム3つ全てを選択して、［コントロール］パネルで「内容を縦横比率に応じて合わせる」を選択します【図10】。

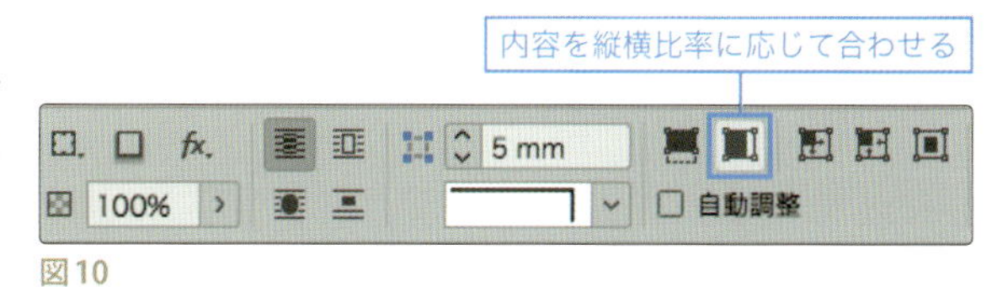

図10

画像の縦横比率を維持しながら、画像のサイズがフレームに合わせて変更されます【図11】。

内容とフレームの縦横比率が異なる場合は、フレームと内容の間に空間が生じます。

図11

6-2_画像をパスの形で切り抜く

① クリッピングパスダイアログを表示する

右ページ上の「photo_02.psd」の画像を選択し、[オブジェクト]メニューから[クリッピングパス ▶ オプション...]を選択します【図1】。

② Photoshopパスを設定する

[クリッピングパス]ダイアログが表示されたら、[タイプ]を「Photoshopパス」に設定し【図2】、[パス:]に「パス1」を選択して[OK]をクリックします【図3】。

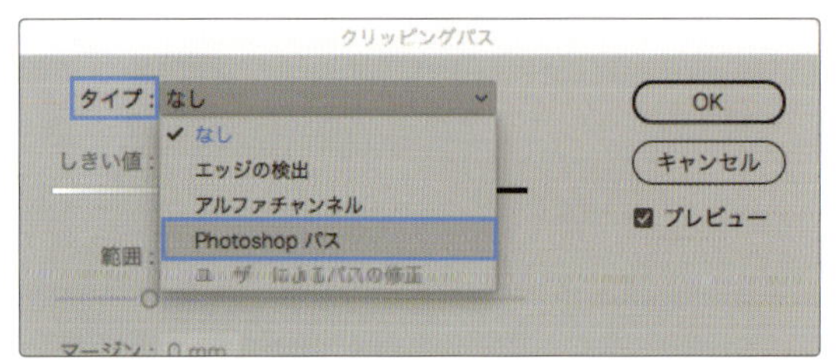

図2

図1

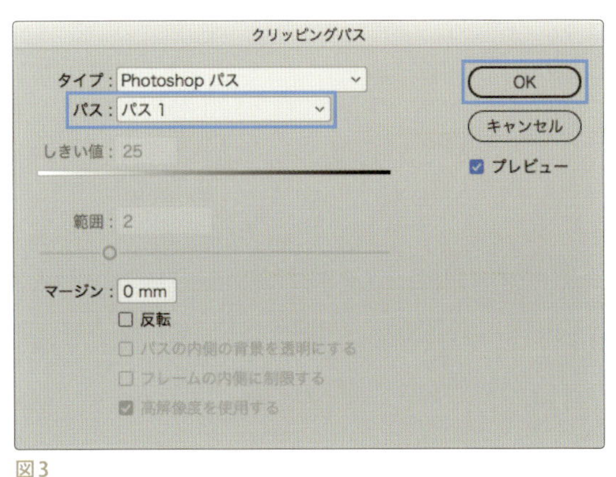

図3

画像が、Photoshopで設定したパス1の形で切り抜かれた状態になります【図4】。

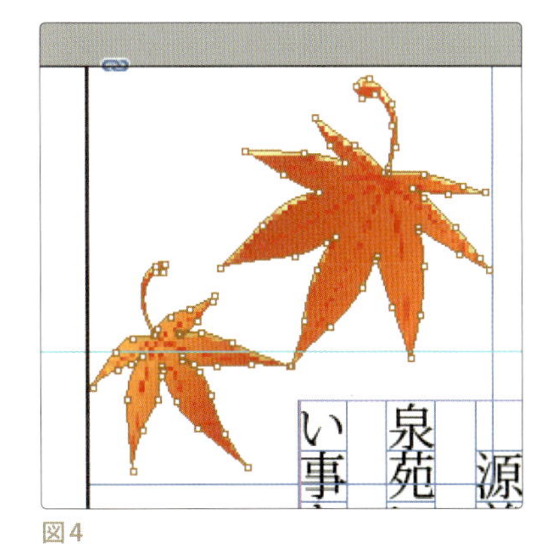

図4

【Photoshopのパス】 Photoshopで複数のパスを設定している画像の場合、[パス:]のプルダウンメニューから、目的のパスを選択することができます【図5】。
【図6】は「パス2（右の紅葉のみの選択範囲）」を選択した状態です。
パスの形状はInDesign上でも[ダイレクト選択]ツールで編集することができます【図7】。

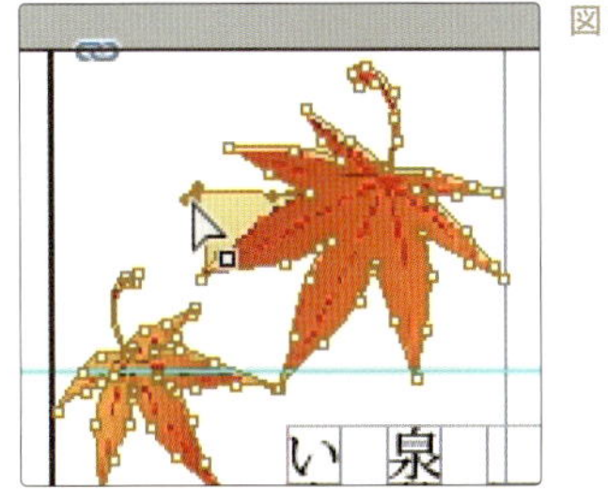

図7

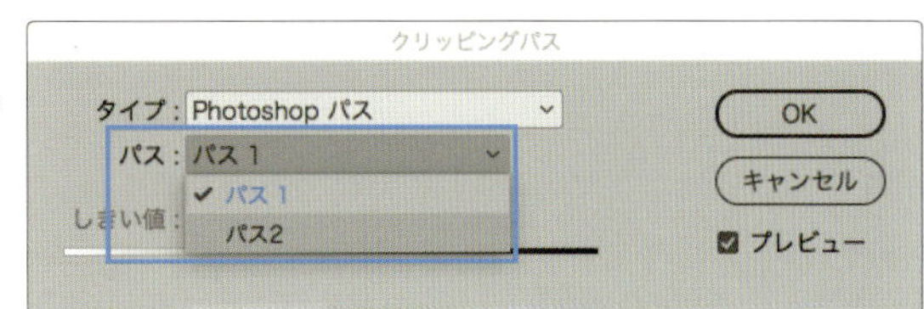

図5

図6

6-3_画像にテキストを回り込ませる

❶ [テキストの回り込み]パネルを表示する

[ウィンドウ ▶ テキストの回り込み]を選択し【図1】、[テキストの回り込み]パネル【図2】を表示します。

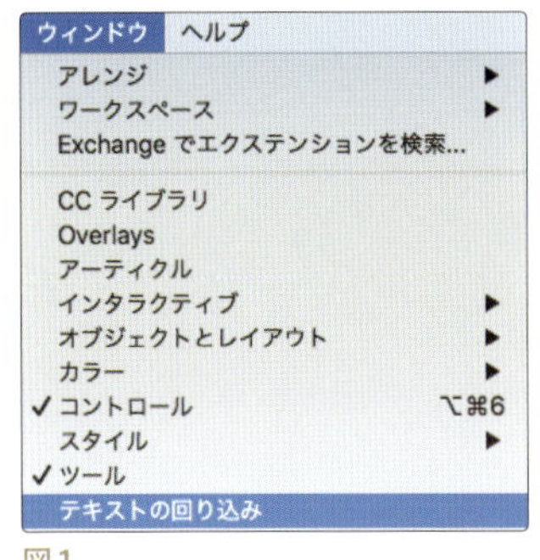

図1

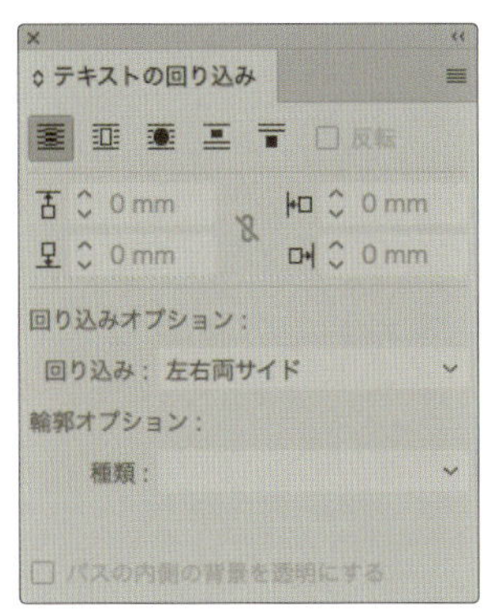

図2

② オブジェクトの境界線ボックスで回り込ませる

［選択］ツールで「photo_03.psd」の画像フレームをクリックで選択して【図3】、［テキストの回り込み］パネルの「境界線ボックスで回り込む」ボタンをクリックします【図4】。

図3

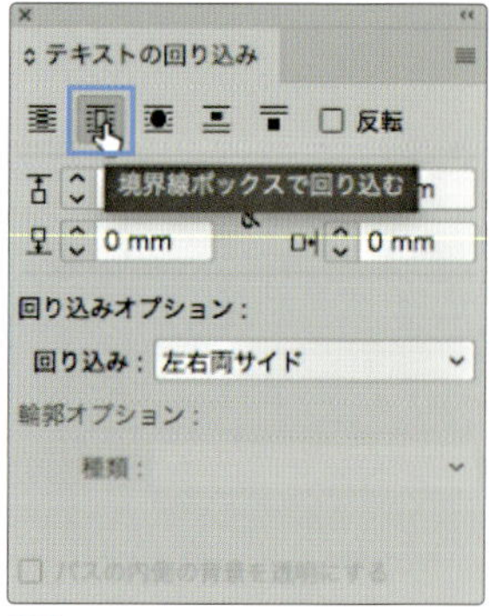

図4

③ テキストが回り込む

画像の境界線ボックスに沿ってテキストが回り込みます。

図5

④ 画像とテキストの間隔を調整する

［テキストの回り込み］パネルの［すべての設定を同一にする］のアイコンをクリックして［下オフセット］値に「3mm」と入力します【図6】。

画像と回り込んだテキストの間に、アキが設定され読みやすくなります【図7】。

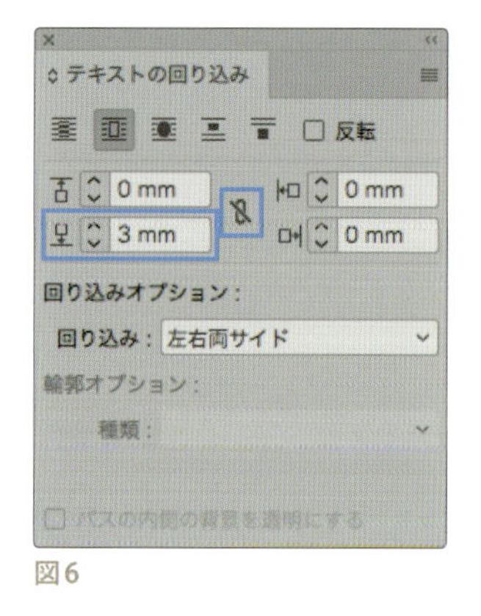

図6

図7

6-4 _ 画像の上にキャプションを配置する

回り込みの設定を行った「photo_03.psd」の画像の上にキャプションを作成します。

1 テキストフレームを作成する

［横組み文字］ツールで、【図1】のように「photo_03.psd」の画像左下にテキストフレームを作成します。

図1

2 テキストの回り込みを無視にする

［オブジェクト ▶ テキストフレーム設定］を選択して［テキストフレーム設定］ダイアログを表示し、ダイアログ下部の［テキストの回り込みを無視］にチェックを入れて［OK］ボタンをクリックします。

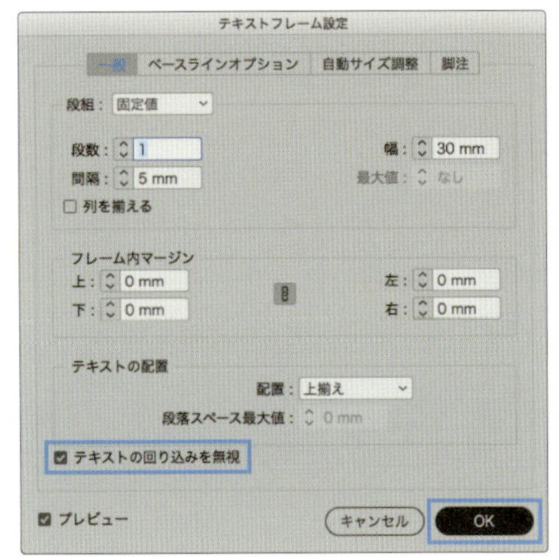

図2

3 テキストを入力する

テキストフレームに「嵐山・高雄パークウェイ」と入力して［字：コントロール］パネルで「小塚ゴシックPro M 8Q」にし、文字の色を「紙色」に設定します【図3】。

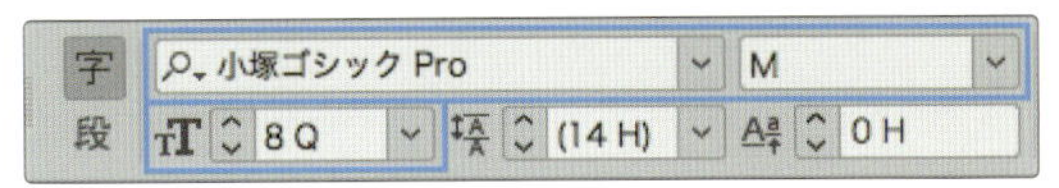

図3

「photo_03.psd」の画像の上にキャプションが入りました。

図4

【memo】

回り込みが設定されている画像の上に、テキストフレームを作成して文字を入力すると、赤色の⊞マークが出て文字が表示されません。任意のテキストフレームの回り込みを解除する場合には［テキストの回り込みを無視］の設定を行います。

ドキュメント全体に設定を行う場合は、［環境設定 ▶ 組版］で「テキストの背面にあるオブジェクトを無視」にチェックを入れます【図5】。

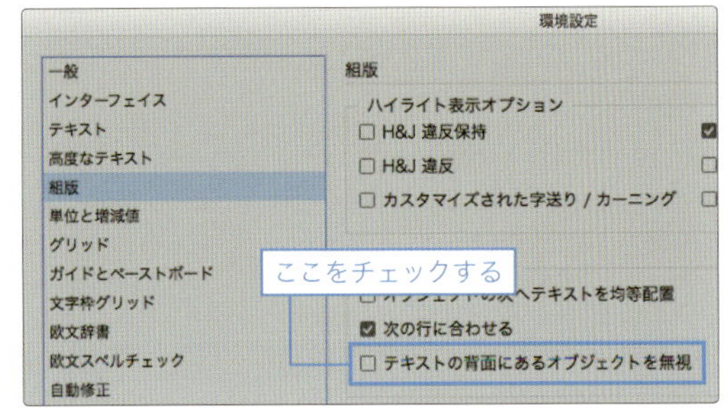

図5

6-5_完成したデータの印刷イメージを確認する

完成した2-3ページの印刷イメージを確認します。

❶ 表示モードを変更する

［ツール］パネルの最下部にある「各種モード」アイコンを押し続け「プレゼンテーション」を選択します【図1】。

図1

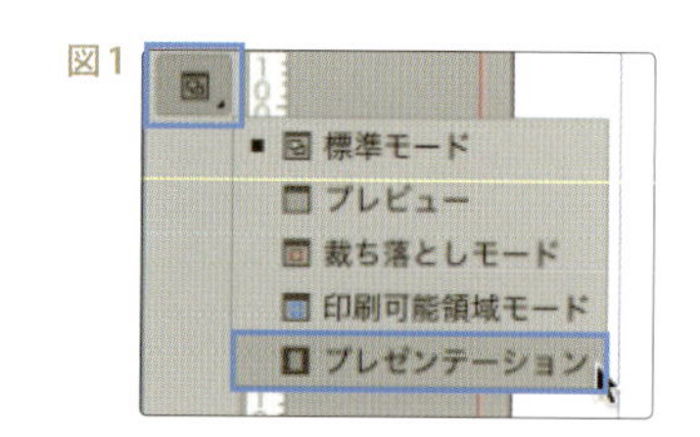

完成したデータの印刷イメージが全画面表示されます【図2】。グリッド、ガイド、フレームなどは表示されず、画質は高品質表示になります。

京都の紅葉狩り
今年はどこへまいりましょう

神泉苑

義経と静御前の出会いの地は、善女龍王の棲むパワースポット

京都二条城の南側にひっそりと佇む最古の苑池は、延暦13年の平安京造営の時に設けられた宮中附属の禁苑で、天皇や公家が舟遊びや管弦の遊びに興じたそうです。またこの池には、善女龍王が棲んでいて、どんなに日照りが続いても水が枯れることはないという伝説があります。

源義経と静御前の出会いの場所としても有名で、神泉苑に架かる赤い橋「法成橋」は、一つだけ大切な願い事をしながら渡ると願いが叶うといわれています。

紅葉した神泉苑の美しさは、昼はもとより夜の艶やかさといったら、夢か現か幻か思わず目をしばたいてしまいそうなくらいで妖艶で、いっそ何か妖しげな事象にでも遭遇したいような気持ちにさえなります。

ここには、その年によって向きが変わる珍しい日本唯一の恵方社が有ります。回転式になっていて、毎年一年の始めに神泉苑住職により、その年の恵方へと向きを変えられます。

神泉苑は、祇園祭発祥の地としても有名です。貞観5年に都に流行った疫病を鎮める為に、66本の鉾を立てて行った御霊会がその始まりと言われています。

御池に揺れる屋形船では食事もできるそうです。平安時代の船遊びよろしく船上で一献なんていうのも一興です。

2

日本の四季　京都

高雄山・神護寺

真言宗の古刹「神護寺」は厄除け祈願のかわらけ投げ発祥のお寺

清滝口から嵐山・高雄パークウェイを走ると、北山杉の美しい林を背景に、様々に色づいた景色が広がり、それは美しい眺めです。

高雄山の山腹にある「神護寺」は、和気清麻呂が建てた愛宕五坊の一つで、高野山真言宗のお寺で密教美術の宝庫といわれています。

嵐山・高雄パークウェイ

後に、唐から帰国した空海（弘法大師）が14年間ここで密教を教えていました。

広大な境内の紅葉は、朱色が際立つのびのびとした様子で、市街地にある紅葉の名所とはまた違った深山ならではの趣きがあります。

このお寺に来たら、ぜひやってみたいことは厄払いの「かわらけ（素焼きの皿）投げ」です。丸いかわらけを、渓谷に向かっておもいっきり投げると、弧を描いてすーっと谷底に沈んでいく様がとても気持ち良いです。

永観堂

後から来る者を気使って見返る、自分の来た道を見返る、見返り阿弥陀さま

古くより「もみじの永観堂」といわれる東山の麓に並んで建つ京都有数の古刹です。

昼間の美しさは言わずもがな夜のライトアップはまた違った様相でそれはもう見応えがあります。

暗い住宅街の道の先に紅葉に彩られた総門が見えたときは、あまりの美しさに嗚呼っ、と声が、いっそカメラなど忘れてゆっくり鑑賞したい。そう思わずにいられない感動です。

3

図2

❷ 各ページを確認する

「プレゼンテーション」ではポインターが手のひらの形状になり、クリックすると次のページの表示になります。右クリックまたは［shift］キーを押しながらクリックすると、ページを戻ることができます。

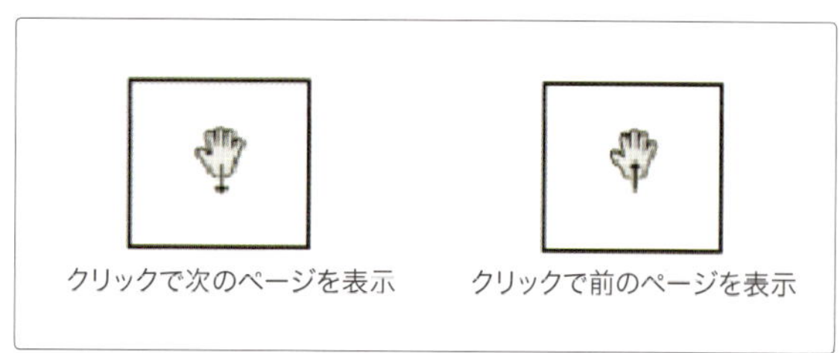

図3　プレゼンテーションのポインター

確認が終ったら、［esc］キーをクリックして元の画面に戻ります。ファイルを保存して終了です。

ここでは「日本の四季　京都」で学習は終了ですが、みなさんの都道府県の四季のページもぜひ作成してみてください。

STEP UP 1

本文の章末にサイズの違う補足文を設定する

本文の章の末尾に、補足文や後注、参考文献などを入れる場合、文字は本文より小さく行間を狭く設定します。
サンプルのように補足文を入力してみます。

練習ファイル：
chapter3 > c3_stepup1.indd

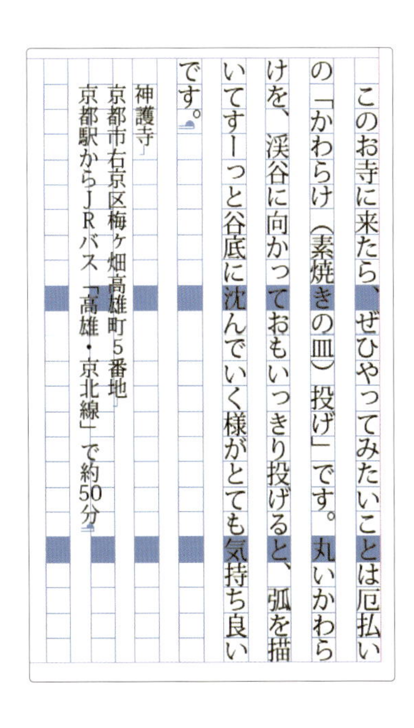

1_1行目をグリッドに揃える

❶ 文字を入力する

本文12Q中に、10Qで文字を入力します。
上インデントを設定し、3行は強制改行で1つの段落にします【図1】。

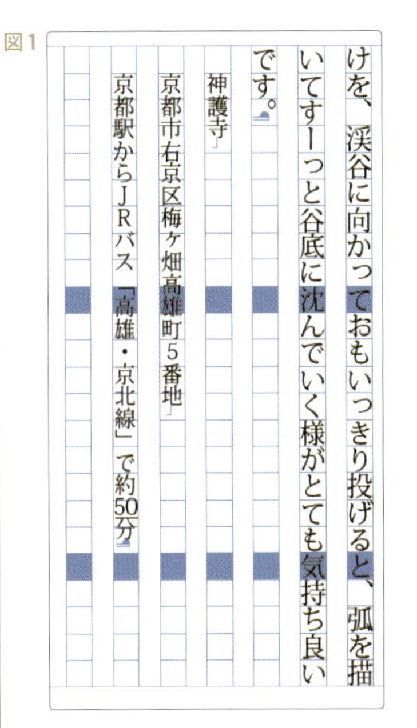

図1

❷ 1行目をグリッドに揃える

［縦組み文字］ツールで補足文の段落を選択して【図2】、［段落］パネルメニューから［1行目のみグリッドに揃える］を選択します【図3】。

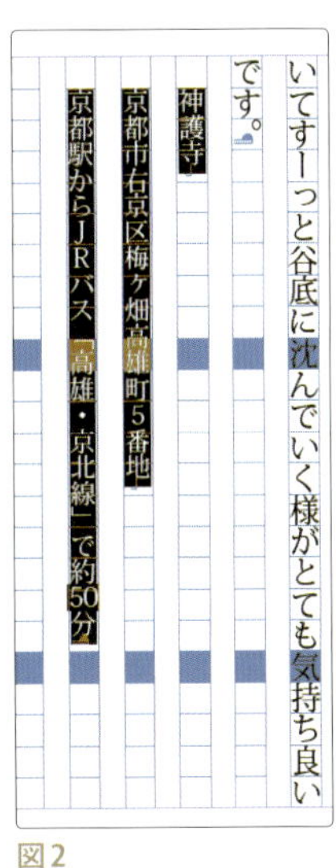

図2

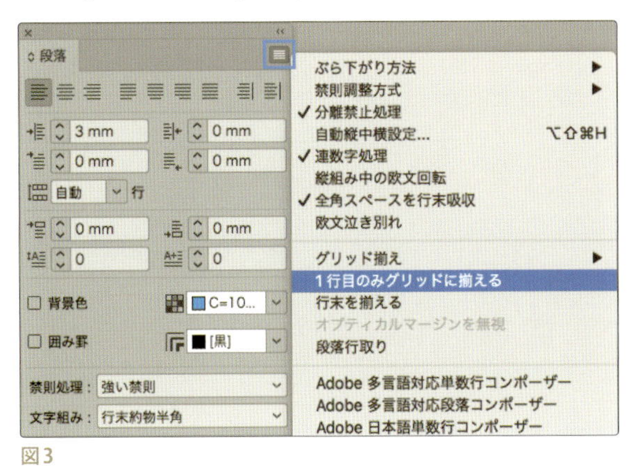

図3

グリッドに揃うのが1行目のみになり、アキが無くなります【図4】。

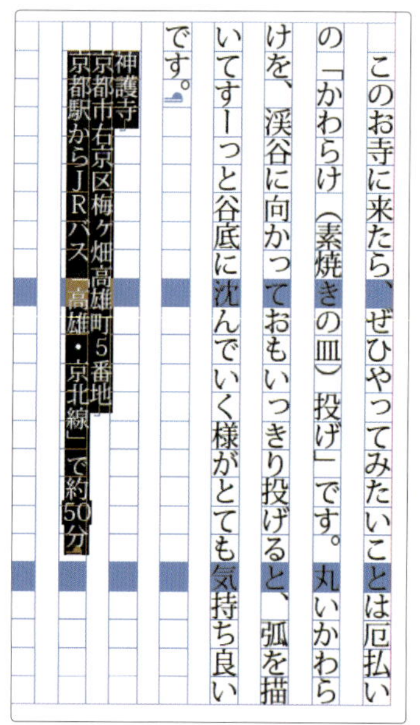

図4

行送りを調整します【図5】。

本文中で一部文字サイズや行送りが変わるときに使用すると便利です。

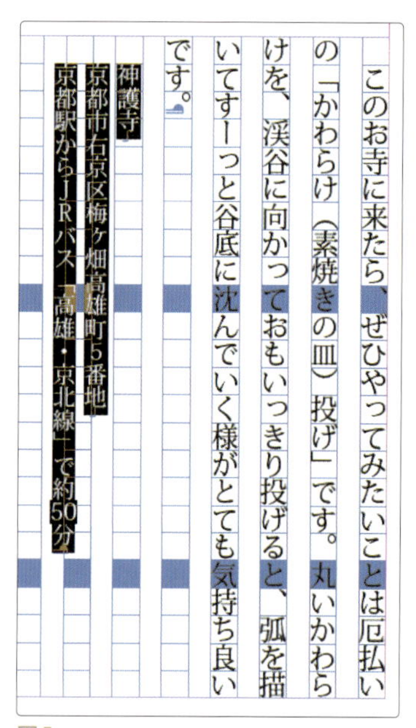

図5

STEP UP 2

リンクの更新と画像の差し替えについて

InDesignでは画像を配置すると、ドキュメント上には実際のファイルではなく、
画面表示用のプレビュー画像が配置され、
元の画像とはリンクという形になっています。
そして、出力や書き出しのときに、
リンク元の画像が呼び出され最終的な出力が生成されます。
そのため配置した画像はすべて［リンク］パネルで管理します。
［リンク］パネルを有効に使って効率の良い作業をしましょう。

1_リンクを更新する

1 [リンク] パネルの表示を確認する

[ウィンドウ ▶ リンク] で [リンク] パネルが表示されます【 図1 】。
ドキュメント上に配置されたすべてのファイルは、[リンク] パネルに一覧表示されます【 図2 】。

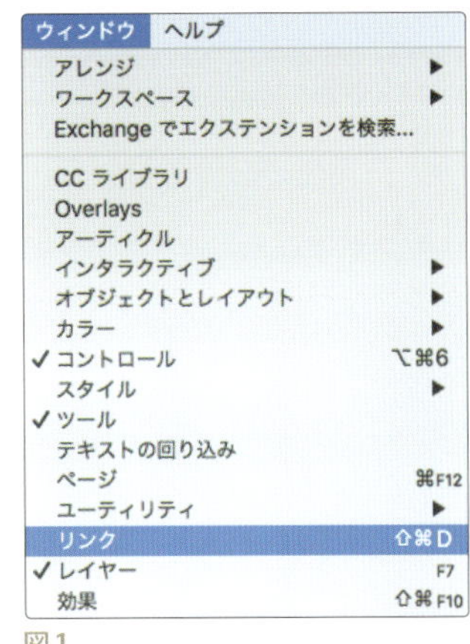

図1

リンクしている画像に何らかの問題があると [リンク] パネルの画像名の横に、警告アイコンが表示されます。
⚠アイコンはリンク元の画像が変更されていることを、❗アイコンはリンク元の画像が見当たらないなど無効なことを示しています。
画像の左上にも同じアイコンが表示されます。

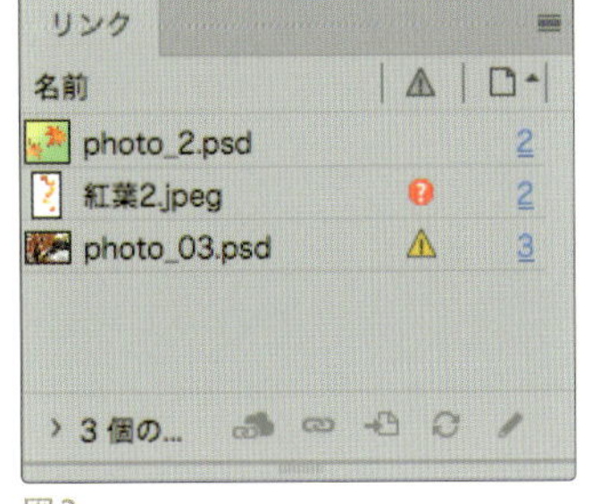

図2

2 リンクを更新する

画像の左上の⚠アイコンをクリックすると、リンクが更新され⚠が消えます【 図3 】。

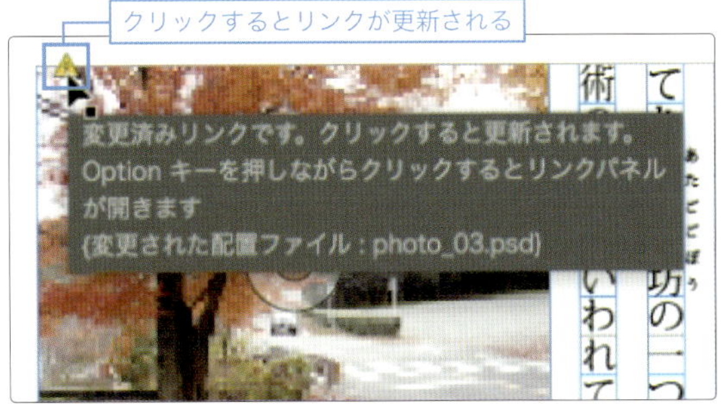

図3

画像の ❓ のアイコンをクリックすると【 図4 】、ファイルを選択するダイアログが表示されるので、リンクするファイルを選択して [開く] をクリックします【 図5 】。

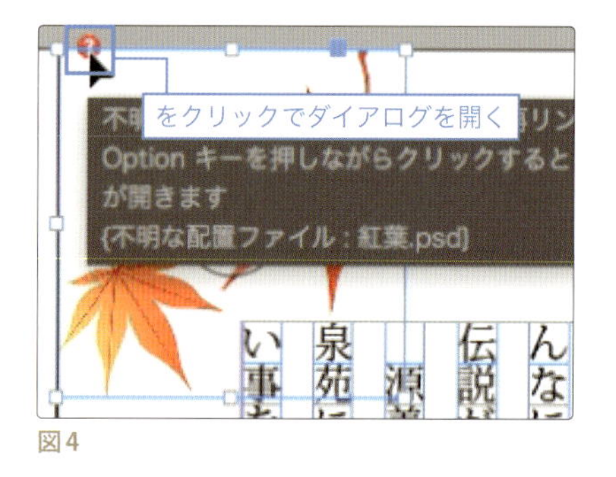

図4

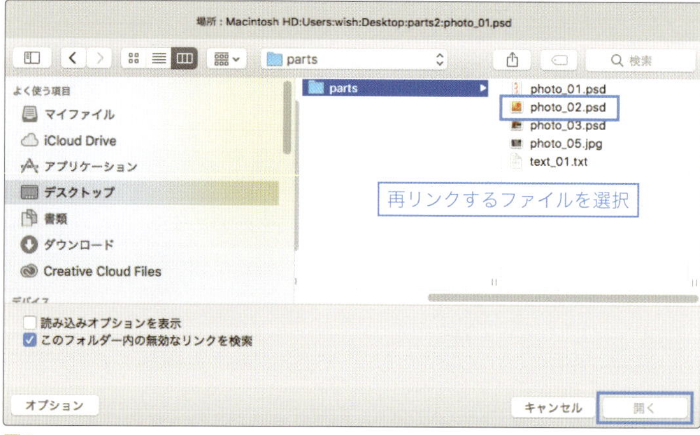

図5

3 画像ファイルを再リンクする

画像を別の画像に差し替えたい場合は、画像の再リンクをします。

差し替えたい画像をクリックで選択すると【 図6 】、[リンク] パネル上に選択したファイルがハイライト表示されるので [リンク] パネル下部の [再リンク] アイコンをクリックします【 図7 】。

図6

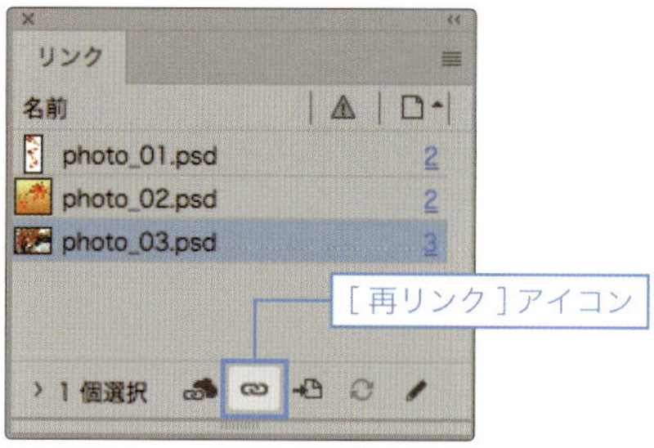

図7

[再リンク] ダイアログが表示されたら、差し替える画像を選択して [開く] をクリックします【 図8 】。

図8

画像が差し替わり、［リンク］パネルのファイル名が変更します【図9】【図10】。

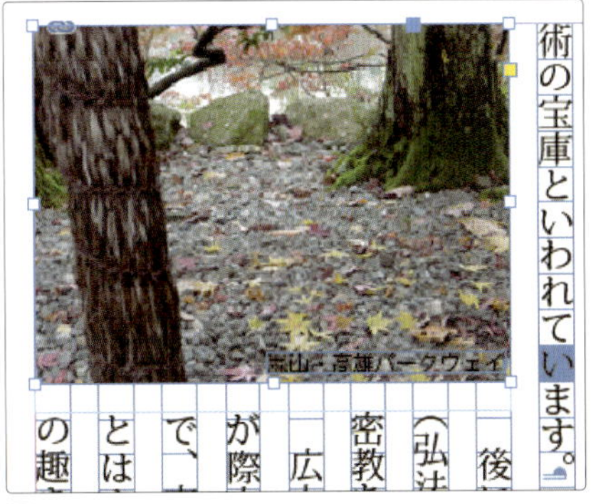

図9

図10

【 stepup 】

同じレイアウトで画像を何点か配置する場合など、あらかじめ1つの画像をコピーして配置しておき、中の画像を［リンク］パネルで順次差し替えると効率的です。

図11

図12

図13

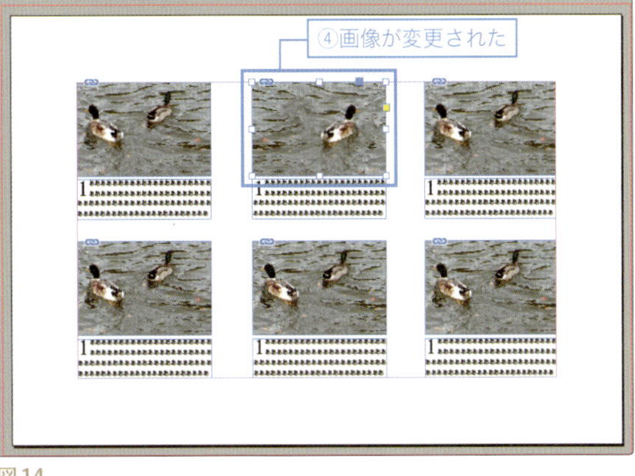

図14

2_フォルダーに再リンクする

［リンク］パネルを使うと複数の画像を、別のフォルダの同じ名前の画像に一斉に差し替えることができます。
［リンク］パネルで差し替えたい画像を複数選択して、［リンク］パネルメニューから［フォルダーに再リンク...］を選択します【図1】。

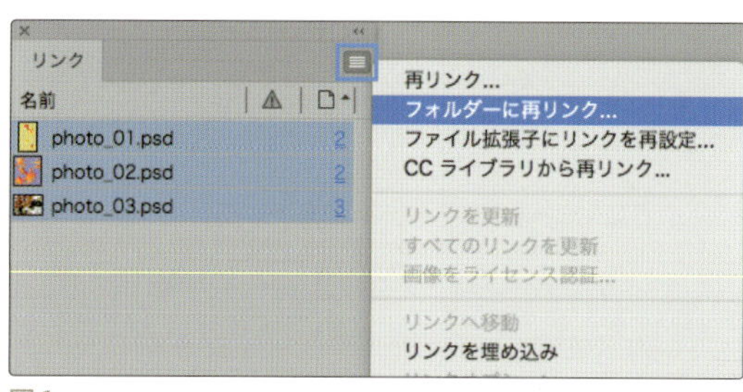

図1

［フォルダーを選択］のダイアログが表示されたら、差し替える画像の入った（ここでは「parts3」）フォルダーを選択して［選択］をクリックします【図2】。

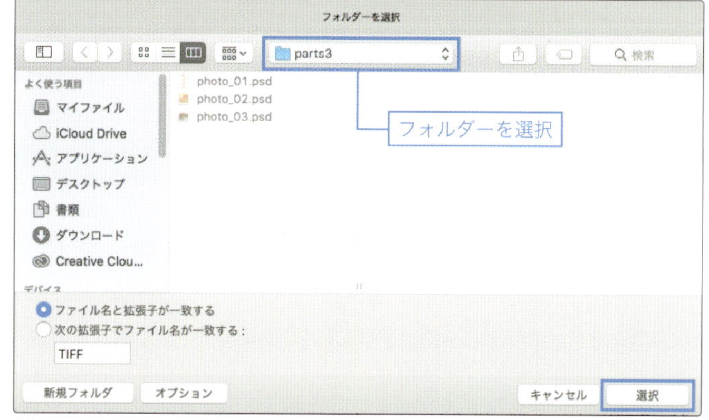

図2

画像が「parts3」フォルダーの同じ名前の画像に一斉に差し替わります。
ファイル名は同じですが［リンク］パネルのサムネールが変更しているのが確認できます【図3】【図4】。

図3

図4

【memo】　画像を置換する画像と同じサイズで表示するには[InDesign ▶ 環境設定 ▶ ファイル管理...]の「再リンク時に画像サイズを保持」をチェックします。デフォルトではチェックが入っています。
再リンクした画像を実際のサイズで表示する場合は、チェックを外しておきます。

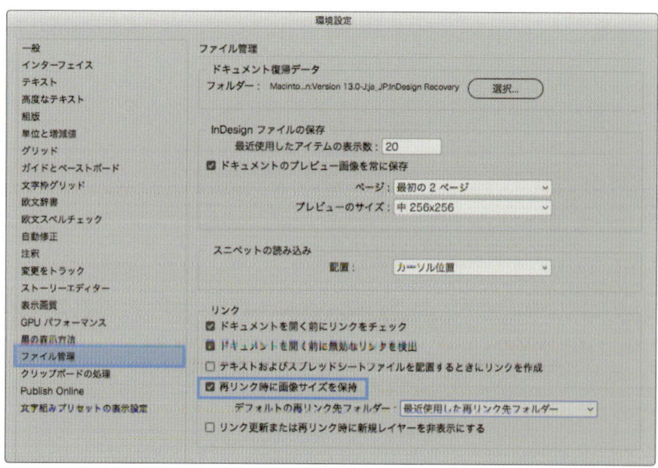

図5

STEP UP 3

先頭文字スタイルで段落行頭の文字を強調する

先頭文字スタイルとは、
段落の行頭文字から任意の文字までに設定するスタイルをいいます。
先頭文字スタイルは、
段落スタイル内に設定することができ、
通常は段落スタイル内に設定して使うことが多いです。
ここでは先頭文字スタイルを直接段落に設定する方法と、
段落スタイル内に設定して適用する方法を行います。

1_先頭文字スタイルの作成

1 文字スタイルの作成

はじめに先頭の文字に適用する文字スタイルを作成します。
文字スタイルとは、複数のテキストに同一の書式を適用するために作成する文字書式の属性の集まりです。
書式の一部の属性だけを登録した文字スタイルを作ることもできます。

[ウィンドウ ▶ スタイル ▶ 文字スタイル]【図1】で[文字スタイル]パネルを表示します。
[文字スタイル]パネルメニューから[新規文字スタイル...]を選択します【図2】。

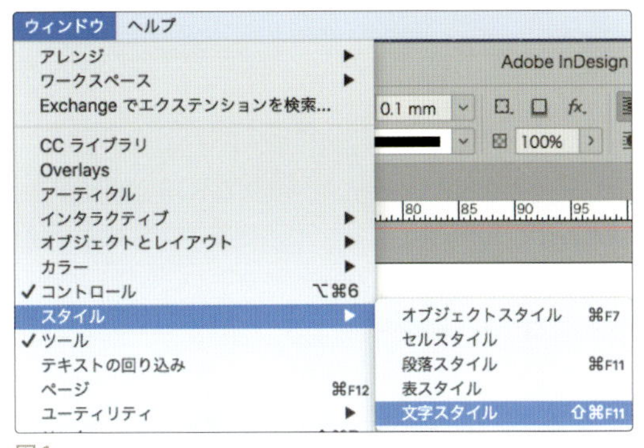

図1

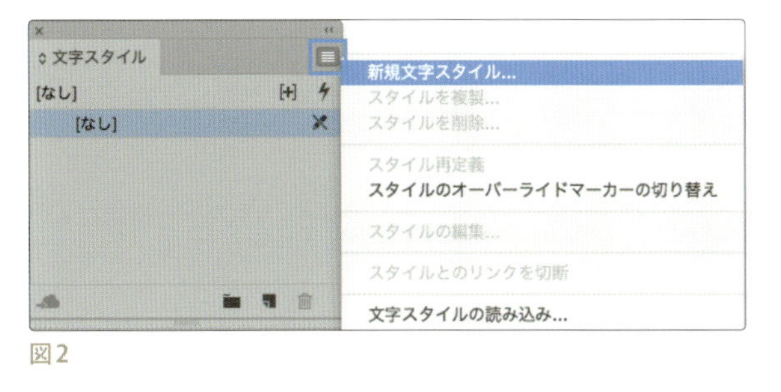

図2

[新規文字スタイルの編集]ダイアログが表示されたら「スタイル名」に「強調」と入力し、ダイアログに次のように設定して[OK]をクリックします。

[基本文字形式]
フォント：小塚ゴシックPro　B

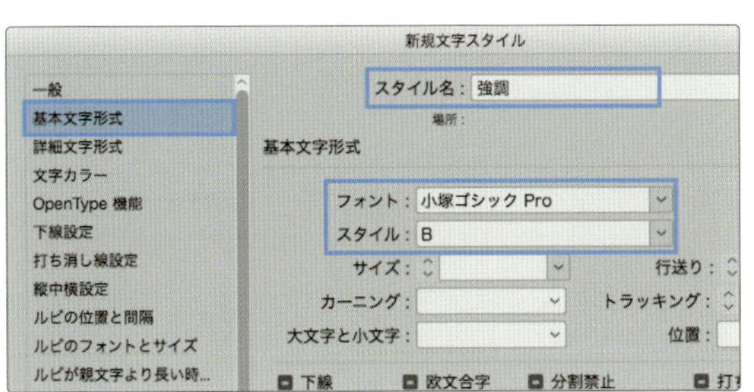

図3

[文字カラー]
文字カラー：C=15 M=100 Y=100 K=0

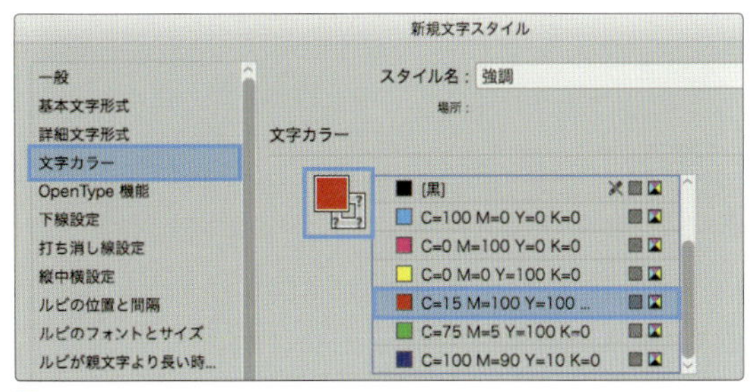

図4

[文字スタイル] パネルに「強調」スタイルが登録されます【 図5 】。

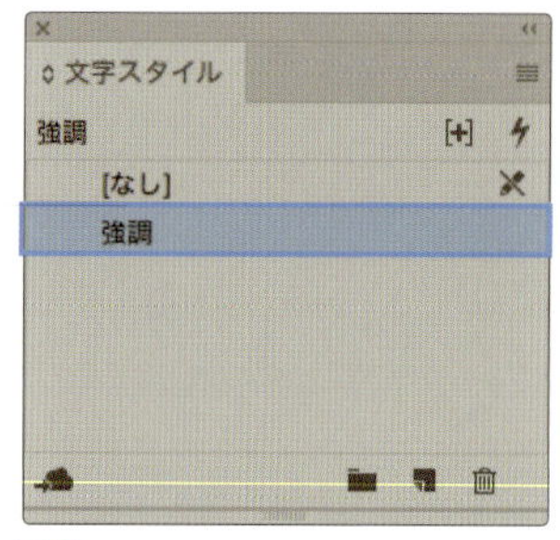

図5

❷ 先頭文字スタイルを段落に設定する

先頭文字スタイルを適用する段落にカーソルを挿入します【 図6 】。
段落パネルメニューから [ドロップキャップと先頭文字スタイル…] を選択します【 図7 】。

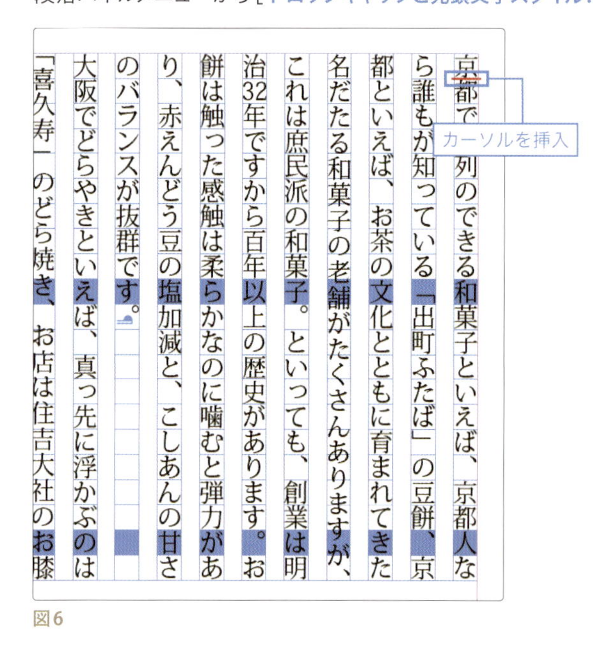

図6

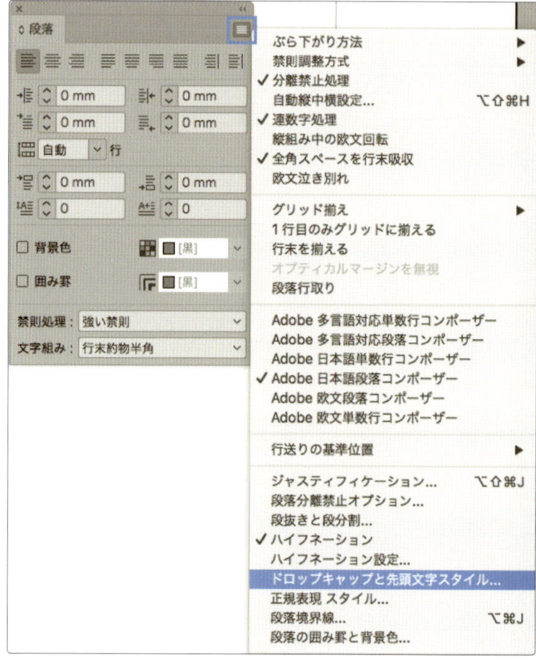

図7

[ドロップキャップと先頭文字スタイル] ダイアログが表示されたら、[新規スタイル] ボタンをクリックして、次のように設定します【 図8 】。

左から「強調」「2」「を含む」
(先頭から2文字に対して、文字スタイル「強調」を適用するという内容です。)

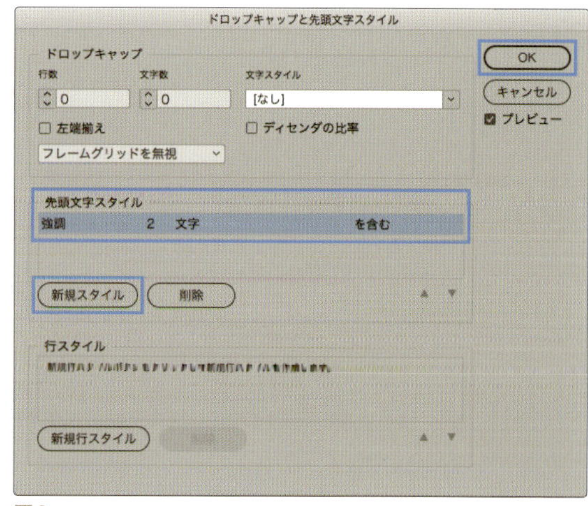

図8

段落の先頭から2文字に、文字スタイル「強調」が適用されます【 図9 】。

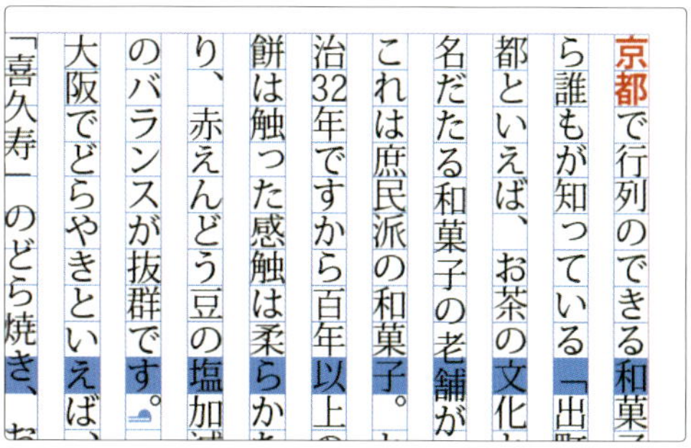

図9

2_先頭文字スタイルを段落スタイル内に設定する

以下のサンプルにはあらかじめ「本文」スタイルを適用しています【 図1 】。
この「本文」の段落スタイル内に、先頭文字スタイルを設定します。

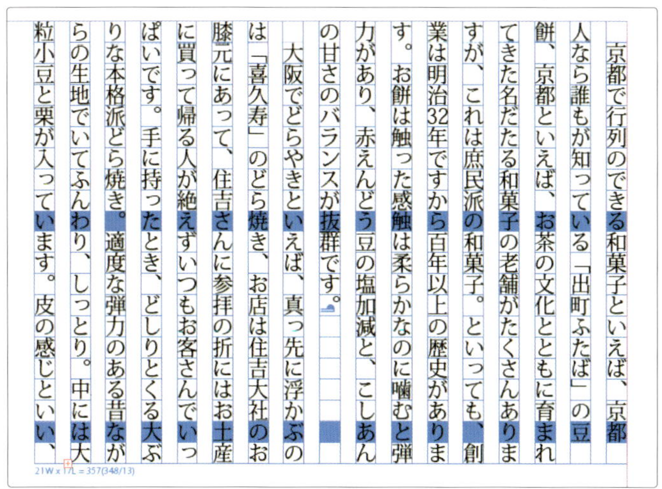

図1

❶ 文字スタイルの作成

先頭文字に適用する文字スタイルを作成します。
ここでは、先ほど作成した「強調」スタイルを使用します。

❷ 先頭文字スタイルを設定する

［ 段落スタイル ］パネルの「本文」をダブルクリックして、
［ 段落スタイルの編集 ］ダイアログを開きます【 図2 】。

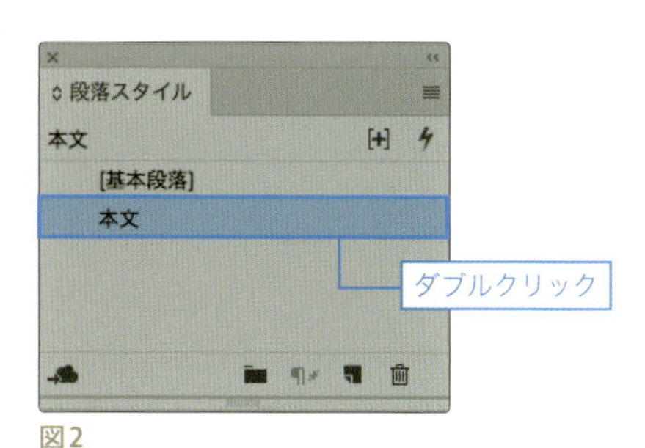

図2

［段落スタイルの編集］ダイアログのリストから［ドロップキャップと先頭文字スタイル］を選択して［新規スタイル］ボタンをクリックし、次のように設定します【図3】。

左から「強調」「2」「を含む」

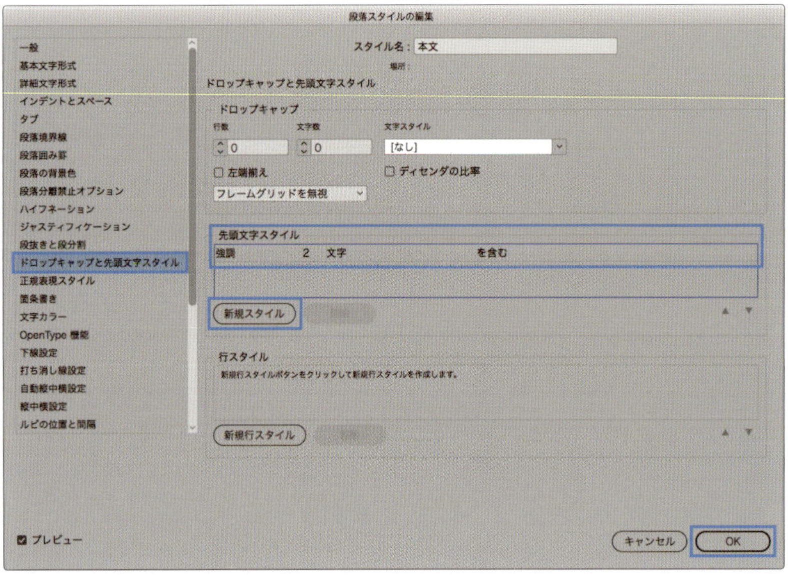

段落スタイルの編集

一般
基本文字形式
詳細文字形式
インデントとスペース
タブ
段落境界線
段落囲み罫
段落の背景色
段落分離禁止オプション
ハイフネーション
ジャスティフィケーション
段抜きと段分割
ドロップキャップと先頭文字スタイル
正規表現スタイル
箇条書き
文字カラー
OpenType 機能
下線設定
打ち消し線設定
自動縦中横設定
縦中横設定
ルビの位置と間隔

スタイル名：本文
場所：
ドロップキャップと先頭文字スタイル
ドロップキャップ
行数 0　文字数 0　文字スタイル ［なし］
左端揃え　ディセンダの比率
フレームグリッドを無視
先頭文字スタイル
強調　2　文字　を含む
新規スタイル
行スタイル
新規行スタイルボタンをクリックして新規行スタイルを作成します。
新規行スタイル
プレビュー　キャンセル　OK

図3

「本文」のスタイルが適用されている段落の先頭の文字に、文字スタイル「強調」が適用されます【図4】。

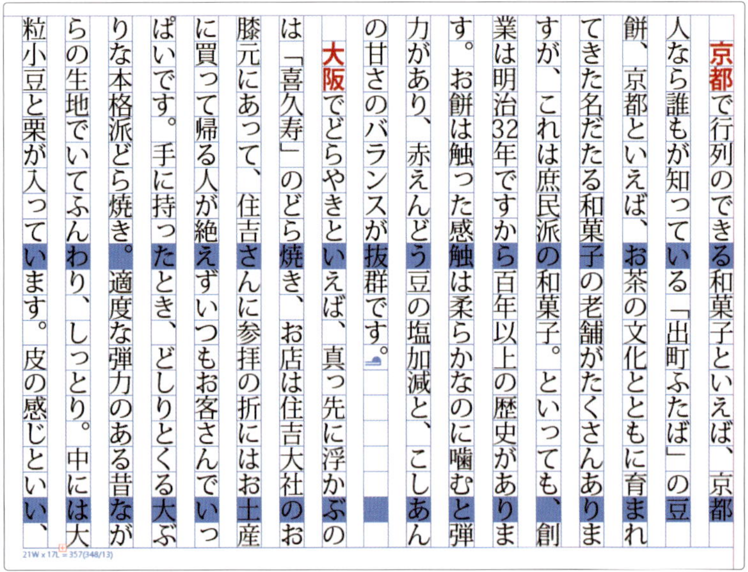

図4　本文のスタイルが適用されている段落

第四章

印刷用データを作成しよう

この章では、第三章で作成した「日本の四季」を
印刷用データにするための準備とPDFデータの作成をします。

STEP 1　入稿前にファイルのプリフライトをしよう
STEP 2　入稿用のファイルを収集しよう
STEP 3　入稿用ファイル PDFを書き出そう

STEP UP

1　プリフライトパネルでエラー内容を確認しよう
2　プリフライトプロファイルを作成しよう
3　印刷可能領域を活用しよう

STEP 1

入稿前にファイルのプリフライトをしよう

ドキュメントをプリントする前、または入稿する前に、
ドキュメントの品質をチェックすることをプリフライトといいます。
InDesignにはドキュメントの問題点をリアルタイムで表示してくれる
ライブプリフライト機能があります。
ここでは第三章で完成した「日本の四季」をプリフライトします。
この章から始める場合は、練習ファイル［c4_01.indd］を開きます。

1-1_ライブプリフライトを確認する

① ライブプリフライト

ドキュメントウィンドウ左下部の［プリフライト］アイコンを確認します。
「エラーなし」と表示されています。

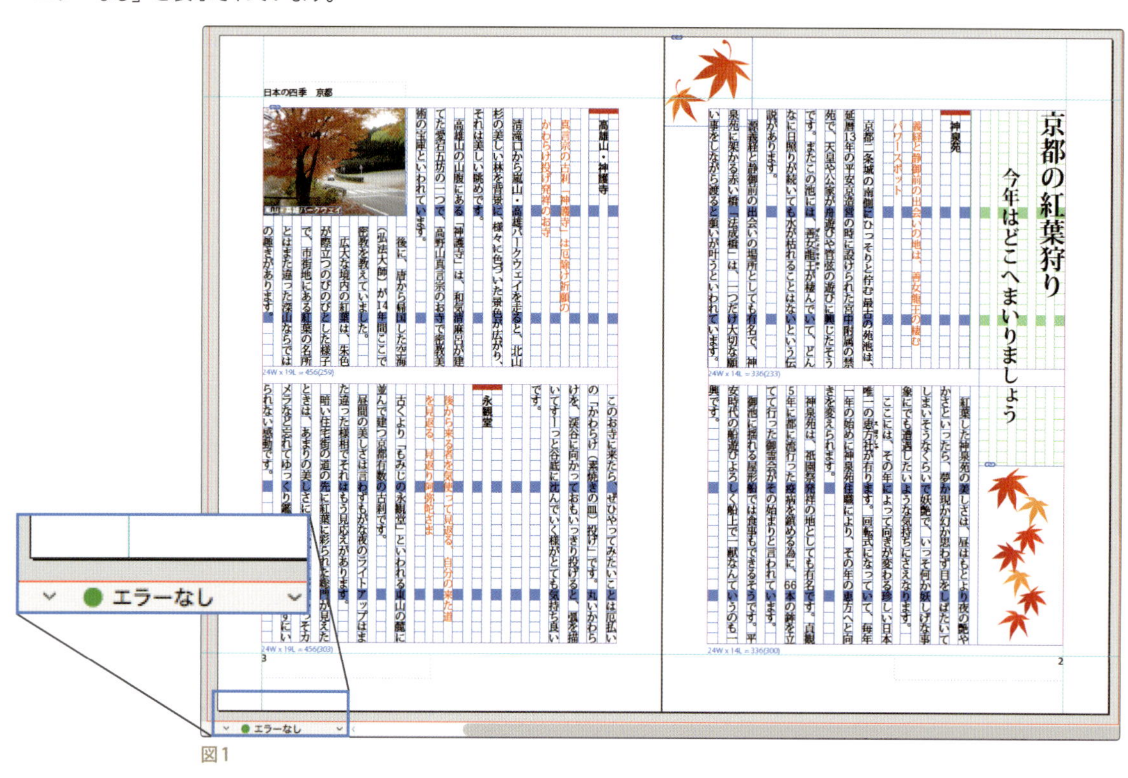

図1

ライブプリフライトに「エラー」が表示された場合の対処法については、後ページの「STEPUP 1 プリフライトパネルでエラー内容を確認しよう」で説明します。

【 memo 】
プリフライトは、パイロットのフライト前のチェック（pre-flight check）のことで、DTPでは出力前のドキュメントの品質チェックのことをいいます。

STEP 2

入稿用のファイルを収集しよう

InDesignのパッケージ機能を使って、
フォントやリンク画像など、ドキュメント作成に使用したファイルを自動収集して、
印刷・出力会社への入稿時に必要なファイルを揃えます。
パッケージウィンドウでは、
簡単なドキュメントの品質をチェックすることができ、
ファイルやフォントの有無など、
ドキュメントが正しく印刷されない問題を警告アイコンで表示します。

2-1_パッケージを実行する

1 パッケージダイアログを開く

[ファイル ▶ パッケージ...]【図1】をクリックして[パッケージ]ダイアログを開きます。
内容を確認して[パッケージ]をクリックします【図2】。

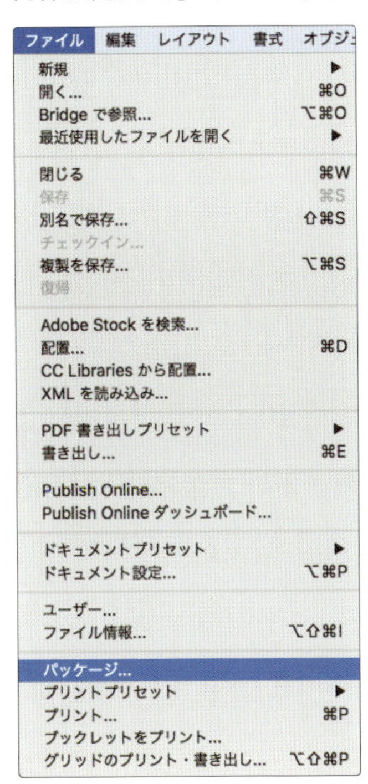

図1

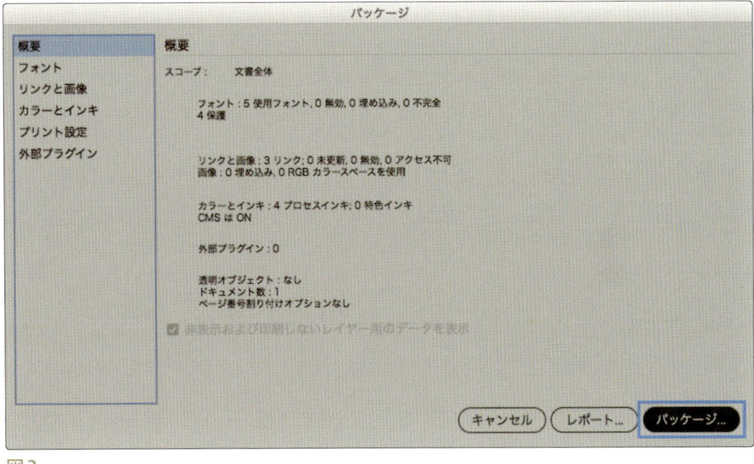

図2

【memo】
ファイルに問題がある場合は、警告アイコンが表示されるので、[キャンセル]をクリックして問題を解決します。
サンプル【図3】の場合、RGB画像が含まれていることを警告しています。

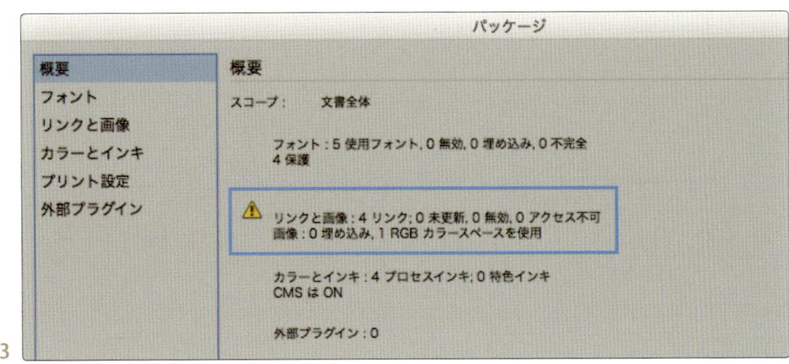

図3

❷ 印刷の指示を設定する

［印刷の指示］ダイアログが表示されたら、連絡先などの情報を入力します。
ファイル名以外は、空欄のままでも問題ありません。
［続行］ボタンをクリックします。

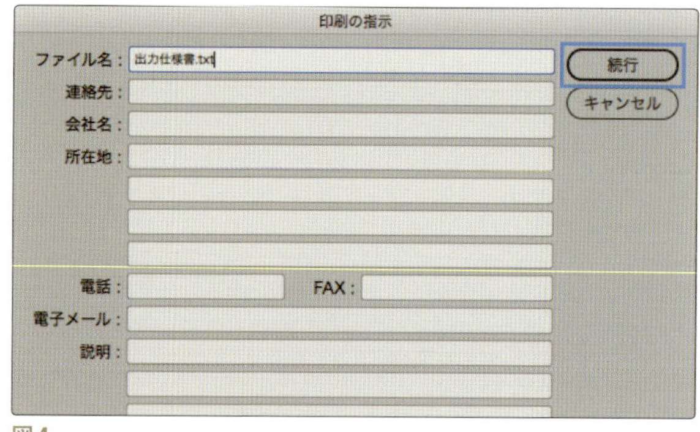

図4

❸ 保存する

［パッケージ］ダイアログが表示されたら、［名前］に「shiki_pack」と入力し、保存先を指定します。
ここでは「デスクトップ」を指定します。【図5】のように必要な項目にチェックして、［パッケージ］をクリックします。

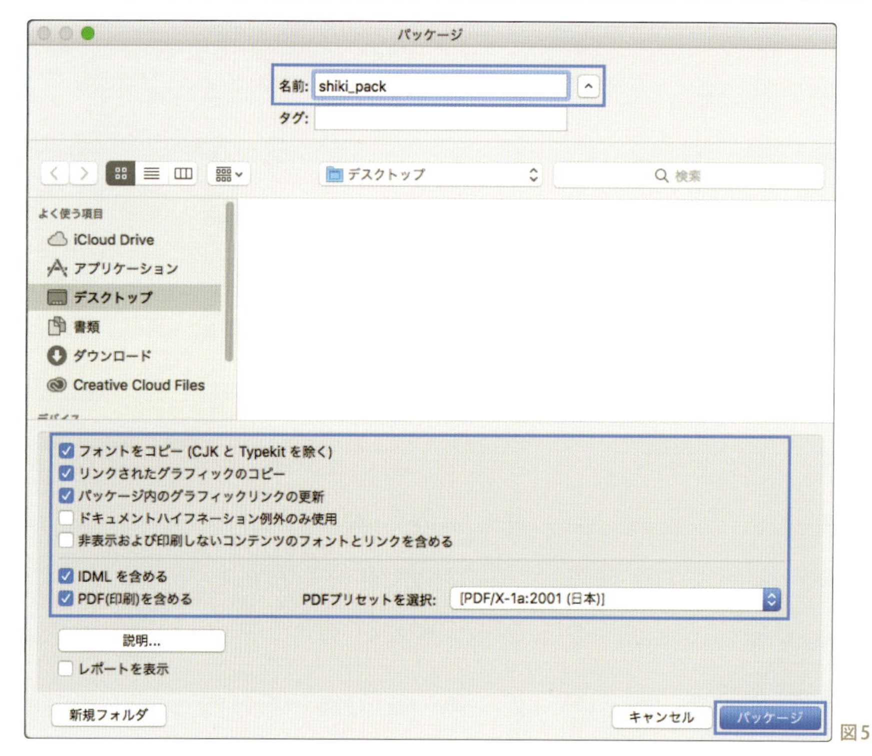

図5

［警告］ダイアログが表示されますが、そのまま［OK］ボタンをクリックします【図6】。パッケージでは、印刷用のデータを作成することを目的に欧文フォントのコピーを行います。その操作の著作権についての説明です。

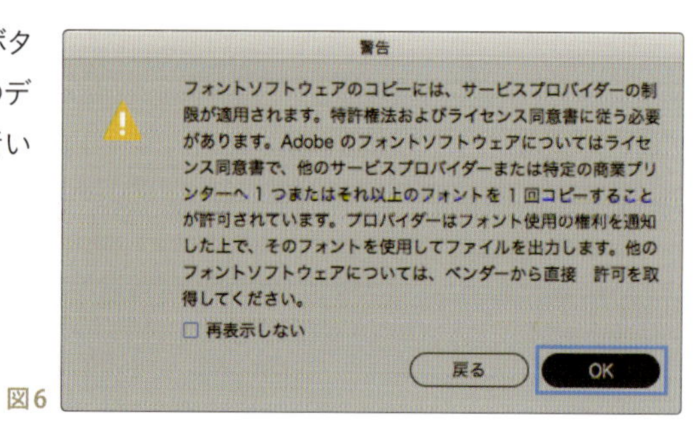

図6

❹ パッケージされたフォルダを確認する

デスクトップにパッケージされたフォルダが保存されています【図7】。フォルダには、フォントやリンク画像など、ドキュメント作成に使用したファイルが収集されています。

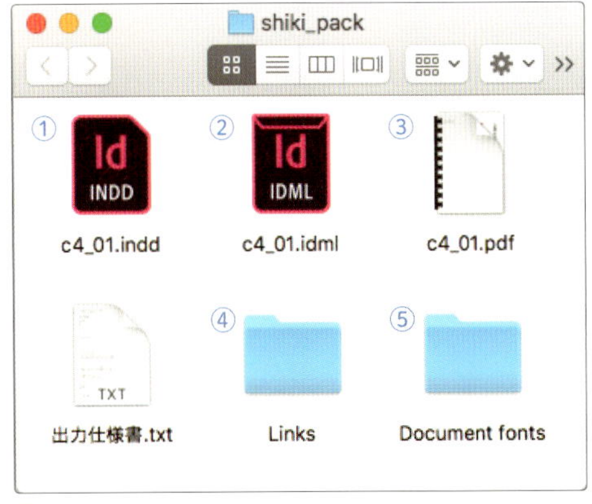

図7

① INDDファイル：InDesignのドキュメント
② IDMLファイル：InDesign CS4以降で開くことができる形式で書き出したドキュメント(ただし、100%の互換性は保証されていないので注意が必要です)
③ PDF：印刷用のPDFファイル
④「Links」フォルダ：配置している画像のデータがコピーされます。ただし、配置した画像にリンクされたデータまではコピーされません。配置画像にリンクデータがある場合は手動で同梱します。
⑤「Document fonts」フォルダ：ドキュメントに使用している欧文フォント、Adobeの日本語書体がコピーされています。Typekitフォントはパッケージに含まれません。
※作例の作成で、欧文フォント、Adobeの日本語書体（Typekitフォント以外）を使用していない場合、このフォルダは作成されません。

【 Typekit 】 Typekitフォントは、Adobe社が提供しているフォントサービスで、Creative Cloud ユーザーなら誰でも利用できるサービスです。
通常のフォントと同じようにアウトラインや埋め込みもできます。
データを渡す先がCreative Cloudを利用している場合は、相手もTypekitから同じフォントを同期できますが、事前に確認が必要です。
印刷の際には、原則としてPDF入稿を推奨します。

STEP 3

入稿用ファイルPDFを書き出そう

印刷会社へ入稿する用にPDFファイルを書き出します。
PDFファイルは、フォントや画像の埋め込みが可能なため、
ファイルの添付忘れがなく、
画像のリンク切れや文字化けといったトラブルを防ぐことができます。
さらに、ファイルサイズも小さくなるなど、
その有用性から現在入稿フォーマットの主流になってきています。

3-1_ PDFファイルを書き出す

1 書き出しを選択する

第三章で完成した「日本の四季」、または練習ファイル［c4_01.indd］を開きます。
［ファイル ▶ PDF書き出しプリセット］から用途にあったプリセットを選択します。
ここでは「［PDF/X-1a：2001（日本）］…」を選択します【図1】。

【memo】
PDF/X-1aは、安定した出力を可能にする設定です。印刷会社によって対応可能な設定が異なります。
あらかじめPDFの作成方法、使用するプリセット、トンボの有無、書き出すPDFの種類などは出力先に問い合わせておきましょう。

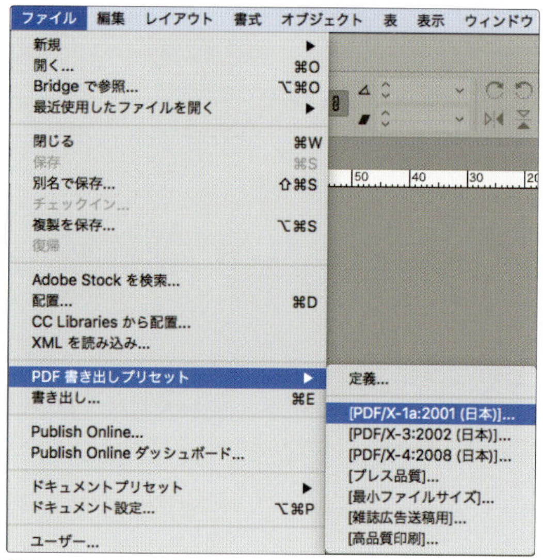

図1

2 保存先を指定する

［書き出し］ダイアログが表示されたら、ファイル名に［名前］と、書き出したPDFファイルの保存先［場所］を指定して［保存］をクリックします。ここではファイル名はそのままで、保存先をデスクトップにします【図2】。

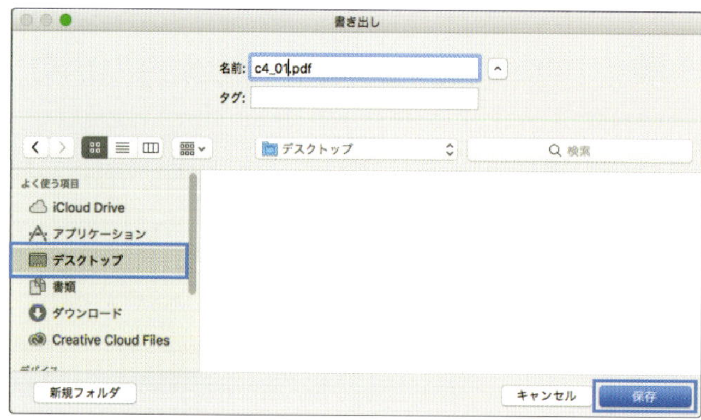

図2

❸ PDF書き出しの設定をする

［ Adobe PDFを書き出し ］ダイアログで、必要な項目を設定します。
出力先から各種設定についての指示がある場合はそれに従います。

［ 一般 ］
書き出すページの範囲や見開き印刷にするかどうかなど、基本的なファイルオプションを指定します。
ここでは［ ページ ］を「すべて」にして「見開き印刷」をチェックします。【 図3 】。

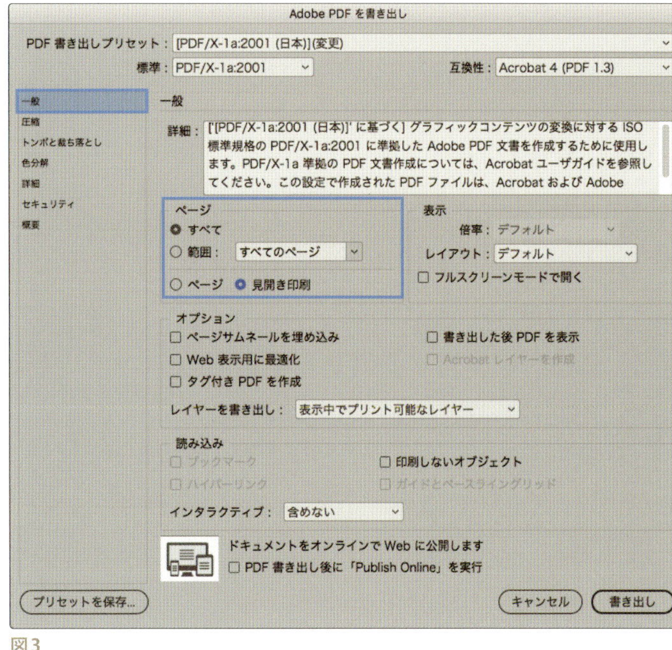

図3

［ 圧縮 ］
ドキュメントに配置した画像の圧縮形式、ダウンサンプリングの設定を行います【 図4 】。

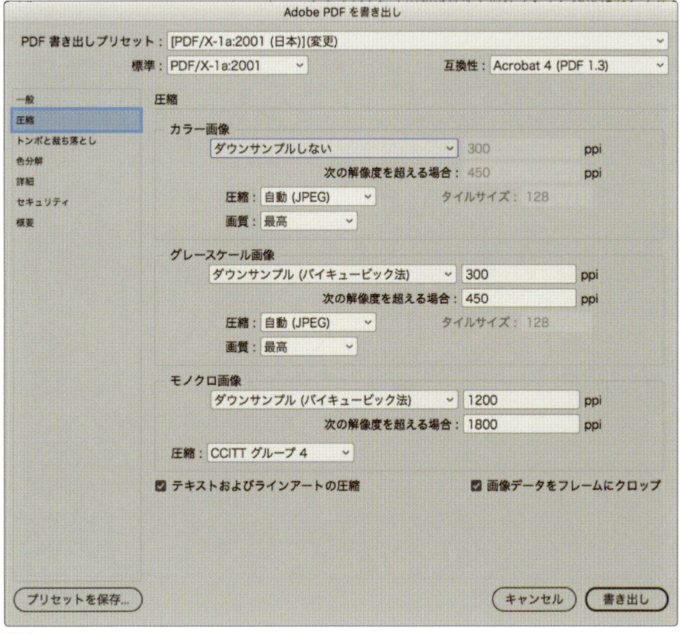

図4

[トンボと裁ち落とし]

トンボや裁ち落としの設定をします。

任意の裁ち落とし幅を設定するには「ドキュメントの裁ち落とし設定を使用」のチェックを外して、数値を指定します【 図5 】。

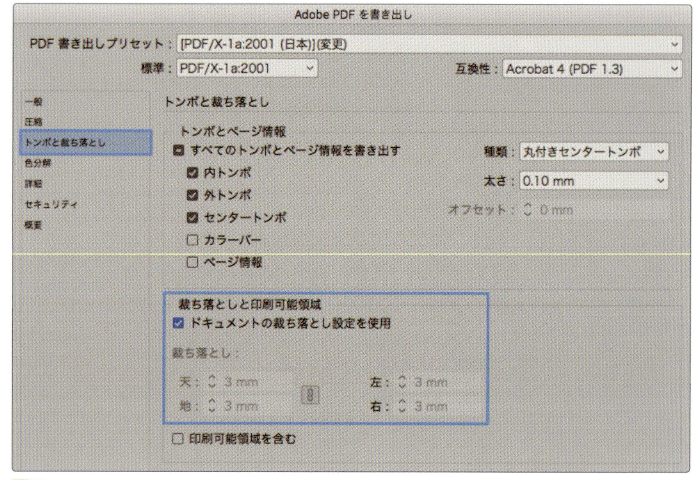

図5

[色分解]

カラーのプロファイルの埋め込み、インキ管理で特色の変換などの設定をします【 図6 】。

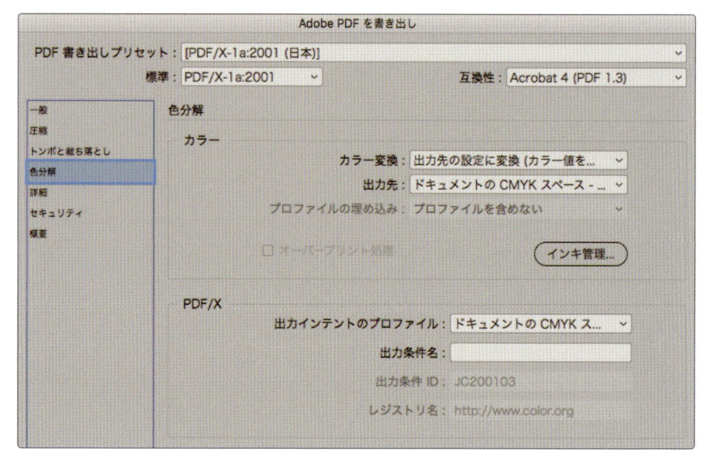

図6

[詳細]

フォントの埋め込み、透明オブジェクトの分割・統合プリセットの選択などの設定をします【 図7 】。

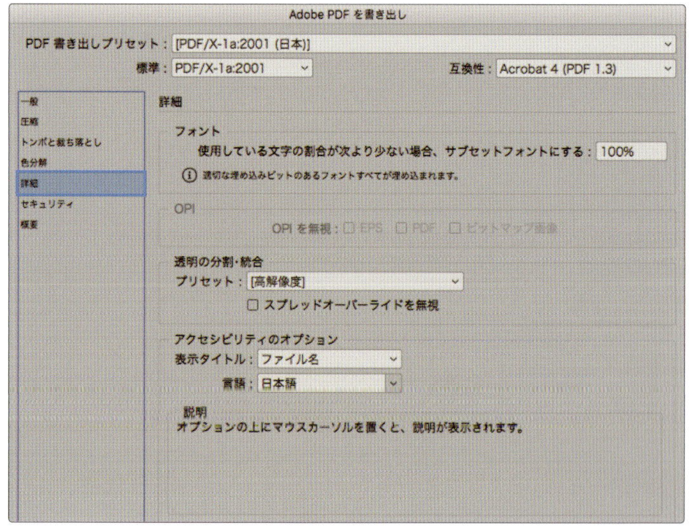

図7

❹ 書き出しを実行する

[書き出し] ダイアログの左側のリストから「概要」を選択して、設定内容を確認し [書き出し] をクリックします【 図8 】。デスクトップにPDFファイルが書き出されています【 図9 】。

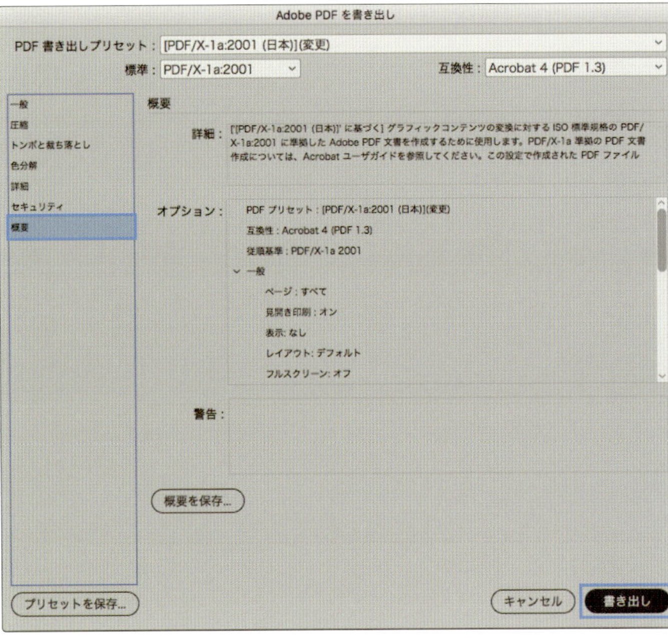

図8

図9

STEP UP 1

プリフライトパネルでエラー内容を確認しよう

InDesignでは、
ドキュメントのプリントや出力を妨げる可能性がある問題が見つかると、
ライブプリフライトに「エラー」の表示がされます。
エラーがある場合は、
プリフライトパネルを開いて、エラー内容の確認をします。

【memo】 新規ドキュメントにはデフォルトで、[基本]プロファイルが適用されます。このプロファイルでは、オーバーセットテキスト、リンク画像の不明および変更、環境にないフォントが検出されます。

1_プリフライトでエラー内容を確認する

① [プリフライト]パネルを表示する

[ウィンドウ ▶ 出力 ▶ プリフライト]で[プリフライト]パネルを表示します【図1】。

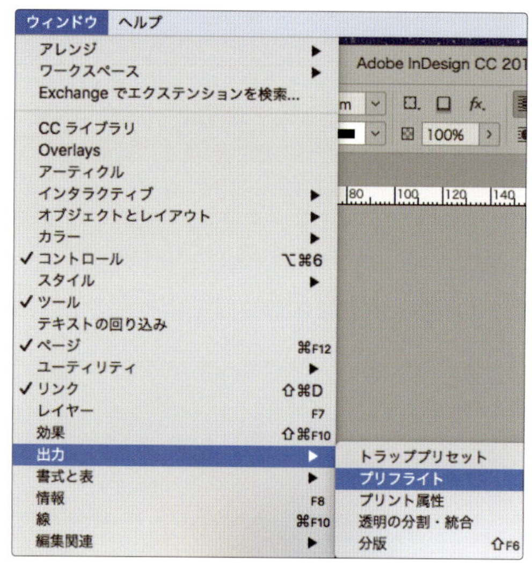

図1

【point】
ドキュメントにエラーがあると、ウィンドウ左下部には「●○個のエラー」と表示されます。
この表示の上をダブルクリックしても[プリフライト]パネルを表示することができます。

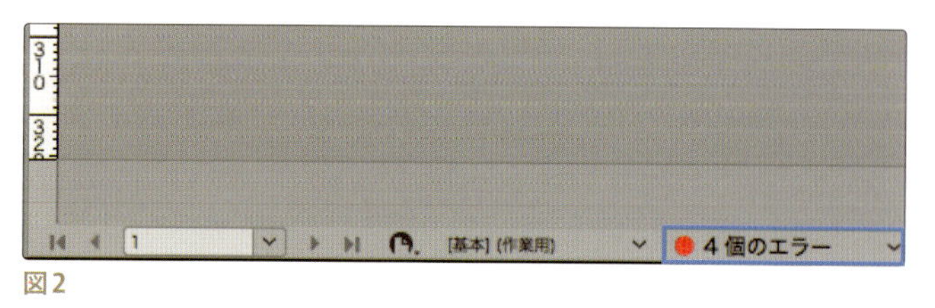

図2

❷ エラーの内容を確認する

[プリフライト]パネル【図3】にエラー表示がある場合、エラー項目の前に表示される「>」マークをクリックすると、エラーの内容が表示されます【図4】。

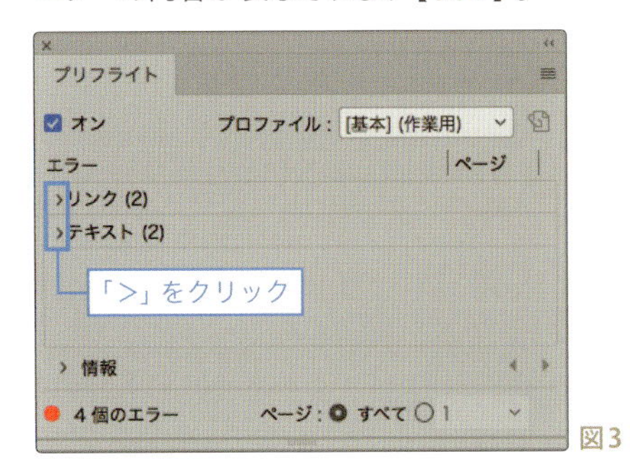

図3

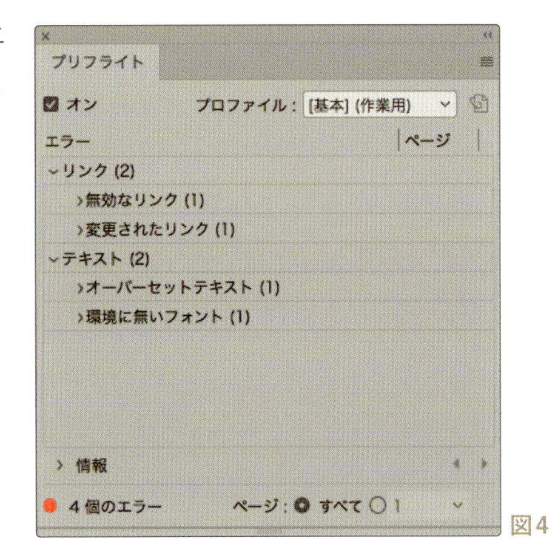

図4

❸ エラーのあるページを確認する

エラー内容の「>」をクリックすると、さらに詳細な内容とエラーのあるページ番号が表示されます【図5】。

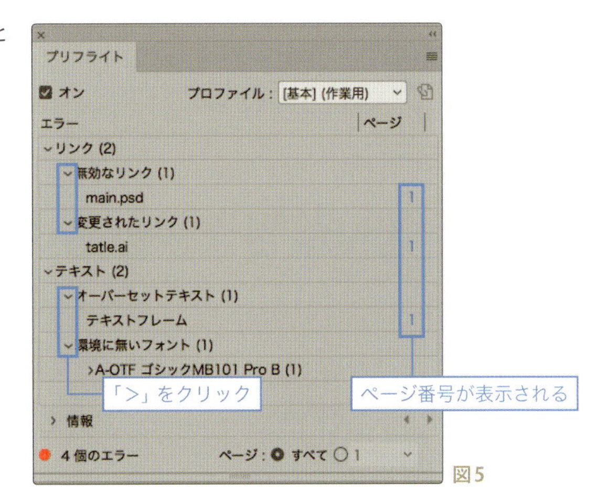

図5

ページ番号をクリックすると【図6】、自動的にエラーのあるページに移動し、そのテキストフレームが選択された状態で表示されます【図7】。

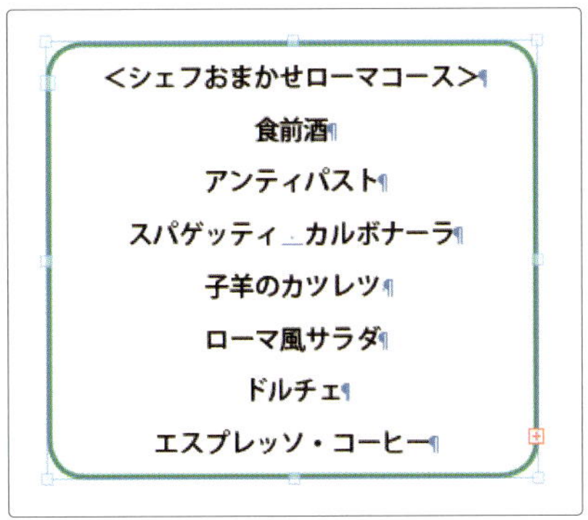

図7

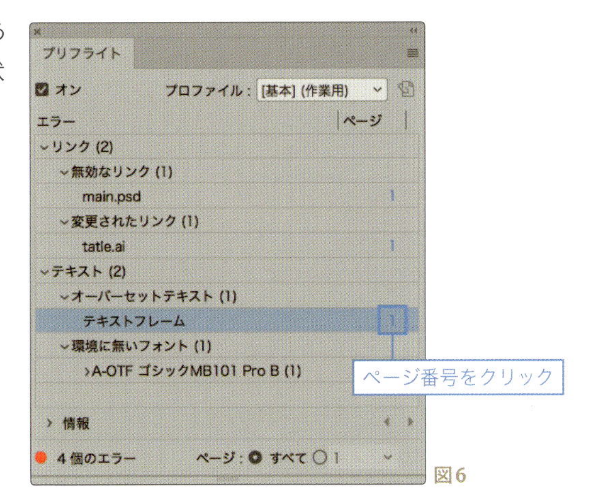

図6

パネル下部の「情報」をクリックすると、問題の説明とその修復案が表示されます【図8】【図9】。

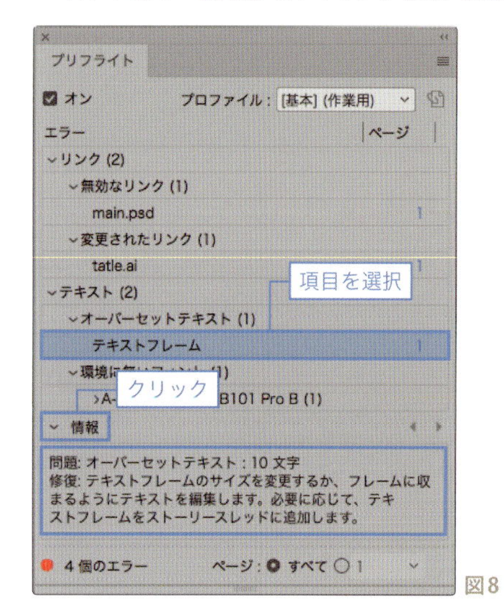

図8

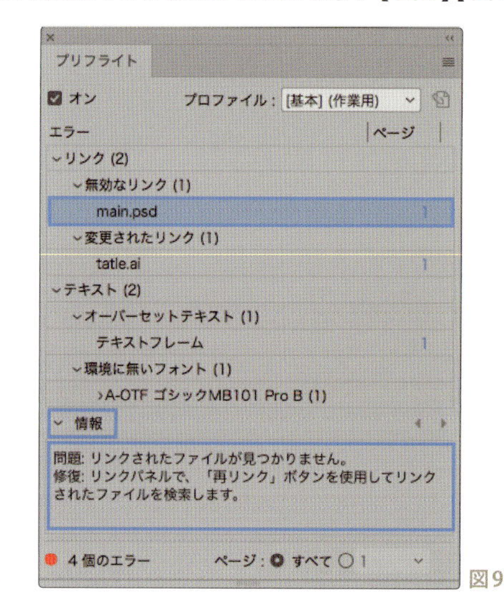

図9

2_エラーを解消する

❶ オーバーセットテキストを解消する

[選択] ツールでテキストフレームを広げてあふれていたテキストをすべて表示します【図1】。

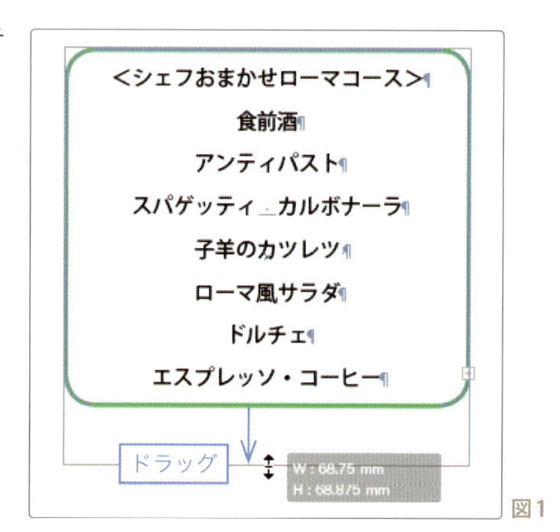

図1

[プリフライト] パネルのエラーから「オーバーセットテキスト（1）」が消えています【図2】。

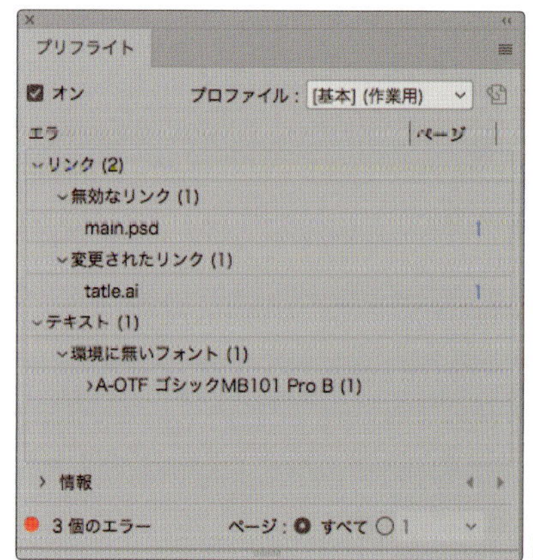

図2

❷ フォントのエラーを解消する

ドキュメントで使用されているフォントのうち、システムに現在インストールされていない、あるいは利用できないフォントがあった場合は［プリフライト］パネルに「環境に無いフォント」と表示されます。

［書式 ▶ フォント検索...］で［フォント検索］ダイアログを表示します【図3】。

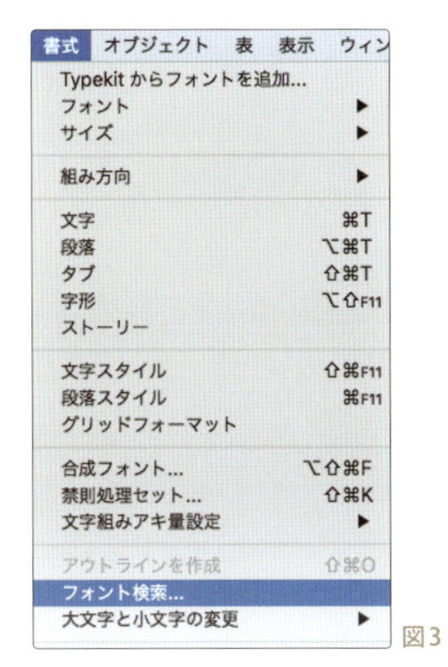

図3

環境に無いフォントの横に警告マーク⚠が表示されます。［次で置換：］に置き換えるフォントを指定して［すべてを置換］をクリックします【図4】。1つずつ確認しながら置き換える場合は、「最初を検索」と「置換して検索」を繰り返します。

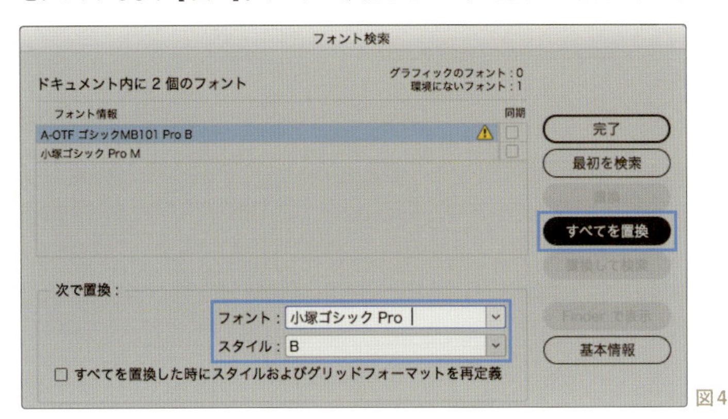

図4

❸ リンクのエラーを解消する

リンクされたファイルが見つからない場合は「無効なリンク」、画像に変更があった場合は「変更されたリンク」と、［プリフライト］パネルに表示されます。
［リンク］パネルで、画像の再リンク、リンクの更新を行ってエラーを解消します。
具体的な方法は「第三章　STEPUP 2 リンクの更新と画像の差し替えについて」を参照してください。

STEP UP 2

プリフライトプロファイルを作成しよう

プリフライトプロファイルは、
業務内容に応じてチェックする項目を定義したものを、
複数作成することができます。
例えば、入稿する印刷・出力会社別、ドキュメントの制作段階別などの
プロファイルを作成しておき、目的に応じて、切り替えて使用します。

1_プリフライトプロファイルを定義する

1 プロファイルのダイアログを表示する

[プリフライト] パネルメニューまたはドキュメントウィンドウ下部のプリフライトメニューから [プロファイルを定義...] を選択して [プリフライトプロファイル] ダイアログを表示します【 図1 】。

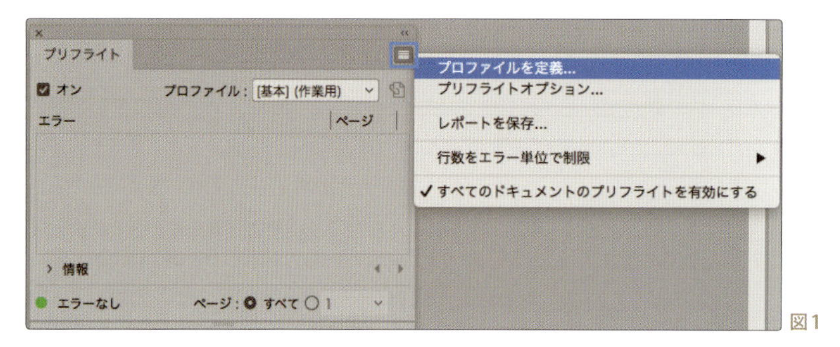

図1

2 プロファイルを作成する

新規プリフライトプロファイルアイコン（+）をクリックして、プロファイルの名前を入力します【 図2 】。

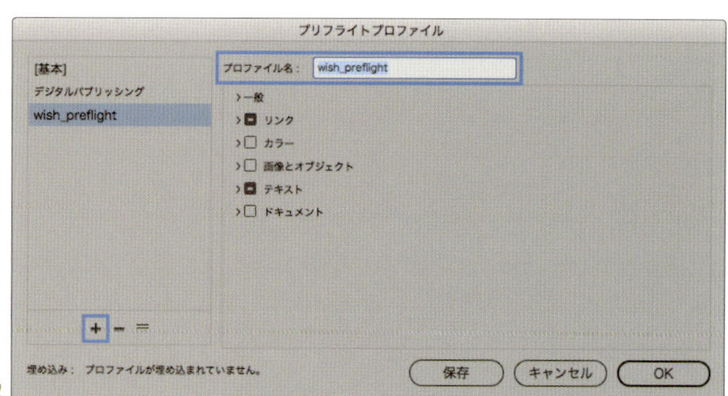

図2

3 プリフライトを定義する

各カテゴリーで、プリフライトとしてチェックする項目を指定します。チェックマークを付けたボックスのすべての設定がプリフライトとして定義されます。
プリフライトの定義が終わったら [OK] をクリックします【 図3 】。

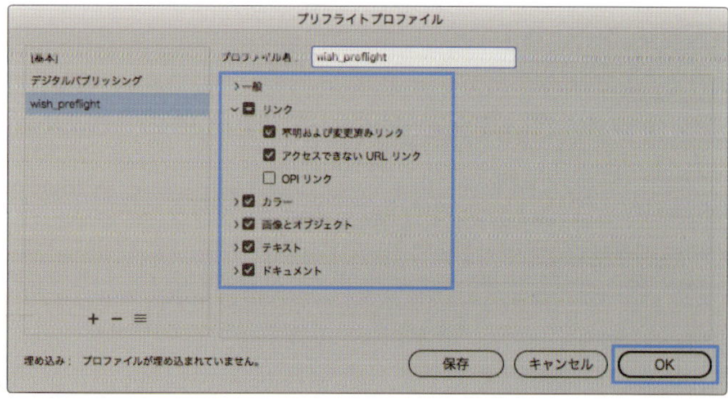

図3

[リンク]
不明なリンクや変更済みのリンクをエラーとして表示するかどうかを指定します。

[カラー]
使用を許可しないカラースペースや、カラーモードの設定、オーバープリントなどのアイテムを許可するかどうかなどを指定します。

[画像とオブジェクト]
画像の解像度、透明度、線の太さなどのアイテムの条件を指定します。

[テキスト]
無効なフォントやオーバーセットテキストなどのアイテムのエラーを表示させます。

[ドキュメント]
ページのサイズと向き、ページ数、空白ページ、裁ち落としや印刷可能領域の設定の条件を指定します。

4 プロファイルを選択する

新しく作成したプリフライトプロファイルは、[プリフライト] パネルの [プロファイル :] から選択できます【 図4 】。
または、ドキュメントウィンドウ下部のメニューからも選択できます【 図5 】。

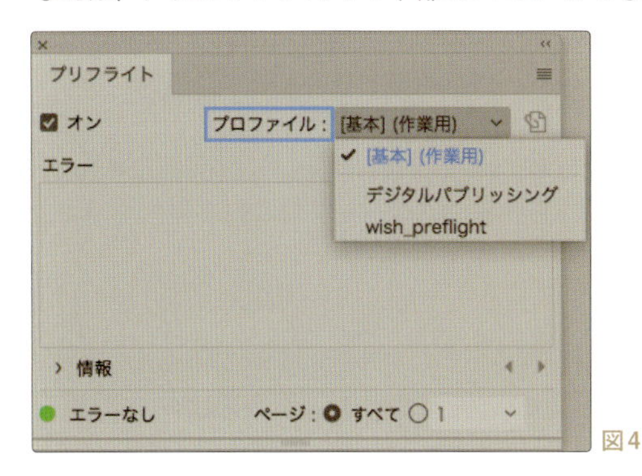

図4

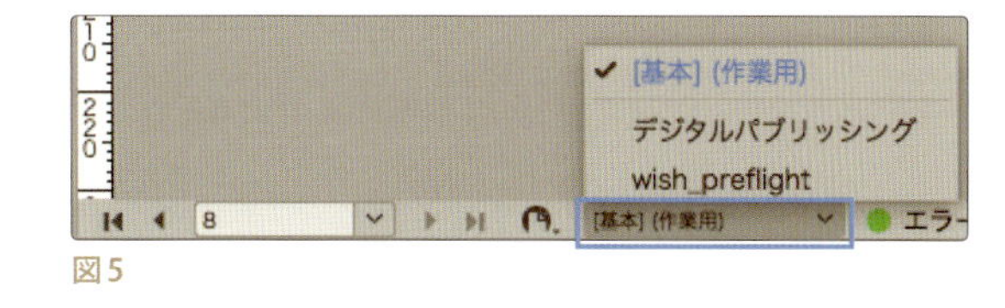

図5

5 プロファイルを書き出す

新しく作成したプリフライトプロファイルは、書き出して他のユーザーに配布することができます。
[プリフライトプロファイル] ダイアログで、書き出したいプロファイルを選択して、左下の [プリフライトプロファイルメニュー] から [プロファイルを書き出し…] を選択します【 図6 】。

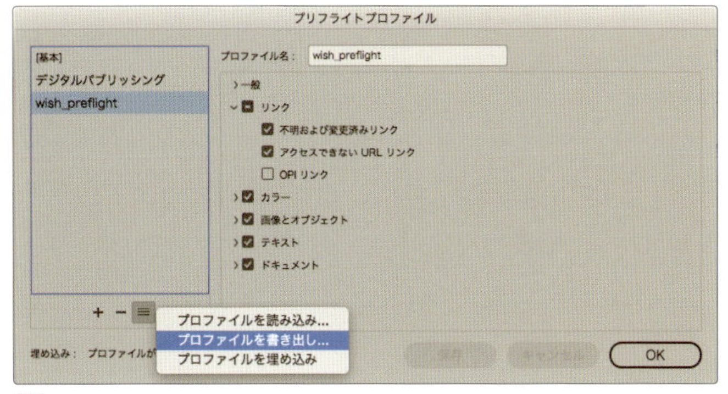

図6

2_ライブプリフライト機能のオンとオフを切り替える

ライブプリフライトをオンにしていると、プロファイルの内容によっては操作が重くなるときがあります。ライブプリフライトを[基本] プロファイルにする、またはオフにしてみましょう。

❶ プリフライトを「オフ」にする

操作しているドキュメントに対してプリフライト機能の「オン」「オフ」を切り替えるには、ドキュメントウィンドウの下部のプリフライトメニューから [ドキュメントのプリフライト] を選択すると、チェックが外れて「オフ」になります【 図1 】。

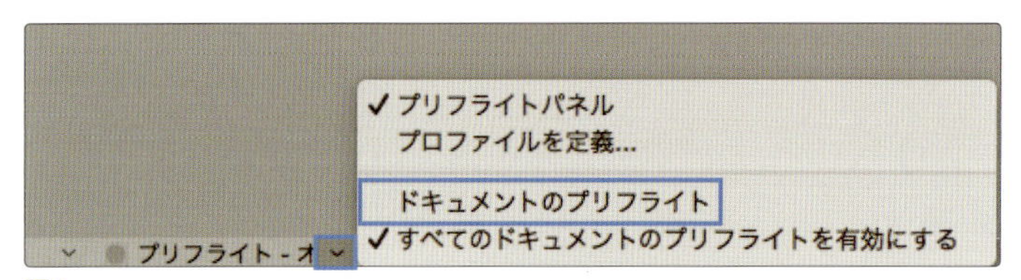

図1

すべてのドキュメントに対してプリフライト機能のオン／オフを切り替えるには、ドキュメントウィンドウの下部のプリフライトメニューから [すべてのドキュメントのプリフライトを有効にする] を選択すると、チェックが外れて「オフ」になります【 図2 】。

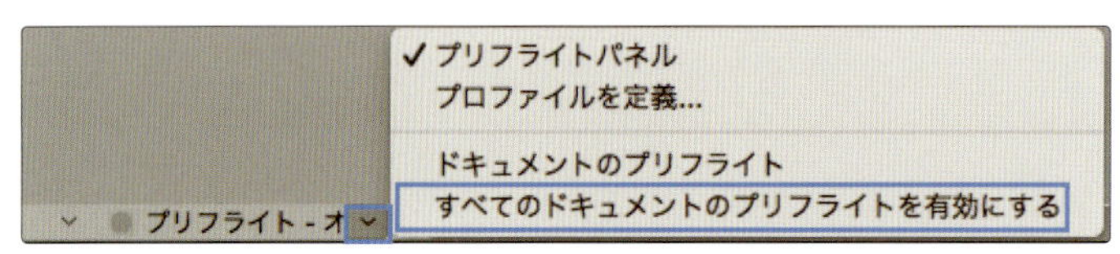

図2

❷ プリフライトを「オン」にする

上記と同じ要領で [ドキュメントのプリフライト] あるいは [すべてのドキュメントのプリフライトを有効にする] を選択してチェックを入れます。

STEP UP 3

印刷可能領域を活用しよう

「印刷可能領域」とは、仕上がりには含まない、
プリントやPDF書き出しが可能なエリアをいいます。
裁ち落としより外に仕様や指示などをつけたい場合に便利です。
一般的に裁ち落としより外に配置する「折りトンボ」の指示などを
プリント、PDF書き出しする場合に使用されます。
ここでは「印刷可能領域」の設定と、
「印刷可能領域」込みのプリント、PDF書き出しを行います。

1_新規ドキュメント作成で設定する

1 [新規ドキュメント]ダイアログを開く

[ファイル ▶ 新規 ▶ ドキュメント...]で[新規ドキュメント]ダイアログを開いて、右下にある[>裁ち落としと印刷可能領域]をクリックします【図1】。

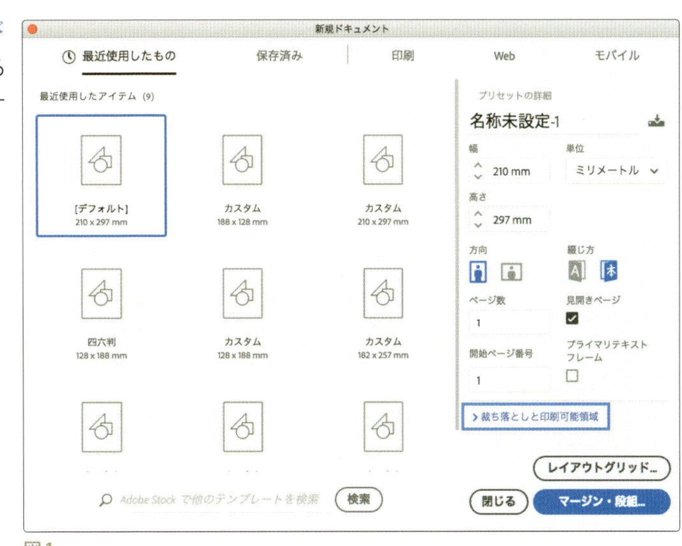

図1

2 印刷可能領域を設定する

[印刷可能領域:]に数値を入力します。ここでは「10mm」に設定して[マージン・段組...]をクリックします【図2】。印刷可能領域が裁ち落とし線の外側に青い線で表示されます【図3】。

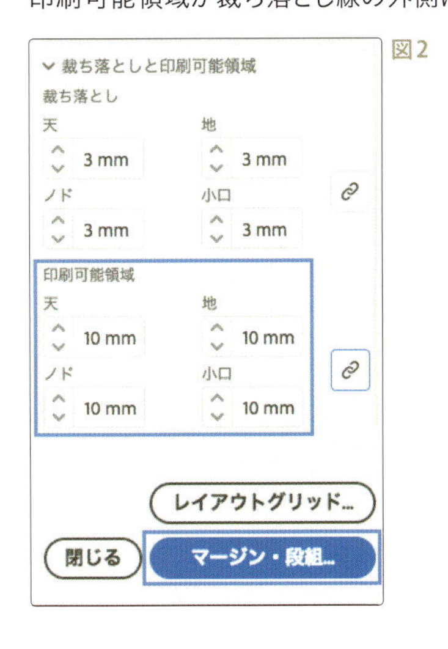

図2

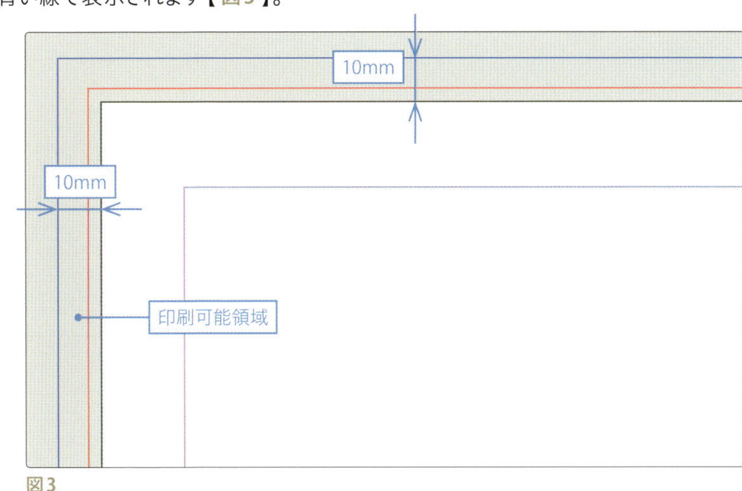

図3

2_ドキュメントの作成後に印刷可能領域を変更する

❶ [ドキュメント設定] ダイアログを開く

[ファイル ▶ ドキュメント設定…] で [ドキュメント設定] ダイアログを開きます【 図1 】。

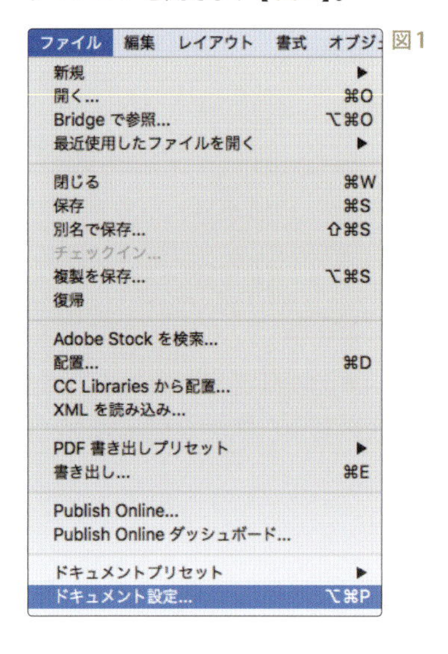

図1

❷ 印刷可能領域を設定する

[ドキュメント設定] ダイアログの下方にある [>裁ち落としと印刷可能領域] をクリックして [印刷可能領域 :] に数値を入力します【 図2 】。

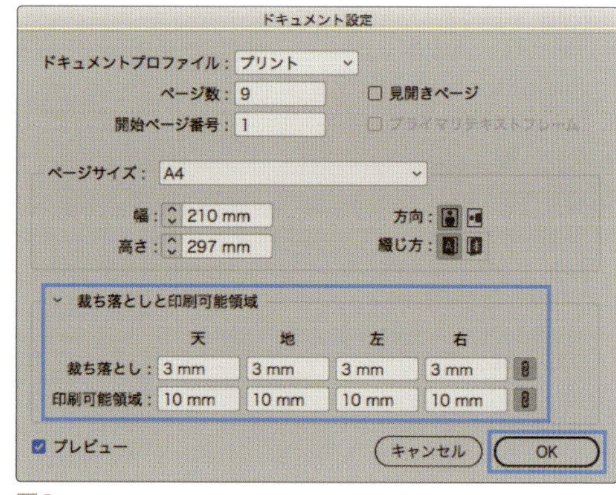

図2

3_印刷可能領域のあるドキュメントの「プリント」と「PDF書き出し」

❶ 印刷可能領域をプリントする

[プリント] ダイアログの「トンボと裁ち落とし」リストを選択して、「印刷可能領域を含む」にチェックを入れます【 図1 】。

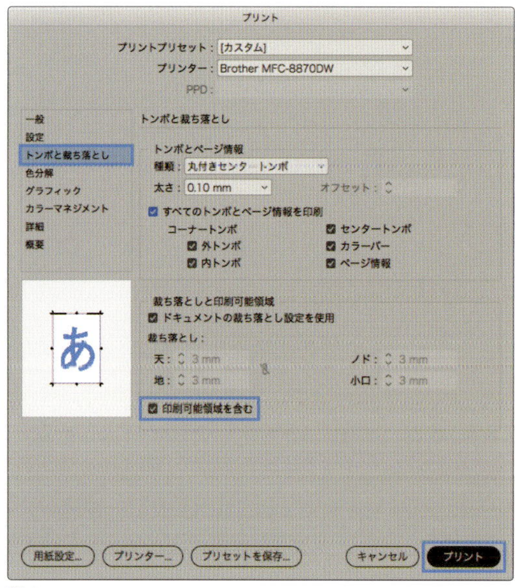

図1

❷ 印刷可能領域をPDF書き出しする

[Adobe PDF 書き出し] ダイアログの「トンボと裁ち落とし」リストを選択して、「印刷可能領域を含む」にチェックを入れます【 図2 】。

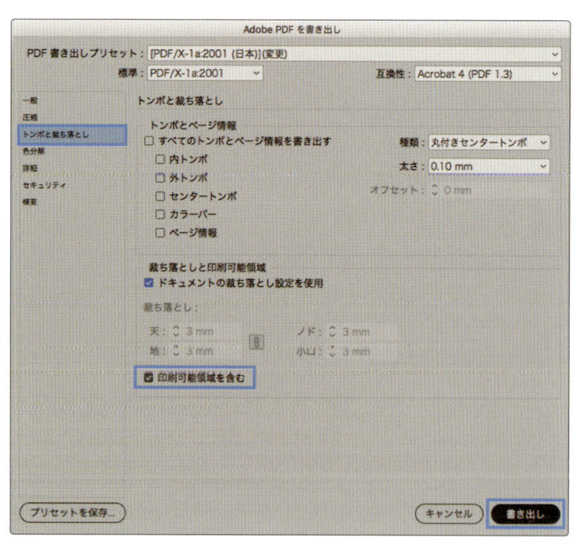

図2

第五章

取り扱い説明書を作成しよう①（横組み／ページ物）

この章ではドライヤーの「取り扱い説明書」を作成しながら、
マスターページや段落スタイルの編集、更新の方法などを学びます。

STEP 1　表紙の背景を作成しよう
STEP 2　表紙を作成しよう
STEP 3　マスターページを編集しよう
STEP 4　見出しと本文のスタイルを同時に適用しよう
STEP 5　段落スタイルを編集しよう
STEP 6　アンカー付きオブジェクトを配置しよう

STEP UP

1　検索・置き換え機能で段落スタイルを素早く適用する
2　アンカー付きオブジェクトをテキストフレームの外に配置する

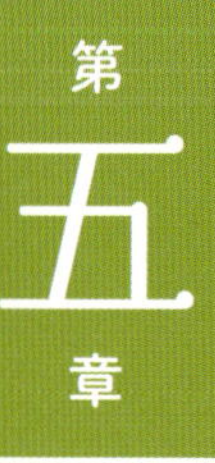

第五章

課題

STEP 1

表紙の背景を作成しよう

Beauty air®

保証書付き

ヘアードライヤー（一般家庭用）

取扱説明書

品番　WI-FA ⑦

ビューティエアーで髪サラサラ～

もくじ

■お買い上げいただき、まことにありがとうございます。
■取扱説明書をよくお読みのうえ、正しく安全にお使いください。
■保証書は「お買い上げ日・販売店名」などの記入を確かめ、取扱説明書とともに大切に保管してください。

STEP 2

表紙を作成しよう

STEP UP

1　検索・置き換え機能で段落スタイルを素早く適用する
2　アンカー付きオブジェクトをテキストフレームの外に配置する

アンカー付きオブジェクトを
配置しよう

●ビューティエアーを使う

1 髪をドライした後、Beauty air のボタン☆を押しながら髪から 10cm 離してシャワーします。

2 シャワー中に Beauty air のボタン☆から手を放すとシャワーが止まりますので、髪にシャワーを浴び続けたい場合は、ボタンを押し続けてください。

使いかたの基本

5

STEP 4

見出しと本文の
スタイルを
同時に適用しよう

STEP 5

段落スタイルを
編集しよう

STEP 3

マスターページを
編集しよう

STEP 1

表紙の背景を作成しよう

ここでは、取り扱い説明書の表紙レイアウトを設定します。
今回作成する取り扱い説明書は、
文字入力済みのファイルを基に作成していきます。
はじめに表紙の「マージン・段組」を変更して、
背景にグラデーションを設定します。

1-1_表紙ページのマージン・段組を変更する

1 ファイルを開く

[ファイル ▶ 開く...] をクリックします【 図1 】。
[開く] ダイアログが表示されたら、「chapter5＞c5_step1」フォルダから「c5_01.indd」のファイルを開きます【 図2 】。

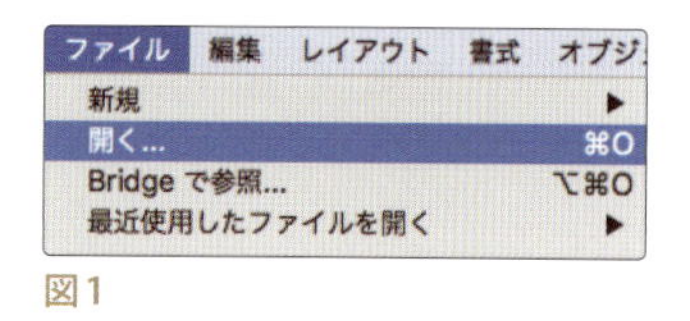

図1

図2

2 ページパネルを表示する

[ウィンドウ ▶ ページ] を選択して [ページ] パネルを表示します【 図3 】。
このドキュメントは「見開き」の「左綴じ」で作成しているので1ページ目は右ページになります。

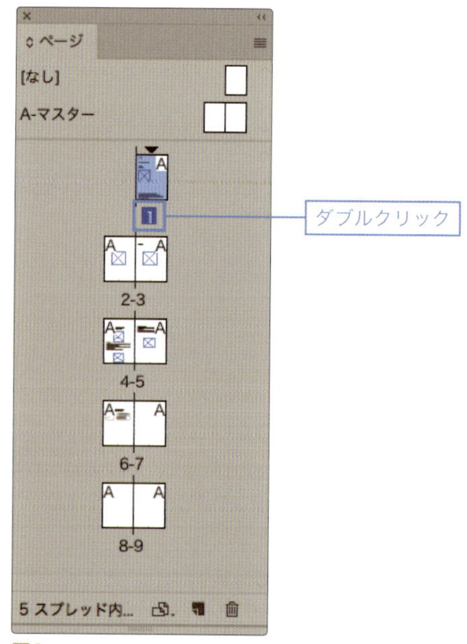

図3

❸ ドキュメント1ページのマージン・段組を確認する

【図3】の［ページ］パネルの「1」の文字の上をダブルクリックして1ページを開きます【図4】。

［レイアウト ▶ マージン・段組...］【図5】で、ダイアログを開いて現在の設定を確認します【図6】。

図5

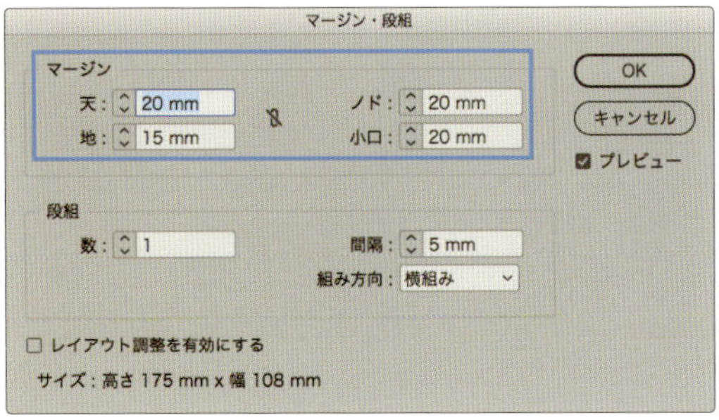

図6

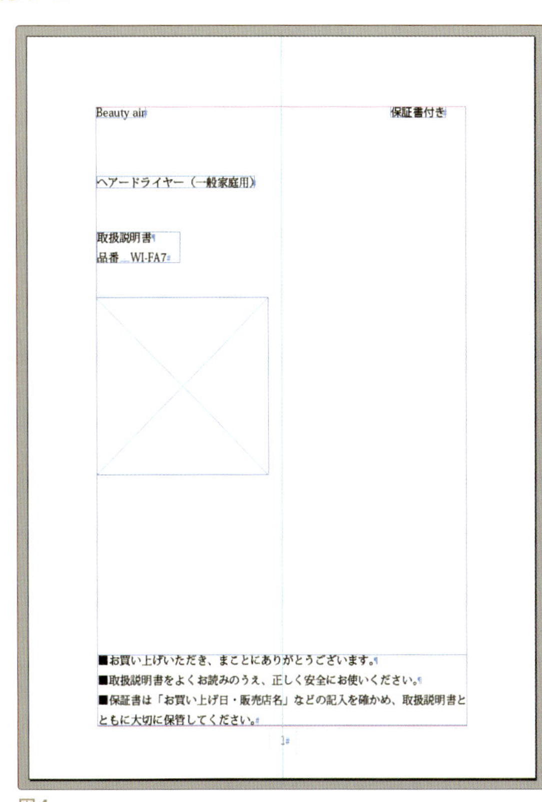

図4

❹ マージンを変更する

［マージン・段組］ダイアログの［マージン］を「天：15mm」と入力して「すべての設定を同一にする」の鎖形のアイコンをクリックし、「天」「地」「ノド」「小口」すべて15mmに設定して［OK］をクリックします【図7】。

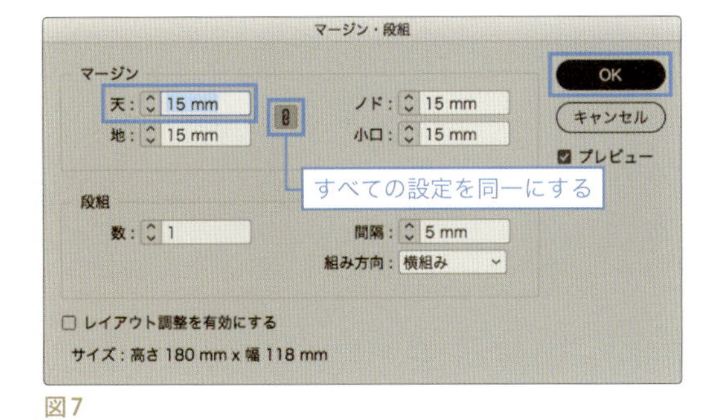

図7

ドキュメント1ページのマージンが変更します【図8】。

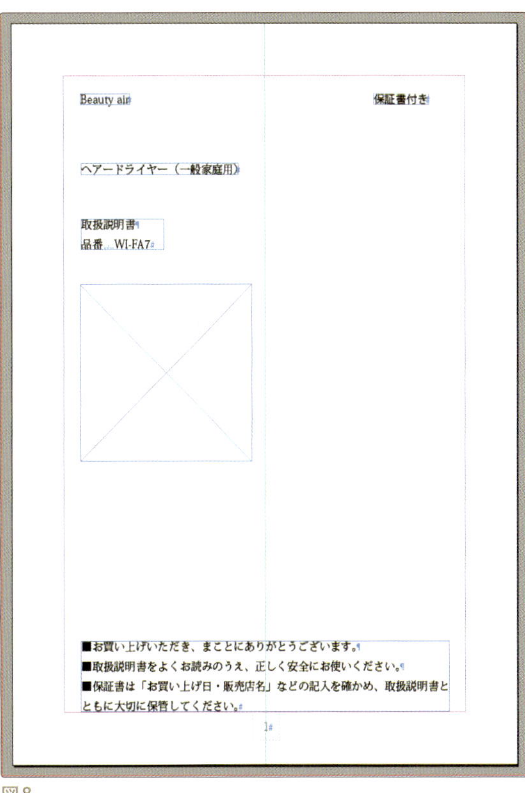

図8

> 【memo】
> ドキュメントページで「マージン・段組」を変更すると、選択されているページのみに変更が適用されます。
> マスターページで変更を行った場合は、そのマスターが適用されるすべてのページの設定が変更されます。

1-2_背景にグラデーションを設定する

❶ 長方形を作成する

［長方形］ツール【図1】で、ドキュメントページの裁ち落とし線（赤い線）左上角から右下角に向かってドラッグして、裁ち落とし線いっぱいに長方形を描きます【図2】。

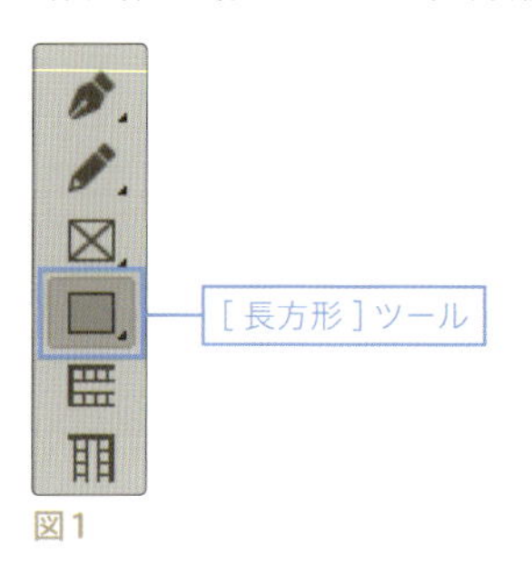

図1

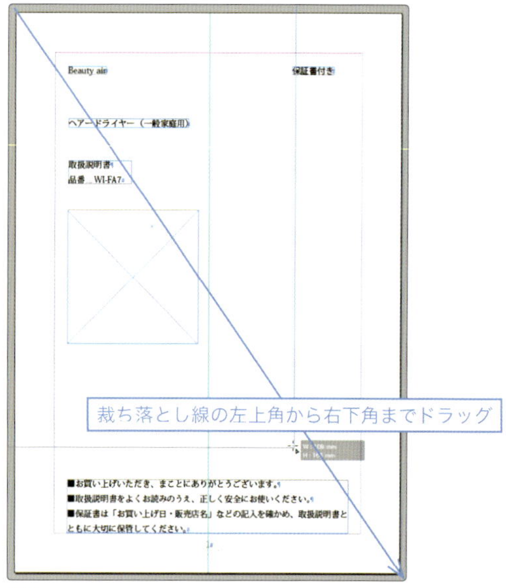

図2

❷ グラデーションパネルを表示

［ウィンドウ ▶ カラー ▶ グラデーション］【図3】で、［グラデーション］パネルを表示します【図4】。
パネル左の「白〜黒」のグラデーションをクリックすると、長方形にグラデーションが適用されます【図5】。

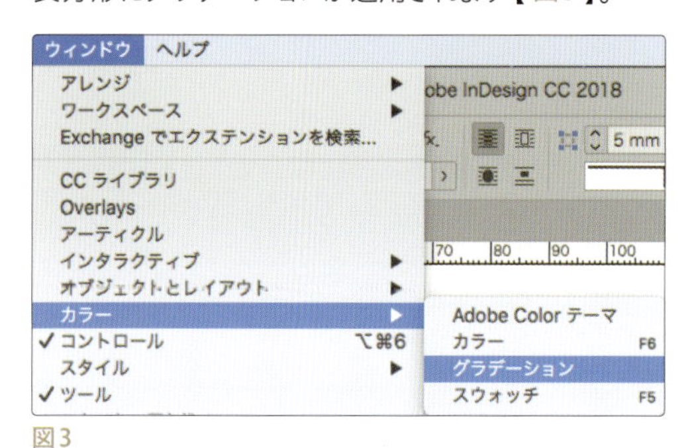

図3

図4

図5

【グラデーションが適用にならない？】

ツールパネルの「塗り」と「線」で「塗り」が前面に出ていることを確認しましょう。

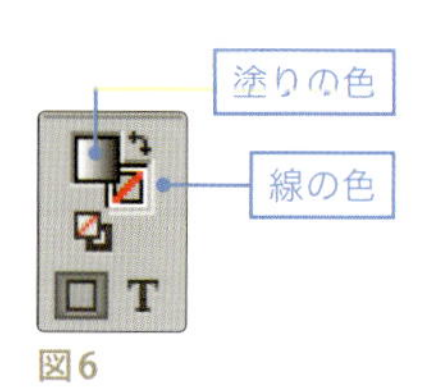

図6

❸ グラデーションの色を設定する

[グラデーション] パネルの始点の「ホワイト」はそのままで、終点のマークをクリックし【 図7 】、[カラー] パネルで「C：0% M：50% Y：0% K：0%」に設定します【 図8 】。

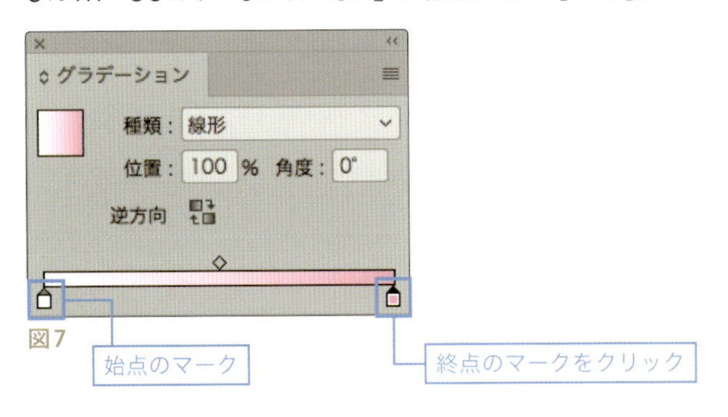

図7

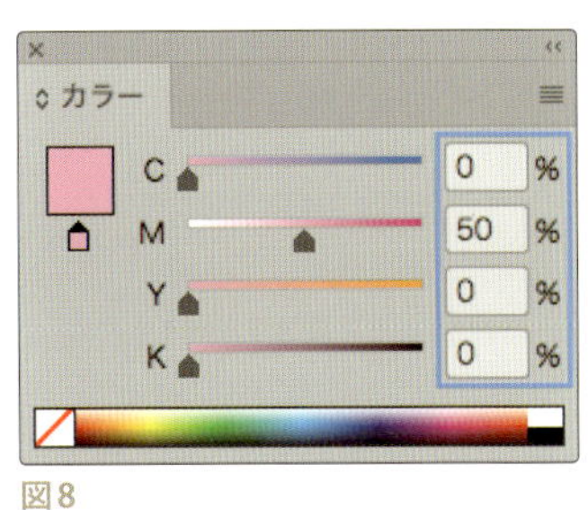

図8

1-3_グラデーションの調整をする

❶ 長方形を最背面にする

[選択] ツールで、グラデーションの適用された長方形を選択して、[オブジェクト ▶ 重ね順 ▶ 最背面へ] を選択します【 図1 】【 図2 】。長方形がすべてのオブジェクトの背面になります【 図3 】。

図1　グラデーションの適用された長方形を選択する

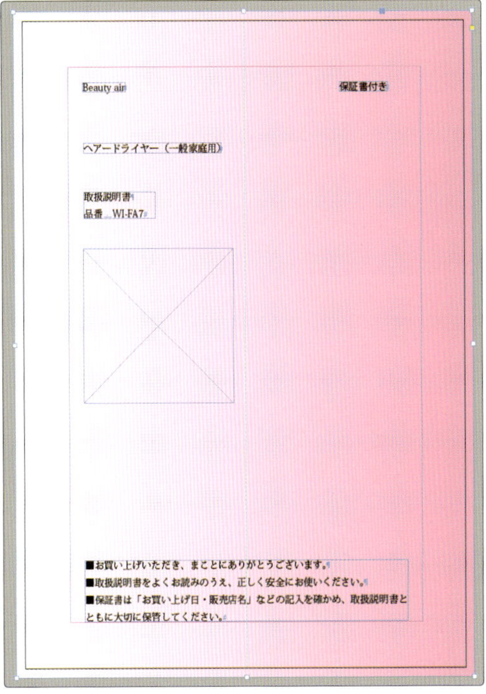

図3

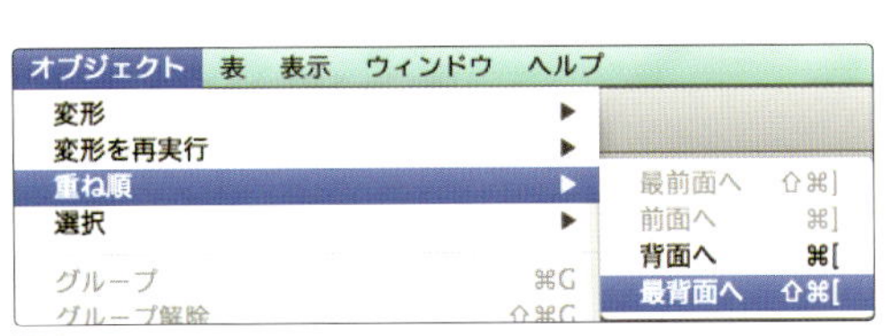

図2

❷ グラデーションを調整する

長方形を選択した状態のまま［ **グラデーションスウォッチ** ］ツール【 図4 】に持ち替えて、ページの真ん中から右に向かってドラッグします【 図5 】。
［ **shift** ］キーを押しながらドラッグすると角度が 45 度単位に固定されます。
ドラッグを始めた箇所から終わりの箇所の領域内で、グラデーションの始点カラーから終点のカラーのグラデーションが適用されます。

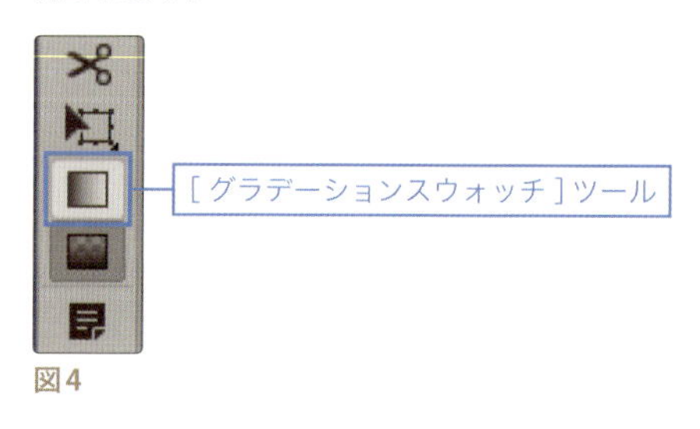

図4

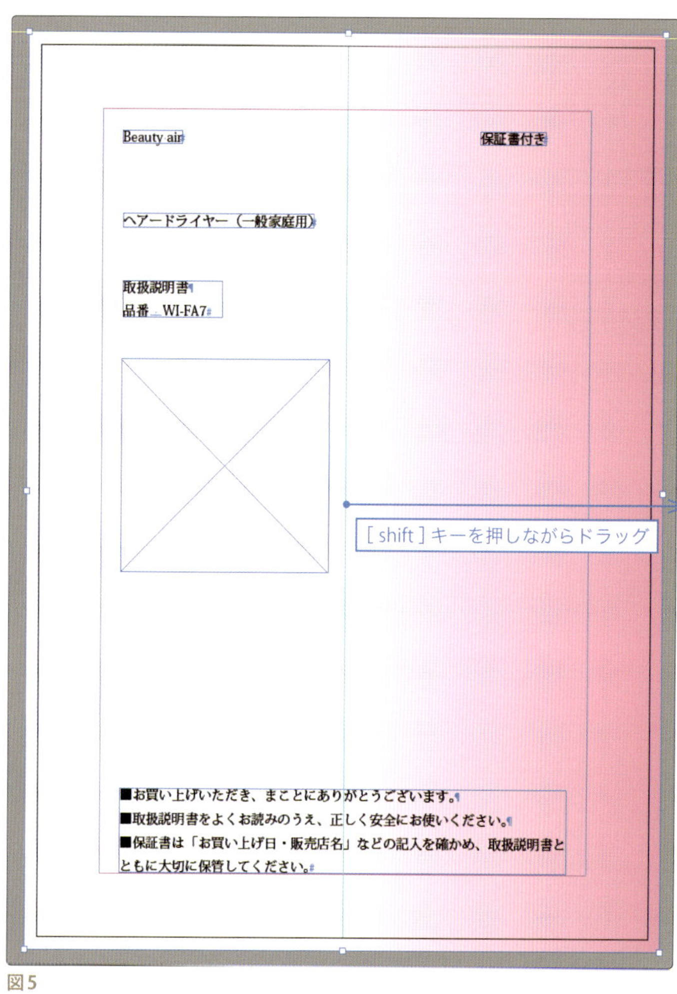

図5

❸ 背景のオブジェクトをロックする

長方形を選択した状態で、［ **オブジェクト ▶ ロック** ］でオブジェクトをロックしておきます。
背面の画像をロックしておくことで、上に配置した画像やテキストの選択、移動がしやすくなります。

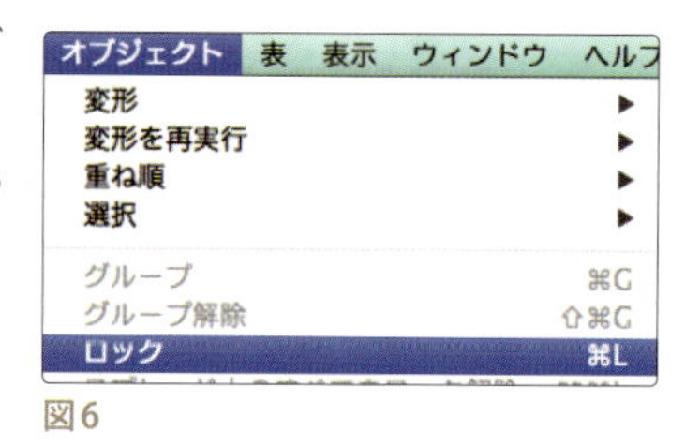

図6

表紙を作成しよう

InDesignには
文字組みを美しくみせるための機能や、
修正や変更をしやすくする機能が充実しています。
それらの機能を使って編集しやすい表紙を作成しましょう。

2-1_テキストフレームに自動サイズ調整を設定する

テキストフレームに自動サイズ調整オプションを設定しておくと、テキストを追加、編集、削除したときにテキストフレームのサイズが自動的に変更され、テキストがあふれるのを解消できます。

❶ テキストフレームの位置を変更する

[選択]ツールで【図1】の4つのテキストフレームを選択して、それぞれの位置、サイズを[コントロール]パネルで次のように設定します。

基準点：左上
① X：15　Y：15
② X：15　Y：37
③ X：15　Y：53
④ X：15　Y：175　W：118

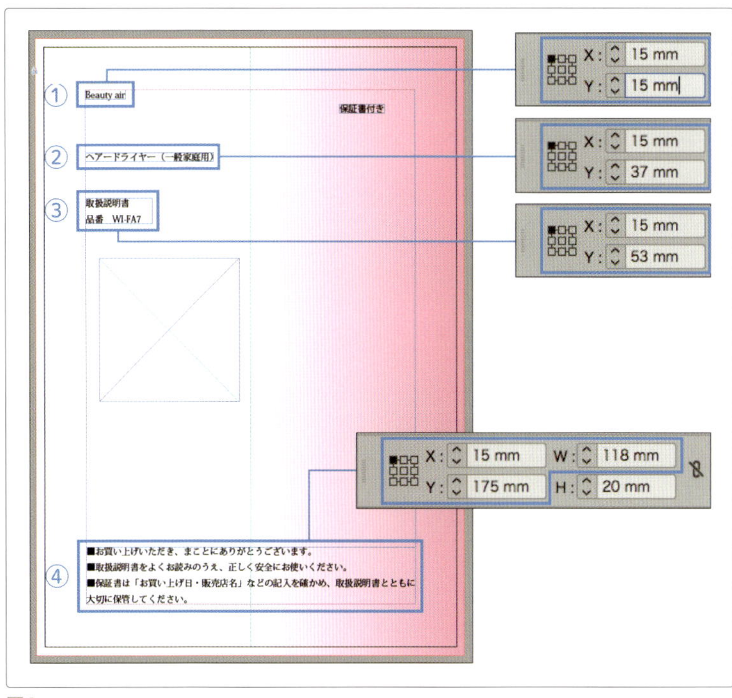

図1

❷ テキストフレームに自動サイズ調整を設定する

[選択]ツールで、【図2】のように4つのテキストフレームを選択します。

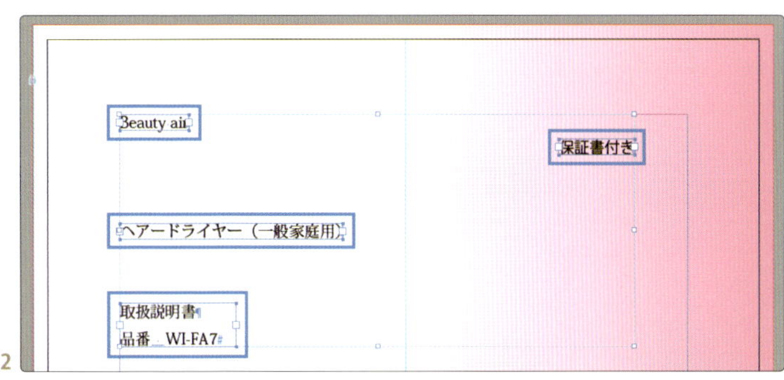

図2

［ オブジェクト ▶ テキストフレーム設定... ］で［ テキストフレーム設定 ］ダイアログを開きます【 図3 】。
［ テキストフレーム設定 ］ダイアログの［ 自動サイズ調整 ］を次のように設定して［ OK ］をクリックします【 図4 】。

自動サイズ調整：高さと幅（縦横比を固定）
基準点：左上

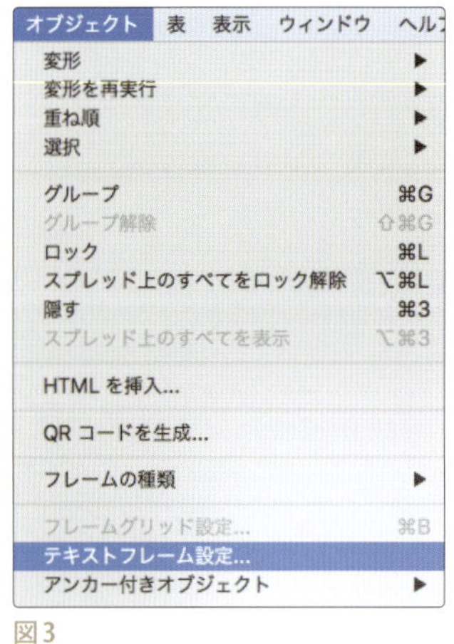

図3

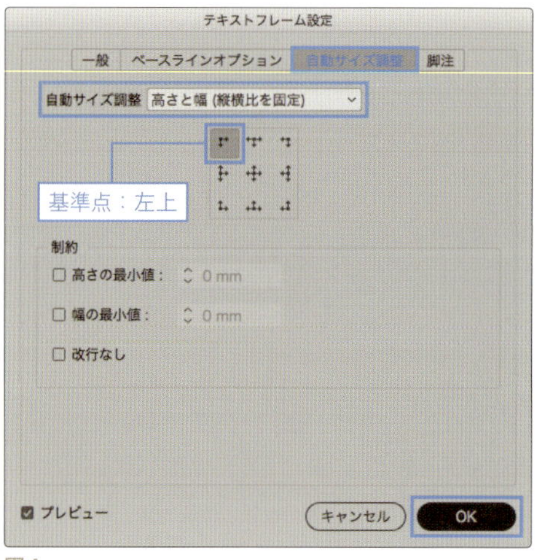

図4

【 memo 】
基準点とは、テキストフレームのサイズが変更するとき基準となる（固定される）点をいいます。

2-2_フォントを検索する

InDesignにはフォントの検索を効率よく行うため、次の2つの検索モードがあります。

- **任意文字検索：** 検索フィールドに入力した文字列の一部とマッチするフォントを全て検索して、ポップアップリストに表示します。
- **頭文字検索：** 検索フィールドに入力した語句で始まるフォント名の第一候補を自動的に表示します。

❶「任意文字検索」でフォントを検索する

［ 横組み文字 ］ツールで「Beauty air」の文字を選択します【 図1 】。
［ 字：コントロール ］パネルのフォント検索モードを切り替えるボタンをクリックして「任意文字検索」にします【 図2 】。

図1

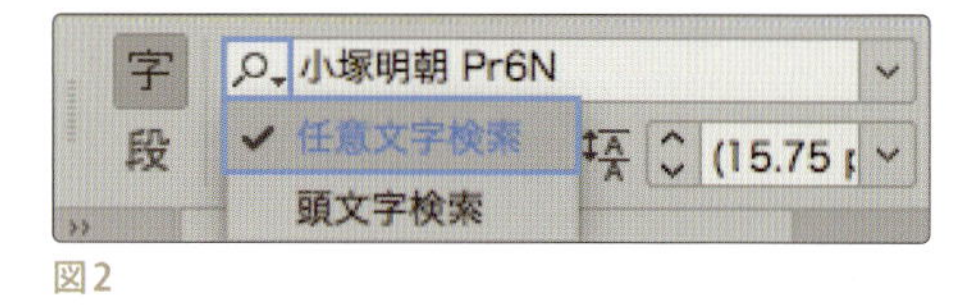

図2

検索フィールドに「my」と入力すると、「myが含まれているフォント名」がポップアップリストに表示されます【 図3 】。

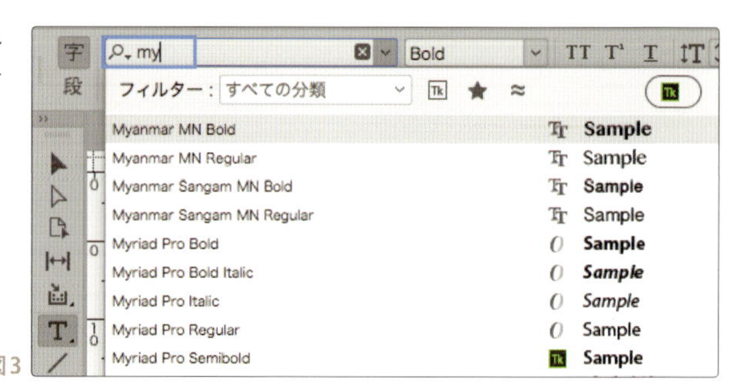

図3

❷ フォントとサイズを設定する

ポップアップリストから「Myriad Pro SemiBold」を選択して、［字：コントロール］パネルで「サイズ：30pt」に設定します【図4】。

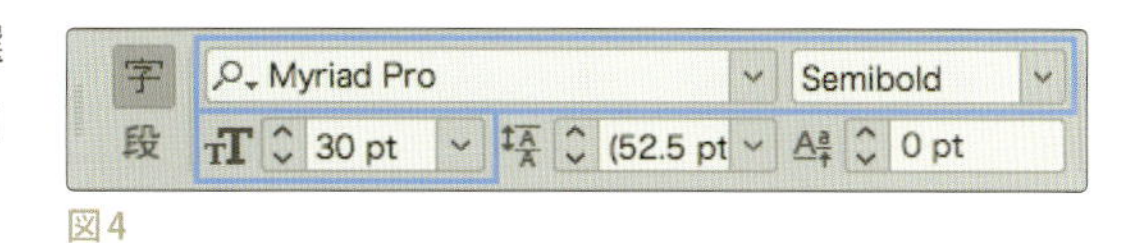

図4

テキストフレームに設定された自動サイズ調整機能が効いているため、文字のサイズに応じてテキストフレームのサイズが自動的に拡大します【図5】。

図5

次のテキストのフォントとサイズを［字：コントロール］パネルで、それぞれ設定します。

「ヘアードライヤー」：小塚ゴシックpro B　20pt
「（一般家庭用）」　：小塚ゴシックpro B　16pt
「取扱説明書」　　：小塚ゴシックpro B　20pt
「品番　WI-FA7」：小塚ゴシックpro B　15pt

これらのテキストフレームにも、自動サイズ調整機能を設定しておいたのでフレームのサイズは自動的に変更します【図6】。

図6

2-3_テキストフレームに線を設定する

❶ テキストフレームに線を設定する

［選択］ツールで「保証書付き」のフレームを選択します【図1】。

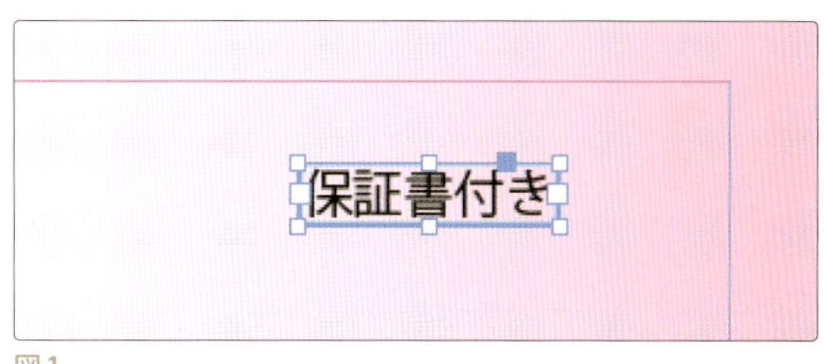

図1

［字：コントロール］パネルで、線の塗りを「黒」、線幅を「0.25mm」に設定します【図2】。

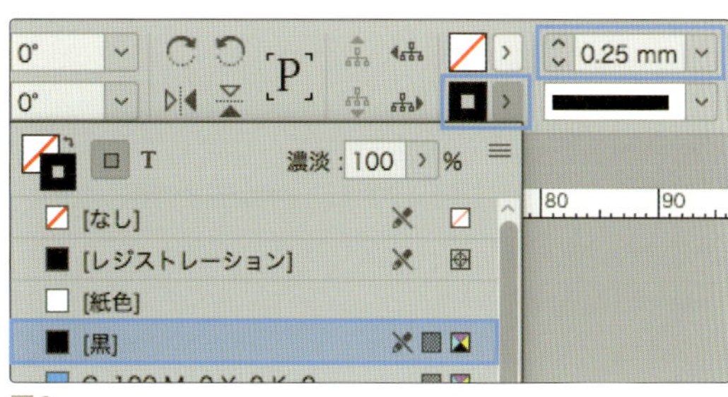

図2

❷ テキストとフレームの間にアキを設定する

選択状態のまま［オブジェクト ▶ テキストフレーム設定…］を選択して、［テキストフレーム設定］ダイアログを表示し、次のように設定し、［OK］をクリックします【図3】。

フレーム内マージン「上：1mm」
「すべての設定を同一にする」の鎖形のアイコンをクリック
（「上」「下」「左」「右」すべて1mm）
［テキストの配置］：配置：中央

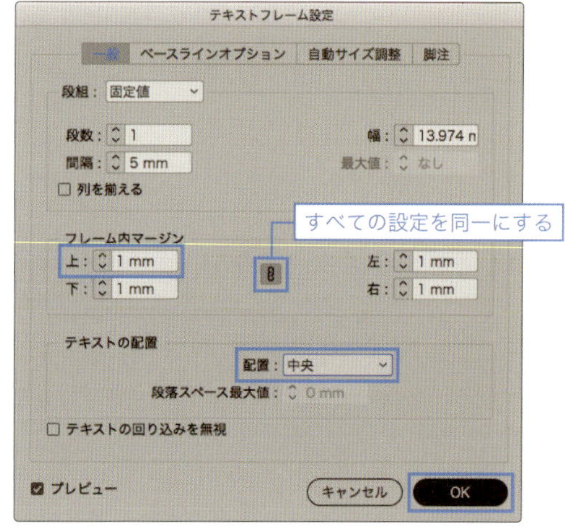

図3

文字とフレームの間に1mmのアキができ、文字がフレームの中央に移動します。
ここでも自動サイズ調整機能が働いて、線幅やマージンに合わせて、フレームのサイズが自動的に変更します【図4】。

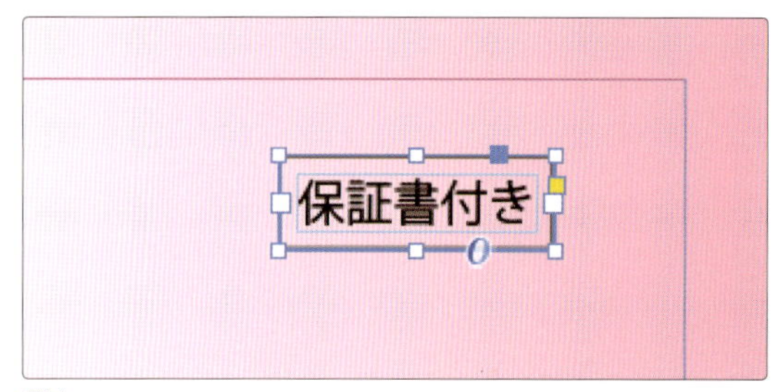

図4

2-4_ここまでインデントを設定する

ここまでインデントとは、特定の文字間に［「ここまでインデント」文字］を挿入すると、段落の次の行以降のすべての行が、その位置でインデントされる機能です。段落のインデント値とは別に、段落内の行をインデントすることができます。
段落の1行目の先頭だけが突き出た箇条書きなどに使うと便利です。

❶ ここまでインデントを設定する

［横組み文字］ツールで「■保証書は・・・」の「■」の後ろをクリックして、テキスト挿入点を置きます【図1】。

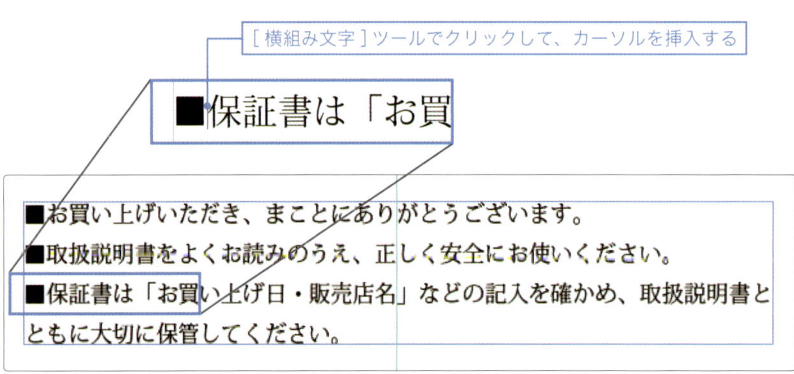

図1　カーソルを挿入する

[書式 ▶ 特殊文字の挿入 ▶ その他] から [「ここまでインデント」文字] を選択します【 図2 】。

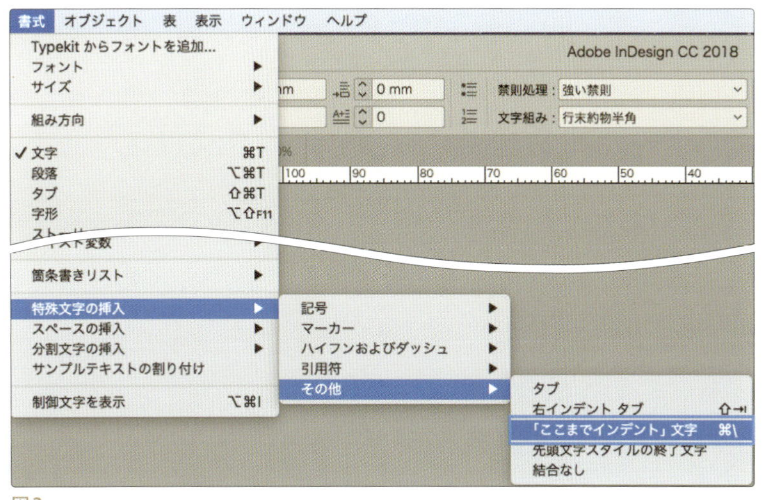

図2

2行目の先頭文字が [「ここまでインデント」文字] の位置に揃います【 図3 】。
制御文字を表示すると「■」の後ろに†マークが表示されているのが確認できます。

【 memo 】
制御文字は、[書式 ▶ 制御文字を表示] で表示できます。

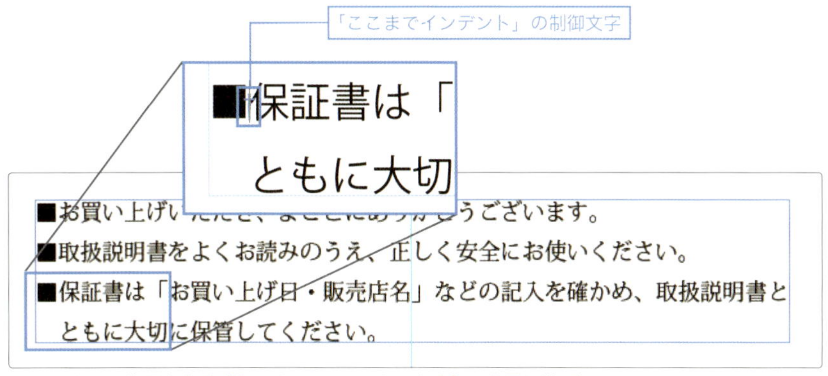

図3　2行目の先頭文字が [「ここまでインデント」文字] の位置に揃った

2-5_異体字と特殊文字を入力する

InDesignでは文字を選択すると、その文字に少なくとも1つの異体字がある場合、テキストの下が青くハイライトされ、その文字の異体字を5つまで表示してくれます。
また [字形] パネルを使うと異体字のほか、登録商標記号、省略記号などさまざまな特殊文字を挿入できます。

❶ テキストを選択する

[横組み文字] ツールで「品番　WI-FA7」の「7」をドラッグ選択するとテキストの下が青くハイライトされ、異体字を5つ表示します【 図1 】。

図1

❷ 字形パネルを開く

一番右に表示されている▶マークをクリックして、［字形］パネルを表示します【図2】。

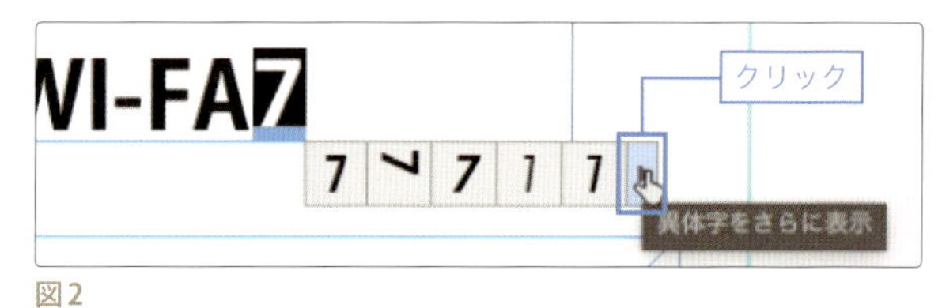

図2

❸ 異体字を選択する

［字形］パネルの「⑦」の上でダブルクリックして【図3】、「7」を異体字に変更します【図4】。

図4

図3

❹ 登録商標記号を入力する

「Beauty air」の後ろをクリックして、テキスト挿入点を置きます【図5】。

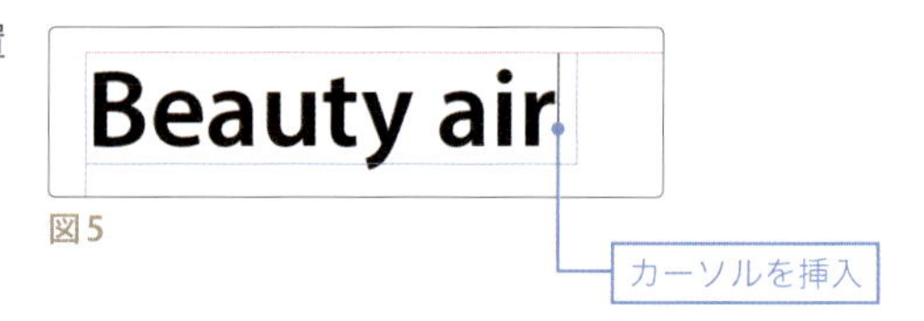

図5

［字形］パネルの［表示:］を「記号」にしてパネルの「®」の上でダブルクリックします【図6】。

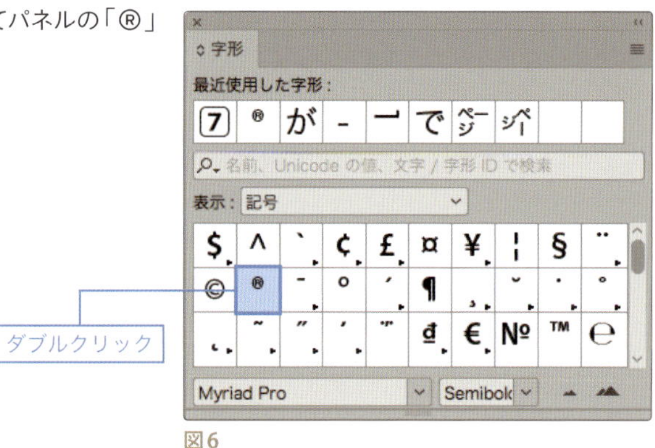

図6

「Beauty air」の後ろに、登録商標記号が挿入されます【図7】。

図7

【 memo 】

［書式 ▶ 特殊文字を挿入 ▶ 記号］から［登録商標記号］を選択しても挿入することができます。

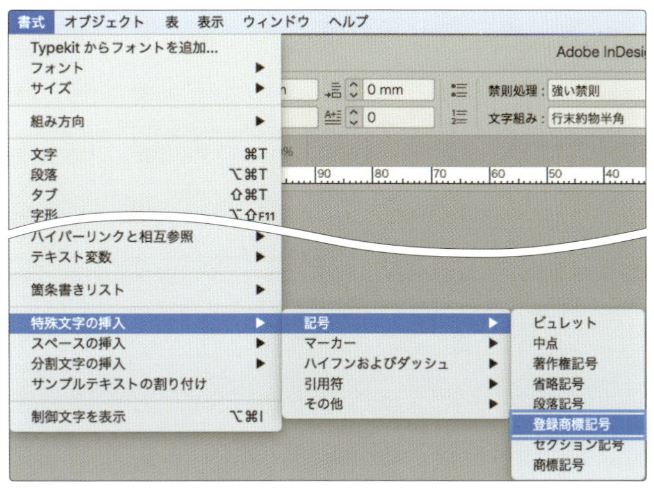

図8

❺ 字間を調整する

［横組み文字］ツールで「r」と「®」の間をクリックしてカーソルを挿入し、［文字］パネルで「カーニング：100」と入力します【図9】。

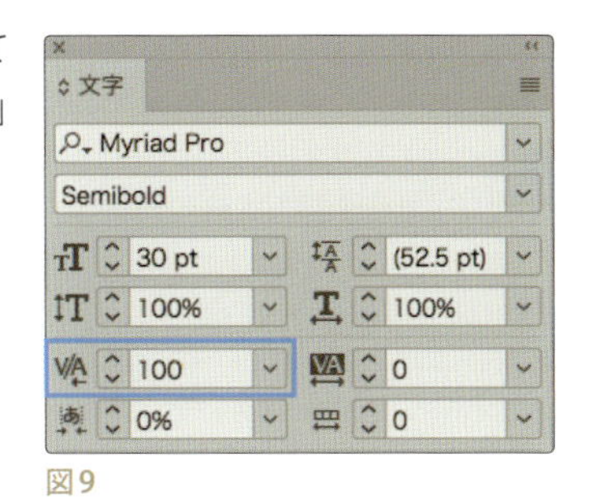

図9

「r」と「®」の間が広がって見やすくなります【図10】。

図10

【 memo 】

カーニングは、文字と文字の間にカーソルを挿入して、隣り合った文字間のアキを調整します。
「和文等幅」、「メトリクス」、「オプティカル」の3つの自動カーニングと、手動で値を設定する方法があります【図11】。

和文等幅：和文フォントのデフォルトで、全て等幅で組みます（ベタ組）。
オプティカル：隣あった文字の形に基づいてアキを調整します。
メトリクス：多くの欧文フォントに含まれている、「LA」「P.」「To」などの特定の文字の組み合わせに対する間隔情報に基づいた調整をします。
手動で入力：1/1000 em 単位で指定します。1em は、対象となるフォント1文字分で、「500」と入力すれば「500/1000em」となり、半角のアキを設定することになります。

トラッキングは、文字列をドラッグで選択して、複数の文字間に等間隔のアキを設定します。

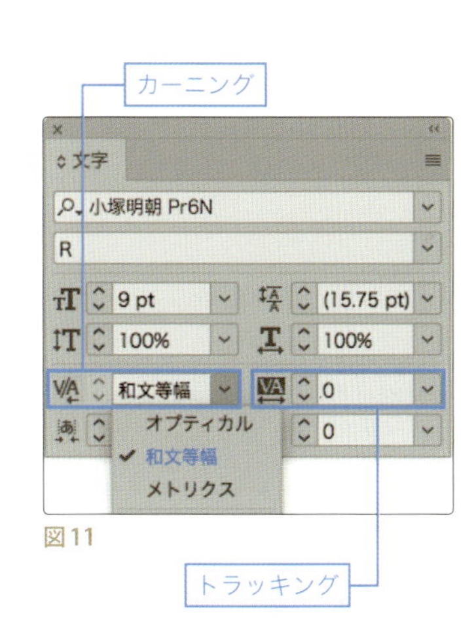

図11

マスターページを編集しよう

複数のドキュメントページの共通アイテムは、
マスターページに作成しておくことで、作業の効率化が図れることを、
第三章のマスターページの作成で学びました。
ここでは、マスターページのノンブルを変更して、
アイテムを追加するといった編集作業を行います。
また、表紙を、マスターページを適用しないページにします。

3-1_ノンブルの背景に色を設定する

[ページ番号マーカー]は、文字として書式設定することができ、デザインを指定することもできます。
ここでは現在のノンブルの背景に色を設定します。

1 マスターページを表示する

[ページ]パネルの「A-マスター」の文字の上をダブルクリックします【図1】。
マスターページアイコンがハイライト表示になり、マスターページ「A-マスター」が画面上に表示されます【図2】。このドキュメントは「見開きページ」で作成しているので、マスターページは見開き（スプレッド）で表示されます。

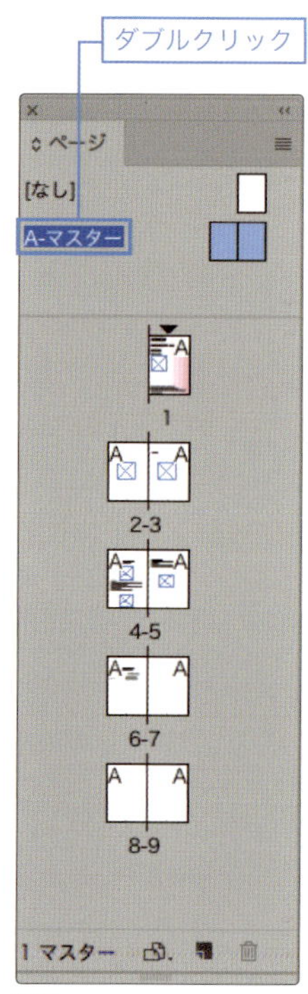

図1

図2

2 段落パネルを表示する

[書式 ▶ 段落]で[段落]パネルを表示します【図3】。

[横組み文字]ツールで左ページのノンブルのテキストフレーム内をクリックします【図4】。

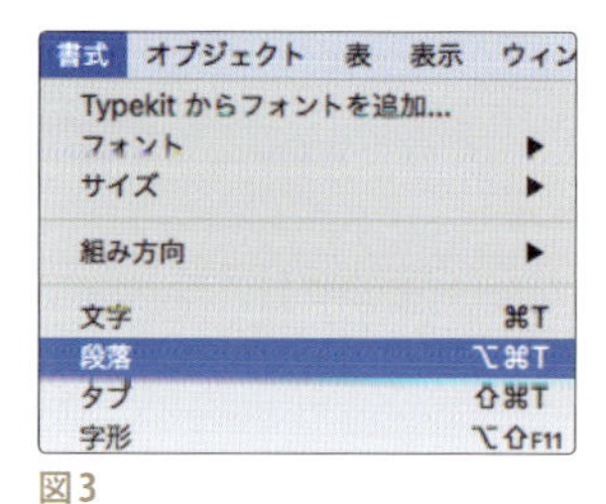

図3

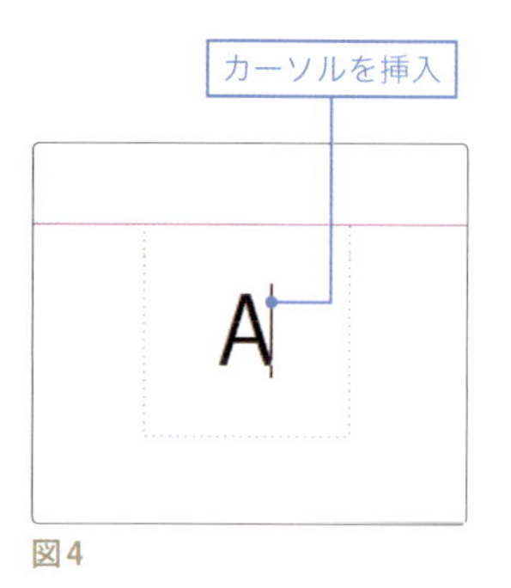

図4

❸ [段落の囲み罫と背景色] ダイアログを表示する

[段落] パネルメニューから [段落の囲み罫と背景色...] を選択します【 図5 】。

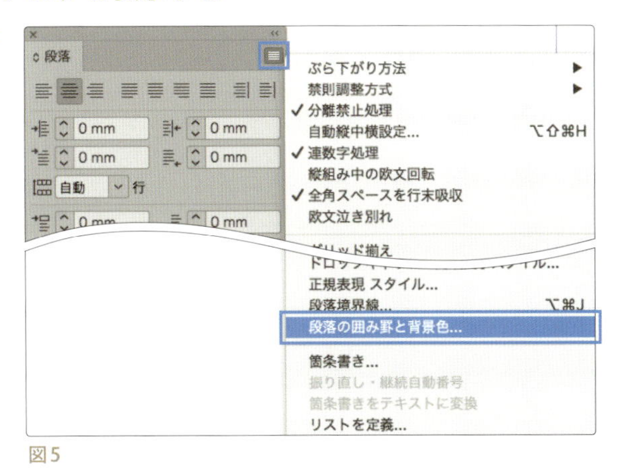

図5

❹ 段落の背景色を設定する

[段落の囲み罫と背景色] ダイアログが表示されたら、[背景色] にチェックを入れて、次のように設定し、[OK] をクリックします【 図6 】。

カラー：C=0 M=100 Y=0 K=0
濃淡 30%
角のサイズとシェイプ：1mm　丸み（外）
オフセット　上：1mm
オフセット　下：1mm
幅：列

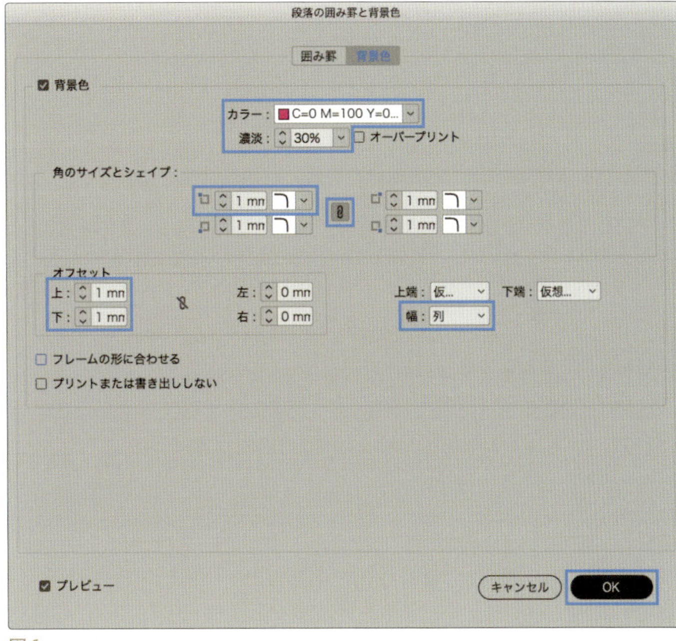

図6

ノンブルの背景に色がつきます【 図7 】。

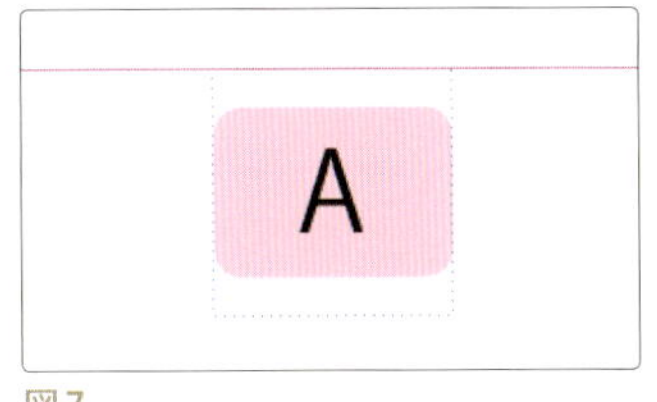

図7

【 point 】
[幅：テキスト] に設定した場合、背景はテキスト量に応じて変更します【 図8 】【 図9 】。

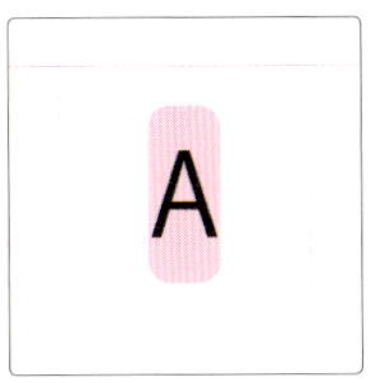

図9　幅：テキストを選択

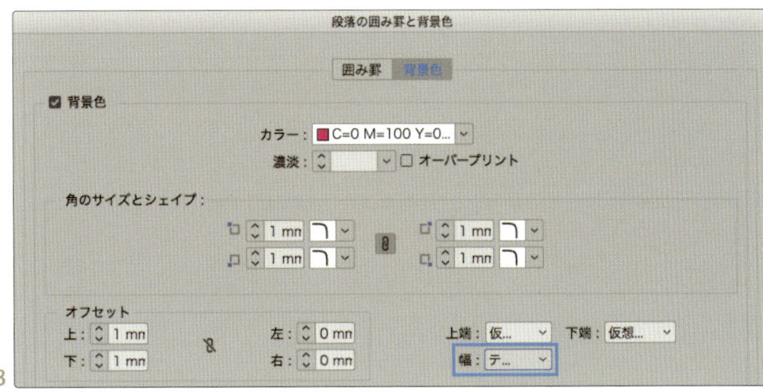

図8

⑤ 背景の色をスポイトでコピーする

右ページのノンブルのテキストフレーム内をクリックします【図10】。

［スポイト］ツール【図11】で左ページのノンブルの背景をクリックします【図12】。

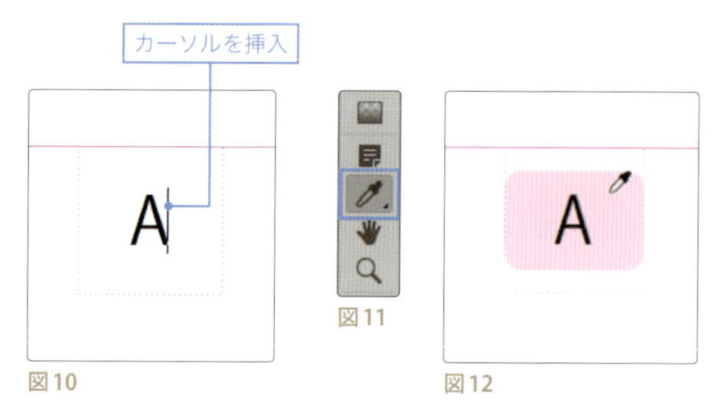

図10　図11　図12

右ページのノンブルの背景に色がつきます【図13】。

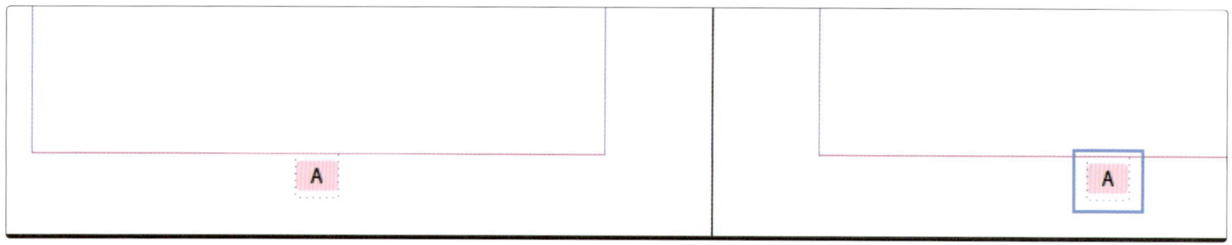

図13

3-2_マスターページに線を追加する

① 線パネルを表示する

［線］ツールの上をダブルクリックして、［線］パネルを表示します【図1】。

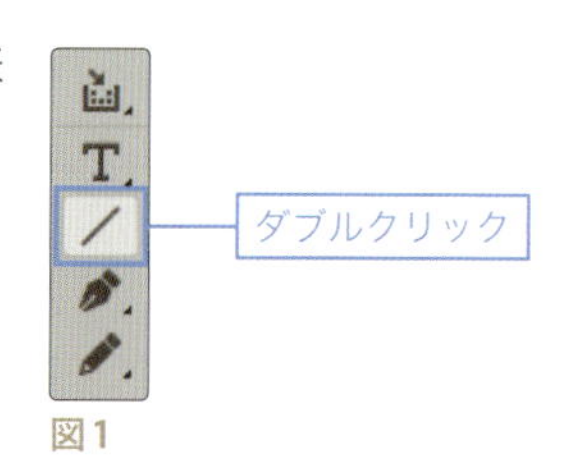

図1

② 線の設定をする

［線幅：］を「1mm」［線の位置：］を「線を外側に揃える」に設定します【図2】。
［カラー］パネルで「塗り」を「なし」、「線」に「C=0 M=100 Y=0 K=0」を設定します【図3】。

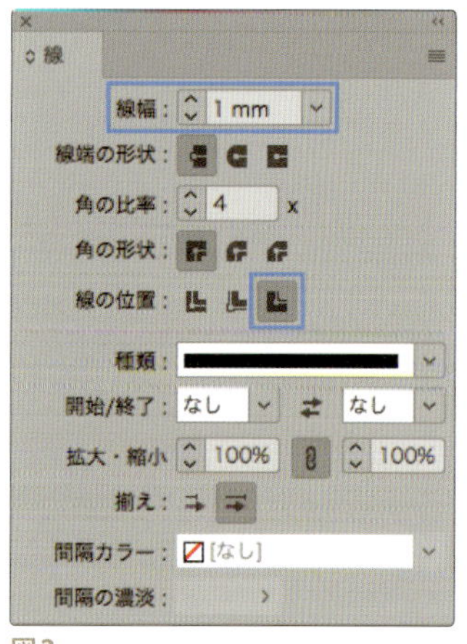

図2

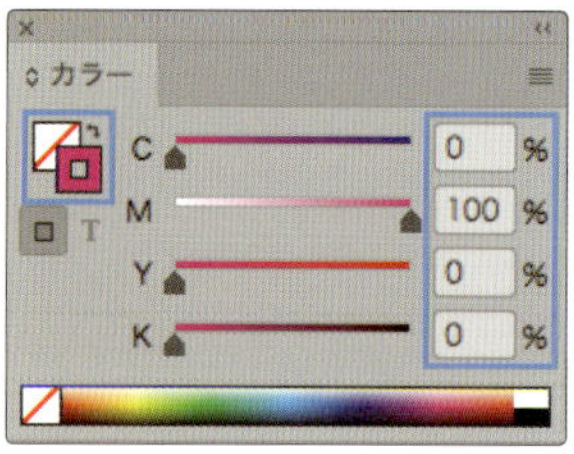

カラー
C 0 %
M 100 %
Y 0 %
K 0 %

図3

❸ 左ページに線を描く

[線] ツールで、「天」のマージンガイドに沿って [shift] キーを押しながら、左のマージンガイドから右のマージンガイドまで線を引きます【 図4 】。

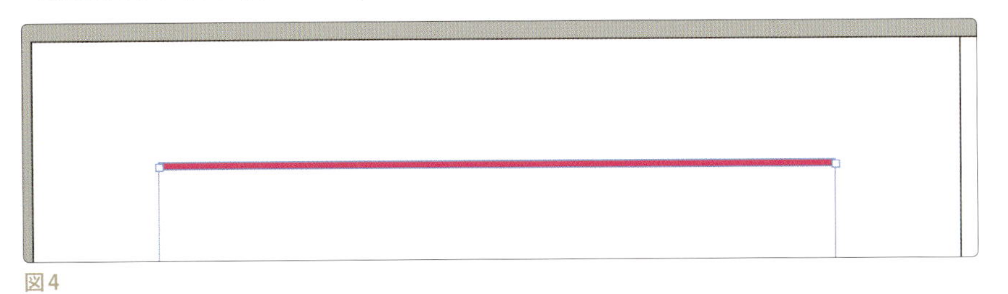
図4

❹ 線を移動する

線を選択した状態で [選択] ツールをダブルクリックし [移動] ダイアログを表示して、「垂直方向 :10mm」に設定し [OK] をクリックします【 図5 】【 図6 】。

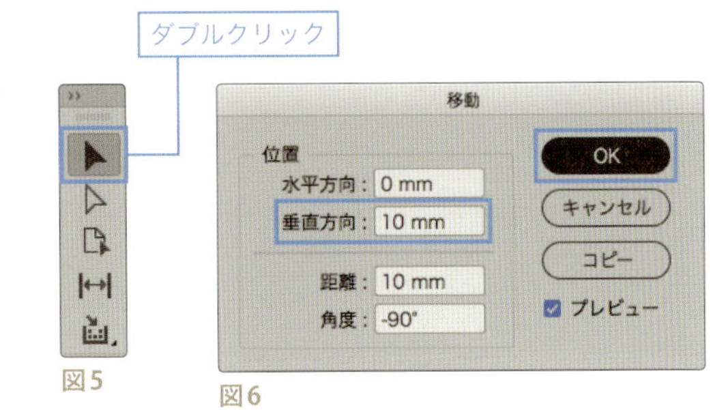

図5 図6

線が下へ10mm移動します【 図7 】。

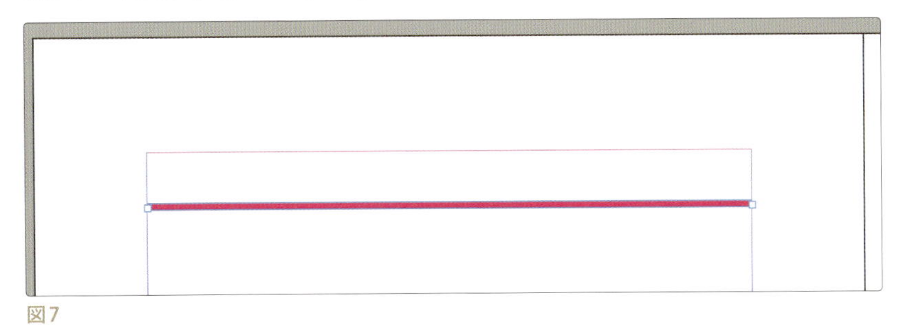
図7

❺ 線を右ページにコピーする

[選択] ツールで、線を選択して [option(Alt)] キー＋ [shift] キーを押しながら【 図8 】のように右ページにドラッグコピーします。

これで「A- マスター」が完成しました。

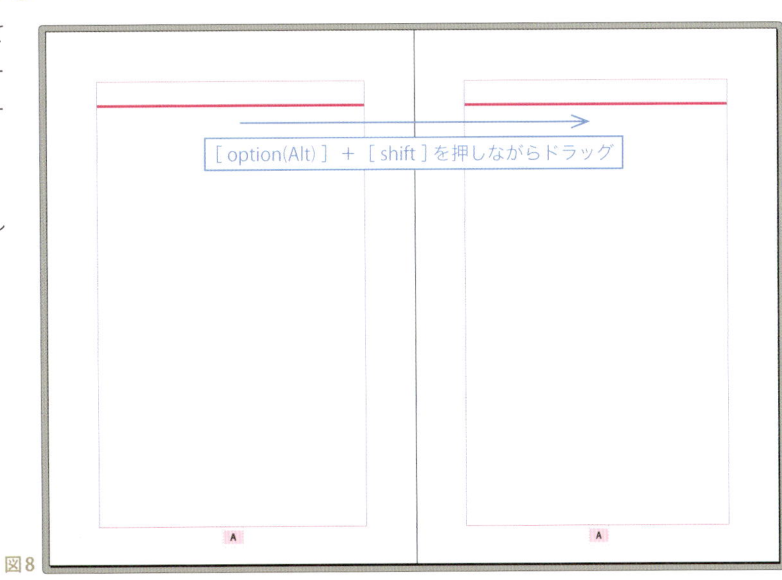

図8

3-3_表紙ページにマスターページ「なし」を適用する

［ページ］パネルのドキュメントアイコンを見ると、上部には全て「A」と表示されています。
デフォルトでは、全てのドキュメントに「A-マスター」が設定されていることを表しています。
表紙ページにはノンブルや罫線の表示は不要なので、マスターページの適用をなしにします。

❶ ドキュメントページを表示する

［ページ］パネルの「1」をダブルクリックしてドキュメント1ページを表示します【図1】。
1ページはデフォルトで、マスターページ「A-マスター」が適用されていますが、ドキュメントの背面にあるため、ここではグラデーションの長方形の下に隠れていて見えません。

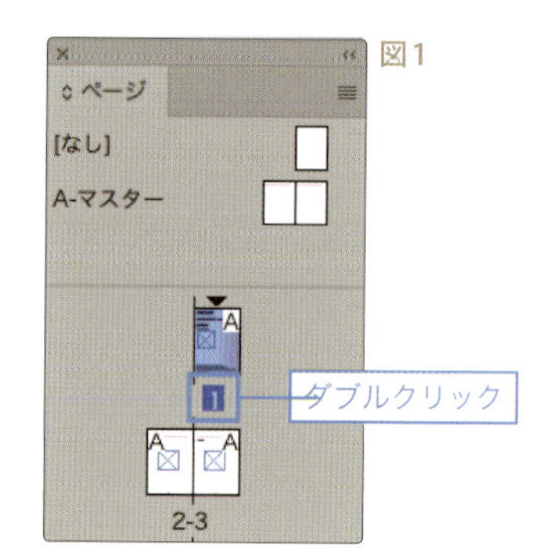

図1

［オブジェクト ▶ スプレッド上のすべてをロック解除］でロックをはずします【図2】。
背景をドラッグすると、マスターページが適用されていることが確認できます【図3】。

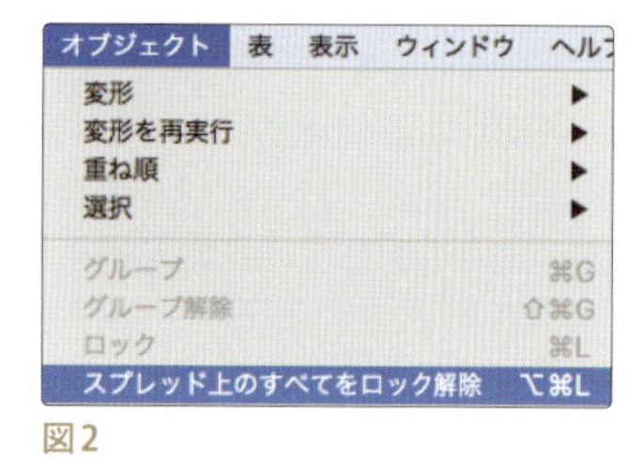

図2

図3

❷ マスターページ［なし］を適用する

マスターセクションの［なし］のアイコンを「1」ページのアイコンの上にドラッグします。
アイコン全体が黒い四角形で囲まれたら、マウスボタンを放します【図4】。

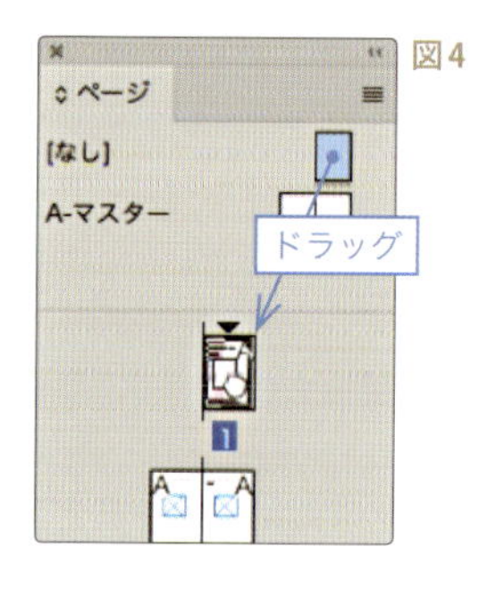

図4

【point】 例えば、［なし］以外のマスターページを適用する場合も同じように、マスターページアイコンを目的のページのアイコンの上にドラッグします。

❸ ドキュメントページで確認する

ドキュメント1ページは、「A-マスター」適用からマスター［なし］になったので、背景の下にあったノンブルや罫線がなくなっています【図5】。

図5

確認ができたら長方形を元の位置に戻して、長方形の上で右クリックして表示されるメニューから［ロック］を選択します【図6】。

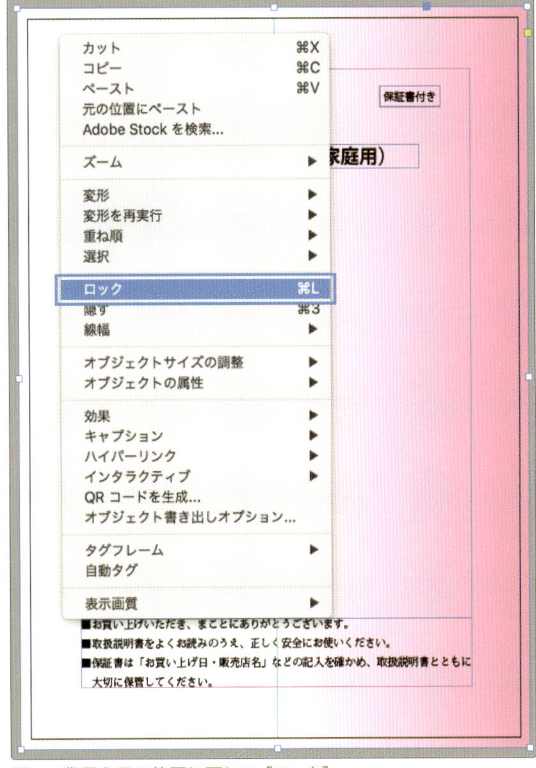

図6　背景を元の位置に戻して［ロック］

STEP 4

見出しと本文のスタイルを同時に適用しよう

第三章では、既存のテキストの書式を基に段落スタイルを作成しました。
ここでは、新規に段落スタイルを作成します。
さらに、見出しの段落スタイルの「次のスタイル」に本文スタイルを設定して、
見出しと本文のスタイルを同時に適用します。

4-1_大見出しと本文の段落スタイルを作成する

新規で段落スタイルを作成します。
ドキュメント上のテキストフレームや [段落スタイル] パネルのスタイルなど、何も選んでいない状態にします。

❶ [段落スタイル] パネルを表示する

[書式 ▶ 段落スタイル] で [段落スタイル] パネルを表示します【 図1 】。

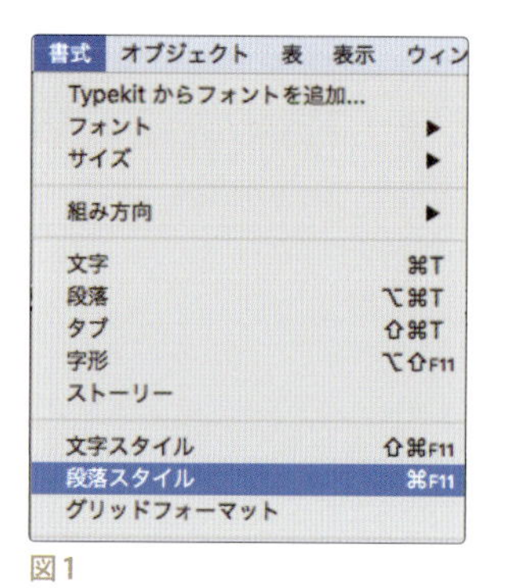

図1

❷ [新規段落スタイル] ダイアログを表示する

[段落スタイル] パネルから [新規段落スタイル ...] を選択します【 図2 】。

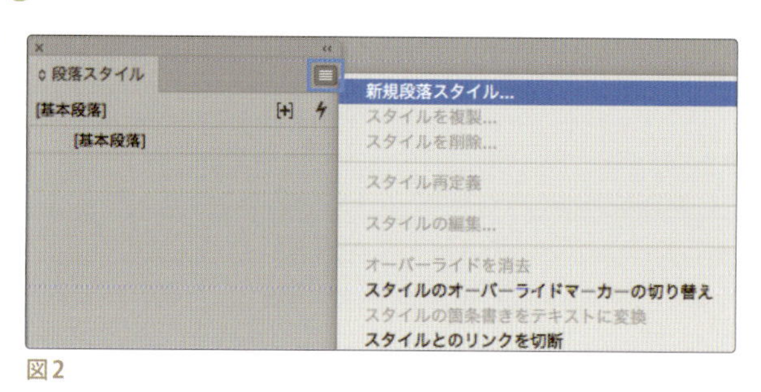

図2

❸「大見出し」のスタイルを作成する

[新規段落スタイル] ダイアログを開いたら次のように設定して [OK] をクリックします【 図3 】【 図4 】。

[一般] (ダイアログ左のメニュー)
　スタイル名：大見出し
　基準：段落スタイルなし
　次のスタイル：同一スタイル

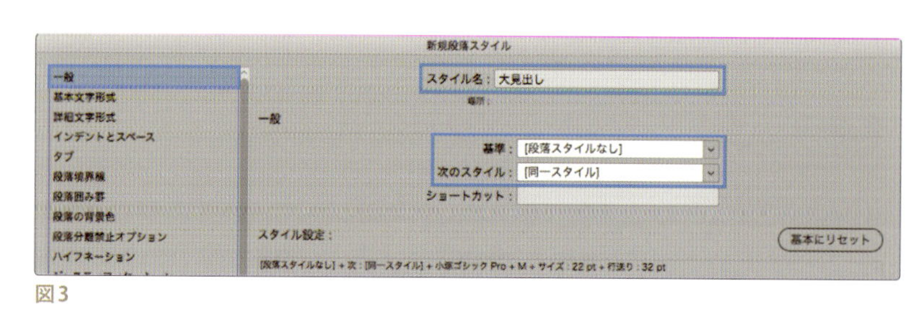

図3

[基本文字形式]

フォント：小塚ゴシック Pro M

サイズ：22pt

行送り：32pt

【 point 】

スタイルを適用したテキストにカーソルを挿入した状態で [新規段落スタイル ...] を選択すると、[新規段落スタイル] ダイアログの「基準：」にスタイル名が表示されます。

今回のように別のスタイルを基準にしない場合は、何も表示されない状態にします。

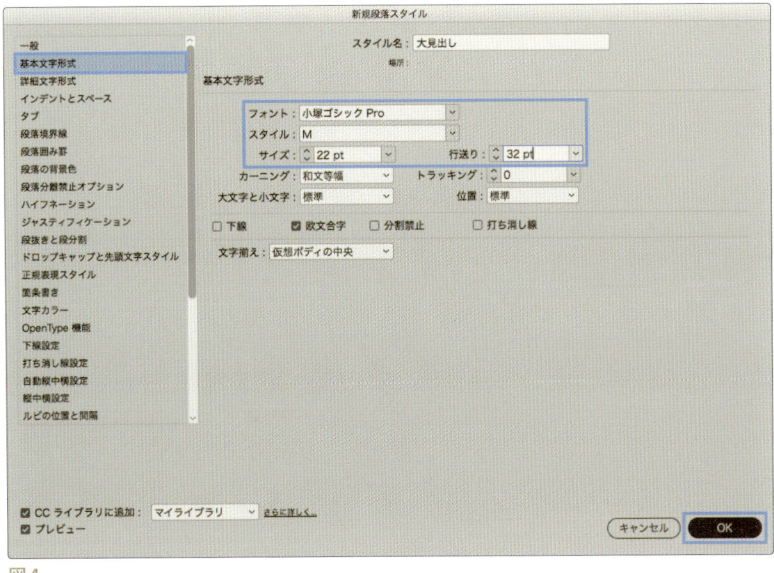

図4

❹「本文」のスタイルを作成する

同様の手順で [新規段落スタイル] ダイアログを開いて、次のように設定して [OK] をクリックします【 図5 】【 図6 】。

[一般]

スタイル名：本文

基準：段落スタイルなし

次のスタイル：同一スタイル

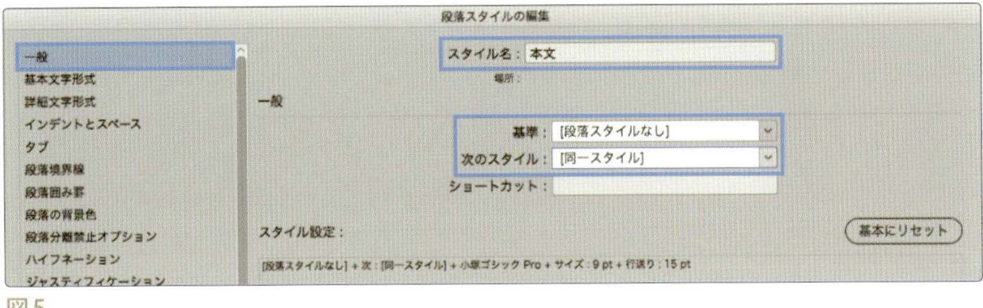

図5

[基本文字形式]

フォント：小塚ゴシック Pro R

サイズ：9pt

行送り：15pt

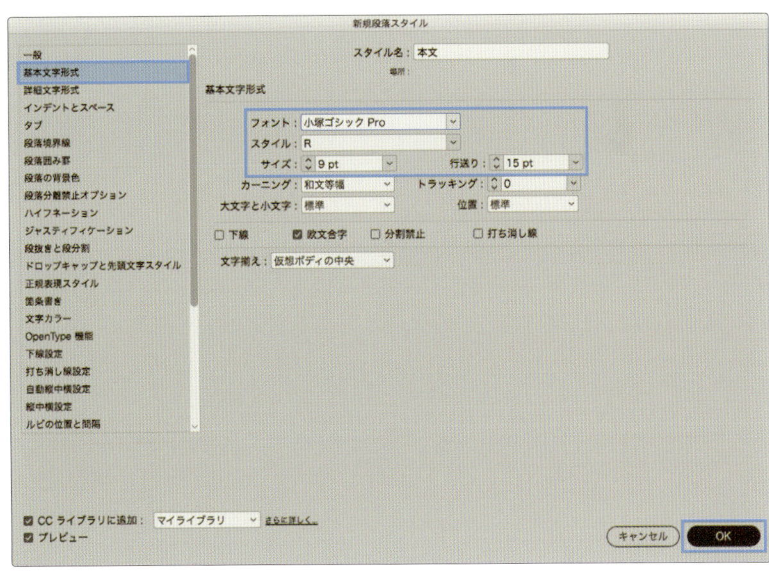

図6

4-2_見出しの段落スタイルに「次のスタイル」を設定する

段落スタイルに「次のスタイル」を設定しておくと、複数の段落に一気に別々のスタイルを適用することができます。ここでは、「見出し」スタイルに、次のスタイルとして「本文」スタイルを設定します。

❶「見出し」のスタイルに「次のスタイル」を設定する

先ほどと同様の手順で [新規段落スタイル] ダイアログを開いて、次のように設定します。

次のスタイルはダイアログのリスト [一般] で設定します【 図1 】。

[一般]
　スタイル名：見出し
　基準：段落スタイルなし
　次のスタイル：本文

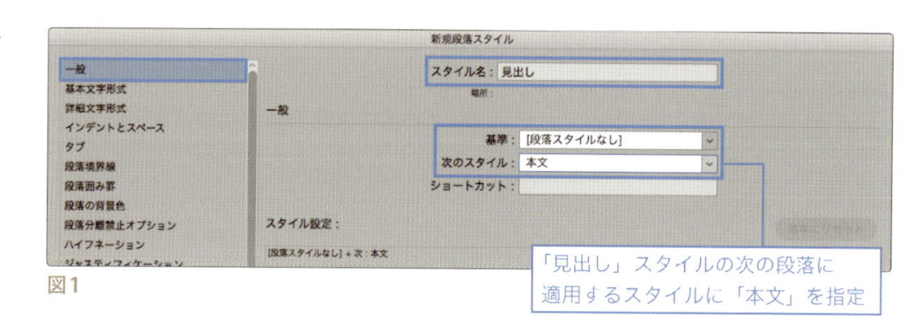

図1

[基本文字形式]【 図2 】
　フォント：小塚ゴシック Pro M
　サイズ：12pt
　行送り：16pt

設定が終わったら [OK] をクリックします。

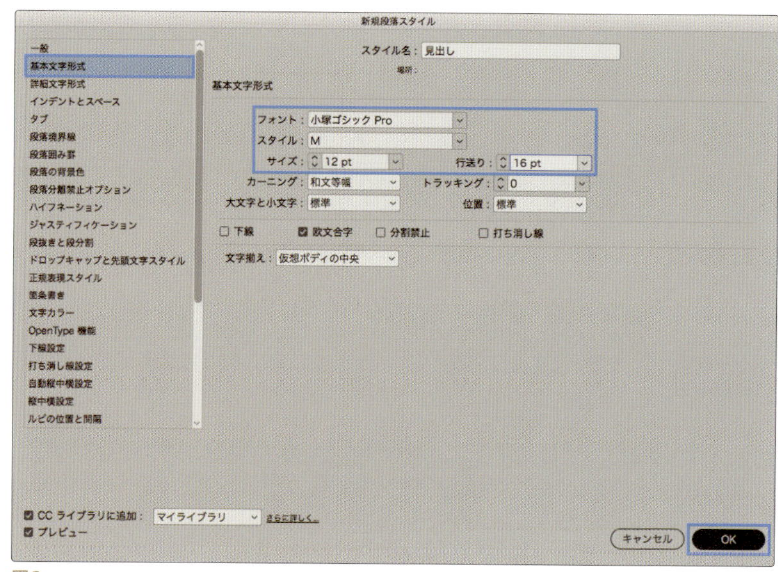

図2

❷ [段落スタイル] パネルを確認する

現在、[段落スタイル] パネルには「大見出し」「見出し」「本文」の3つのスタイルが登録されています【 図3 】。

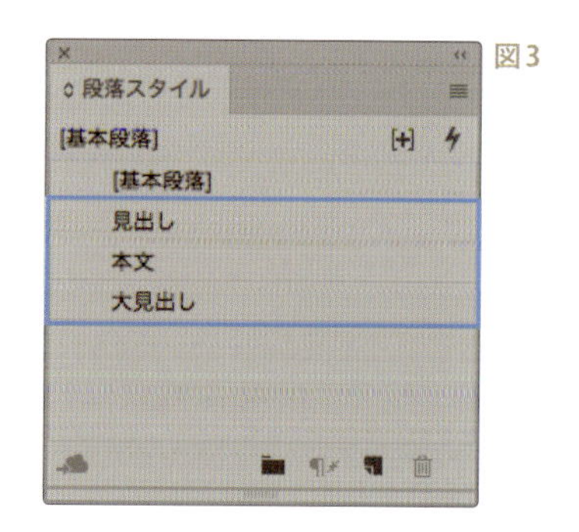

図3

4-3_段落スタイルを適用する

段落スタイルに登録した「大見出し」のスタイルを、各ページのテキストに適用します。

❶「大見出し」のスタイルを適用する

ドキュメント「2」ページを表示して、[横組み文字] ツールで「各部のなまえ」のテキスト内をクリックしてカーソルを挿入します【 図1 】。
[段落スタイル] パネルの「大見出し」をクリックします【 図2 】。

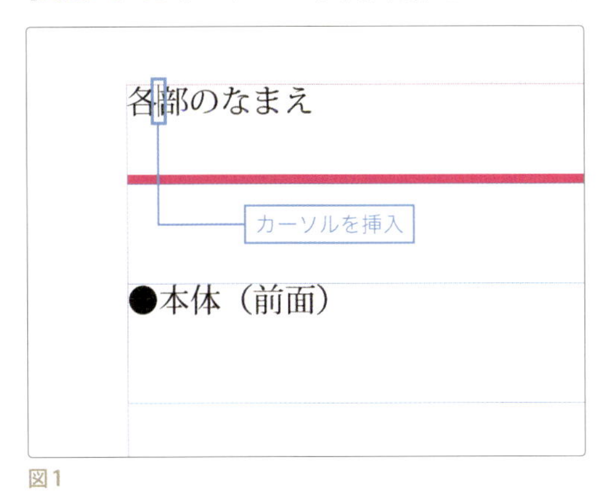

図1

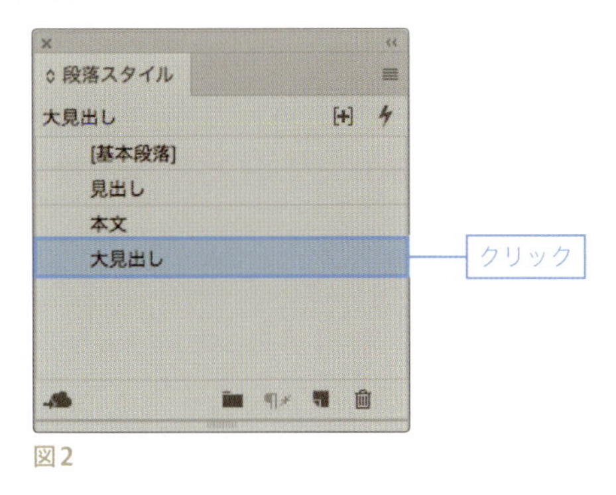

図2

「大見出し」のスタイルが適用されます【 図3 】。

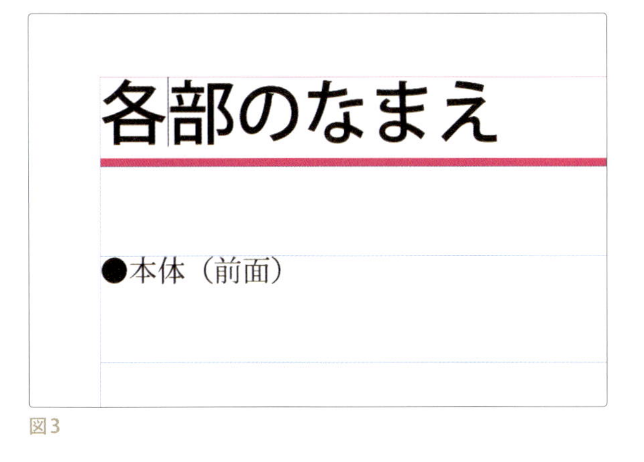

図3

同様の手順で以下のページにも「大見出し」のスタイルを適用します【 図4 】【 図5 】【 図6 】。

4ページ「使い方の基本」
6ページ「故障かな？」
8ページ「保証とアフターサービス」

使いかたの基本
図4

故障かな？
図5

保証とアフターサービス
図6

❷「見出し」のスタイルを適用する

2ページの「●本体（前面）」のテキスト内をクリックして、カーソルを挿入し、[段落スタイル] パネルの「見出し」をクリックします【 図7 】【 図8 】。

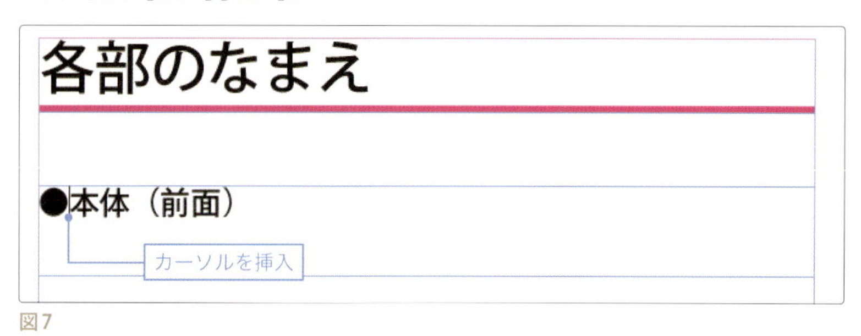

図7

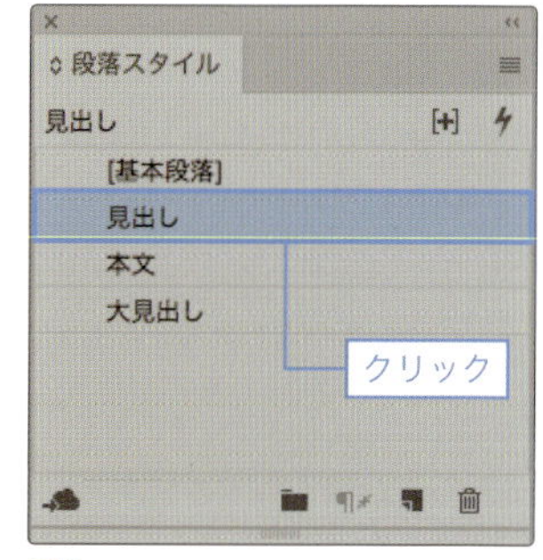

図8

同様の手順で、以下のページにも「見出し」を適用します【 図9 】【 図10 】【 図11 】。

3ページ「●本体（背面）」
8ページ「●各地域の修理ご相談窓口」

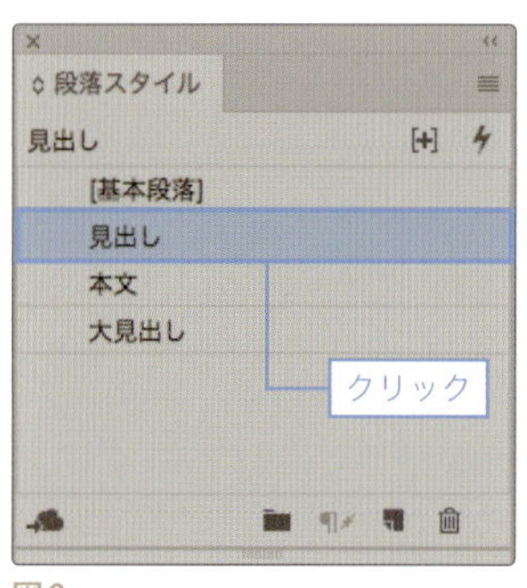

図9

図10

図11

❸「見出し」と「本文」のスタイルを同時に適用する

[ページ] パネルの「4」をダブルクリックしてドキュメント4ページを表示します。

「●洗髪した髪を・・・」から始まるテキストフレームの3行すべてを選択します【 図12 】。

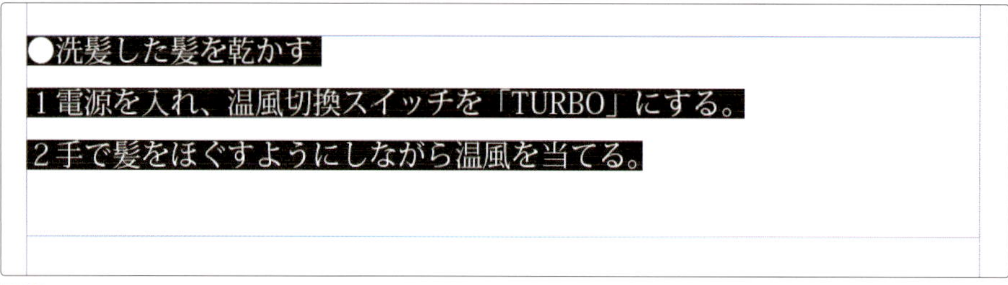

図12

［段落スタイル］パネルの「見出し」を右クリックしてコンテキストメニューを表示し、［"見出し"を適用して次のスタイルへ］を選択します【図13】。

「●洗髪した髪を･･･」から始まる最初の段落に「見出し」スタイルが適用され、次の段落には「本文」スタイルが適用されています【図14】。
「本文」スタイルには［次のスタイル］の設定をしていないので、最初の段落以外は「本文」スタイルになります。

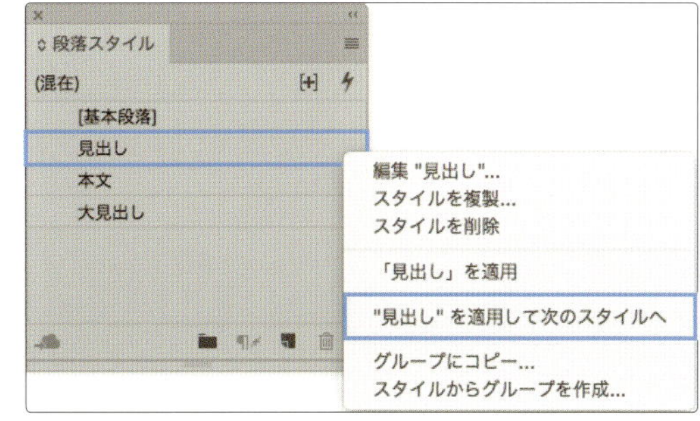

図13

●洗髪した髪を乾かす
1 電源を入れ、温風切換スイッチを「TURBO」にする。
2 手で髪をほぐすようにしながら温風を当てる。

図14

同様の手順で以下の見出しと本文の段落をドラッグで選択して［"見出し"を適用して次のスタイルへ］を適用します【図15】【図16】【図17】【図18】。

4ページ「●セットする・・・」
5ページ「●ビューティエアーを使う・・・」
6ページ「●こんな異常を感じたら・・・」

段落スタイル
(混在)
[基本段落]
見出し
本文
大見出し
編集 "見出し"...
スタイルを複製...
スタイルを削除
「見出し」を適用
"見出し" を適用して次のスタイルへ
グループにコピー...
スタイルからグループを作成...

図15

●セットする
1 髪が乾いているときは、あらかじめ水やミストで湿らせてから電源を入れ、温風切換スイッチを「SET」にする。
2 ロールブラシに毛たばたをとって好みの方向に巻きつけ軽く引っ張るようにして、温風を当てる。
3 最後に「COLD」の風をあててセットを固定する。

図16

●ビューティエアーを使う
1 髪をドライした後、Beauty airのボタンを押しながら髪から10cm離してシャワーします。
2 Beauty airのボタンのスイッチから手を放すとシャワーが止まりますので、髪にシャワーを浴び続けたい場合は、ボタンを押し続けてください。

図17

●こんな異常を感じたら
1 修理を依頼される前に、下記の項目をお調べください。
2 問題が解決しない場合は販売店へご相談ください。

図18

【memo】
「次のスタイル」はテキストの入力時にも適用されます。例えば、はじめに「見出し」スタイルを適用した段落を入力した後、［return(Enter)］キーを押すと、次の段落には「本文」スタイルが自動で適用されます。

段落スタイルを編集しよう

テキストをさらに読みやすくするために書式の内容を編集します。
ドキュメントの書式を段落スタイルで設定しておくと、
修正や変更があった場合、適用したスタイルの定義を変更するだけで、
既にスタイルが適用されている全てのテキストが更新されるのでとても効率的です。
STEP2で作成した「見出し」や「本文」の段落スタイルの定義を変更して、
そのスタイルが既に適用されているテキストを一気に新しいスタイルに変更します。

段落スタイルの設定を変更するには、次の2通りの方法があります。

（1）変更したいスタイルの［段落スタイルの編集］ダイアログを開いて、直接定義を変更する
（2）スタイルが適用されているテキストに変更を加えて、［段落スタイル］パネルでスタイルの再定義を行う

ここでは（1）の方法で「見出し」の段落スタイルを、（2）の方法で「本文」の段落スタイルを変更します。

5-1_見出しのスタイルに段落後のアキ設定を追加する

［ページ］パネルの「4」をダブルクリックして、ドキュメント4ページを表示します。
見出しの段落と本文の段落の間が狭くて読みづらくなっています【図1】。「見出し」の段落の後ろに少しアキを入れます。

●洗髪した髪を乾かす
1電源を入れ、温風切換スイッチを「TURBO」にする。
2手で髪をほぐすようにしながら温風を当てる。

図1

❶ 見出しの段落スタイルを表示する

［段落スタイル］パネルの「見出し」をダブルクリックして、［段落スタイルの編集］ダイアログを開きます【図2】。

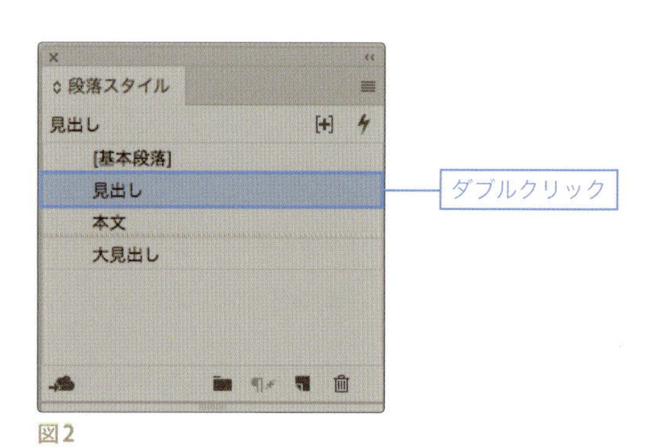

図2

❷ 段落後のアキを設定する

［段落スタイルの編集］ダイアログが表示されたら、左リストから［インデントとスペース］を選択して、「段落後のアキ：2mm」を設定し［OK］をクリックします【図3】。

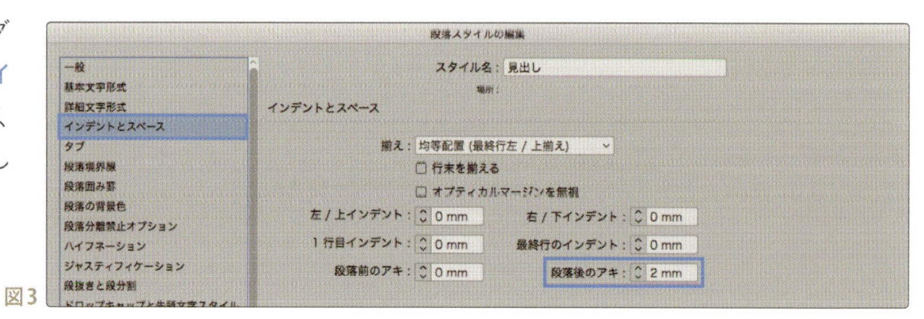

図3

「見出し」スタイルを適用したすべての段落にアキが反映されます【図4】。

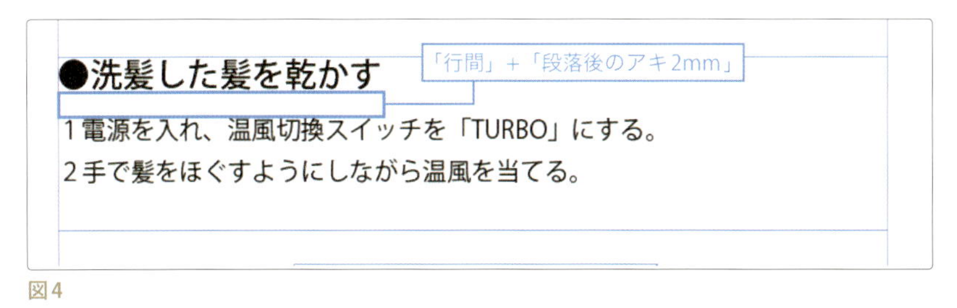

図4

5-2_本文に突き出しインデントを設定する

テキストを見やすくするため本文に「インデント」を設定します。
インデントとは、テキストをフレームの端から内側へ向かって移動させる段落設定で、字下げともいいます。
インデントは、段落単位で設定されます。
ここでは本文の1行目を他の行より1文字分外側に配置する、突き出しインデントを設定します。

1 左インデントを設定する

[横組み文字]ツール【図1】で、4ページの「1髪が乾いているときは・・・」のテキスト内をクリックして、カーソルを挿入します【図2】。

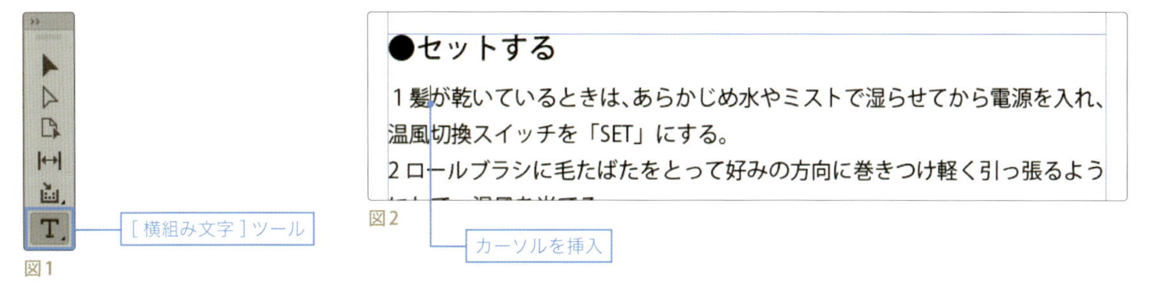

図1

図2

[段落]パネルの[左/上インデント]に「8mm」と入力します【図3】。本文の行頭がテキストフレームから8mm右へ移動した位置から配置されます【図4】。

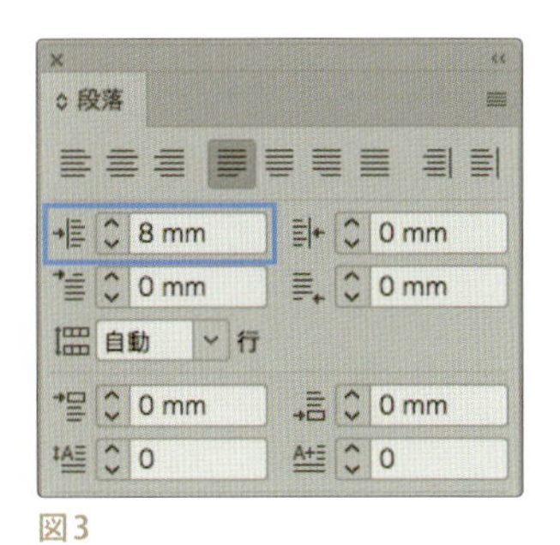

図3

●セットする
1髪が乾いているときは、あらかじめ水やミスト
を入れ、温風切換スイッチを「SET」にする。
2ロールブラシに毛たばたをとって好みの方向に巻きつ
にして、温風を当てる。
3最後に「COLD」の風をあててセットを固定する。
左インデント8mm

図4

❷ 1行目を突き出しインデントにする

続けて［1行目左/上インデント］に「－9pt」と入れます【図5】。
1行目の文字だけが9pt（1文字分）左に移動し突き出しインデントが設定できます【図6】。
先頭行を突き出しにする場合は、マイナスの値を入れます。

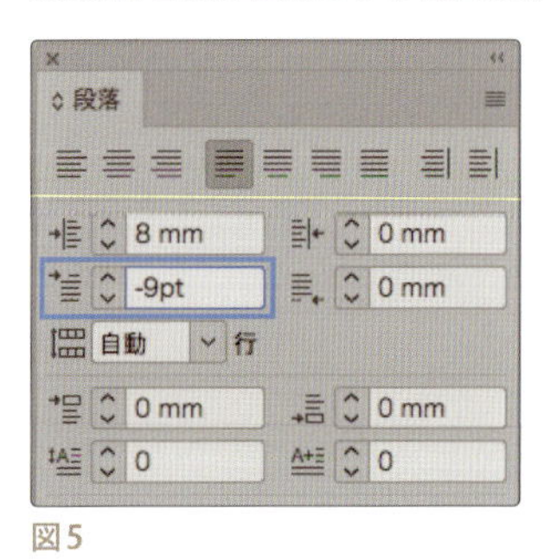

図5

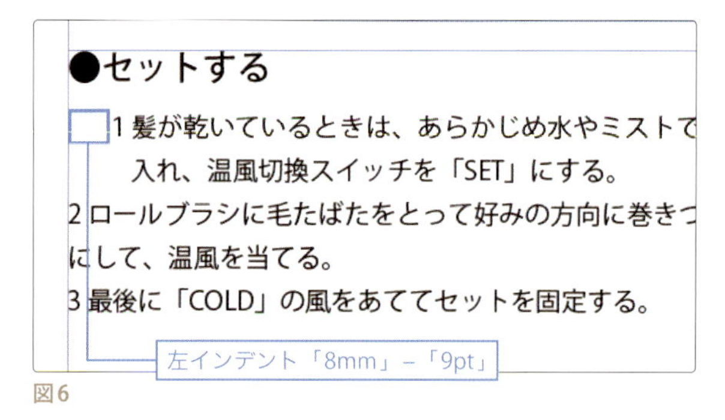

図6

❸ 本文に段落後のアキを設定する

さらに、カーソルを挿入したまま［段落］パネルの［段落後のアキ］に「2mm」と入力します【図7】。
次の段落との間に2mmのアキが設定され読みやすくなりました【図8】。

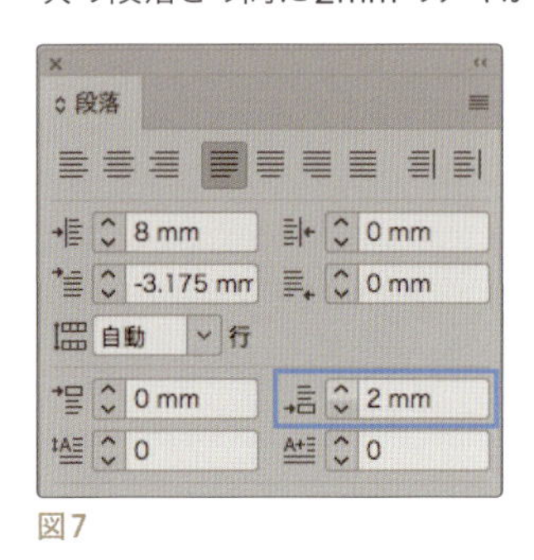

図7

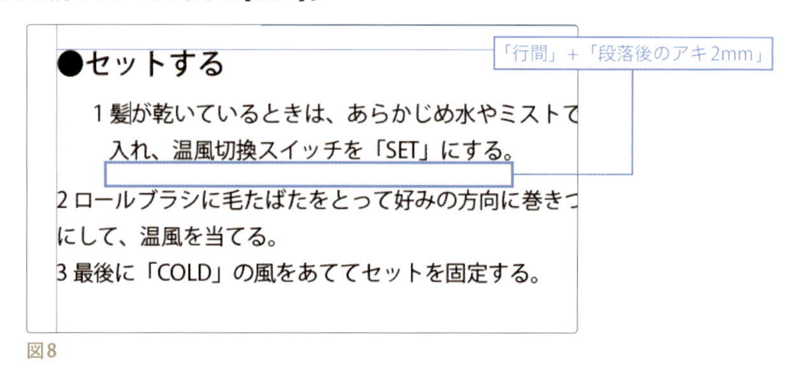

図8

5-3_本文のスタイルを再定義する

スタイルを適用している段落に後から変更を加え、それを新しいスタイルとして更新する場合、スタイルの再定義を実行します。
4ページの「1髪が乾いて･･･」の段落は「本文」スタイルを適用した後、変更を加えました。
この内容をそのまま「本文」のスタイルとして再定義します。これにより本文 が適用されたすべてのテキストの書式が一気に更新されます。

❶ オーバーライドを確認する

4ページの「1髪が乾いているときは･･･」のテキスト内にカーソルを挿入して［段落スタイル］パネルを確認します。
「本文」の後ろに「＋」が表示されています【図1】。
この状態をオーバーライドといって、テキストに「本文」スタイル以外の書式設定があることを表しています。
今回のケースでは、テキストに「本文」スタイルを適用した後で、「インデントの設定」と「段落後のアキ」を設定したためです。

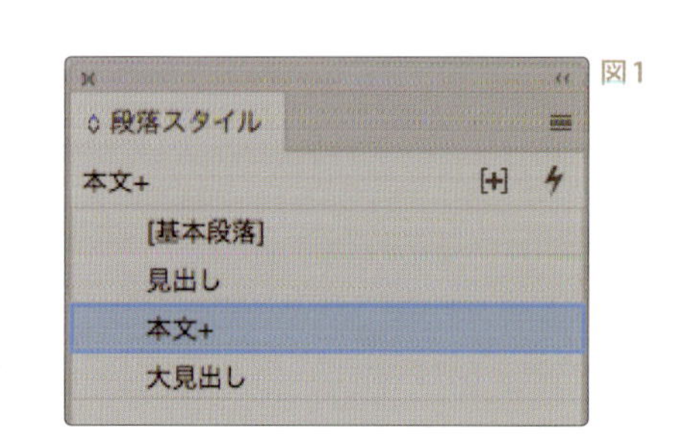

図1

❷ スタイル再定義を実行する

「1髪が乾いているときは・・・」のテキスト内にカーソルを挿入した状態で［段落スタイル］パネルメニューから［スタイル再定義］を選択します【図2】。

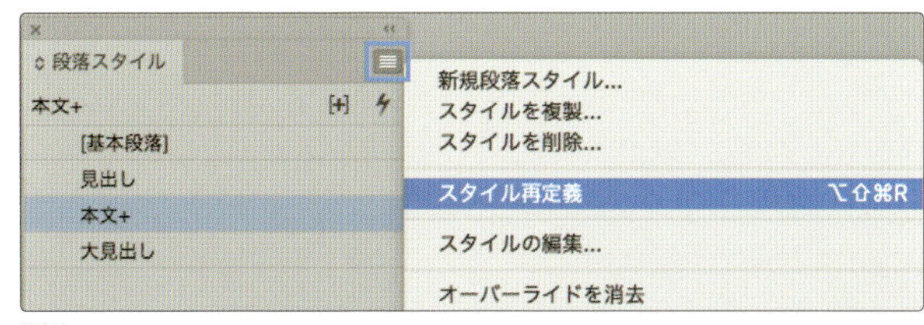

図2

段落スタイル「本文」の内容が更新され、「本文」スタイルを適用したすべての段落の書式が更新されます【図3】。

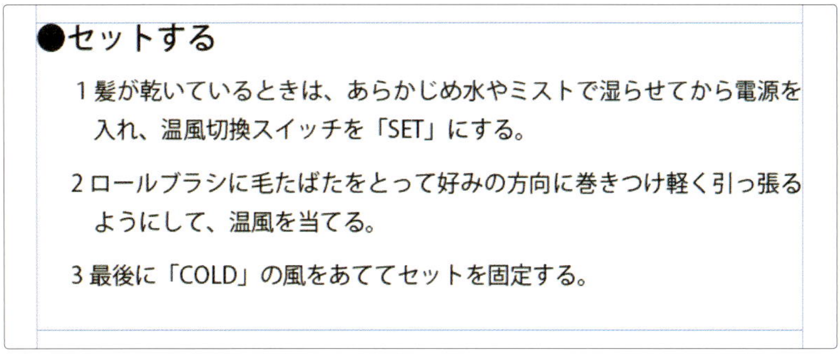

●セットする

1 髪が乾いているときは、あらかじめ水やミストで湿らせてから電源を入れ、温風切換スイッチを「SET」にする。

2 ロールブラシに毛たばたをとって好みの方向に巻きつけ軽く引っ張るようにして、温風を当てる。

3 最後に「COLD」の風をあててセットを固定する。

図3

［段落スタイル］パネル「本文」のオーバーライドを表す「+」が消えています【図4】。

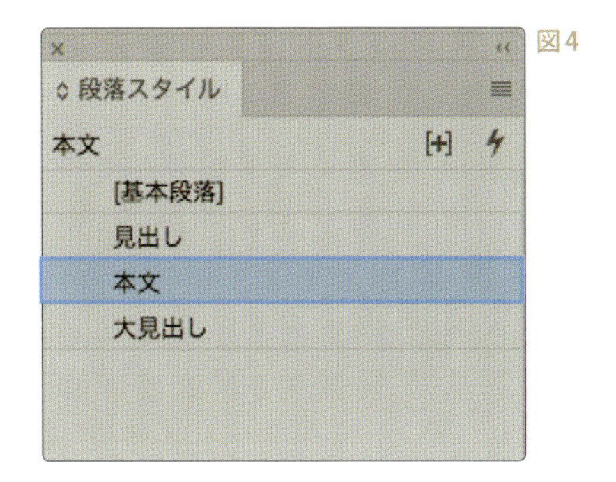

図4

❸ スタイルの編集内容を確認する

［段落スタイル］パネルの「本文」をダブルクリックして、［段落スタイルの編集］ダイアログを開き、［インデントとスペース］を確認してみましょう。

［左/上インデント］［1行目インデント］の設定が追加されています【図5】。

確認が終わったら、［キャンセル］をクリックして［段落スタイルの編集］ダイアログを閉じます。

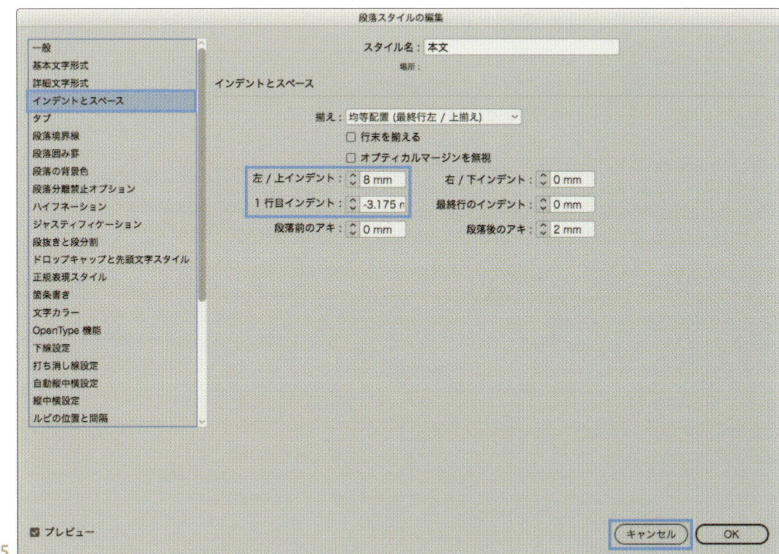

図5

アンカー付きオブジェクトを配置しよう

アンカー付きオブジェクトとは、
特定のテキストに関連付けられた、
つまりアンカーで固定された「画像」や「テキストボックス」を指します。
テキストが移動すると、アンカーで固定されたオブジェクトも一緒に移動します。
特にオブジェクトをテキストのベースラインに揃えて配置することを、
インライングラフィックといいます。

ここでは、ビューティエアースイッチのマーク（オブジェクト）を、2通りの方法で、本文に挿入します。

（1）オブジェクトをコピー&ペーストでテキスト内に挿入する
（2）オブジェクトをドラッグ&ドロップでテキスト内に挿入する

6-1_コピー&ペーストでオブジェクトを配置する

オブジェクト（ビューティエアースイッチのマーク）をコピーして、テキスト内にインライングラフィックとして配置します。
ここでは、行中に美しく配置するため、オブジェクトのサイズを文字のサイズと同じにしています。

❶ オブジェクトを配置する

［ページ］パネルから「5」ページを表示して、［ファイル ▶ 配置…］をクリックします【図1】。

［配置］ダイアログが表示されたら「chapter5 > parts」フォルダの「switch.ai」を選択して、［開く］をクリックし、テキストフレームの外に配置します【図2】【図3】。

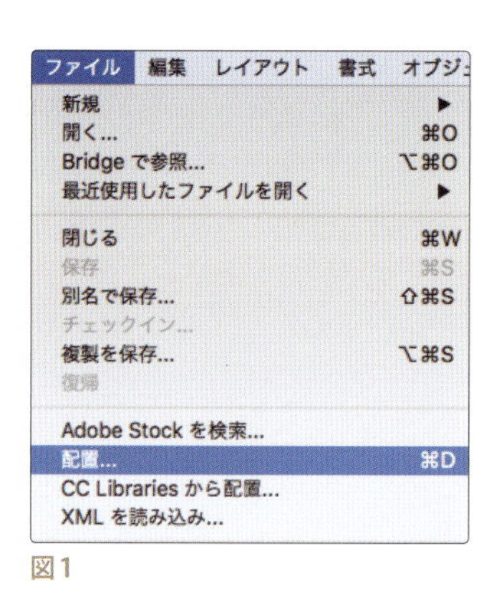

図1

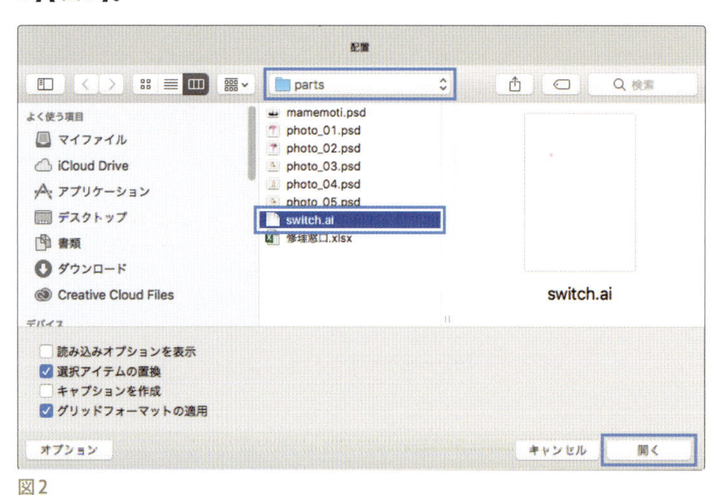

図2

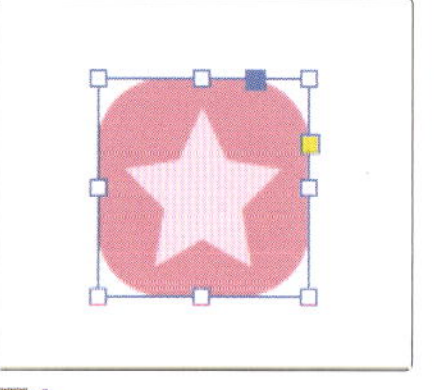
図3

❷ オブジェクトをコピーする

配置した画像を選択した状態のまま［編集 ▶ コピー］を選択します【図4】。

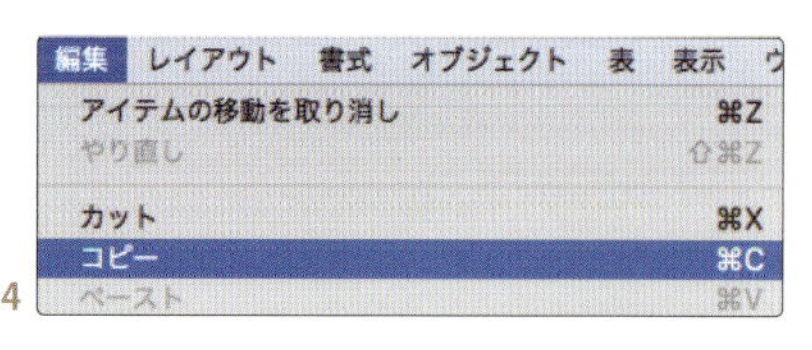

図4

③ オブジェクトを挿入する位置を決定する

[横組み文字] ツールで、「Beauty airのボタン」の後ろをクリックし、カーソルを挿入します【 図5 】。

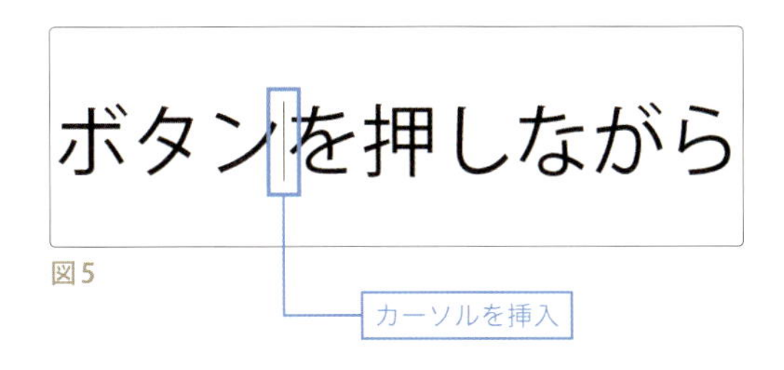

図5

④ オブジェクトをペーストする

[編集 ▶ ペースト] を選択して、オブジェクトをテキスト内に配置します【 図6 】。

図6

【 point 】

オブジェクトが意図しない領域で配置される場合、配置をするときに「読み込みオプションを表示」にチェックを入れます【 図7 】。

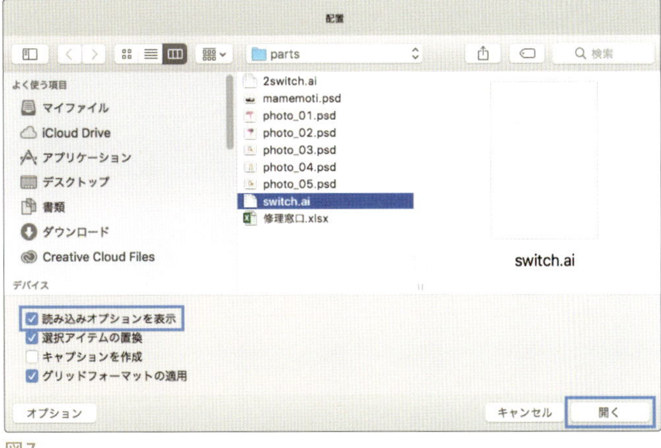

図7

[オプション]を「トリミング：境界線ボックス」に設定します【 図8 】。

これでオブジェクトがある範囲のみが配置されます。

「読み込みオプション」は、Illustratorファイルや PDFファイルのどの領域を配置するかを指定します。

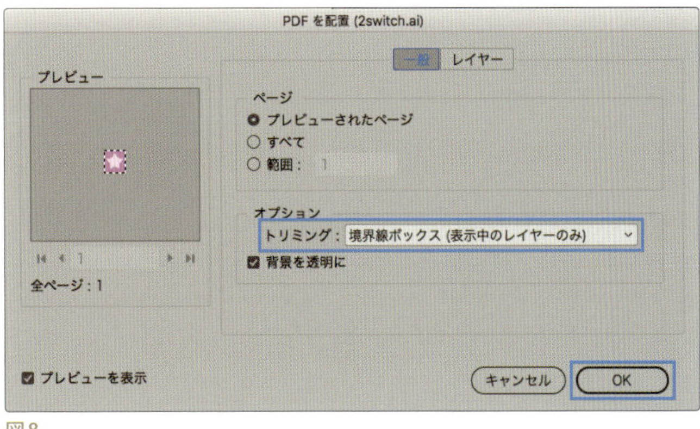

図8

第五章 取り扱い説明書を作成しよう①（横組み／ページ物）

6-2_ドラッグ&ドロップでオブジェクトを配置する

オブジェクトをテキスト内にドラッグ&ドロップで挿入して、アンカー付きオブジェクトを作成します。

❶ オブジェクトを選択する

[選択] ツールでペーストボード上に配置した「switch.ai」の画像フレームをクリックすると、フレームの右上に ■ のマークが表示されます【 図1 】。

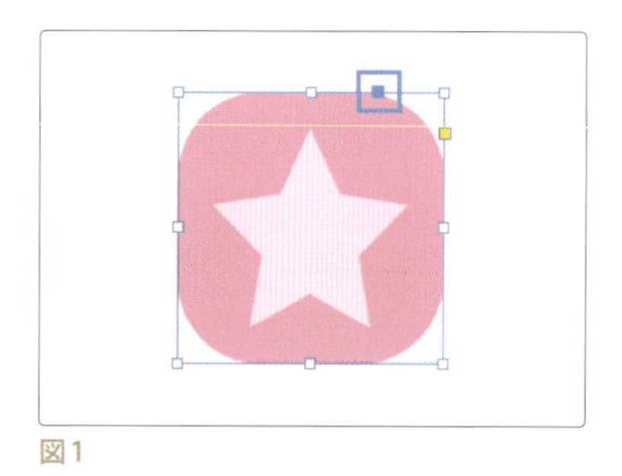

図1

❷ オブジェクトを挿入する

[選択] ツールで、[shift] キーを押しながら ■ マークを「2 Beauty airのボタン」の後ろにドラッグして、カーソルが表示されたら、マウス、キーボードの順で手を放します【 図2 】。

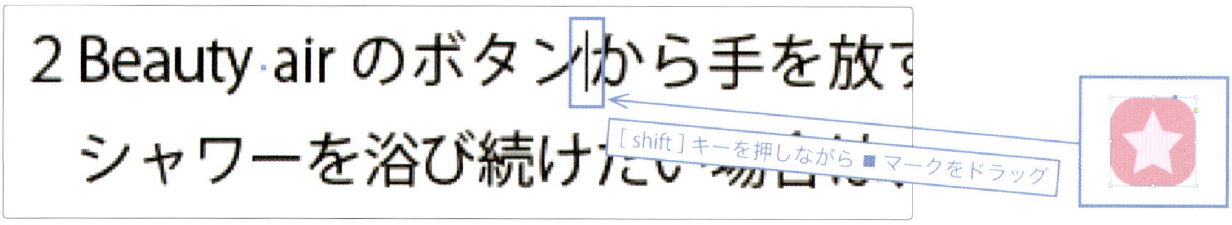

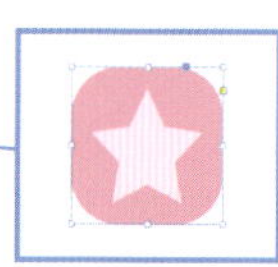

図2

オブジェクトがインライングラフィックとして、テキスト挿入点のベースラインに揃って配置されました【 図3 】。

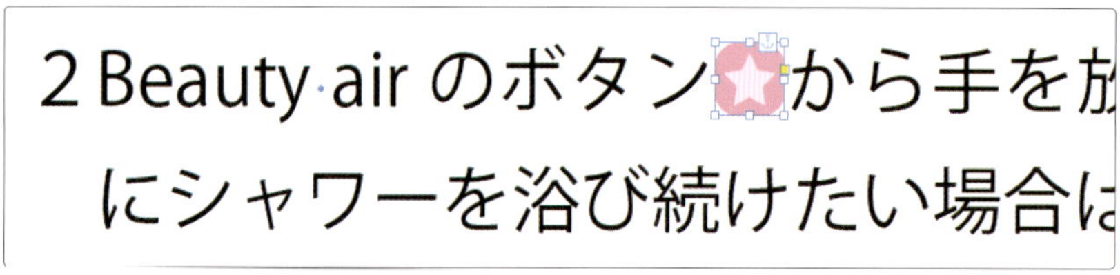

図3

❸ テキストを追加する

[横組み文字] ツールで、「2」の後ろに「シャワー中に」とテキストを入力します。
オブジェクトがテキストと一緒に右に移動します【 図4 】。

図4

6-3_アンカー付きオブジェクトを編集する

テキスト内に挿入したオブジェクトは、テキスト同様に扱われるので、ベースラインや前後の文字との字間設定もできます。
テキスト同様に [delete] キーで削除することもできます。
また通常のオブジェクトと同様にサイズを変更することもできます。

① 文字前後のアキ量を設定する

[横組み文字] ツールで「★」のオブジェクトをドラッグで選択します【 図1 】。

図1

[文字] パネルで、「文字前のアキ量」と「文字後のアキ量」に「八分」を選択します【 図2 】。

図2

オブジェクトと文字の間にアキが設定され見やすくなります【 図3 】。
もう1つの「★」にも同様の設定をしておきます。

図3

【 memo 】 「文字前のアキ量」と「文字後のアキ量」を設定したインライングラフィックを別の文字列にコピー＆ペーストした場合、テキスト同様に書式を引き継ぐので、同じように文字前後にアキを設定します。

【 文字の間隔に使われる文字サイズを基準にした単位 】

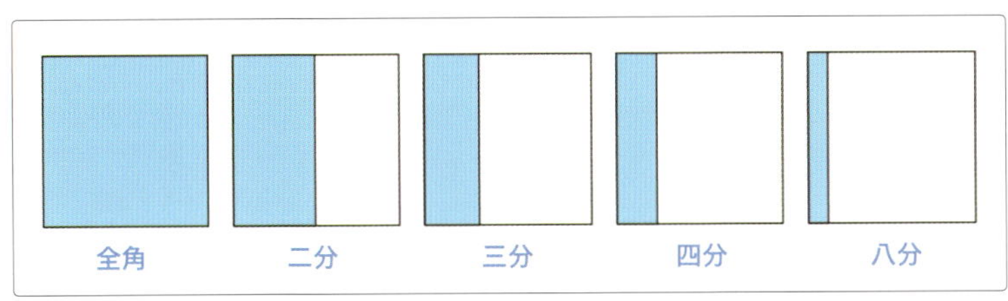

図5 「全角」が1文字分のサイズ

❷ ベースラインシフトを変更する

「★」のオブジェクトを選択したまま［文字］パネルで、ベースラインシフトに「0.5pt」と入力します【図5】【図6】。
オブジェクトのベースラインが周囲の文字のベースラインよりも上に移動します【図7】。
負の値を入力すると、下に移動します。

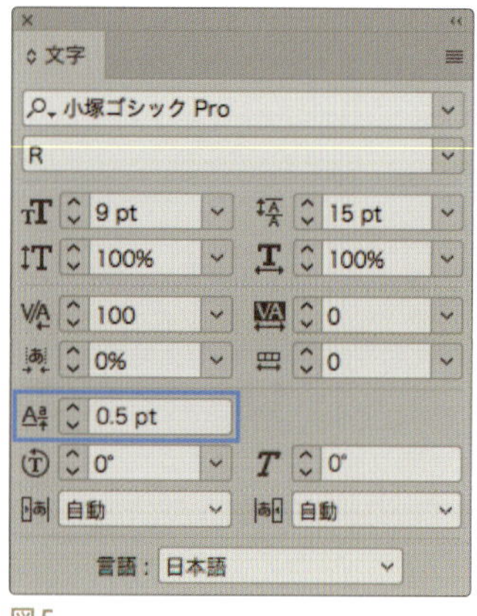

図5

図6

図7

【point】
文字サイズより大きいオブジェクトを行中に配置すると、行送りが変わってしまいます【図8】【図9】。

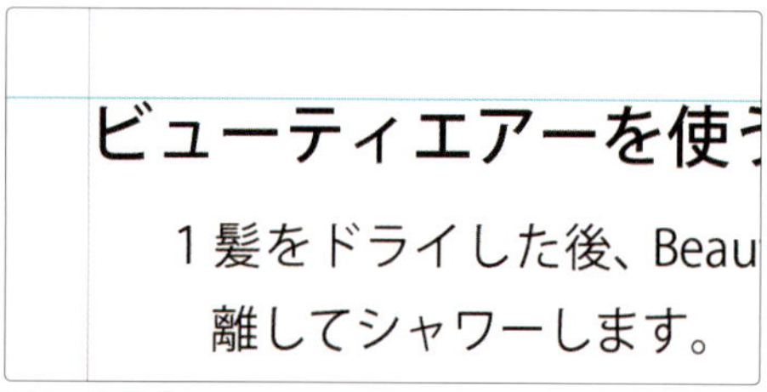

図8　配置前

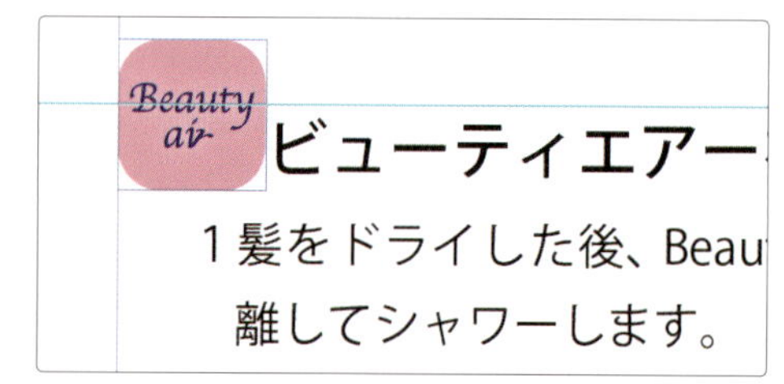

図9　配置後「ビューティエアー」の行が下がっている

その場合、オブジェクトのサイズを文字サイズに変更する、またはオブジェクトを高さ分（ドラッグで下いっぱいまで）移動させ【図10】、行送りが元に戻ったら、ベースラインシフトでオブジェクトの位置を調整します【図11】。

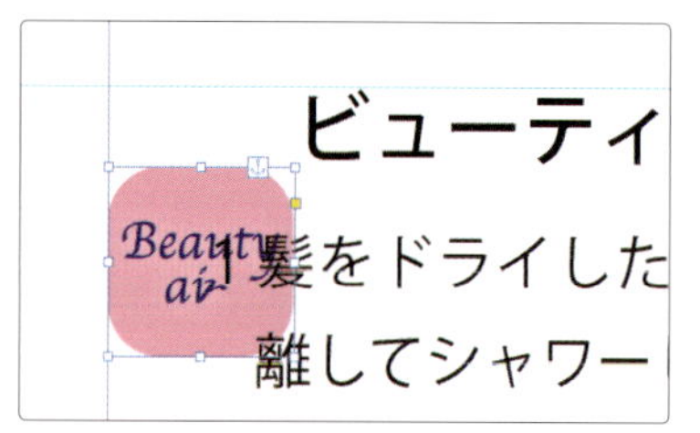

図10　オブジェクトをドラッグで下に移動する

図11　ベースラインシフトでオブジェクトの位置を調整する

STEP UP 1

検索・置き換え機能で段落スタイルを素早く適用する

通常段落スタイルの適用は、
文字列を選択して［段落スタイル］パネルから目的のスタイルをクリック、
といった手作業で行いますが、
［検索と置換］機能を使うと段落スタイルを素早く適用することができます。

1_検索用の記号を付ける

段落スタイルを適用する文字列の先頭に、検索用の記号をつけておきます。

❶ 文字列に検索用の記号を付ける

見出しのスタイルを適用する文字列の先頭に「●」を付けておきます【図1】。

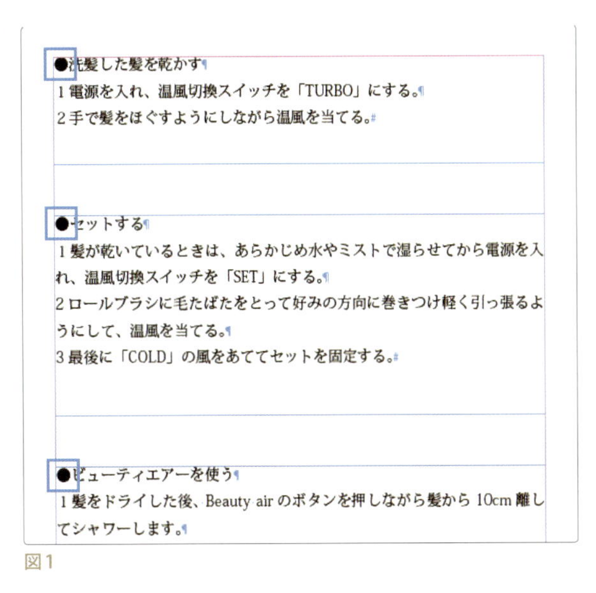

図1

2_段落スタイルを作成する

適用する段落スタイルを作成します。ここでは、「見出し」の段落スタイルを作成します。

❶ 段落スタイルの作成

［新規段落スタイル］ダイアログで、次のような段落スタイルを作成します【図1】【図2】。

［一般］
スタイル名：見出し

［基本文字形式］
フォント：小塚ゴシック Pro B
サイズ：18pt

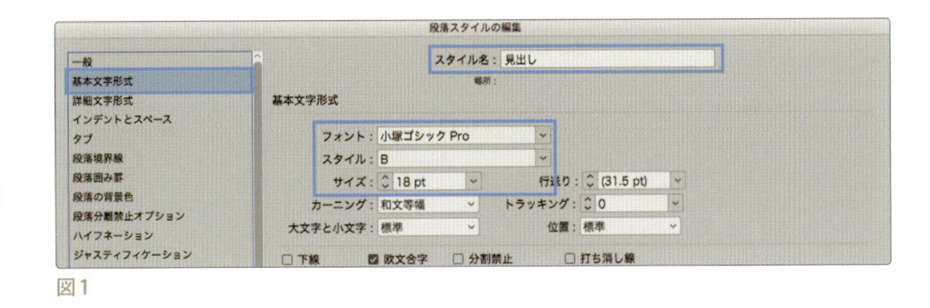

図1

[文字カラー]
文字カラー：
C=0 M=100 Y=0 K=0

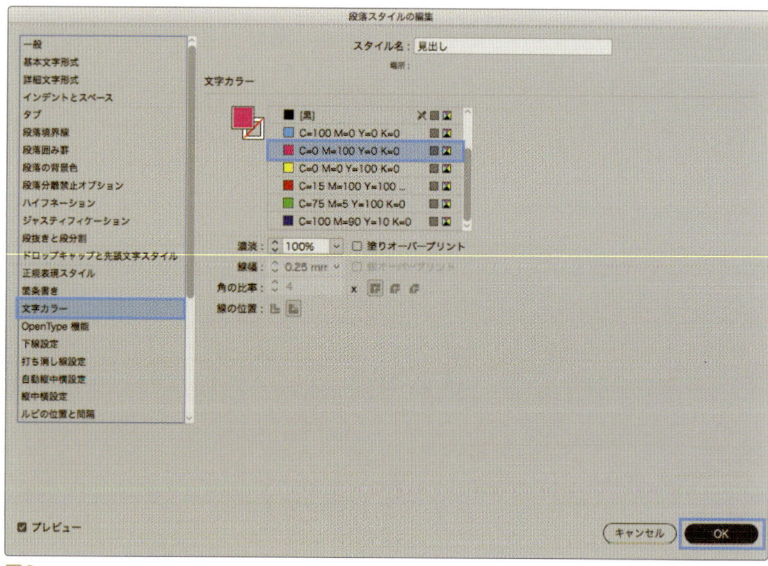

図2

3_段落スタイルを「検索と置換」で適用する

❶ [検索と置換] ダイアログを表示する

[編集 ▶ 検索と置換...] で [検索と置換] ダイアログを表示します【 図1 】。

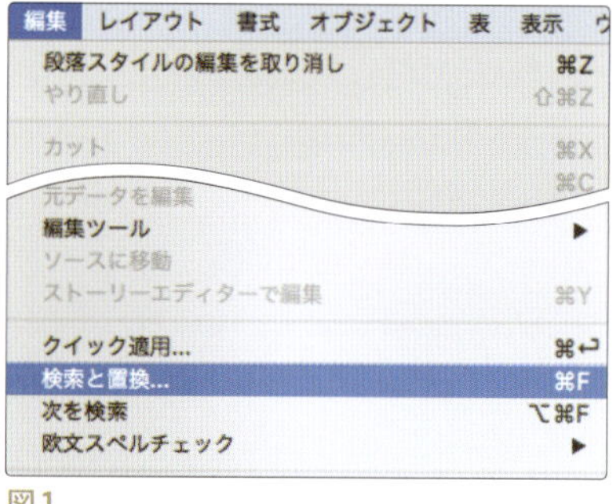

図1

❷ 検索文字列を設定する

[検索と置換] ダイアログが表示されたら、[テキスト] のタブをクリックして、[検索文字列:] に「●」を入力して、[検索 :] に「ドキュメント」を選択します【 図2 】。

[置換形式 :] の右の虫眼鏡のアイコンをクリックします。

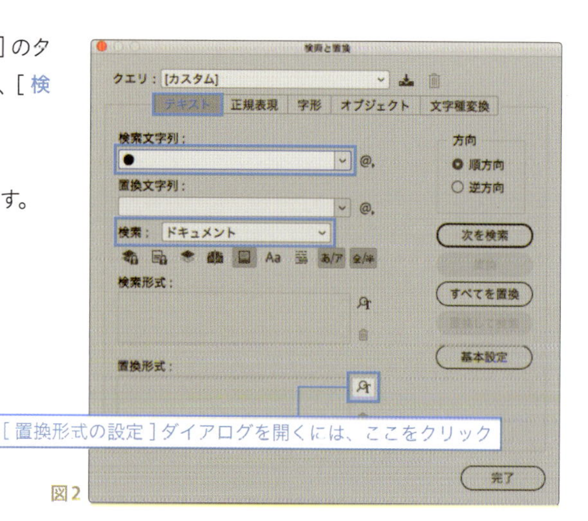

図2

③ 置換形式を設定する

[置換形式の設定] ダイアログが開いたら、段落スタイルに「見出し」を設定し [OK] をクリックします【 図3 】。

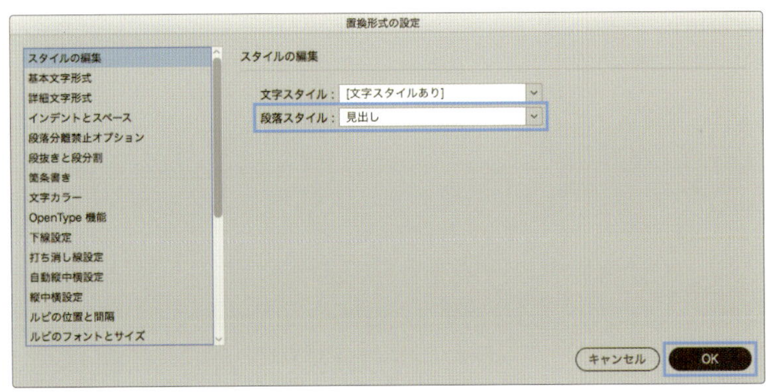

図3

[検索と置換] ダイアログに戻ったら、[置換形式：] に「段落スタイル：見出し」が設定されていることを確認して、[すべてを置換] → [完了] をクリックします【 図4 】。
検索完了の画面が表示されます【 図5 】。

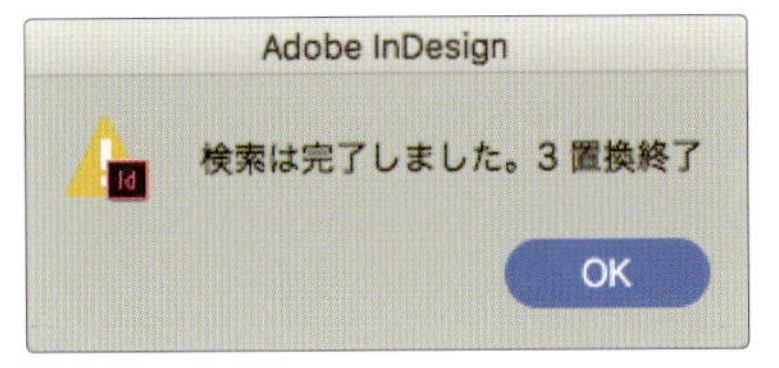

図5

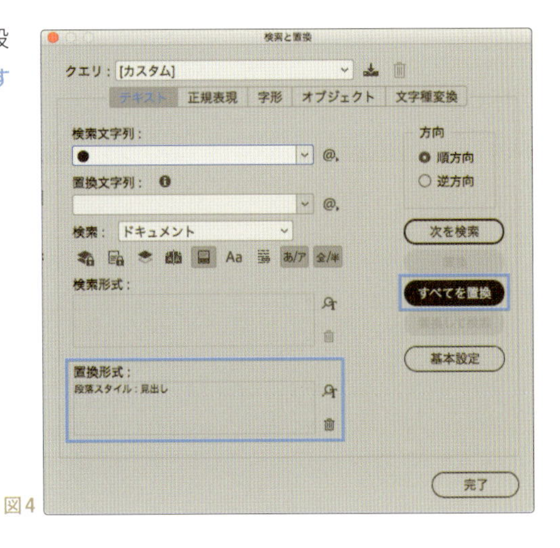

図4

[OK] をクリックすると、ドキュメント中の先頭に●がついたすべての段落に「見出し」スタイルが適用されます【 図6 】。

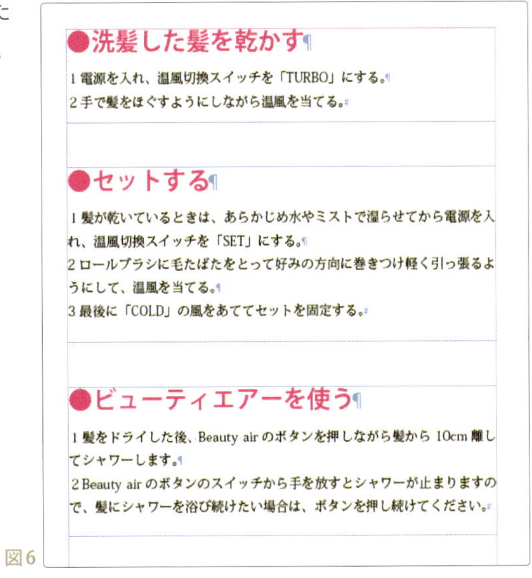
●洗髪した髪を乾かす

1 電源を入れ、温風切換スイッチを「TURBO」にする。
2 手で髪をほぐすようにしながら温風を当てる。

●セットする

1 髪が乾いているときは、あらかじめ水やミストで湿らせてから電源を入れ、温風切換スイッチを「SET」にする。
2 ロールブラシに毛たばたをとって好みの方向に巻きつけ軽く引っ張るようにして、温風を当てる。
3 最後に「COLD」の風をあててセットを固定する。

●ビューティエアーを使う

1 髪をドライした後、Beauty air のボタンを押しながら髪から 10cm 離してシャワーします。
2 Beauty air のボタンのスイッチから手を放すとシャワーが止まりますので、髪にシャワーを浴び続けたい場合は、ボタンを押し続けてください。

図6

4_検索用の記号を削除する

検索用に付けた記号が不要な場合は、［ 検索と置換 ］で削除します。

❶ 検索文字列と置換形式を設定する

［ 検索と置換 ］ダイアログを次のように設定して、［ すべてを置換 ］ →［ 完了 ］をクリックします【 図1 】。

検索文字列：●
検索：ドキュメント
置換形式：右のゴミ箱のアイコンをクリックして空白にする

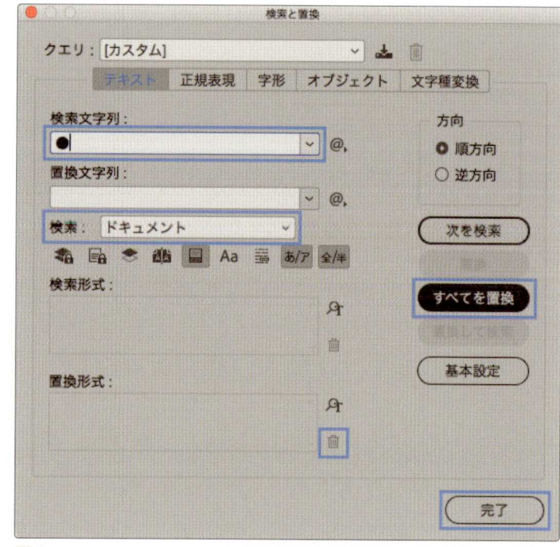

図1

検索完了の画面が表示され、見出しの「●」が削除されます【 図2 】。

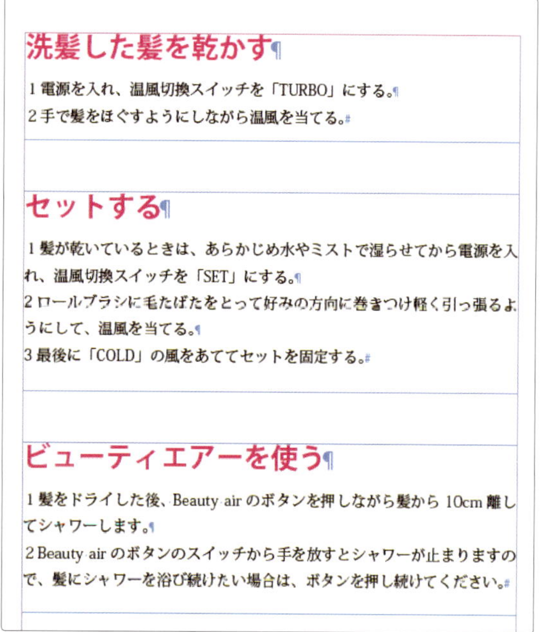

洗髪した髪を乾かす¶

1 電源を入れ、温風切換スイッチを「TURBO」にする。¶
2 手で髪をほぐすようにしながら温風を当てる。#

セットする¶

1 髪が乾いているときは、あらかじめ水やミストで湿らせてから電源を入れ、温風切換スイッチを「SET」にする。¶
2 ロールブラシに毛たばたをとって好みの方向に巻きつけ軽く引っ張るようにして、温風を当てる。¶
3 最後に「COLD」の風をあててセットを固定する。#

ビューティエアーを使う¶

1 髪をドライした後、Beauty air のボタンを押しながら髪から 10cm 離してシャワーします。¶
2 Beauty air のボタンのスイッチから手を放すとシャワーが止まりますので、髪にシャワーを浴び続けたい場合は、ボタンを押し続けてください。#

図2

STEP UP 2

アンカー付きオブジェクトをテキストフレームの外に配置する

アンカー付きオブジェクトは、テキストフレームの外に配置することもできます。ここでは右の画像を本文に関連付けた形でテキストフレームの外に配置してみましょう。

練習ファイル：
chapter5 > c5_stepup2.indd

1_ファイルからオブジェクトを配置する

1 オブジェクトを挿入する位置を決める

[横組み文字] ツールで、テキスト「チューリップ」の前をクリックして、カーソルを挿入します【 図1 】。

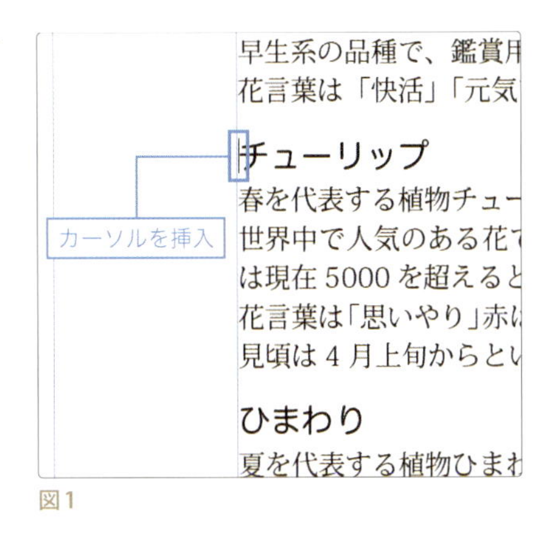

図1

2 オブジェクトを配置する

[ファイル ▶ 配置 ...] で「chapter5 > parts」フォルダから「tulip.psd」の画像を選択します【 図2 】。インライングラフィックとして画像が挿入されます【 図3 】。

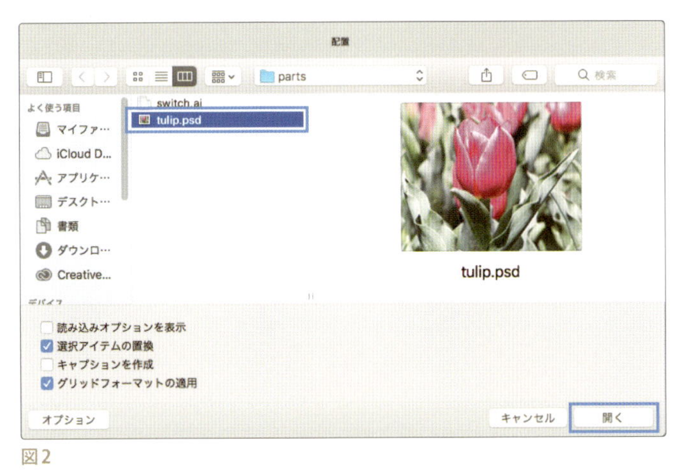

図2

春の訪れを告げる菜の花は、アブラナ
早生系の品種で、鑑賞用のほか食用に
快活」「元気いっぱい」「豊
チューリップ
春を代表する植物チューリップはユリ
世界中で人気のある花で、国際的に
は現在 5000 を超えるとされています
花言葉は「思いやり」赤は「愛の告白」
見頃は 4 月上旬からといわれています
ひまわり
夏を代表する植物ひまわりはキク科の

図3

2_オブジェクトの位置を変更する

❶ [アンカー付きオブジェクトオプション] のダイアログを表示する

画像を選択して [オブジェクト] メニューから [アンカー付きオブジェクト ▶ オプション...] を選択します【 図1 】。

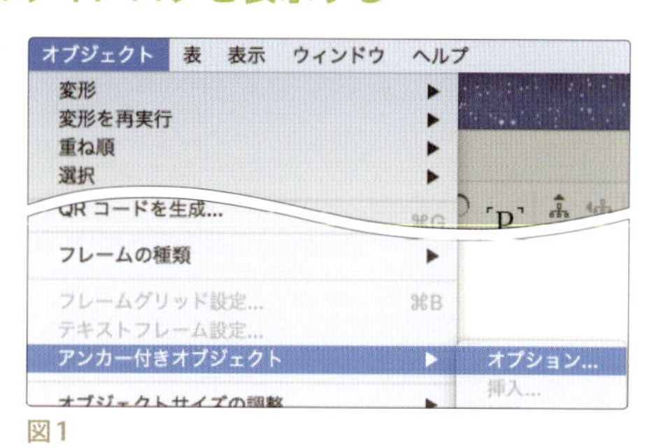

図1

❷ [アンカー付きオブジェクトオプション] を設定する

[アンカー付きオブジェクトオプション] ダイアログが表示されたら、次のように設定して [OK] をクリックします【 図2 】。

[親文字からの間隔 : カスタム]
[アンカー付きオブジェクト] の [基準点 : 右上]
[アンカー付き位置] の [基準点 : 中段左]
[X 基準] : テキストフレーム
X オフセット : 2mm
[Y 基準] : 行 (キャップハイト)

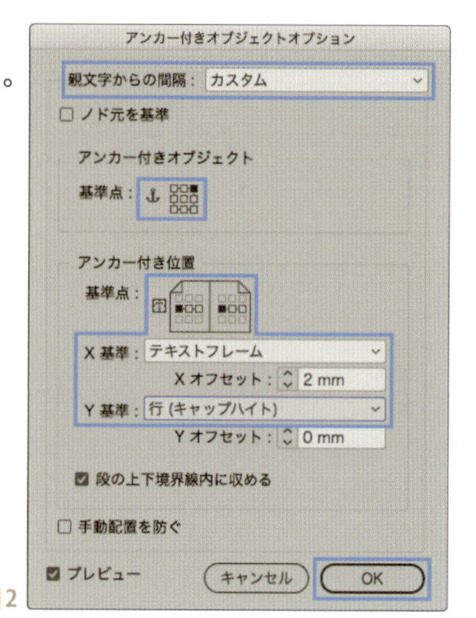

図2

画像は、テキスト「チューリップ」の行の上揃えで、フレームから2mm空けて配置されます【 図3 】。

図3

❸ テキストを追加する

アンカー付きオブジェクトを設定した前のテキストが増減すると、「チューリップ」のタイトルと共に画像も移動します【 図4 】。

図4

第

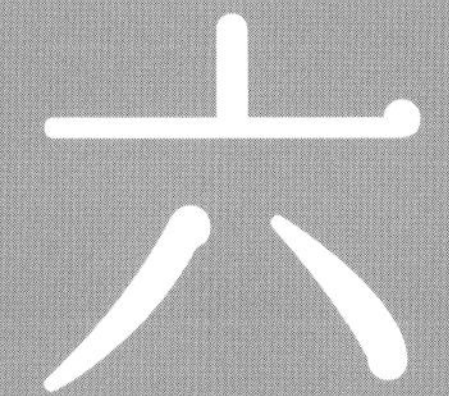

章

取り扱い説明書を作成しよう②（横組み／ページ物）

この章では引き続きドライヤーの「取り扱い説明書」を作成しながら
表組みと、目次やインデックスの自動生成機能、
さらにオブジェクトの作成などを学びます。

STEP 1　Adobe Bridgeを使って画像を配置しよう
STEP 2　Microsoft Excelの表を読み込んで編集しよう
STEP 3　QRコードを作成しよう
STEP 4　テキスト変数機能でインデックスを作成しよう
STEP 5　目次を作成しよう
STEP 6　オブジェクトを作成しよう

STEP UP

1　表スタイルを作成して、同じスタイルの表を素早く作る
2　オブジェクトスタイルでタイトルロゴを素早く作る

STEP 1

Adobe Bridgeを使って画像を配置しよう

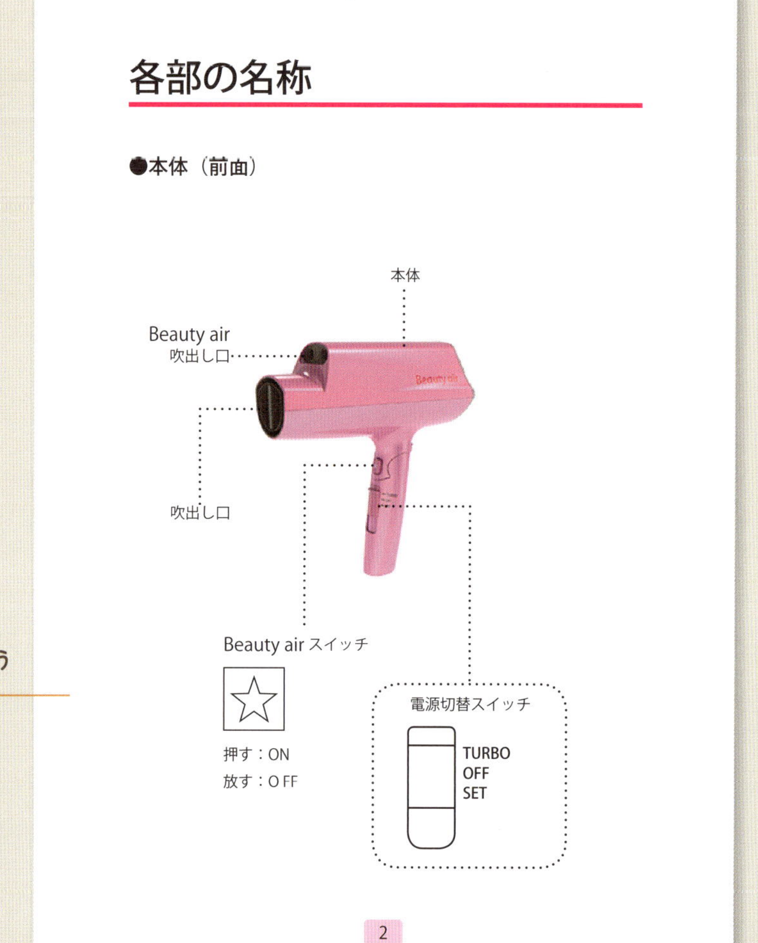

STEP 6

オブジェクトを作成しよう

STEP UP

1 表スタイルを作成して、同じスタイルの表を素早く作る

2 オブジェクトスタイルでタイトルロゴを素早く作る

STEP 2

Microsoft Excelの表を読み込んで編集しよう

STEP 4

テキスト変数機能でインデックスを作成しよう

地方	都道府県	電話番号	住所
中国	岡山	086-123-4567	岡山市北区野田 1-2-3
	広島	082-123-4567	広島市佐伯区倉重 1-2
四国	香川	087-123-4567	香川県高松市天神前 1-2
	愛媛	089-123-4567	愛媛県新居浜市庄内町 1-2-3
九州・沖縄	福岡	092-123-4567	福岡県福岡市中央区高砂 1-2-3
	長崎	095-123-4567	長崎県諫早市永昌町 1-2
	沖縄	098-123-4567	沖縄県中頭郡読谷村 123-1

所在地、電話番号は変更になることがありますので、あらかじめご了承ください。
また、最新の情報は下記 QR コードでホームページをご覧ください。

STEP 5

目次を作成しよう

STEP 3

QRコードを作成しよう

STEP 1

Adobe Bridgeを使って画像を配置しよう

Adobe Bridgeは、
InDesignをはじめ、Photoshopなど Creative Cloudの全アプリケーションで、
写真や制作ファイルの管理・閲覧が簡単にできるメディア管理ツールです。
画像を一覧でプレビュー表示できるので、
目的の画像を素早く探し出しドラッグ＆ドロップで配置できます。
ここでは、Adobe Bridge を使用して、複数の画像を効率的に配置します。

【はじめに】Bridgeのパネル操作を覚えよう

Bridgeは、jpeg、ai、pdf など様々なファイルを表示することができます。
またファイルのサイズやサムネールの表示方法などは使用形態に合わせて切り替えることができます。

Bridgeのパネルを表示する

［コントロール］パネル左上の［Bridge］アイコンをクリックして、Bridgeを起動します【図1】。

クリック

InDesign CC　ファイル

Br　St　100%

図1

いくつかのパネルで構成されたワークスペースが開きます。
目的の画像データが保存されているフォルダをダブルクリックすると［コンテンツ Pod］に画像が表示されます。
パネル右上の［・・・を基準に並び替え］ボタンをクリックすると、画像を目的に合わせて並び替えることができます【図2】。

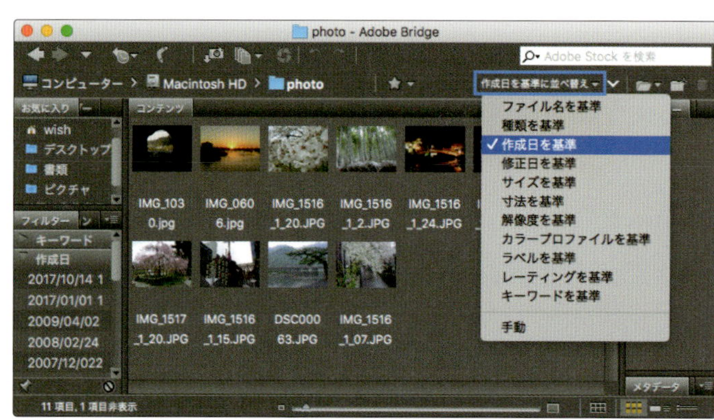

図2

各種パネルを表示する

各種パネルの表示・非表示は［ウィンドウ］メニューから行います【図3】。

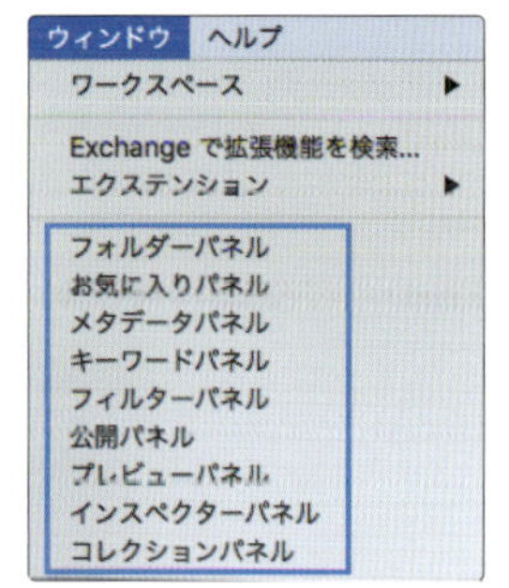

図3　パネル表示の切替えメニュー

パネルサイズを変更する

キーボードの［tab］キーを押すと、中央のパネル以外のすべてのパネルの表示と、非表示を切り替えることができます（中央のパネルは選択したワークスペースによって異なります）【図4】。

パネルと［コンテンツ］パネル間にある縦の区切り線をドラッグすると、各パネルや［コンテンツ］パネルのリイズが変更します。

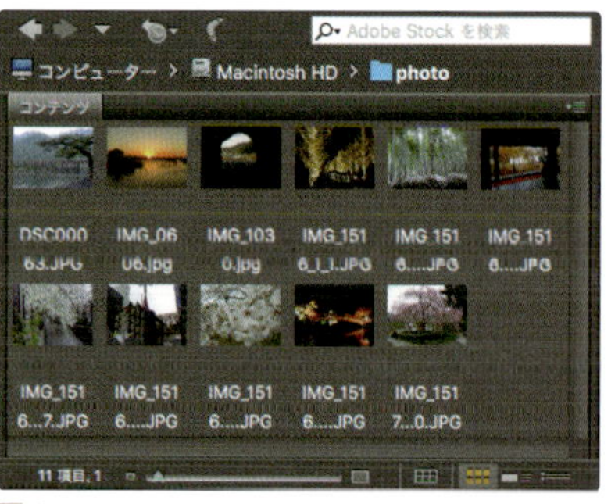

図4

コンテンツの表示サイズを変更する

パネルの下部にあるサムネールスライダーを左右にドラッグすると、コンテンツのサムネールの表示が拡大縮小します【図5】。

図5

表示オプションを変更する

パネルの右下部にあるアイコンをクリックすると、コンテンツの表示方法が切り替わります【図6】【図7】。

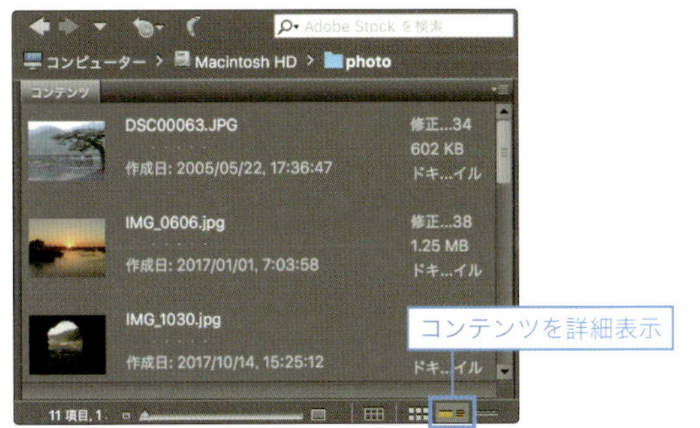

図6

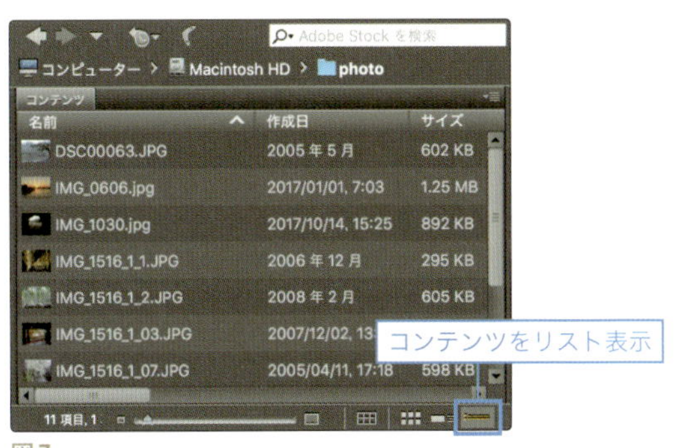

図7

メタデータを表示する

［コンテンツPod］のファイルを選択して［メタ］パネルを表示すると、そのファイルのメタデータを参照できます【図8】。

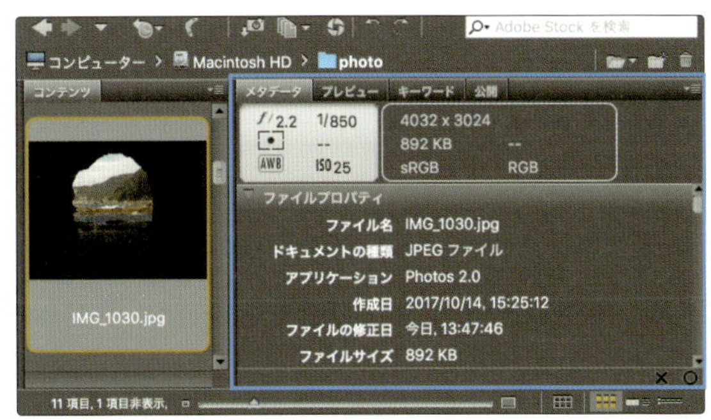

図8

【ファイルのバージョンを確認する】

InDesignファイルの受け渡しではバージョンがとても重要です。ファイルを作成したバージョンを確認したい場合、Bridgeで［メタデータ］パネルを表示します。［ファイルプロパティ］にアプリケーションのバージョンが表示されます。

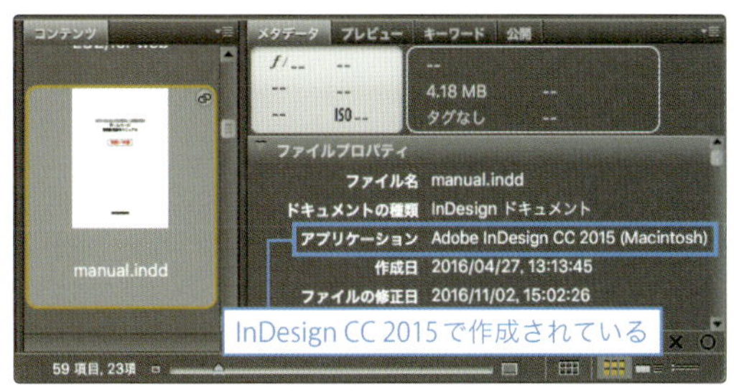

図9

1-1_画像フレームにBridgeから画像を配置する

Bridgeを使用して、複数の画像を効率的に配置します。第五章で作成したファイルを開きます。
この章から始める場合は、練習ファイル「c6_01.indd」を開きます。

❶ 画像を配置する

［ページ］パネルで「1」をダブルクリックして「1」ページを表示します【図1】。

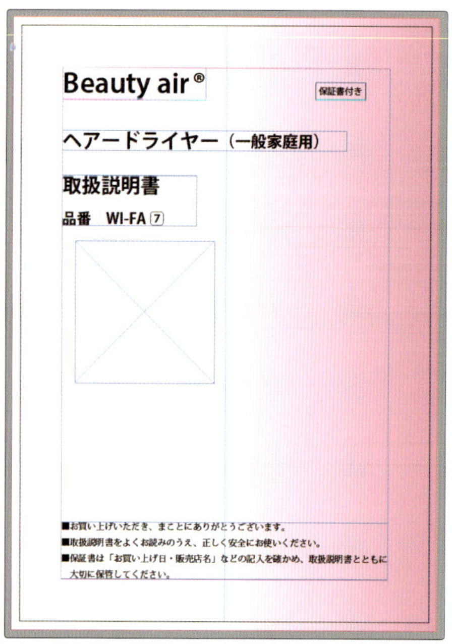

図1

Bridgeのパネルを表示し「chapter6 > parts」フォルダを開いて［コンテンツ Pod］に、配置する画像を表示します【図2】。

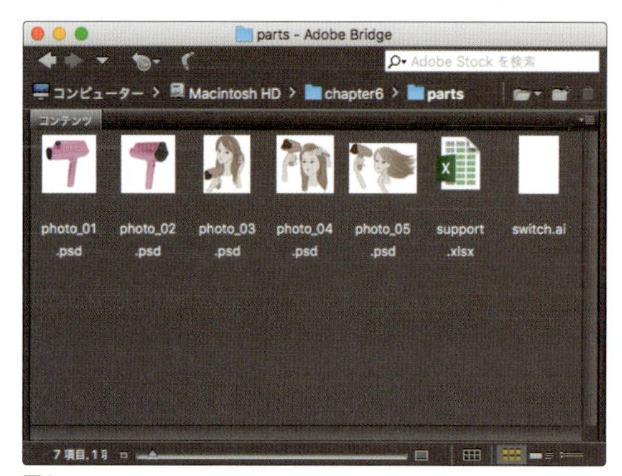

図2

「photo_01.psd」をドラッグで1ページの画像フレームに配置します【図3】。

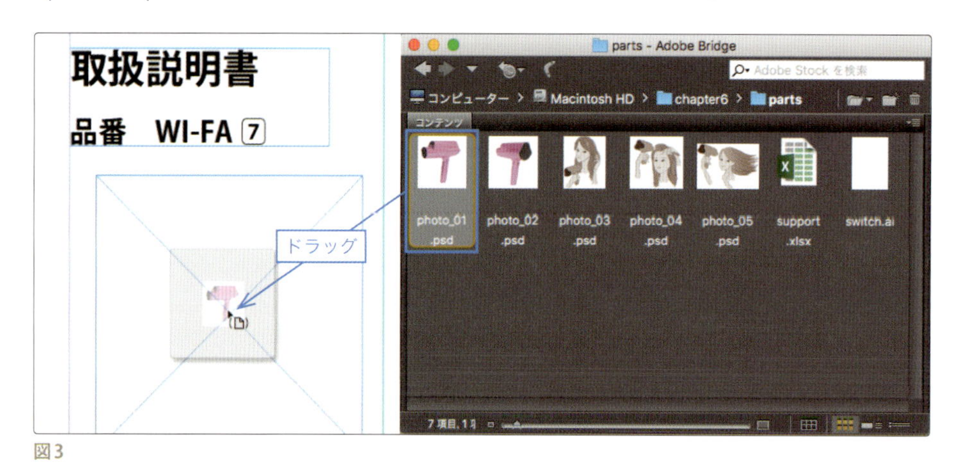

図3

❷ 画像のサイズを変更する

画像が実寸（100%）で配置されます【図4】。
フレームを選択して、［コントロール］パネルで「内容を縦横比率に応じて合わせる」を選択します【図5】。
画像の縦横比率を維持しながら、画像のサイズがフレームに合わせて変更されます【図6】。

図4

図6

図5

1-2_画像フレームにフレーム調整オプションを設定する

画像フレームにコンテンツのサイズ調整オプションを設定しておくと、画像を配置したときに、自動で配置する比率や位置、サイズなどを調整してくれます。
残りのページの画像フレームにあらかじめ調整オプションを設定し、画像を効率よく配置します。

1 画像フレームを選択する。

［ページ］パネルで「2-3」ページを表示して、［選択］ツールで2つの画像フレームを選択します【図1】。

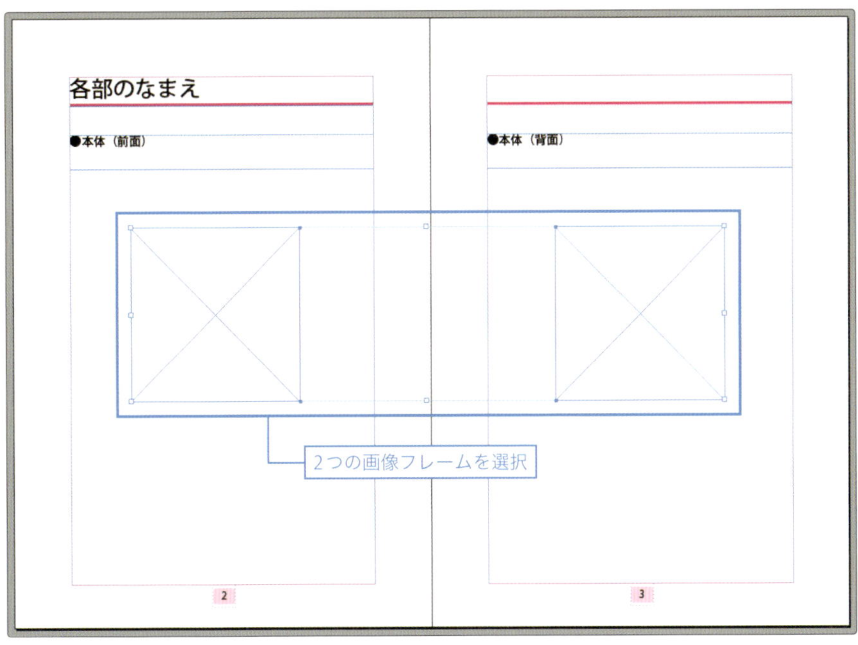

図1

❷ フレーム調整オプションを設定する

[オブジェクト ▶ オブジェクトサイズの調整 ▶ フレーム調整オプション...] で、[フレーム調整オプション] ダイアログを開きます【 図2 】。

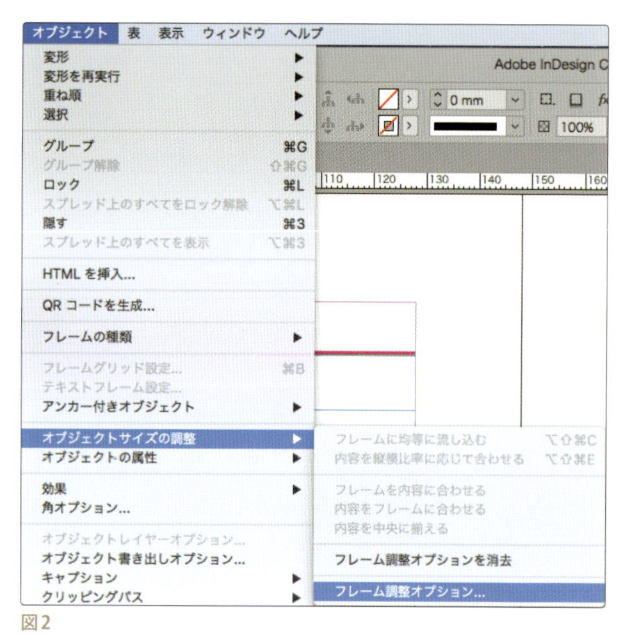

図2

[フレーム調整オプション] ダイアログの [コンテンツのサイズ調整] を次のように設定して [OK] をクリックします【 図3 】。

サイズ調整：内容を縦横比率に応じて合わせる
基準点：中心

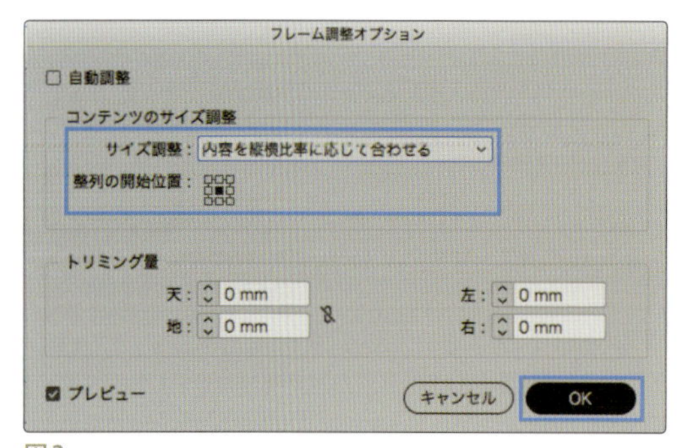

図3

「4-5」ページの3つの画像フレームにも同様の設定をします【 図4 】。

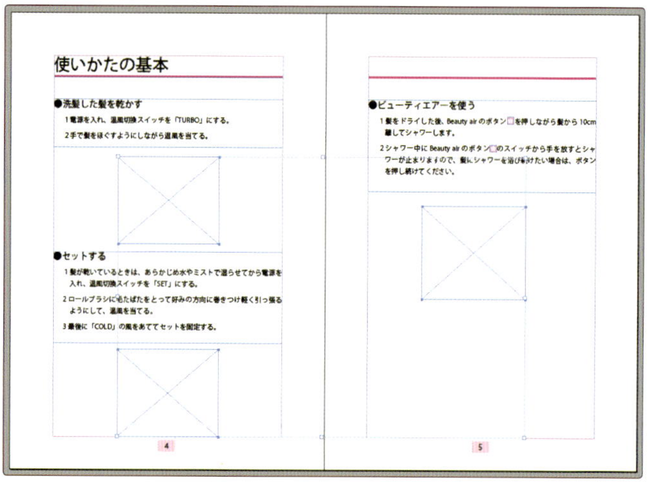

図4

【 point 】
画像を配置した後で、フレームのサイズを変更するときに、画像のサイズも同時に変更させたい場合は、[フレーム調整オプション]ダイアログの[自動調整]にチェックを入れます。

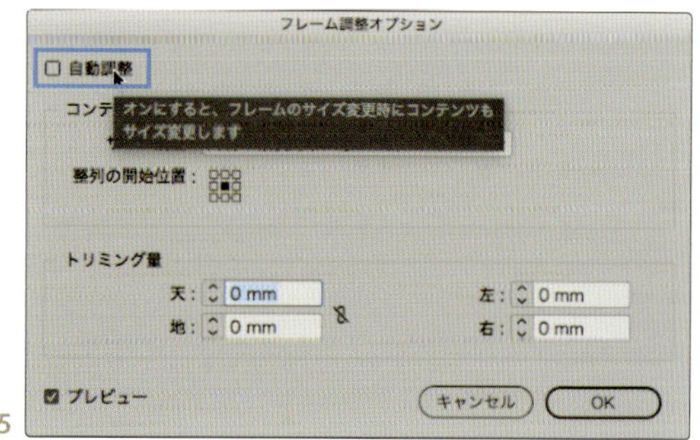

図5

③ 複数の画像を選択する

[コンテンツ Pod] の中の「photo_01.psd」「photo_02.psd」「photo_03.psd」「photo_04.psd」「photo_05.psd」を[shift] キーを押しながらクリックして複数選択し、ドキュメント上にドラッグします【 図6 】【 図7 】。

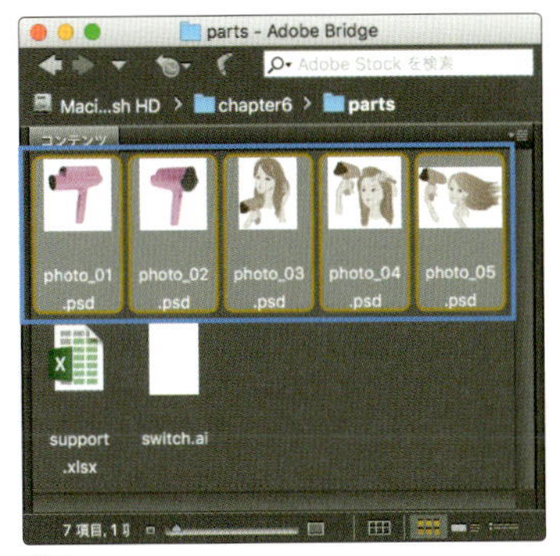

図6

【 memo 】
連続していない画像を複数選択する場合は、[command（Ctrl）] キーを押しながら選択します。

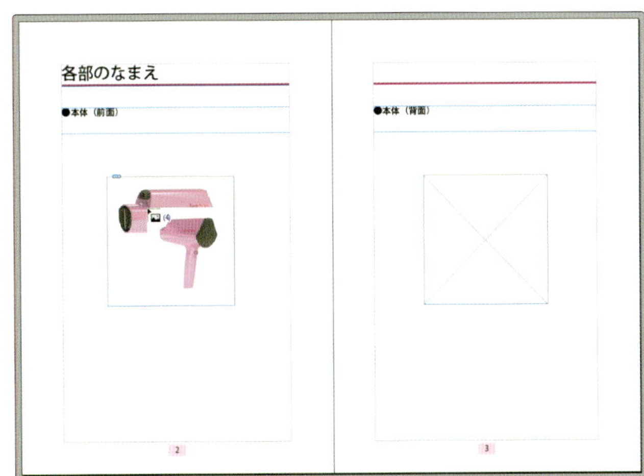

図7

④ 複数の画像を順番に配置する

2ページの画像フレームから順番に、5つの画像すべてを配置します【 図8 】。

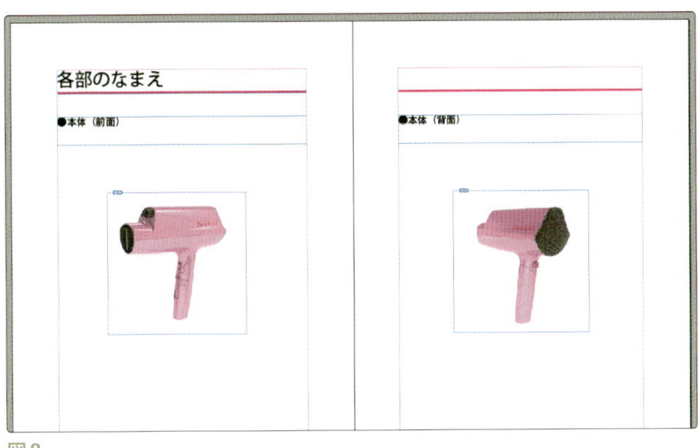

図8

すべての画像がフレームのサイズに合わせて縦横比率を保った状態で配置されます【 図9 】。

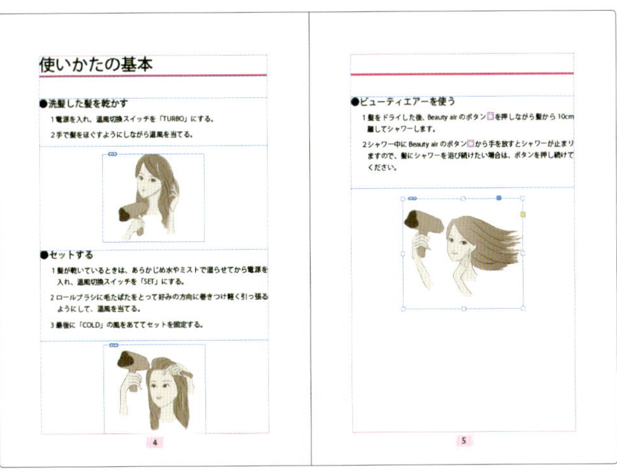

図9

Microsoft Excelの表を読み込んで編集しよう

InDesignでは、
Microsoft ExcelやMicrosoft Wordで作成した表を読み込むことができます。
Excel ファイルの配置時には、
Excel 内で使用された形式、書式設定などをどのようにするか指定できます。
さらに読み込んだ表は、InDesignで編集することができます。

2-1_Excelのファイルを読み込む

ここでは8ページに、修理の窓口一覧を記したExcelデータ「support.xls」を読み込んで、「保証とアフターサービス」のページを作成します。

1 読み込む準備をする

[ページ] パネルで「8-9」ページを表示します。
[横組み文字] ツールをドラッグして表を配置するテキストフレームを作成します【 図1 】。

[コントロール] パネルでサイズを次のように設定します【 図2 】。

基準点：左上
X：20　Y：53　W：108　H：142

フレームのサイズは最後に調整しますので大きめに作成しておきます。

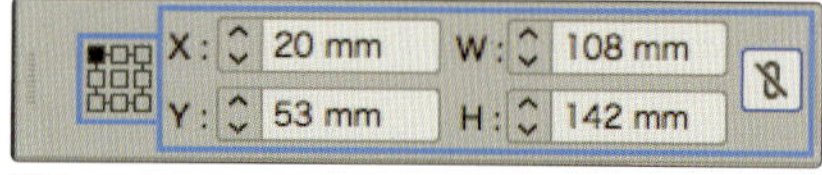

図2

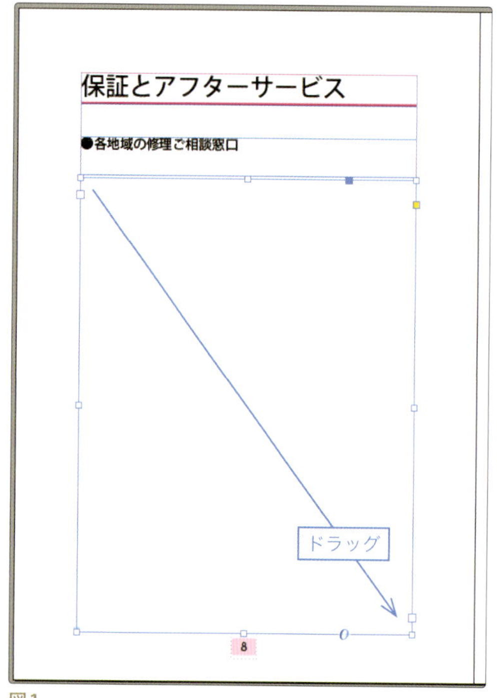

図1

2 「表」を選択する

[横組み文字] ツールでテキストフレームをクリックして、カーソルが点滅している状態で、[ファイル ▶ 配置] を選択します【 図3 】。

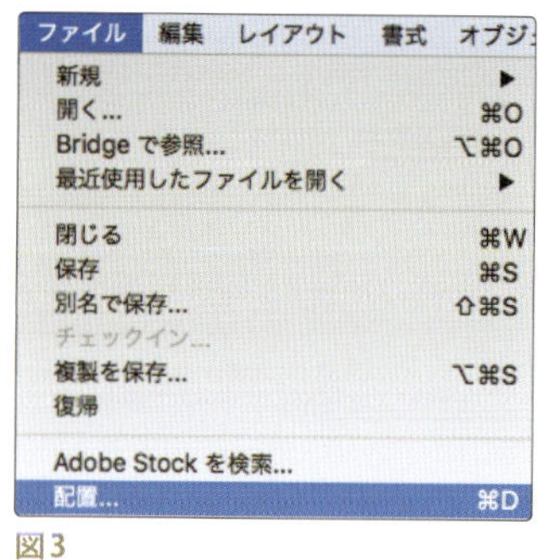

図3

[配置] ダイアログが表示されたら、Excelファイル「support.xls」を選択して、「読み込みオプションを表示」にチェックを入れ「グリッドフォーマットの適用」のチェックを外し、[開く] をクリックします【 図4 】。

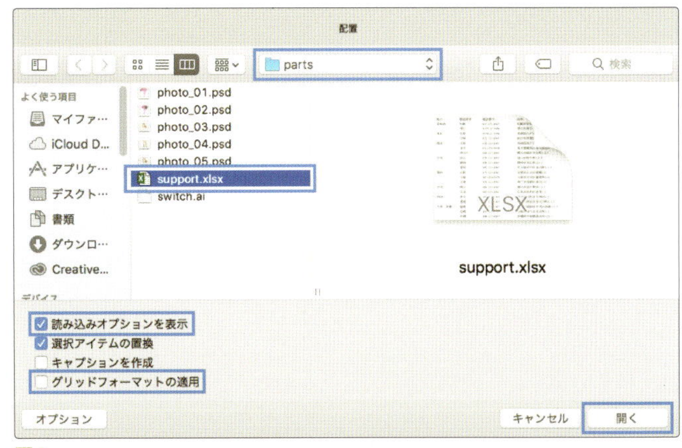

図4

❸「読み込みオプション」を設定する

[Microsoft Excel読み込みオプション] ダイアログが開いたら、オプションで読み込む「シート」「セル範囲」を指定し [アンフォーマットテーブル] を選択します。

ここではこの設定のまま [OK] をクリックします【 図5 】。

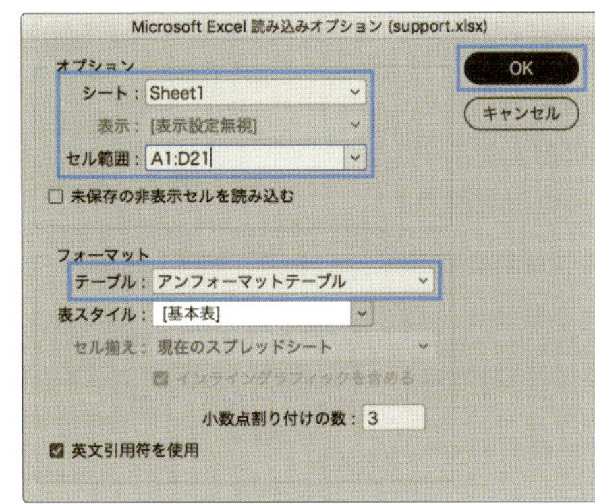

図5

【 point】 [アンフォーマットテーブル]はExcelのスプレッドシートのフォーマットを使用せずに読み込む場合に選択します。この場合、読み込んだ表に対してInDesignで設定した表スタイルを適用することもできます。

❹「表」を配置する

指定した設定で表が配置されます【 図6 】。

表がテキストフレームからはみ出して配置されますが、後で幅の調整を行いますのでそのままにしておきます。

●各地域の修理ご相談窓口

地方	都道府県	電話番号	住所
北海道	札幌	011-123-4567	札幌市中央区北１条西 123
	帯広	0155-12-3456	帯広市西５条南 123
東北	青森	0178-12-3456	青森県八戸市 123
	宮城	022-123-4567	仙台市青葉区春日町 123
関東	茨城	029-123-4567	茨城県水戸市文京 123
	東京	03-1234-5678	東京都練馬区豊玉北 123
	神奈川	045-123-4567	横浜市緑区中山町 1-2-3
中部	富山	076-123-4567	富山市相生町 1-2-3
	静岡	054-123-4567	静岡市末広町 123-1
	愛知	052-123-4567	名古屋市中区金山町 1-2-3
関西	京都	075-123-4567	京都市右京区嵯峨 123
	大阪	06-1234-5678	大阪市中央区備後町 123
	兵庫	078-123-4567	神戸市須磨区落合 123
中国	岡山	086-123-4567	岡山市北区野田 1-2-3
	広島	082-123-4567	広島市佐伯区倉重 1-2
四国	香川	087-123-4567	香川県高松市天神前 1-2
	愛媛	089-123-4567	愛媛県新居浜市庄内町 1-2-3
九州・沖縄	福岡	092-123-4567	福岡県福岡市中央区高砂 1-2-3
	長崎	095-123-4567	長崎県諫早市永昌町 1-2
	沖縄	098-123-4567	沖縄県中頭郡読谷村 123-1

図6

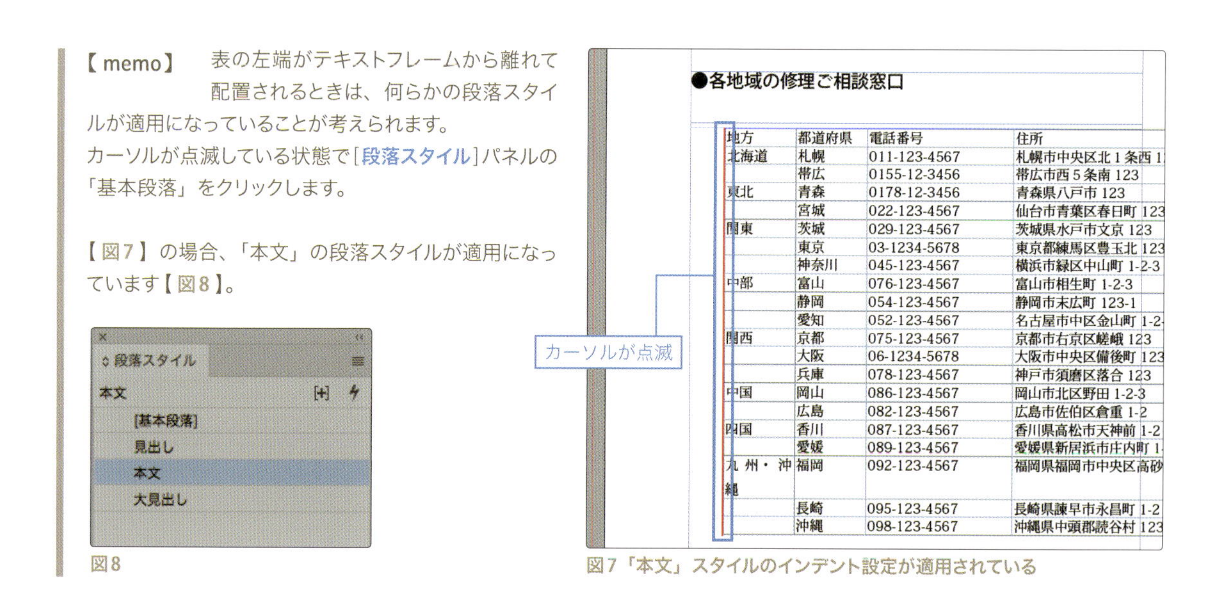

【memo】　表の左端がテキストフレームから離れて配置されるときは、何らかの段落スタイルが適用になっていることが考えられます。
カーソルが点滅している状態で[段落スタイル]パネルの「基本段落」をクリックします。

【図7】の場合、「本文」の段落スタイルが適用になっています【図8】。

図8

地方	都道府県	電話番号	住所
北海道	札幌	011-123-4567	札幌市中央区北１条西１
	帯広	0155-12-3456	帯広市西５条南 123
東北	青森	0178-12-3456	青森県八戸市 123
	宮城	022-123-4567	仙台市青葉区春日町 123
関東	茨城	029-123-4567	茨城県水戸市文京 123
	東京	03-1234-5678	東京都練馬区豊玉北 123
	神奈川	045-123-4567	横浜市緑区中山町 1-2-3
中部	富山	076-123-4567	富山市相生町 1-2-3
	静岡	054-123-4567	静岡市末広町 123-1
	愛知	052-123-4567	名古屋市中区金山町 1-2-
関西	京都	075-123-4567	京都市右京区嵯峨 123
	大阪	06-1234-5678	大阪市中央区備後町 123
	兵庫	078-123-4567	神戸市須磨区落合 123
中国	岡山	086-123-4567	岡山市北区野田 1-2-3
	広島	082-123-4567	広島市佐伯区倉重 1-2
四国	香川	087-123-4567	香川県高松市天神前 1-2
	愛媛	089-123-4567	愛媛県新居浜市庄内町 1-
九州・沖縄	福岡	092-123-4567	福岡県福岡市中央区高砂
	長崎	095-123-4567	長崎県諫早市永昌町 1-2
	沖縄	098-123-4567	沖縄県中頭郡読谷村 123

図7「本文」スタイルのインデント設定が適用されている

2-2_表の体裁を整える

Microsoft Excelから読み込んだ表の体裁を整えます。文字のサイズやセルの幅、高さなどを設定して体裁を整えます。

❶ フォントとサイズを設定する

[横組み文字]ツールのマウスポインターを、表の左上角に移動させポインターが矢印（➘）に変わったらクリックしてセルの全てを選択し、[文字]パネルで「フォント：小塚ゴシックPro R」「サイズ：8pt」に設定します【図1】【図2】。
[横組み文字]ツールでセルをドラッグしてもセルの全てを選択できます。

図1

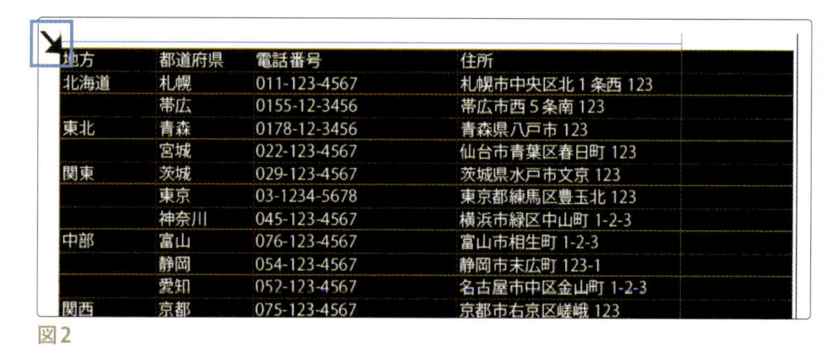

地方	都道府県	電話番号	住所
北海道	札幌	011-123-4567	札幌市中央区北１条西 123
	帯広	0155-12-3456	帯広市西５条南 123
東北	青森	0178-12-3456	青森県八戸市 123
	宮城	022-123-4567	仙台市青葉区春日町 123
関東	茨城	029-123-4567	茨城県水戸市文京 123
	東京	03-1234-5678	東京都練馬区豊玉北 123
	神奈川	045-123-4567	横浜市緑区中山町 1-2-3
中部	富山	076-123-4567	富山市相生町 1-2-3
	静岡	054-123-4567	静岡市末広町 123-1
	愛知	052-123-4567	名古屋市中区金山町 1-2-3
関西	京都	075-123-4567	京都市右京区嵯峨 123

図2

❷ 行揃えをする

[段落]パネルで[中央揃え]を選択して、すべてのテキストをセル幅の中央に配置します【図3】【図4】。

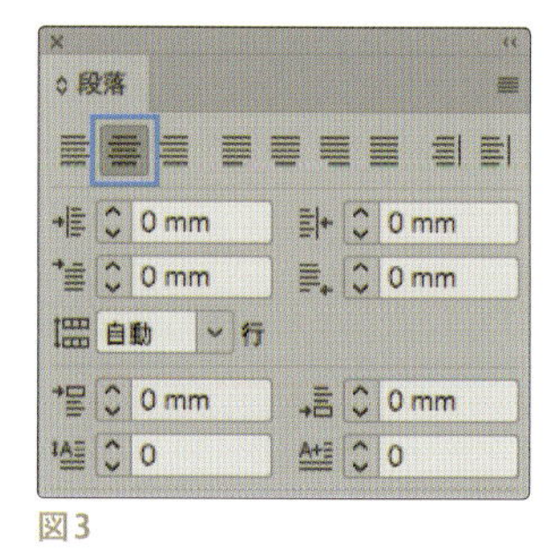

図3

地方	都道府県	電話番号	住所
北海道	札幌	011-123-4567	札幌市中央区北１条西 123
	帯広	0155-12-3456	帯広市西５条南 123
東北	青森	0178-12-3456	青森県八戸市 123
	宮城	022-123-4567	仙台市青葉区春日町 123
関東	茨城	029-123-4567	茨城県水戸市文京 123
	東京	03-1234-5678	東京都練馬区豊玉北 123
	神奈川	045-123-4567	横浜市緑区中山町 1-2-3
中部	富山	076-123-4567	富山市相生町 1-2-3
	静岡	054-123-4567	静岡市末広町 123-1
	愛知	052-123-4567	名古屋市中区金山町 1-2-3
関西	京都	075-123-4567	京都市右京区嵯峨 123
	大阪	06-1234-5678	大阪市中央区備後町 123

図4

［横組み文字］ツールで、住所のセルの２行目から最終行までを選択して、［段落］パネルで［左揃え］［左/上インデント：2mm］に設定します【図5】【図6】。

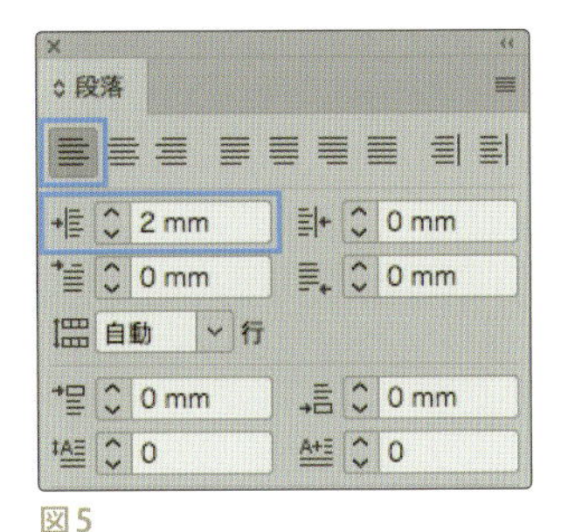

図5

地方	都道府県	電話番号	住所
北海道	札幌	011-123-4567	札幌市中央区北１条西 123
	帯広	0155-12-3456	帯広市西５条南 123
東北	青森	0178-12-3456	青森県八戸市 123
	宮城	022-123-4567	仙台市青葉区春日町 123
関東	茨城	029-123-4567	茨城県水戸市文京 123
	東京	03-1234-5678	東京都練馬区豊玉北 123
	神奈川	045-123-4567	横浜市緑区中山町 1-2-3
中部	富山	076-123-4567	富山市相生町 1-2-3
	静岡	054-123-4567	静岡市末広町 123-1
	愛知	052-123-4567	名古屋市中区金山町 1-2-3
関西	京都	075-123-4567	京都市右京区嵯峨 123
	大阪	06-1234-5678	大阪市中央区備後町 123
	兵庫	078-123-4567	神戸市須磨区落合 123
中国	岡山	086-123-4567	岡山市北区野田 1-2-3
	広島	082-123-4567	広島市佐伯区倉重 1-2
四国	香川	087-123-4567	香川県高松市天神前 1-2
	愛媛	089-123-4567	愛媛県新居浜市庄内町 1-2-3
九州・沖縄	福岡	092-123-4567	福岡県福岡市中央区高砂 1-2-3
	長崎	095-123-4567	長崎県諫早市永昌町 1-2
	沖縄	098-123-4567	沖縄県中頭郡読谷村 123-1

図6

❸ セルの高さを設定する

［ウィンドウ ▶ 書式と表 ▶ 表］を選択して［表］パネルを表示します【図7】。

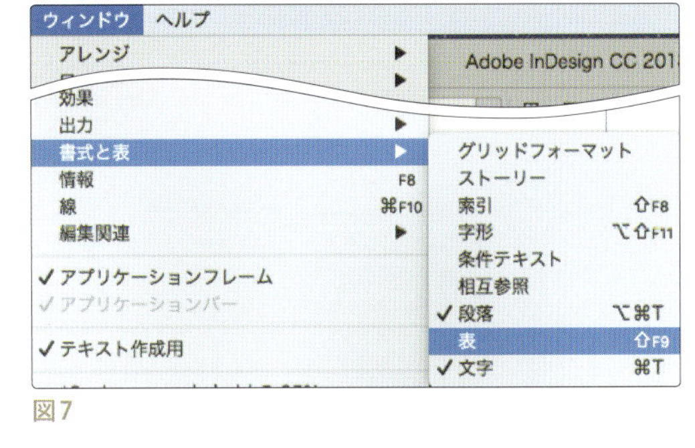

図7

［横組み文字］ツールで表のすべてのセルを選択して［表］パネルの［行の高さ］を「指定値を使用」に変更して「10mm」に設定します【図8】。

すべてのセルの高さが「10mm」に変更されます【図9】。

図8

地方	都道府県	電話番号	住所
北海道	札幌	011-123-4567	札幌市中央区北１条西 123
	帯広	0155-12-3456	帯広市西５条南 123
東北	青森	0178-12-3456	青森県八戸市 123
	宮城	022-123-4567	仙台市青葉区春日町 123
関東	茨城	029-123-4567	茨城県水戸市文京 123
	東京	03-1234-5678	東京都練馬区豊玉北 123
	神奈川	045-123-4567	横浜市緑区中山町 1-2-3
中部	富山	076-123-4567	富山市相生町 1-2-3
	静岡	054-123-4567	静岡市末広町 123-1
	愛知	052-123-4567	名古屋市中区金山町 1-2-3
関西	京都	075-123-4567	京都市右京区嵯峨 123

図9

❹ セルの幅を設定する

［横組み文字］ツールのマウスポインターを「地方」の列の上にもっていき、矢印（⬇）に変わったらドラッグして「地方」と「都道府県」のすべての行を選択し、［表］パネルの［列の幅］を「指定値を使用」で「17mm」に設定します【図10】【図11】。

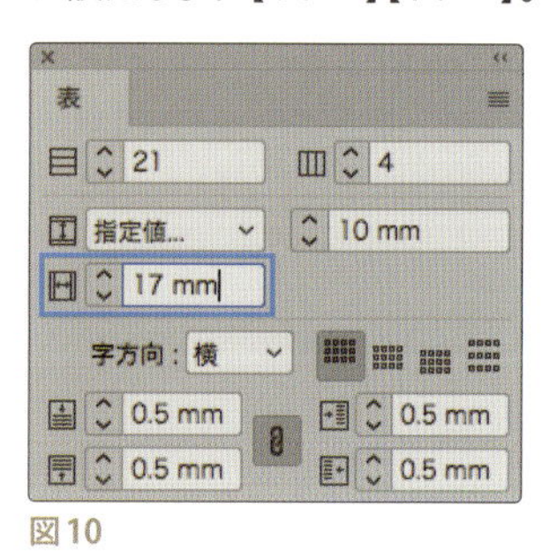

図10

地方	都道府県	電話番号	住所
北海道	札幌	011-123-4567	札幌市中央区北1条西 123
	帯広	0155-12-3456	帯広市西5条南 123
東北	青森	0178-12-3456	青森県八戸市 123
	宮城	022-123-4567	仙台市青葉区春日町 123
関東	茨城	029-123-4567	茨城県水戸市文京 123
	東京	03-1234-5678	東京都練馬区豊玉北 123
	神奈川	045-123-4567	横浜市緑区中山町 1-2-3
中部	富山	076-123-4567	富山市相生町 1-2-3

図11

続いて「電話番号」の列をすべて選択して［列の幅］を「指定値を使用」で「28mm」に設定します【図12】【図13】。

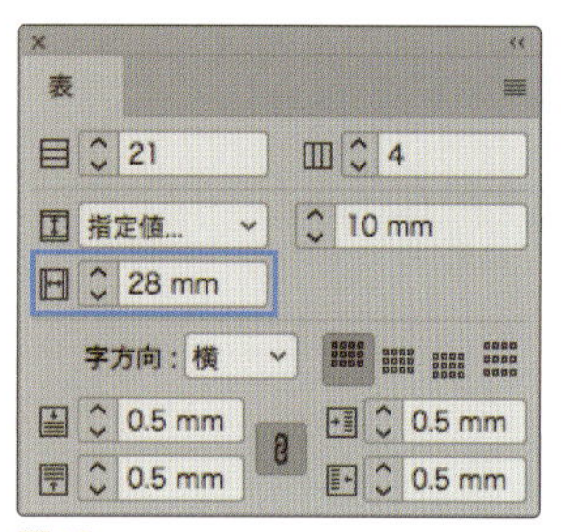

図12

地方	都道府県	電話番号	住所
北海道	札幌	011-123-4567	札幌市中央区北1条西 123
	帯広	0155-12-3456	帯広市西5条南 123
東北	青森	0178-12-3456	青森県八戸市 123
	宮城	022-123-4567	仙台市青葉区春日町 123
関東	茨城	029-123-4567	茨城県水戸市文京 123
	東京	03-1234-5678	東京都練馬区豊玉北 123
	神奈川	045-123-4567	横浜市緑区中山町 1-2-3
中部	富山	076-123-4567	富山市相生町 1-2-3

図13

「住所」の列をすべて選択して［列の幅］を「指定値を使用」で「46mm」に設定します【図14】【図15】。

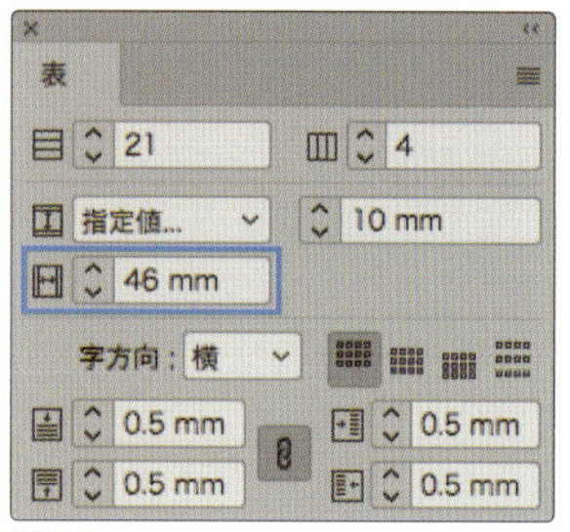

図14

地方	都道府県	電話番号	住所
北海道	札幌	011-123-4567	札幌市中央区北1条西 123
	帯広	0155-12-3456	帯広市西5条南 123
東北	青森	0178-12-3456	青森県八戸市 123
	宮城	022-123-4567	仙台市青葉区春日町 123
関東	茨城	029-123-4567	茨城県水戸市文京 123
	東京	03-1234-5678	東京都練馬区豊玉北 123
	神奈川	045-123-4567	横浜市緑区中山町 1-2-3
中部	富山	076-123-4567	富山市相生町 1-2-3

図15

2-3_表を連結する

表組みの右下に赤い田マークが表示されています。これは、まだ割り付けられていないテキストが残っていることを表しています。
左ページに割り付けられなかった表の続きを右ページに配置します。

❶ 表を連結して右ページに配置する

［選択］ツールでテキストフレームを選択し、フレームの赤い田マークをクリックします【図1】。
ポインターがテキスト配置アイコンに変わったら、右ページの左マージンガイドに合わせてクリックします【図2】。

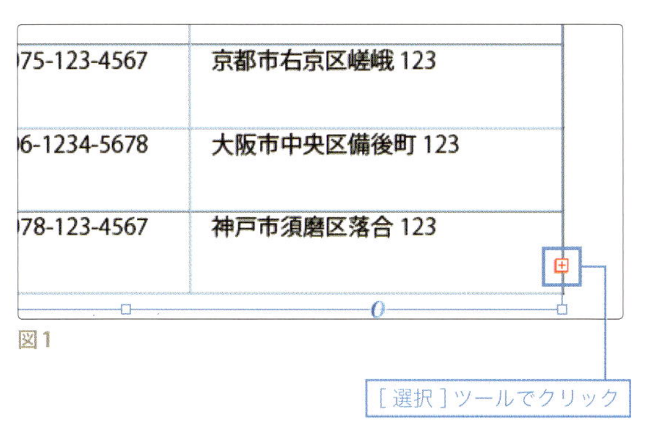

図1

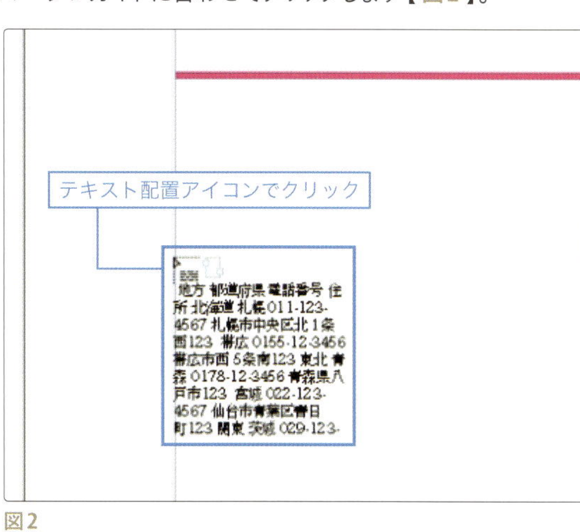

図2

右ページに表の続きが配置されます【図3】。

地方	都道府県	電話番号	住所
北海道	札幌	011-123-4567	札幌市中央区北１条西 123
	帯広	0155-12-3456	帯広市西５条南 123
東北	青森	0178-12-3456	青森県八戸市 123
	宮城	022-123-4567	仙台市青葉区春日町 123
関東	茨城	029-123-4567	茨城県水戸市文京 123
	東京	03-1234-5678	東京都練馬区豊玉北 123
	神奈川	045-123-4567	横浜市緑区中山町 1-2-3
中部	富山	076-123-4567	富山市相生町 1-2-3
	静岡	054-123-4567	静岡市末広町 123-1
	愛知	052-123-4567	名古屋市中区金山町 1-2-3
関西	京都	075-123-4567	京都市右京区嵯峨 123
	大阪	06-1234-5678	大阪市中央区備後町 123
	兵庫	078-123-4567	神戸市須磨区落合 123
中国	岡山	086-123-4567	岡山市北区野田 1-2-3
	広島	082-123-4567	広島市佐伯区倉重 1-2
四国	香川	087-123-4567	香川県高松市天神前 1-2
	愛媛	089-123-4567	愛媛県新居浜市庄内町 1-2-3
九州・沖縄	福岡	092-123-4567	福岡県福岡市中央区高砂 1-2-3
	長崎	095-123-4567	長崎県諫早市永昌町 1-2
	沖縄	098-123-4567	沖縄県中頭郡読谷村 123-1

8　9

図3

② テキストをセルの高さの中央に配置

[横組み文字] ツールで表全体を選択します。
すべてのセルが選択されたら、[表] パネルで [テキストの配置：中央揃え] をクリックします【 図4 】。
テキストがセルの高さの中央に移動します【 図5 】。

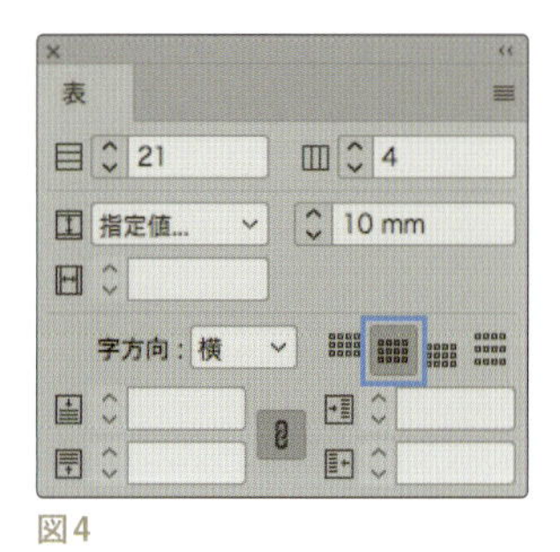

図4

●各地域の修理ご相談窓口

地方	都道府県	電話番号	住所
北海道	札幌	011-123-4567	札幌市中央区北1条西 123
	帯広	0155-12-3456	帯広市西 5 条南 123
東北	青森	0178-12-3456	青森県八戸市 123
	宮城	022-123-4567	仙台市青葉区春日町 123
関東	茨城	029-123-4567	茨城県水戸市文京 123
	東京	03-1234-5678	東京都練馬区豊玉北 123
	神奈川	045-123-4567	横浜市緑区中山町 1-2-3
中部	富山	076-123-4567	富山市相生町 1-2-3
	静岡	054-123-4567	静岡市末広町 123-1
	愛知	052-123-4567	名古屋市中区金山町 1-2-3
関西	京都	075-123-4567	京都市右京区嵯峨 123
中国	岡山	086-123-4567	岡山市
	広島	082-123-4567	広島市
四国	香川	087-123-4567	香川県
	愛媛	089-123-4567	愛媛県
九州・沖縄	福岡	092-123-4567	福岡県
	長崎	095-123-4567	長崎県
	沖縄	098-123-4567	沖縄県

図5

2-4_表にヘッダーを設定する

① 表にヘッダーを設定する

[横組み文字] ツールで表の1行目を選択します【 図1 】。
[表 ▶ 行の変換] から [ヘッダーに] を選択します【 図2 】。

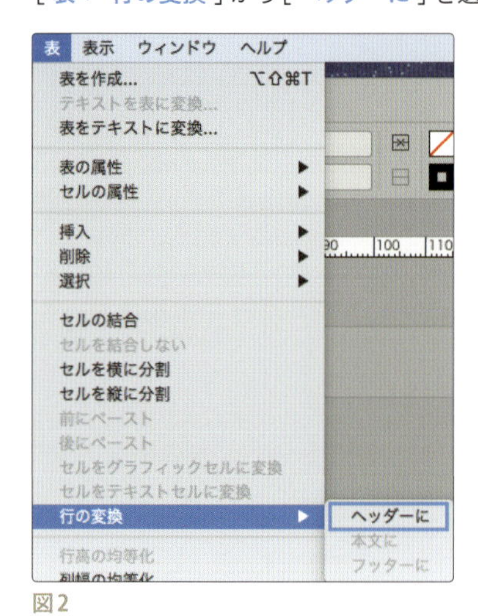

図2

●各地域の修理ご相談窓口

地方	都道府県	電話番号	住所
北海道	札幌	011-123-4567	札幌市中央区北1条西 123
	帯広	0155-12-3456	帯広市西 5 条南 123
東北	青森	0178-12-3456	青森県八戸市 123

図1

●各地域の修理ご相談窓口

地方	都道府県	電話番号	住所
北海道	札幌	011-123-4567	札幌市中央区北1条西 123
	帯広	0155-12-3456	帯広市西 5 条南 123
東北	青森	0178-12-3456	青森県八戸市 123
	宮城	022-123-4567	仙台市青葉区春日町 123

地方	都道府県	電話番号	住所
中国	岡山	086-123-4567	岡山市北区野田 1-2-3
	広島	082-123-4567	広島市佐伯区倉重 1-2
四国	香川	087-123-4567	香川県高松市天神前 1-2
	愛媛	089-123-4567	愛媛県新居浜市庄内町 1-2-3

図3

連結された9ページの表の1行目にもヘッダーが設定されます【 図3 】。

❷ ヘッダーに塗りを設定する

表の1行目（ヘッダー行）を選択した状態で［カラー］パネルで「塗り」を「C=50 M=0 Y=0 K=0」に設定します【図4】【図5】。

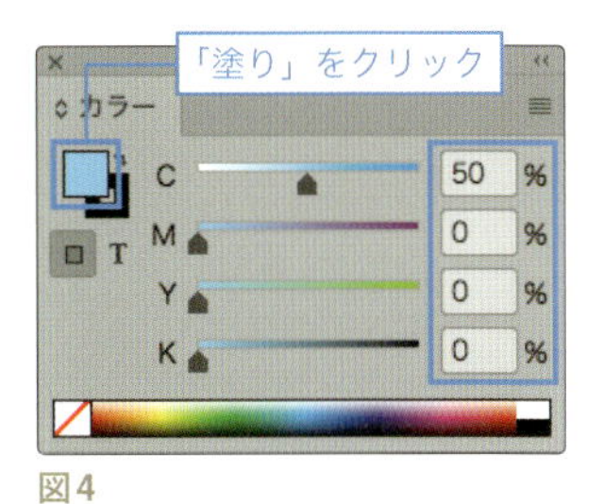

図4

●各地域の修理ご相談窓口

地方	都道府県	電話番号	住所
北海道	札幌	011-123-4567	札幌市中央区北1条西123
	帯広	0155-12-3456	帯広市西5条南123
東北	青森	0178-12-3456	青森県八戸市123
	宮城	022-123-4567	仙台市青葉区春日町123
関東	茨城	029-123-4567	茨城県水戸市文京123
	東京	03-1234-5678	東京都練馬区豊玉北123
	神奈川	045-123-4567	横浜市緑区中山町1-2-3
中部	富山	076-123-4567	富山市相生町1-2-3
	静岡	054-123-4567	静岡市末広町123-1
	愛知	052-123-4567	名古屋市中区金山町1-2-3
関西	京都	075-123-4567	京都市右京区嵯峨123

地方	都道府県	電話番号	住所
中国	岡山	086-123-4567	岡山市北区野田1-2-3
	広島	082-123-4567	広島市佐伯区倉重1-2
四国	香川	087-123-4567	香川県高松市天神前1-2
	愛媛	089-123-4567	愛媛県新居浜市庄内町1-2-3
九州・沖縄	福岡	092-123-4567	福岡県福岡市中央区高砂1-2-3
	長崎	095-123-4567	長崎県諫早市永昌町1-2
	沖縄	098-123-4567	沖縄県中頭郡読谷村123-1

図5

2-5_表に塗りを設定する

❶ 表の属性ダイアログを表示する

［横組み文字］ツールで表全体を選択します【図1】。

●各地域の修理ご相談窓口

地方	都道府県	電話番号	住所
北海道	札幌	011-123-4567	札幌市中央区北1条西123
	帯広	0155-12-3456	帯広市西5条南123
東北	青森	0178-12-3456	青森県八戸市123
	宮城	022-123-4567	仙台市青葉区春日町123
関東	茨城	029-123-4567	茨城県水戸市文京123
	東京	03-1234-5678	東京都練馬区豊玉北123
	神奈川	045-123-4567	横浜市緑区中山町1-2-3
中部	富山	076-123-4567	富山市相生町1-2-3
	静岡	054-123-4567	静岡市末広町123-1
	愛知	052-123-4567	名古屋市中区金山町1-2-3
関西	京都	075-123-4567	京都市右京区嵯峨123
	大阪	06-1234-5678	大阪市中央区備後町123
	兵庫	078-123-4567	神戸市須磨区落合123

8

地方	都道府県	電話番号	住所
中国	岡山	086-123-4567	岡山市北区野田1-2-3
	広島	082-123-4567	広島市佐伯区倉重1-2
四国	香川	087-123-4567	香川県高松市天神前1-2
	愛媛	089-123-4567	愛媛県新居浜市庄内町1-2-3
九州・沖縄	福岡	092-123-4567	福岡県福岡市中央区高砂1-2-3
	長崎	095-123-4567	長崎県諫早市永昌町1-2
	沖縄	098-123-4567	沖縄県中頭郡読谷村123-1

9

図1

［表］パネルのパネルメニューから［表の属性 ▶ 塗りのスタイル...］をクリックします【図2】。

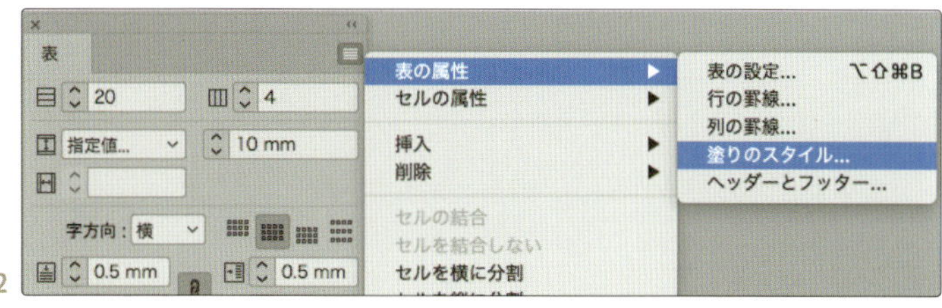

図2

❷ 表の塗りを設定する

[表の属性] ダイアログが表示されたら、次のように設定して [OK] をクリックします【 図3 】。

パターンの繰り返し：1行ごとに反復
最初：1行
カラー：C=100 M=0 Y=0 K=0
濃淡：10%

次：1行
カラー：C=100 M=0 Y=0 K=0
濃淡：20%

1行ごとに色分けされて表が見やすくなります。

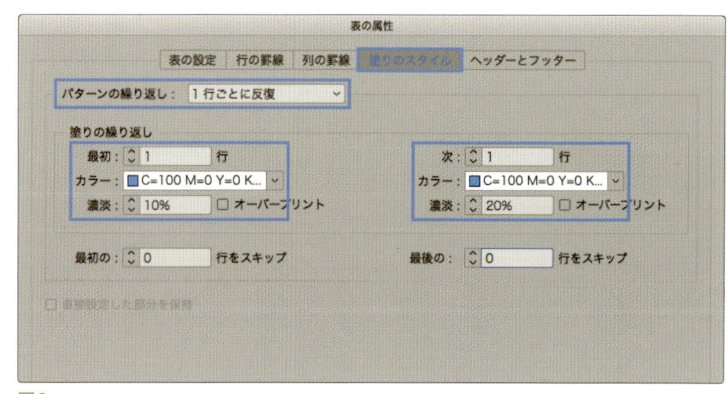

図3

❸ プレビューで確認する

最後に、[選択] ツールで右ページの表組みのフレームを選択し、[コントロール] パネルの「フレームを内容に合わせる」をクリックします【 図4 】【 図5 】。

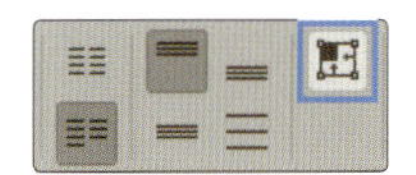

図4

地方	都道府県	電話番号	住所
中国	岡山	086-123-4567	岡山市北区野田 1-2-3
	広島	082-123-4567	広島市佐伯区倉重 1-2
四国	香川	087-123-4567	香川県高松市天神前 1-2
	愛媛	089-123-4567	愛媛県新居浜市庄内町 1-2-3
九州・沖縄	福岡	092-123-4567	福岡県福岡市中央区高砂 1-2-3
	長崎	095-123-4567	長崎県諫早市永昌町 1-2
	沖縄	098-123-4567	沖縄県中頭郡読谷村 123-1

図5

[プレビュー] 表示で完成した表を確認します【 図6 】。

保証とアフターサービス

●各地域の修理ご相談窓口

地方	都道府県	電話番号	住所
北海道	札幌	011-123-4567	札幌市中央区北1条西 123
	帯広	0155-12-3456	帯広市西5条南 123
東北	青森	0178-12-3456	青森県八戸市 123
	宮城	022-123-4567	仙台市青葉区春日町 123
関東	茨城	029-123-4567	茨城県水戸市文京 123
	東京	03-1234-5678	東京都練馬区豊玉北 123
	神奈川	045-123-4567	横浜市緑区中山町 1-2-3
中部	富山	076-123-4567	富山市稲生町 1-2-3
	静岡	054-123-4567	静岡市末広町 123-1
	愛知	052-123-4567	名古屋市中区金山町 1-2-3
関西	京都	075-123-4567	京都市右京区嵯峨 123
	大阪	06-1234-5678	大阪市中央区備後町 123
	兵庫	078-123-4567	神戸市須磨区落合 123

8

地方	都道府県	電話番号	住所
中国	岡山	086-123-4567	岡山市北区野田 1-2-3
	広島	082-123-4567	広島市佐伯区倉重 1-2
四国	香川	087-123-4567	香川県高松市天神前 1-2
	愛媛	089-123-4567	愛媛県新居浜市庄内町 1-2-3
九州・沖縄	福岡	092-123-4567	福岡県福岡市中央区高砂 1-2-3
	長崎	095-123-4567	長崎県諫早市永昌町 1-2
	沖縄	098-123-4567	沖縄県中頭郡読谷村 123-1

9

図6

STEP 3

QRコードを作成しよう

InDesignでは簡単にQR コードグラフィックを生成することができます。
QRコードは、
多くの情報を、機械で読み取り可能なコードとして印刷したものです。
QRコードには、名前や電話番号、E-mailやURLなど、
さまざまな情報を載せることが可能です。

3-1_QRコードを作成する

❶ [QRコードを生成] ダイアログを表示する

[オブジェクト ▶ QRコードを生成...] を選択します【 図1 】。

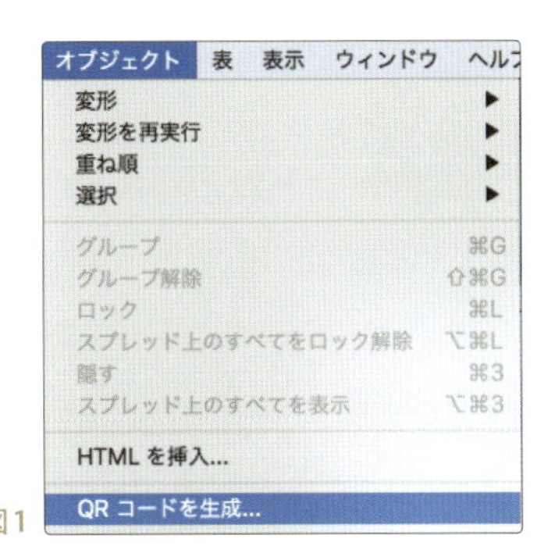

図1

❷ 情報を入力する

[QRコードを生成] ダイアログが表示されたら [内容] タブの [種類] ドロップダウンリストから [Webハイパーリンク] を選択します。
続いて [URL :] のフィールドにアドレスを入力して、[OK] をクリックします【 図2 】(アドレスは何でも構いません)。

図2

❸ QRコードを配置する

マウスポインターがQRコードのアイコン【 図3 】に変わったら、9ページの表組みの下でクリックします。

QRコードが配置されます【 図4 】。ドラッグで配置することもできます。

図3

地方	都道府県	電話番号	住所
中国	岡山	086-123-4567	岡山市北区野田 1-2-3
	広島	082-123-4567	広島市佐伯区倉重 1-2
四国	香川	087-123-4567	香川県高松市天神前 1-2
	愛媛	089-123-4567	愛媛県新居浜市庄内町 1-2-3
九州・沖縄	福岡	092-123-4567	福岡県福岡市中央区高砂 1-2-3
	長崎	095-123-4567	長崎県諫早市永昌町 1-2
	沖縄	098-123-4567	沖縄県中頭郡読谷村 123-1

図4

3-2_QRコードを編集する

生成したQRコードのコンテンツや色の変更、さらにサイズの変更をしてみます。

1 QRコードの色を変更する

[選択] ツールでQR コードオブジェクトを選択して、[オブジェクト ▶ QRコードを編集…] を選択します【 図1 】。
[QRコードを編集] ダイアログの [カラー] のタブをクリックして選択します。
カラーのリストが表示されるので、「C=100 M=0 Y=0 K=0」に変更して、[OK] をクリックします【 図2 】。
QR コードのカラーがブルーに変更します【 図3 】。

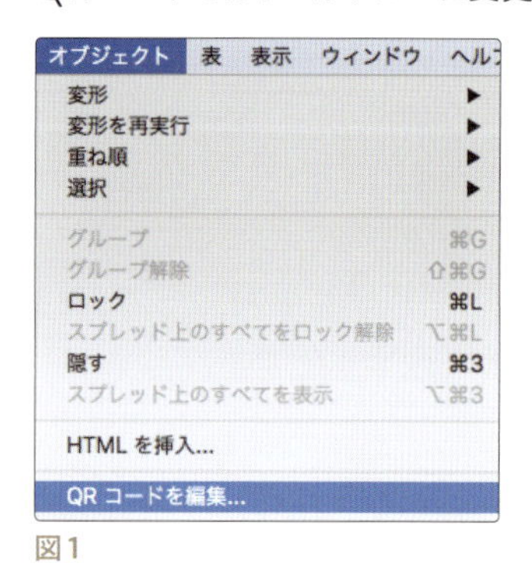

図1

図2

図3

2 QRコードオブジェクトのサイズを調整する

[選択] ツールでQR コードオブジェクトを選択します。
[command(Ctrl)] キー+ [shift] キーを押しながらドラッグして、比率を保ったまま拡大、または縮小して整えます【 図4 】。

図4

【 memo 】
InDesignで生成したQRコードオブジェクトは、Adobe Illustrator などのグラフィック編集ツールにコピー&ペーストすることもできます。

テキスト変数機能で
インデックスを作成しよう

InDesignの「テキスト変数」という機能を使うと
「インデックス」に、タイトルや見出しのテキストを
自動的に挿入することができます。
ここでは、ドキュメントの「大見出し」のテキストを
「インデックス」に自動表示させます。

【はじめに】テキスト変数とは

「テキスト変数」とは、段落スタイルや文字スタイルが適用されている文章やファイル名、変更日などを、自動的に抜き出して別の箇所に表示させる機能です【図1】。

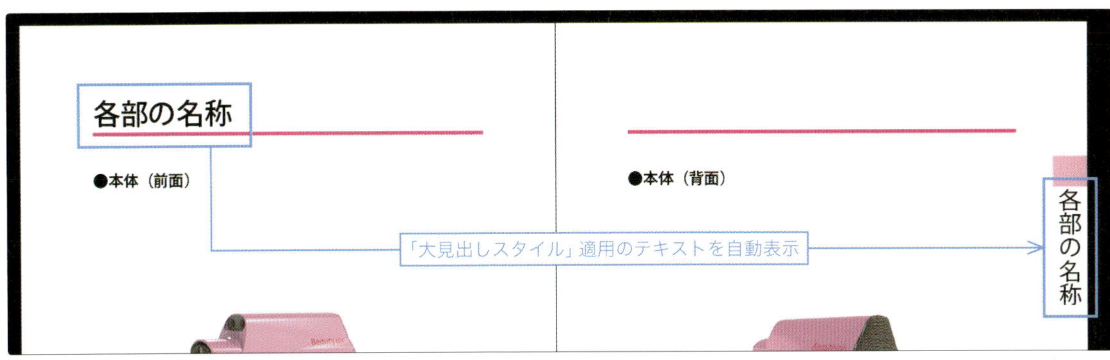

図1

ここでは、テキスト変数の「ランニングヘッド・柱」を使って、ドキュメントページの「インデックス」に、「大見出し」のテキストを表示させます。この機能で作成した「インデックス」は抽出元の「大見出し」に変更があれば、連動して変更されるので、変更や修正作業が効率的です【図2】。

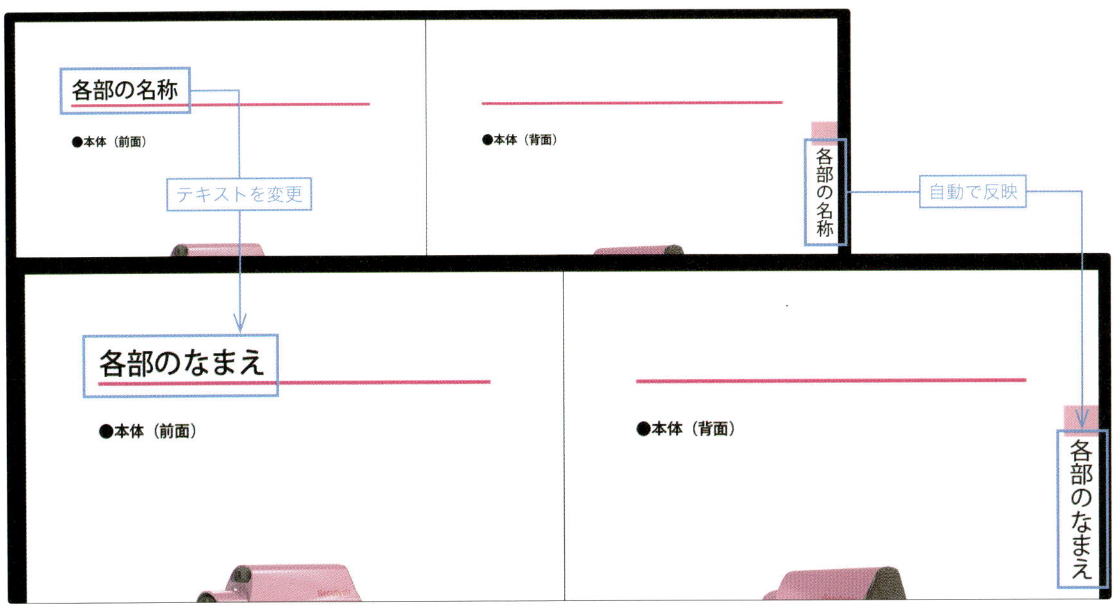

図2　テキストを変更すると、自動で反映される

4-1_テキスト変数を定義する

❶ [テキスト変数] ダイアログを表示する

[書式 ▶ テキスト変数 ▶ 定義...] で [テキスト変数] ダイアログを表示します【 図1 】。

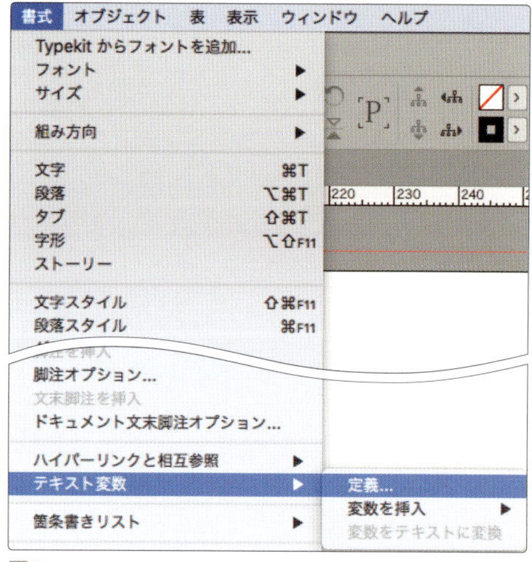

図1

❷ [テキスト変数] を選択する

[テキスト変数] ダイアログの「ランニングヘッド・柱」を選択して「新規」をクリックします【 図2 】。

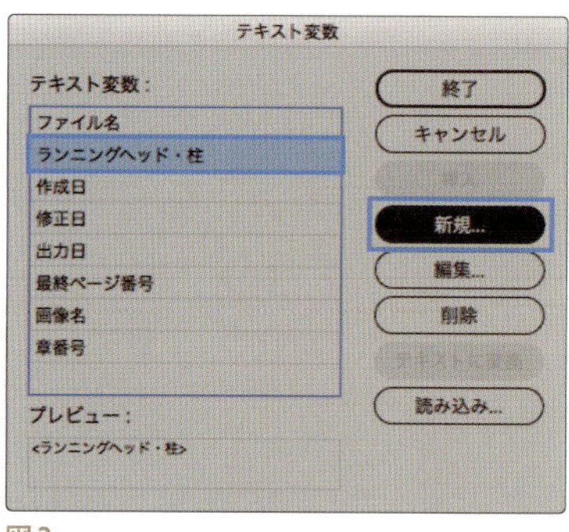

図2

[新規テキスト変数] ダイアログが表示されたら次のように設定します【 図3 】。

名前：インデックス
スタイル：大見出し
使用：ページの先頭

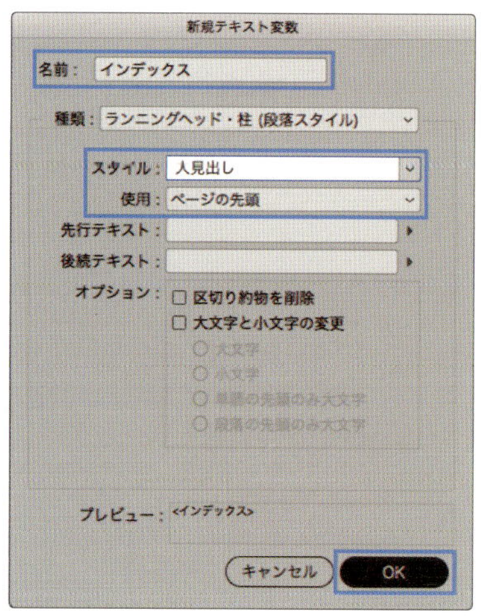

図3

【 point 】

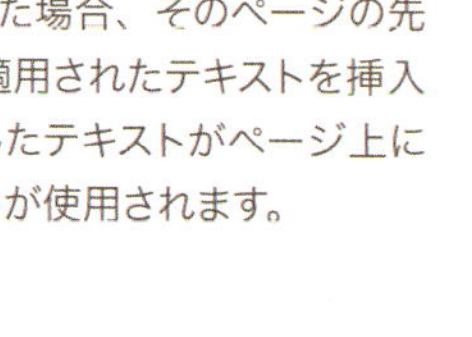

[使用：] を「ページの先頭」とした場合、そのページの先頭の「大見出し」のスタイルが適用されたテキストを挿入します。所定のスタイルを適用したテキストがページ上にない場合は前のページのテキストが使用されます。

設定が終わったら [OK] をクリックします。続いて [テキスト変数] ダイアログの [終了] をクリックします。

4-2_テキスト変数を挿入する

インデックスを表示したいところに、テキストフレームを作成します。
ここでは、インデックスをすべての奇数ページの小口につけるため、マスターページの右ページに作成します。

❶ インデックスのフレームを作成する

［ページ］パネルの「A-マスター」の文字の上をダブルクリックしてマスターページを開きます【図1】。
マスターページの右ページに［縦組み文字］ツール【図2】でドラッグしてテキストフレームを作成します【図3】。

［コントロール］パネルでフレームのサイズを次のように設定します【図4】。

基準点：右上　X：296　Y：45　W：7　H：80

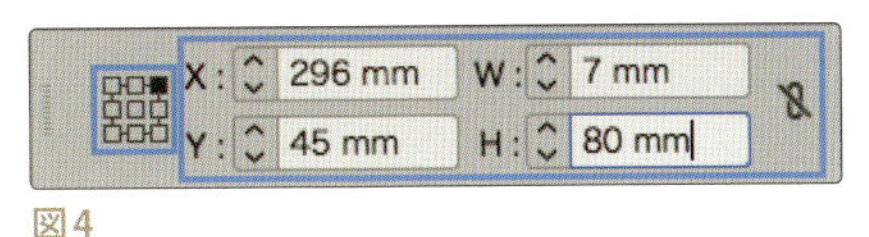

図4

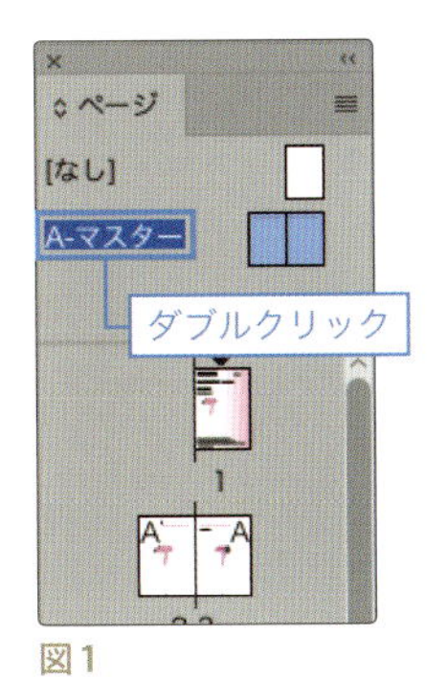

図1

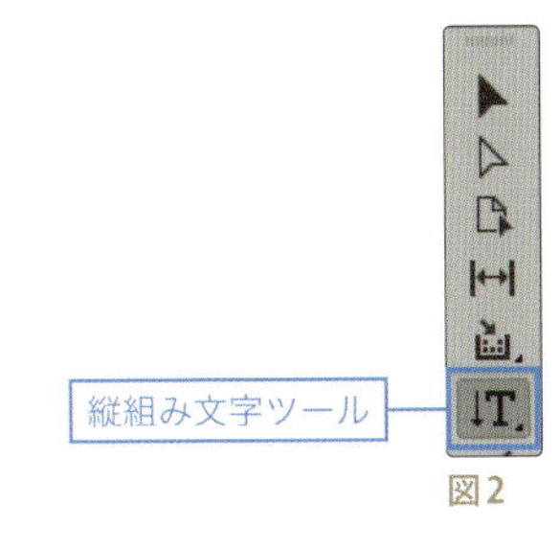

図2

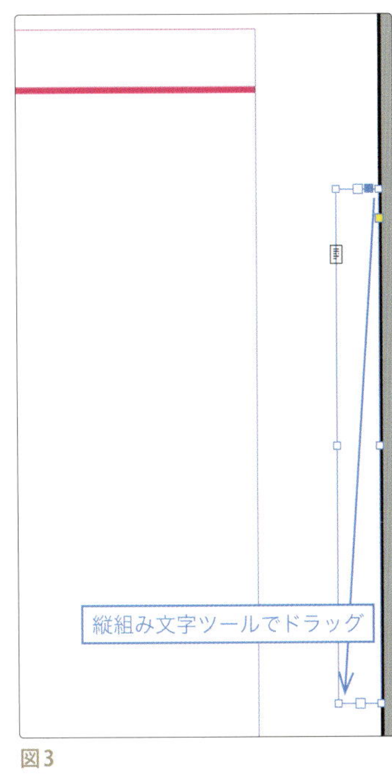

図3

❷［テキスト変数］を挿入する

［縦組み文字］ツールでテキストフレーム内をクリックして［書式 ▶ テキスト変数 ▶ 変数を挿入］から［インデックス］を選択します【図5】。
テキストフレームには定義した変数名「<インデックス>」と表示されます【図6】。

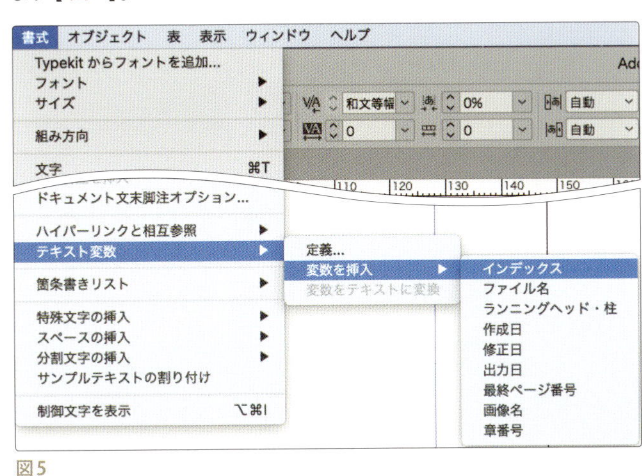

図5

図6

❸ テキストの文字設定をする

[縦組み文字] ツールで「＜インデックス＞」のテキストを選択して、[字:コントロール] パネルで「小塚ゴシック pro R　9pt」にします【 図7 】【 図8 】。

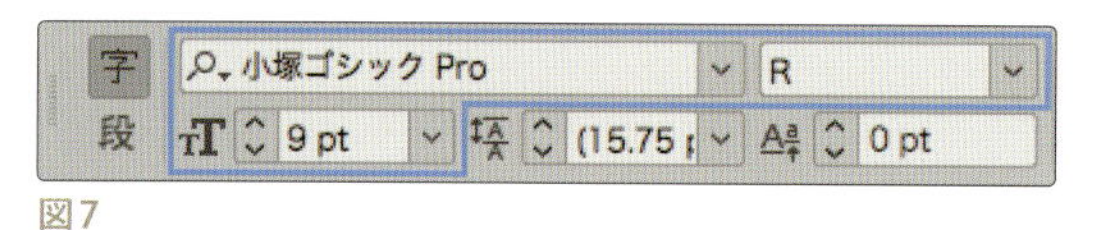

図7

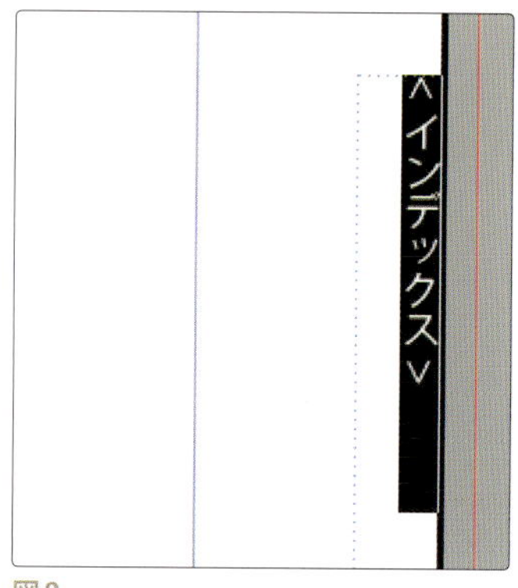

図8

❹ テキストをフレームの中央に配置する

続いて [選択] ツールで「＜インデックス＞」のテキストを選択して、[コントロール] パネルで「中央揃え」にし、文字をフレーム幅の中央に移動します【 図9 】【 図10 】。

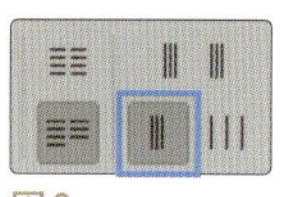
図9

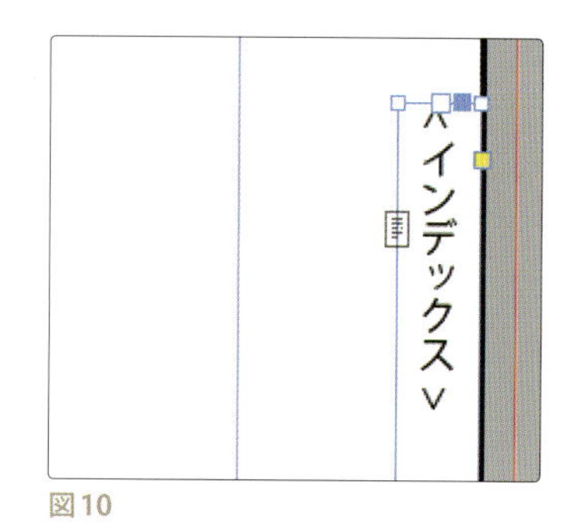

図10

❺ インデックスの上に図形を作成する

「インデックス」のテキストフレームの上部に [長方形] ツール【 図11 】で四角形を描いて、サイズと位置、カラーを次のように設定します【 図12 】【 図13 】【 図14 】。

基準点：右上　X：299　Y：38　W：10　H：6
塗り：「C=0 M=50 Y=0 K=0」 線：「なし」

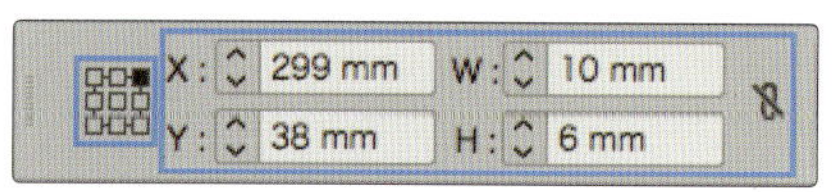

図13

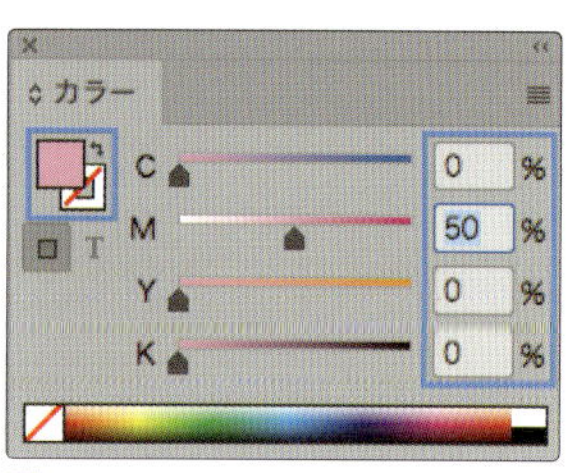

図14

図11

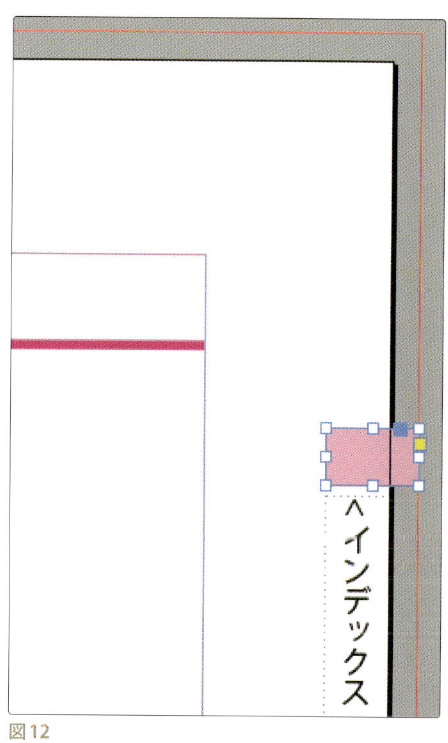

図12

ドキュメント「2-3」ページを開きます。
3ページのインデックスに「各部のなまえ」と表示されています。「大見出し」の段落スタイルが適用されているテキストから自動的にインデックスが生成されました【図15】。他のページも確認しておきましょう。

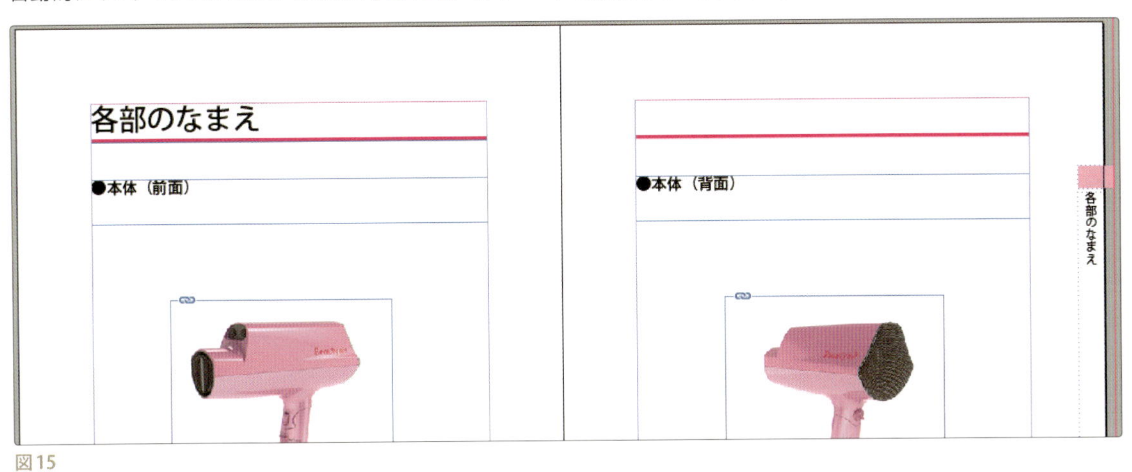

図15

4-3_大見出しの変更をインデックスに反映する

テキスト変数を使って「柱」に「大見出し」のテキストを表示させているため、大見出しのテキストを変更すると、自動的に「インデックス」のテキストも変更されます。

❶ 大見出しを変更する

3ページの大見出しを「各部のなまえ」から「各部の名称」と変更します【図1】。

図1

❷ インデックスを確認する

一旦、別のページ番号をダブルクリックまたはページをスクロールして、ページをリロードします。
「インデックス」のテキストが「各部の名称」に変更されます【図2】。

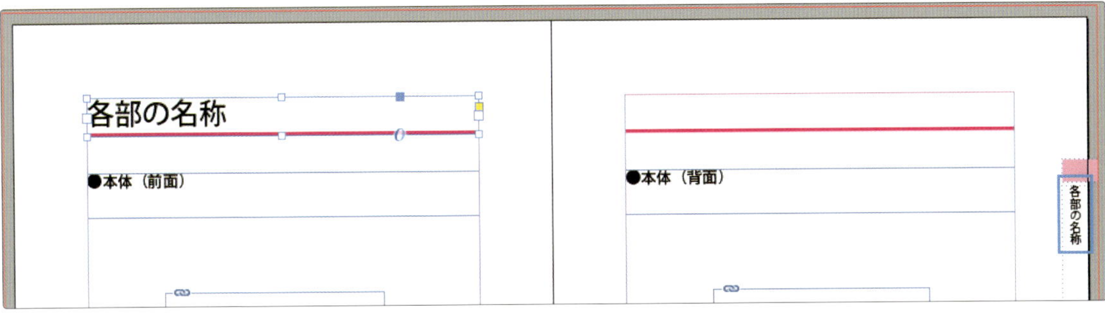

図2

STEP 5

目次を作成しよう

InDesignには、段落スタイルを設定した「見出し」などを抽出して、自動で目次を作成する機能があります。
この機能を使って作成した目次は、抽出元の「見出し」などに修正があった場合、目次のテキストも自動的に修正されます。
ここでは、既に段落スタイルを設定している「大見出し」と「見出し」を抽出して目次を作成します。

5-1_目次表示用の段落スタイルを作成する

「大見出し」や「見出し」などを、目次として表示するための、目次表示用の段落スタイルを作成します【図1】。

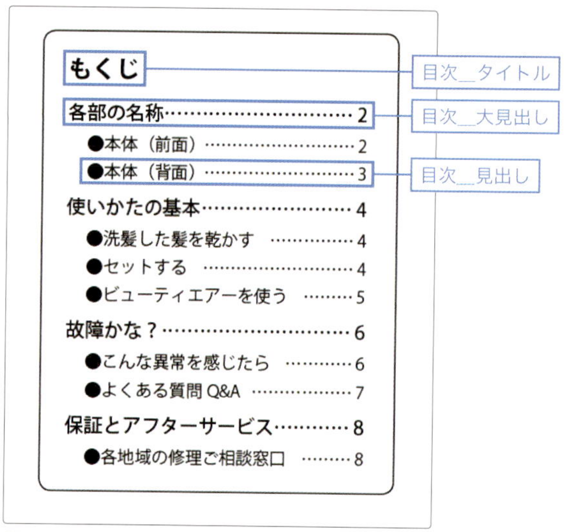

図1

❶「目次__タイトル」の段落スタイルを作成する

目次のタイトルに適用する段落スタイルを作成します。ドキュメント上のテキストや[段落スタイル]パネルのスタイルを何も選択していない状態で、[段落スタイル]パネルメニューから[新規段落スタイル...]を選択します【図2】。

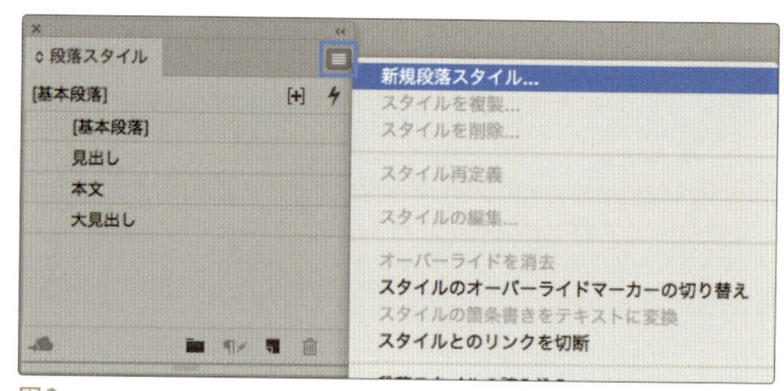

図2

[新規段落スタイル]ダイアログが表示されたら「スタイル名：目次__タイトル」と入力します【図3】。

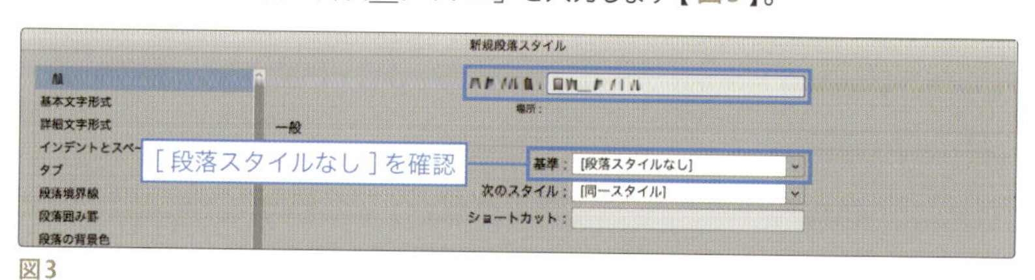

図3

基本文字形式を次のように設定し［ OK ］をクリックします【 図4 】。

［ 基本文字形式 ］

フォント：小塚ゴシック pro B

サイズ：11pt

行送り：18pt

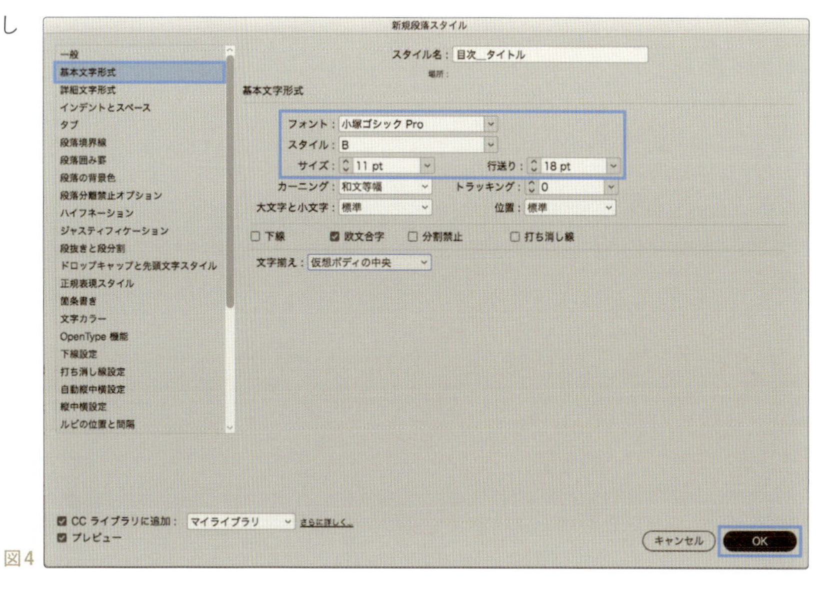

図4

❷「目次＿大見出し」の段落スタイルを作成する

目次の大見出しに適用する段落スタイルを作成します。先ほどと同じ要領で［ 新規段落スタイル ］ダイアログを開いて「スタイル名：目次＿大見出し」と入力し、次のように設定して［ OK ］をクリックします【 図5 】【 図6 】。

［ 基本文字形式 ］

フォント：小塚ゴシック pro M

サイズ：9pt

行送り：15pt

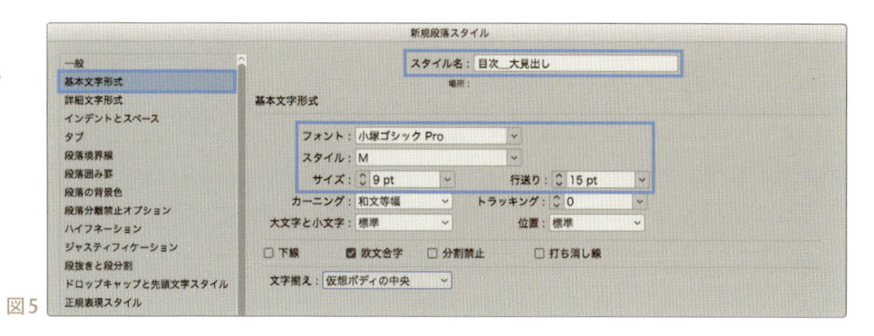

図5

［ インデントとスペース ］

段落前のアキ：1mm

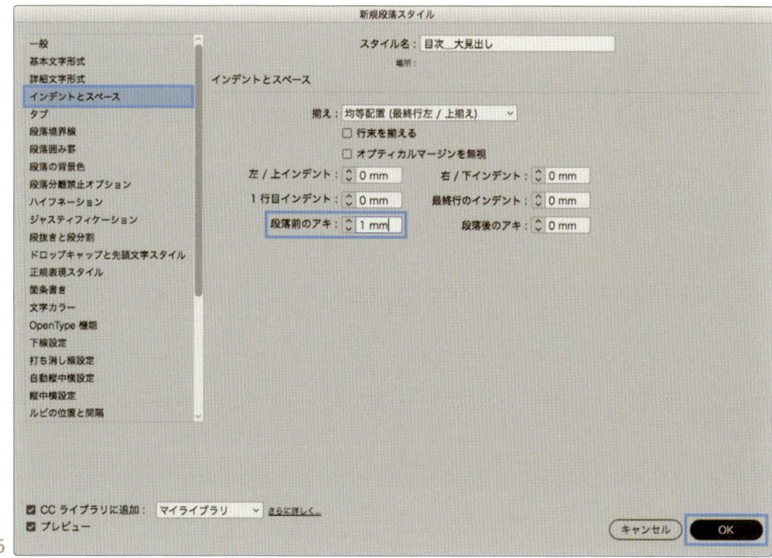

図6

❸「目次__見出し」の段落スタイルを作成する

目次の見出しに適用する段落スタイルを作成します。

先ほどと同じ要領で［新規段落スタイル］ダイアログを開いて「スタイル名：目次_見出し」と入力し、次のように設定し、［OK］をクリックします【図7】【図8】。

［基本文字形式］

フォント：小塚ゴシックpro R

サイズ：8pt

行送り：13pt

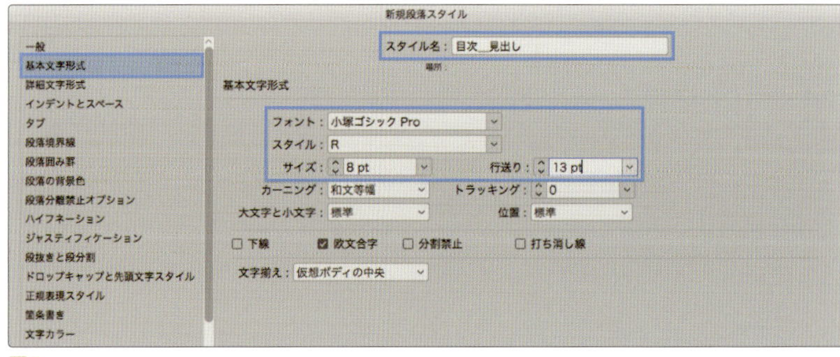

図7

［インデントとスペース］

左/上インデント：9pt

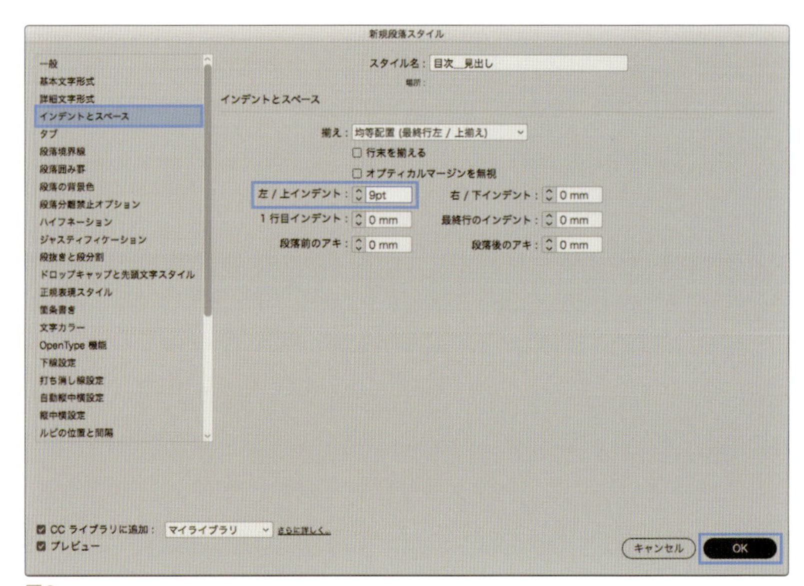

図8

［段落スタイル］パネルに目次の表示用に作った3つのスタイルが追加されています【図9】。

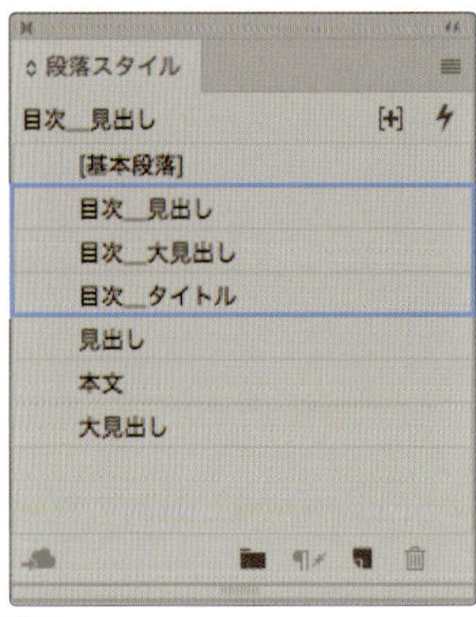

図9

5-2_目次を作成する

目次にする「大見出し」と「見出し」の段落スタイルに、目次表示用のスタイルを割り当てて目次を作成します。

1 [目次] ダイアログを表示する

[ページ] パネルの「1」の文字の上をダブルクリックして「1」ページを開きます【 図1 】。

[レイアウト ▶ 目次...] で [目次] ダイアログを表示します【 図2 】。

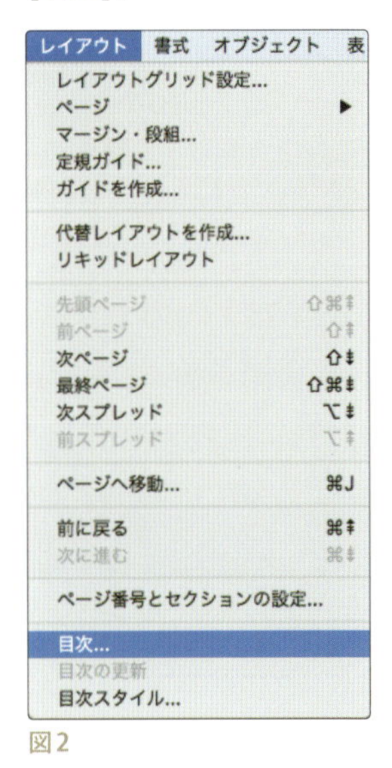

図2

図1

2「目次」のタイトルを入力する

[タイトル :] に「もくじ」と入力します。このタイトルは、作成される目次の最上部に表示されます。
[スタイル :] には、目次表示用の段落スタイル「目次__タイトル」を選択します【 図3 】。

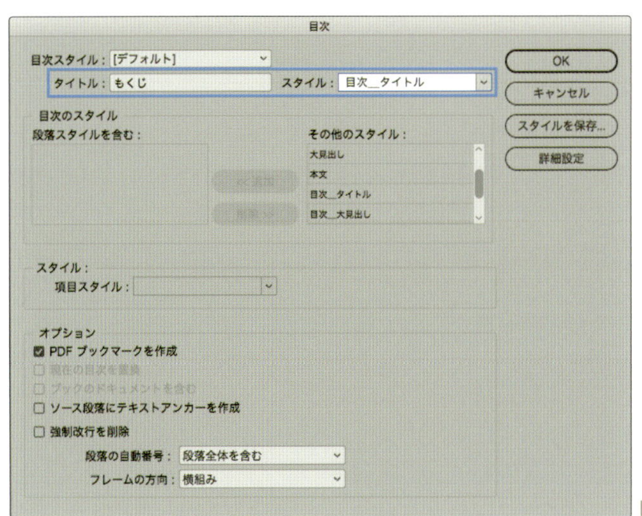

図3

❸「大見出し」を目次に含める

[その他のスタイル] リストボックスから、目次に含める「大見出し」を選択し、[追加] ボタンをクリックします【 図4 】。

図4

「大見出し」が追加されたら [詳細設定] をクリックします【 図5 】。

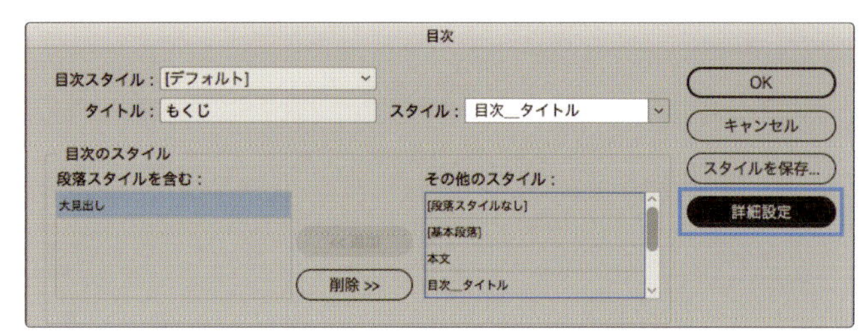

図5

続いて [スタイル：大見出し] の項目を次のように設定して [OK] をクリックします【 図6 】。

項目スタイル：目次＿大見出し
レベル：1

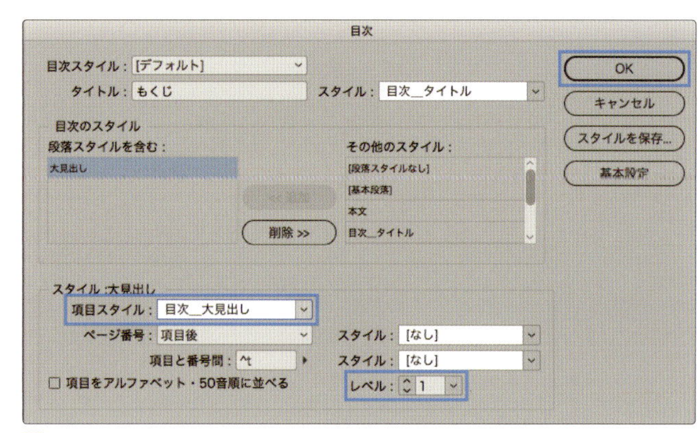

図6

❹「見出し」を目次に含める

同じ要領で「その他のスタイル」リストボックスから、「見出し」を選択して [追加] ボタンをクリックします。
「見出し」が追加されたら [スタイル：見出し] の項目を次のように設定して [OK] をクリックします【 図7 】。

項目スタイル：目次＿見出し
レベル：2

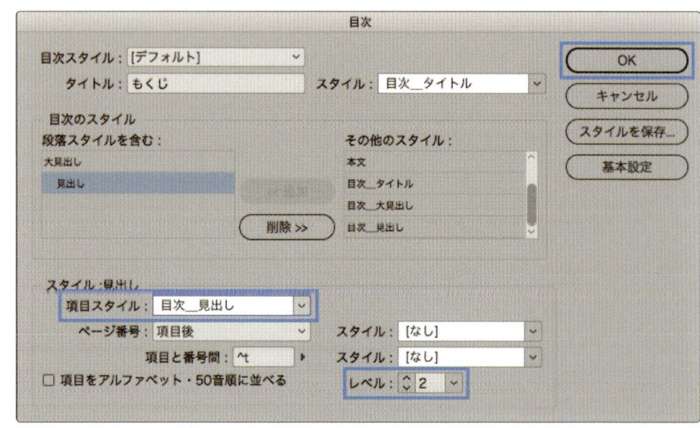

図7

5 目次を作成する

マウスポインターがテキスト流し込みアイコンに変わったら、センターガイドラインから右ガイドラインまで、斜めにドラッグします【図8】。
大見出しや見出しが設定したスタイルで、目次の項目として配置されます【図9】。

図8

図9

5-3_目次にタブリーダーを設定する

目次のページ番号をタブで揃え、目次の項目とページ番号の間に点線を入れるため、「タブリーダー」を設定します。
さらに「タブリーダーの設定」を「目次__大見出し」と「目次__見出し」のスタイルに追加します。
これによって、新たに大見出しや見出しが追加になった場合、それらの目次項目にもタブリーダーが設定されるようになります。

1 制御文字を表示する

［書式 ▶ 制御文字を表示］を選択します【図1】。
目次の項目とページ番号の間に「タブ」の制御文字が表示されます【図2】。

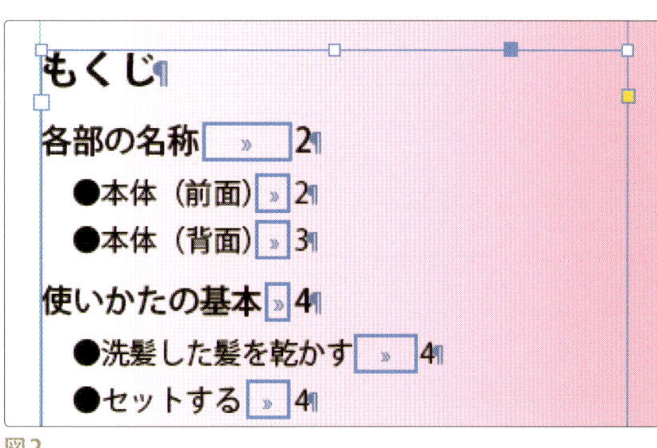

図2

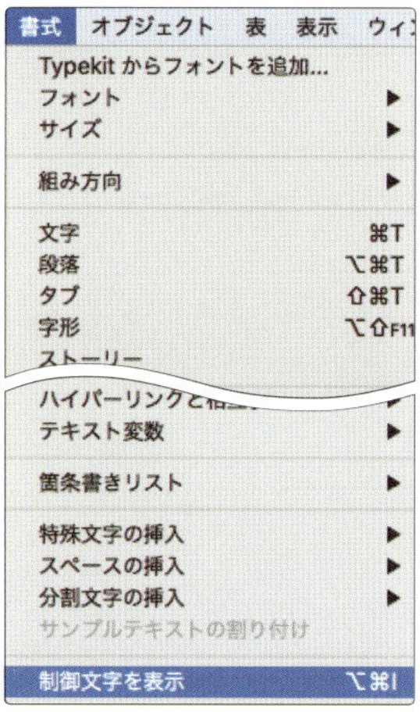

書式　オブジェクト　表　表示　ウィ
Typekit からフォントを追加...
フォント
サイズ
組み方向
文字 ⌘T
段落 ⌥⌘T
タブ ⇧⌘T
字形 ⌥⇧F11
ストーリー
ハイパーリンクと相...
テキスト変数
箇条書きリスト
特殊文字の挿入
スペースの挿入
分割文字の挿入
サンプルテキストの割り付け
制御文字を表示 ⌥⌘I

図1

② [タブ] パネルを表示する

[横組み文字] ツールで、目次のタイトル以外の項目部分を選択します【 図3 】。

[書式 ▶ タブ]【 図4 】で、[タブ] パネルを表示します【 図5 】。

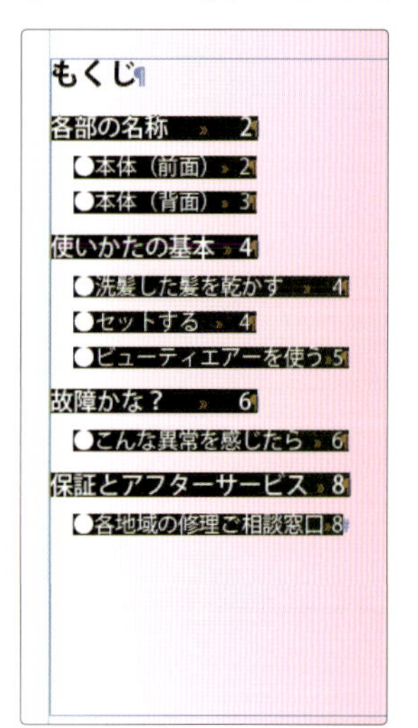

図3

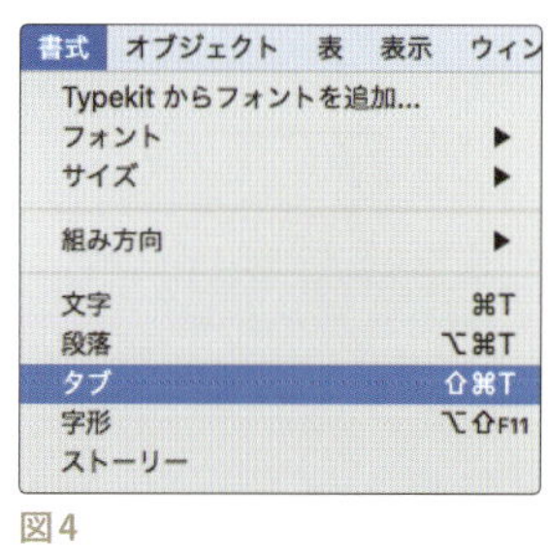

図4

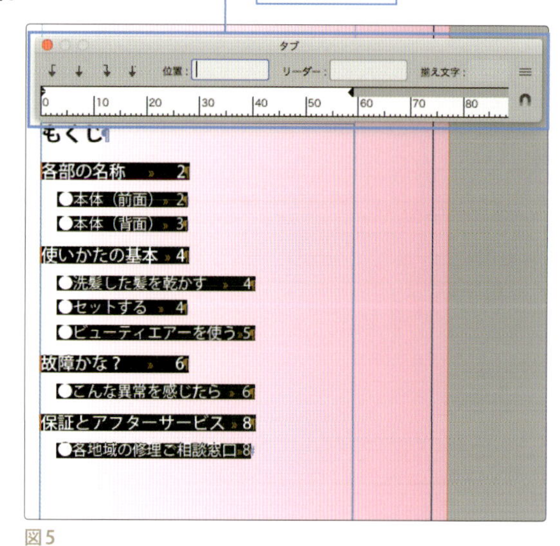

図5

③ [タブ] を設定する

[右/下揃えタブ] をクリックして、[タブ] パネルの定規「50mm」あたりをクリックします。

右揃えの矢印が表示され、ページ番号が揃います【 図6 】。

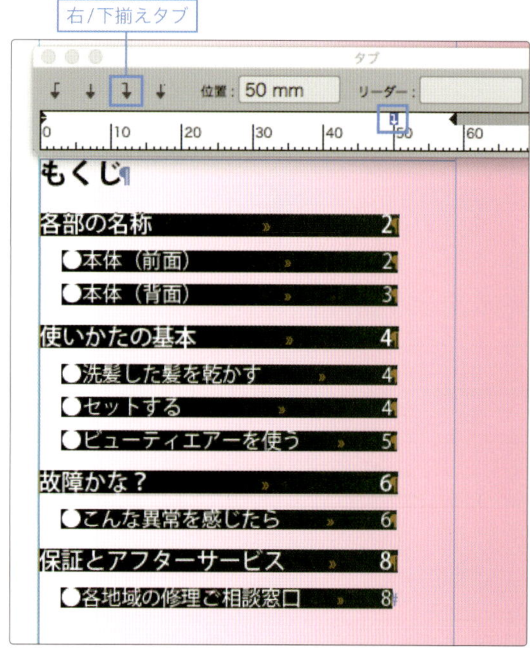

図6

④ [タブリーダー] を設定する

右揃えの矢印が選ばれた状態で [タブ] パネルの [リーダー :] に三点リーダー「…」を入力します。

三点リーダーは「てん」と入力して変換します【 図7 】。

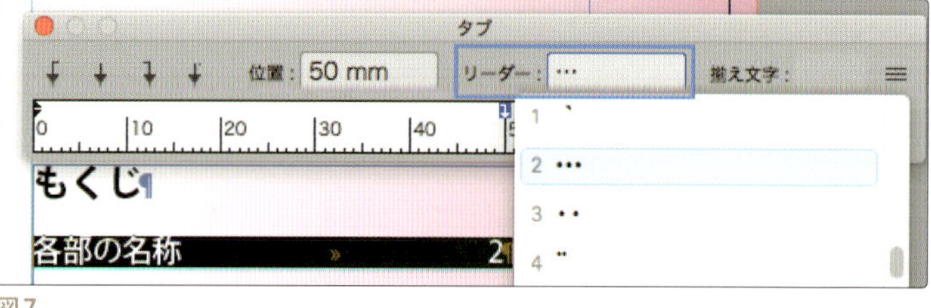

図7

[enter] キーを押すと、目次の項目とページ番号の間に点線が設定されます【 図8 】。
設定が終わったら [タブ] パネルを閉じます【 図9 】。

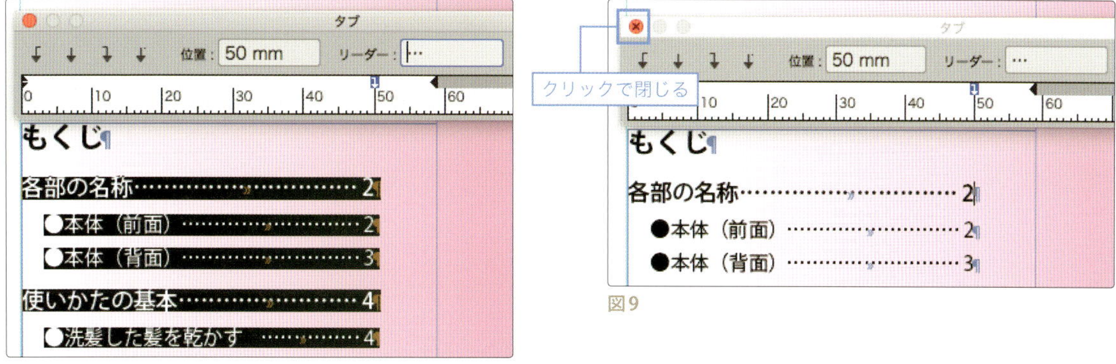

図8

図9

5 「目次__大見出し」の再定義をする

[横組み文字] ツールで「各部の・・・」のテキスト内をクリックします。
適用されている「目次__大見出し」のスタイル名の後に「+」が表示されます【 図10 】。
[段落スタイル] パネルのパネルメニューから [スタイル再定義] をクリックします【 図11 】。タブリーダーの設定が「目次__大見出し」のスタイルに含まれます。

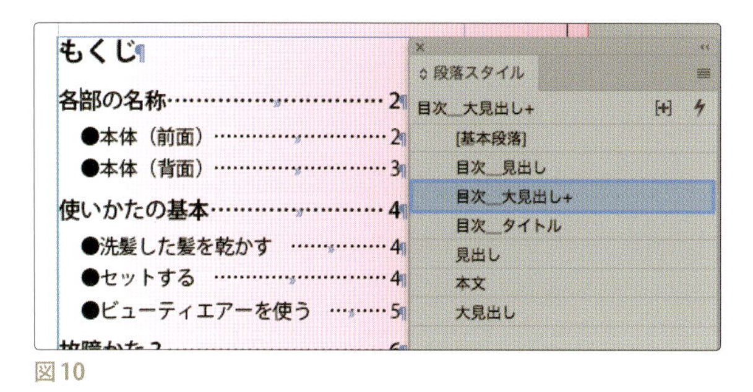

図10

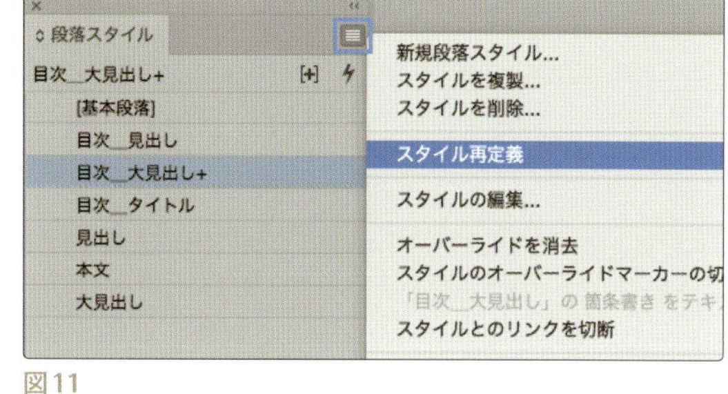

図11

6 「目次__見出し」の再定義をする

目次を構成するもう1つのスタイル「目次__見出し」も同様に再定義します。
[横組み文字] ツールで「●本体・・・」のテキスト内をクリックして、[段落スタイル] パネルメニューから [スタイル再定義] をクリックします【 図12 】。タブリーダーの設定が「目次__見出し」のスタイルに含まれます。

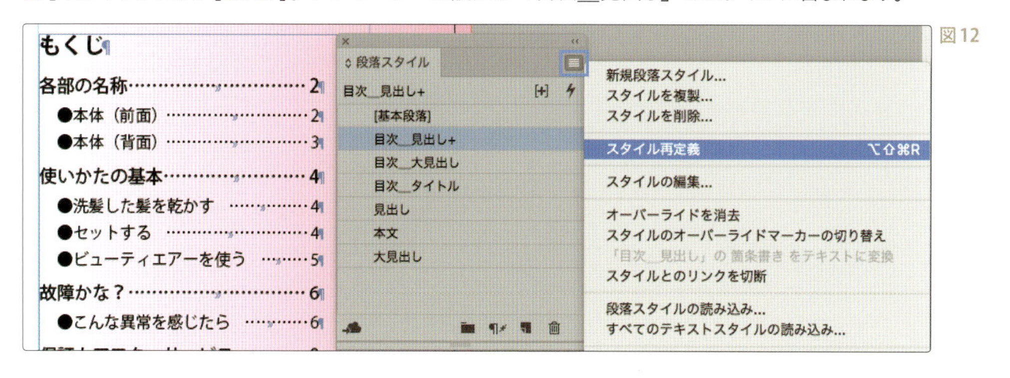

図12

【 memo 】 スタイル名の後ろの「+」マークは「オーバーライド」を表しています。
今回の場合、最初に適用したスタイルのうえに、タブリーダーの設定を行ったためです。

5-4_目次を更新する

ドキュメントのページ番号が変更されたとき、目次を構成する大見出しや見出しなどの項目に変更を加えたとき、目次を再生成して更新する必要があります。

目次を編集する場合は、ドキュメント内の実際の段落を編集してから新しい目次を生成します。

ここではドキュメント「7」ページに「よくある質問Q&A」という見出しを追加します。

1 ドキュメントに見出しを追加する

[ページ]パネルの「6-7」の文字の上をダブルクリックして、「7」ページを開きます。

[横組み文字]ツールでテキストフレームを作成して、「●よくある質問Q&A」と入力し、[段落スタイル]パネルで「見出し」を適用します【図1】【図2】。

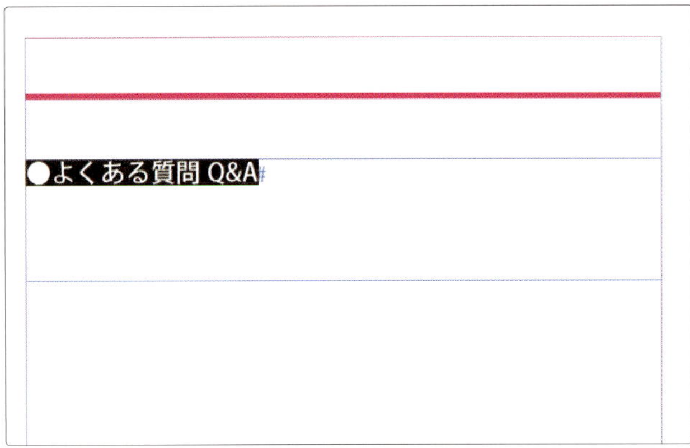

図1

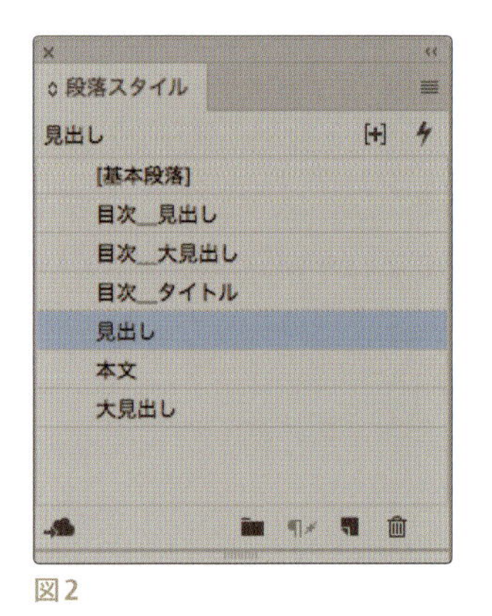

図2

2 目次のフレームを選択

[ページ]パネルの「1」をダブルクリックして1ページを開き、目次のテキストフレームを選択、またはそのフレーム内にカーソルを挿入します【図3】。

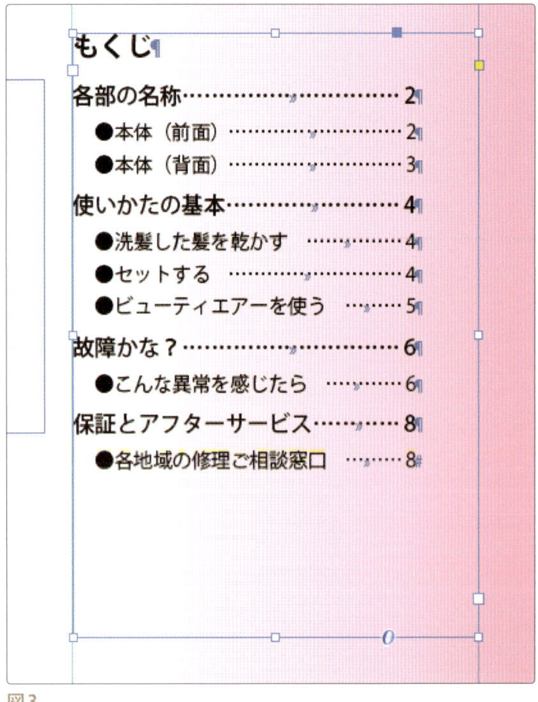

図3

③ 目次を更新する

[レイアウト ▶ 目次の更新] を選択します【 図4 】。
目次の更新が正常に完了したことを伝える [情報] ダイアログが開くので [OK] をクリックします【 図5 】。
目次が更新され「よくある質問Q&A」が追加されます【 図6 】。

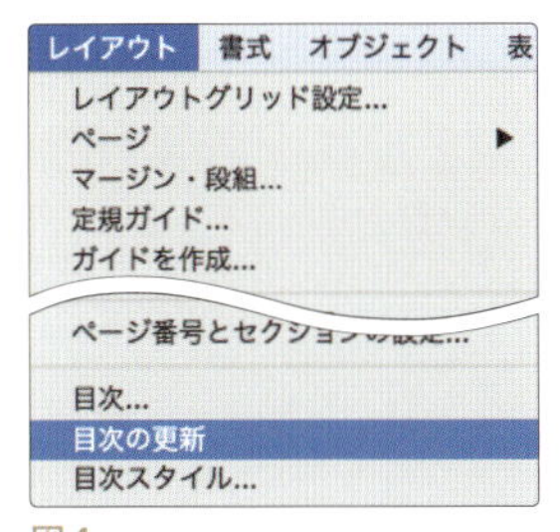

図4

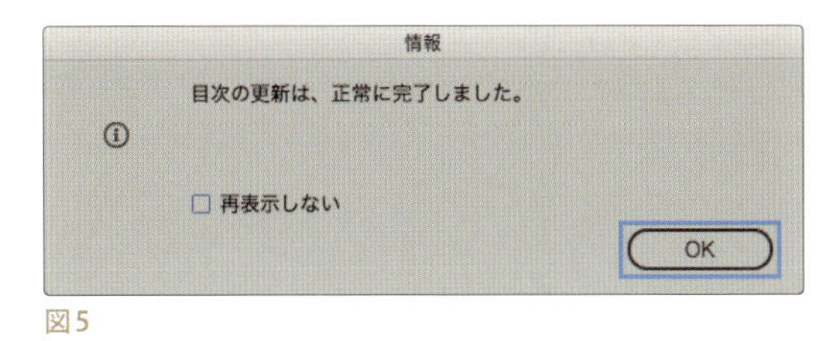

図5

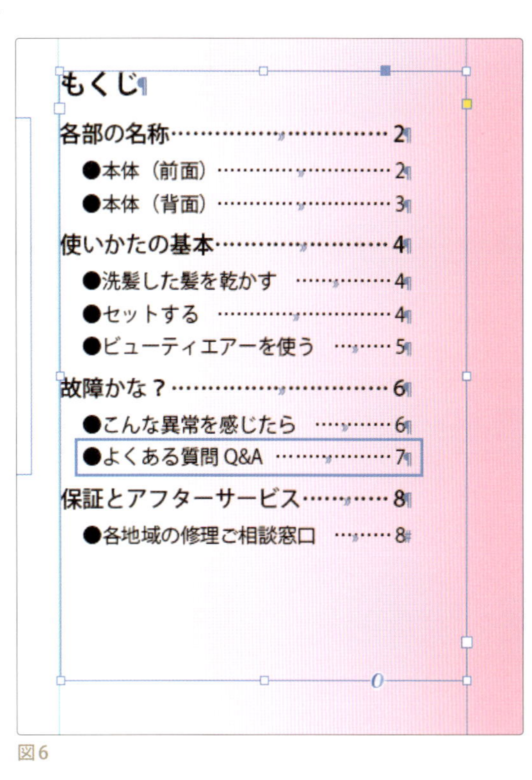

図6

【 point】
目次を直接変更した場合、その編集内容は目次を更新するときに上書きされ失われます。目次を編集する場合は、ドキュメント内の実際の段落を編集してから新しい目次を生成しましょう。

5-5_目次のフレームを作成する

目次のテキストフレームに線を設定し、体裁を整えます。

① フレームに線を設定する

目次のテキストフレームを選択して、[コントロール] パネルで次のように設定します【 図1 】。

線幅：0.25mm
角オプション：2mm
角の形状：丸み（外）

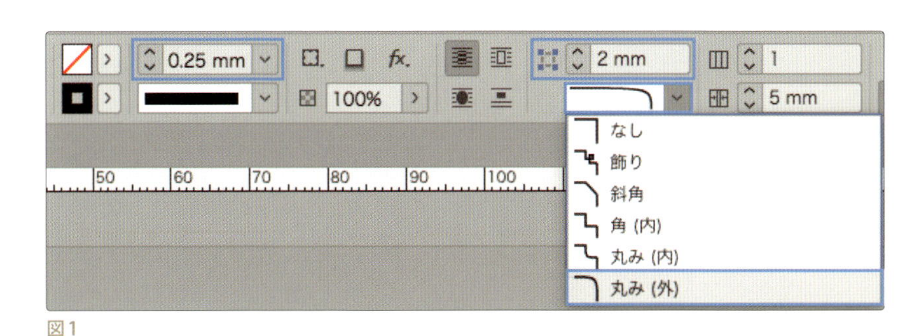

図1

❷ テキストフレームの設定

続いて、テキストフレームの上で右クリックして、コンテキストメニューから［テキストフレーム設定...］を選択します【図2】（［オブジェクト ▶ テキストフレーム設定...］を選択でも構いません）。
［テキストフレーム設定］ダイアログを次のように設定して［OK］をクリックします【図3】。

フレーム内マージン「内：4mm」
テキストの配置「配置：中央」

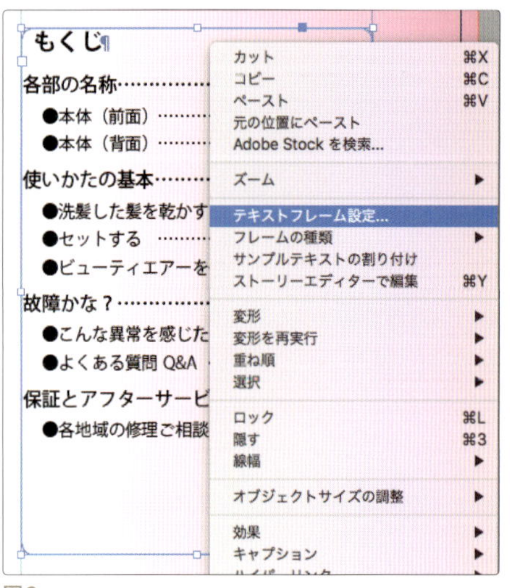

図2

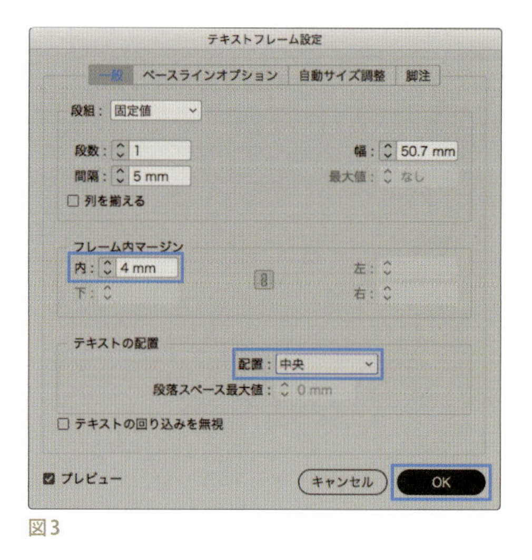

図3

❸ フレームのサイズを変更する

目次のフレームを選択した状態で、［コントロール］パネルから「フレームを内容に合わせる」をクリックします【図4】。

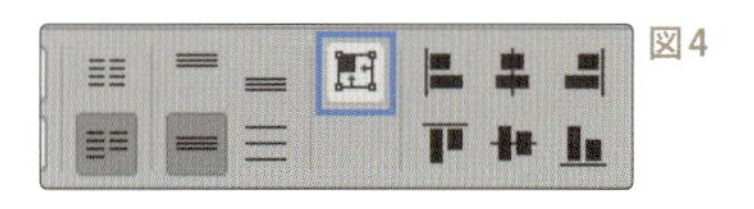
図4

フレームのサイズがテキストに合わせて調整されます【図5】。

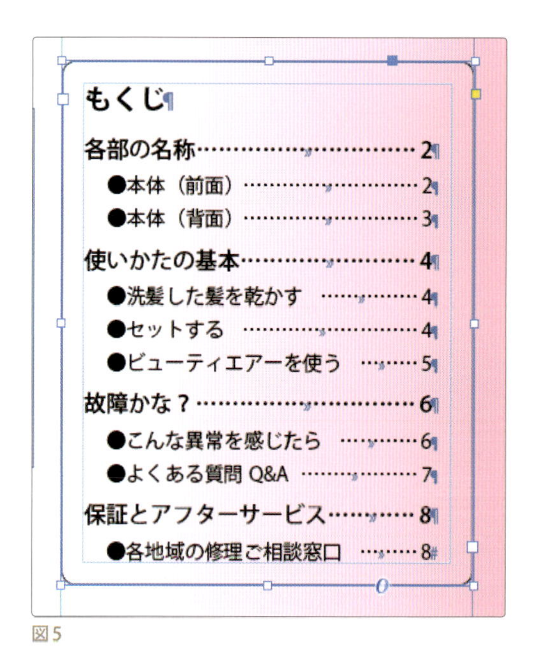

図5

オブジェクトを作成しよう

InDesign には、オブジェクト描画機能も複数搭載されています。
ロゴマークやイラスト、フローチャート図などの
オブジェクトを作成することができます。
ここでは、2ページ、3ページに図のような線や図形を描きます。

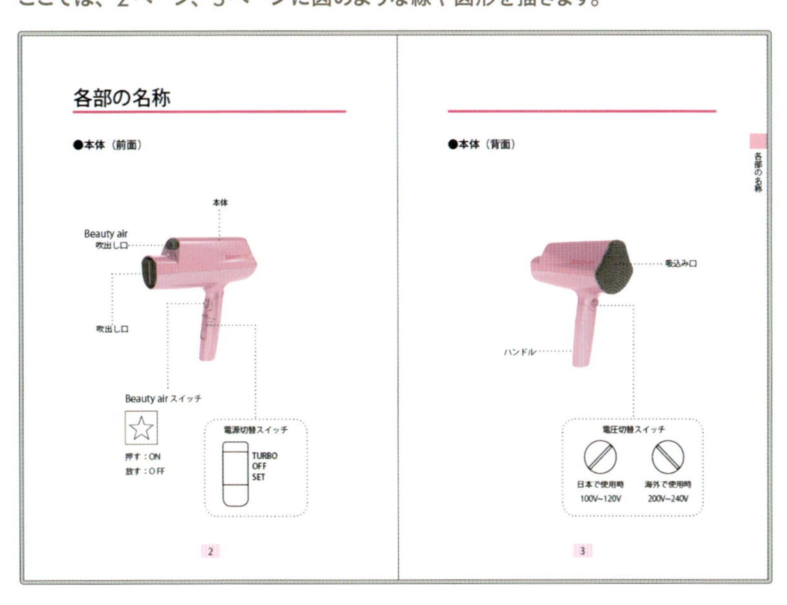

6-1_引き出し線と枠線を描く

画像の各部と名称を結ぶ引き出し線を描きます。

❶ 線の設定をする

［ページ］パネルの「2-3」の文字の上をダブルクリックして、「2」ページを開きます。
［ペン］ツールを選択します【図1】。

ペンツール

図1

［コントロール］パネルで次のように設定します【図2】。

線幅：0.5mm
種類：点
カラー：黒

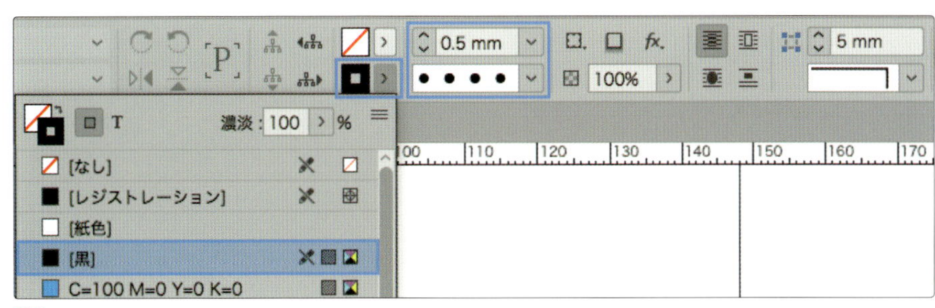

図2

② 線を描く

［ペン］ツールで線の始点となるドライヤーの吹き出し位置をクリックして【図3】、［shift］キーを押しながら水平線上でクリック【図4】、続けて垂直線上でクリック【図5】して直角な線を描きます。

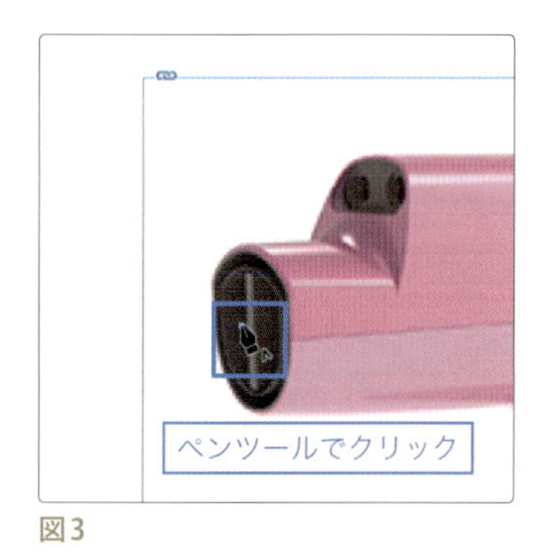

図3

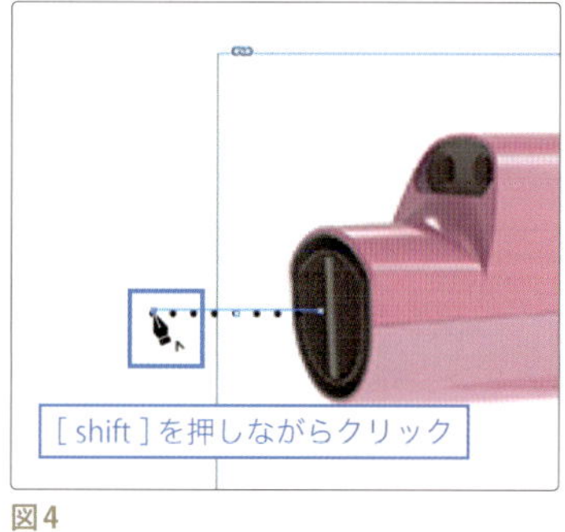

図4

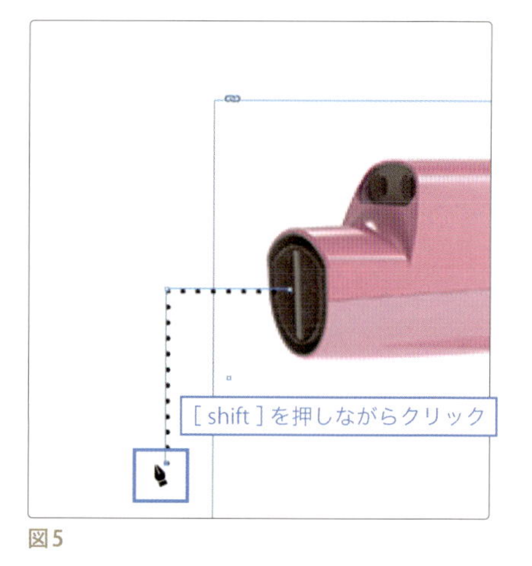

図5

【memo】 ［ペン］ツールはクリックしていくと次々と線がつながっていきます。線を終わりにしたい場合は、［command（Ctrl）］キーをを押しながら、オブジェクト以外の場所をクリックします。または再度［ペン］ツールをクリックします。

③ 枠線を描く

［長方形］ツールで、ドラッグして四角形を描いて、［コントロール］パネルの［角オプション］で「2mm」「丸み（外）」に設定します【図6】【図7】。

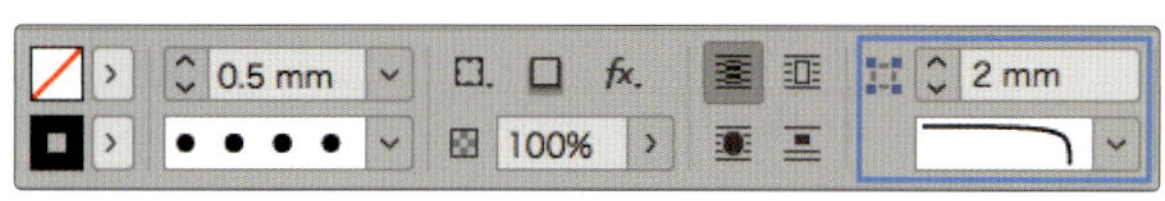

図6

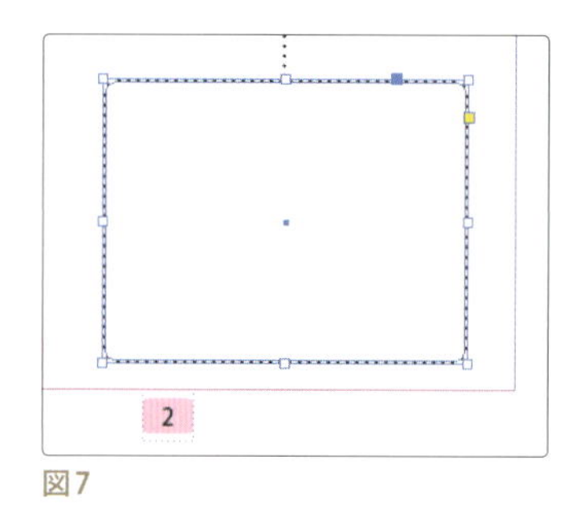

図7

同じ要領で、2ページと3ページに【図8】のような引き出し線と枠線を描きます。枠線は少し大きめに描いておいて最後にサイズを調整しましょう。

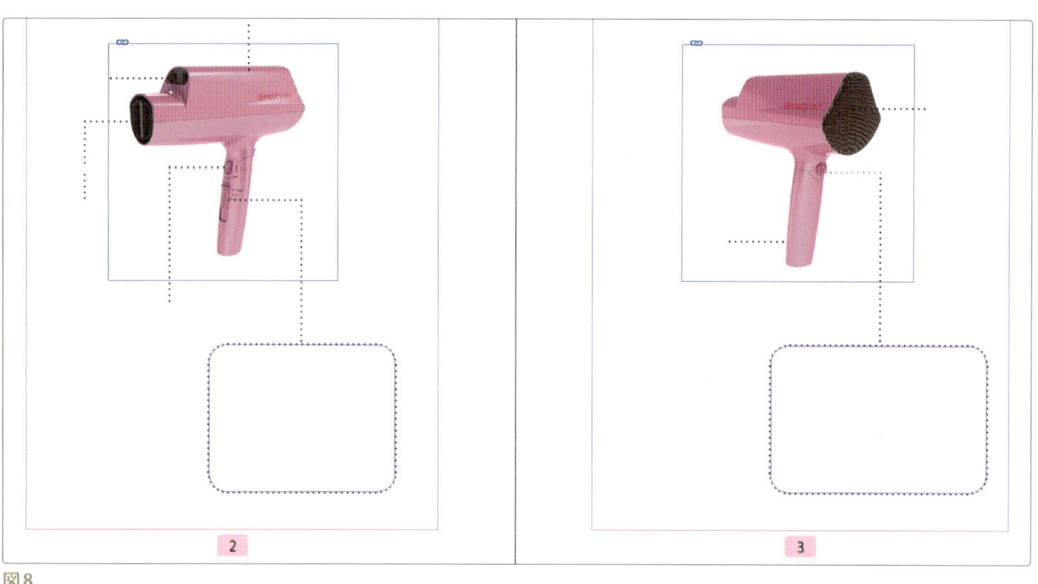

図8

点線の描画が終わったら、［コントロール］パネルで線の形状を「ベタ」に変更しておきます。

6-2_スイッチのオブジェクトを描く

電源切替スイッチ、電圧切替スイッチ、ビューティエアースイッチの図を描きます。

❶ 電源切替スイッチを描く

[長方形] ツールでドキュメント上をドラッグして四角形を描きます。[コントロール] パネルで「W：10mm」「H：25mm」線幅を「0.35mm」に設定します【 図1 】。
[オブジェクト ▶ 角オプション…] を選択します【 図2 】。

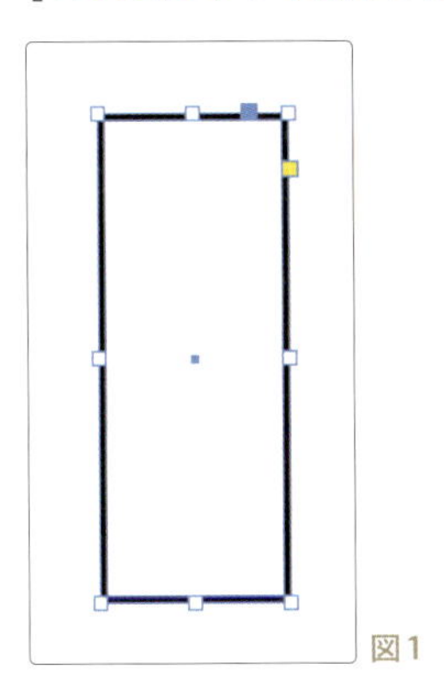
図1

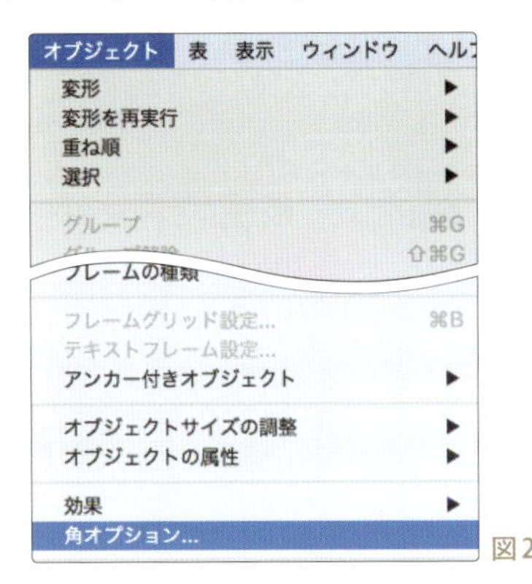

図2

[角オプション] ダイアログが表示されたら【 図3 】のように設定します。
次に、この上に [長方形] ツールで、中心にポインターを合わせて [option(Alt)] キーを押しながらドラッグで長方形を描いて、少し上に移動させます【 図4 】。

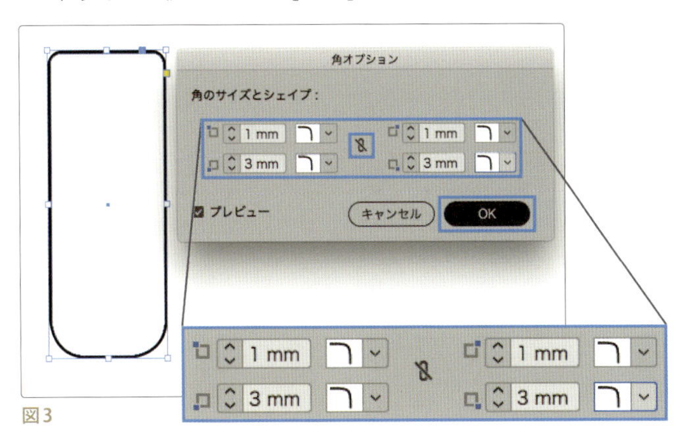

図3

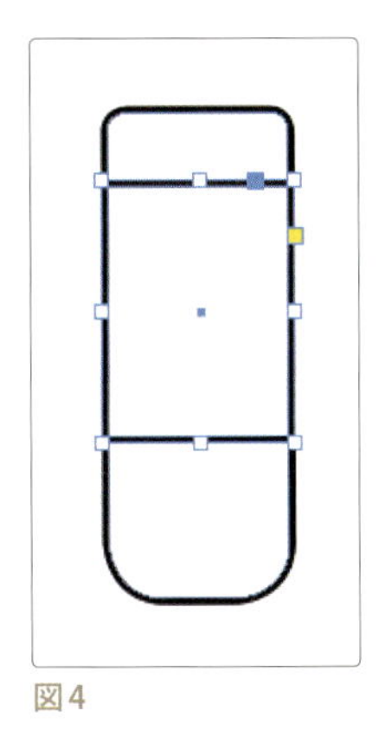
図4

❸ Beauty air スイッチの図を描く

[長方形] ツールで [shift] キーを押しながらドラッグして正方形を描きます【 図5 】。
正方形の選択を解除し、ドキュメント上の何も選択していない状態で、[ツール] パネルの [多角形] ツールの上でダブルクリックします【 図6 】。

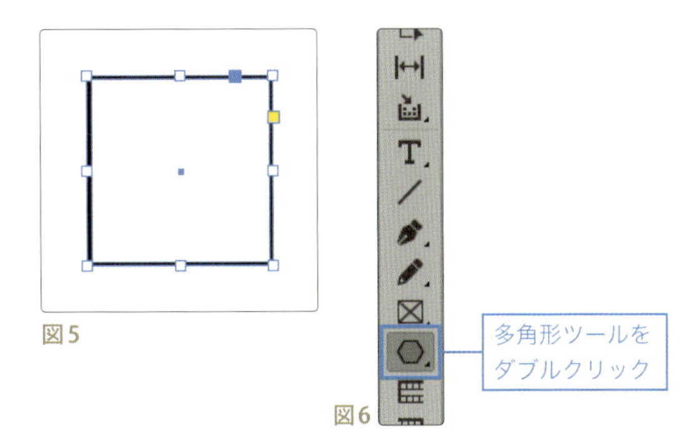

図5
図6

［ 多角形の設定 ］ダイアログボックスが表示されたら［ 頂点の数：］を「5」、［ 星型の比率：］を「50%」と設定します【 図7 】。
［ 多角形 ］ツールのポインターを正方形の中心に合わせて、［ option(Alt) ］キーと［ shift ］キーを押しながらドラッグして中心から星形正五角形を描きます【 図8 】。

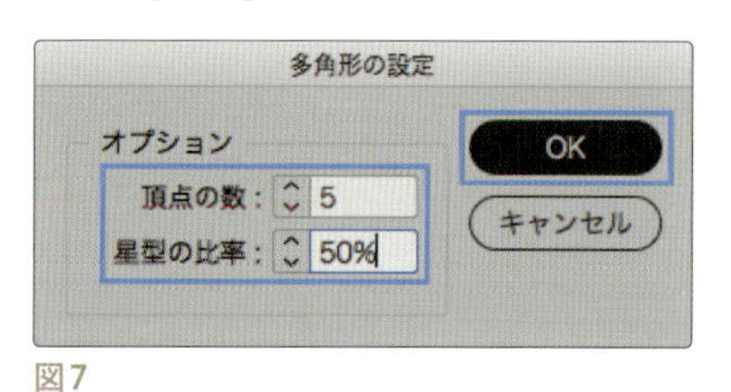

図7

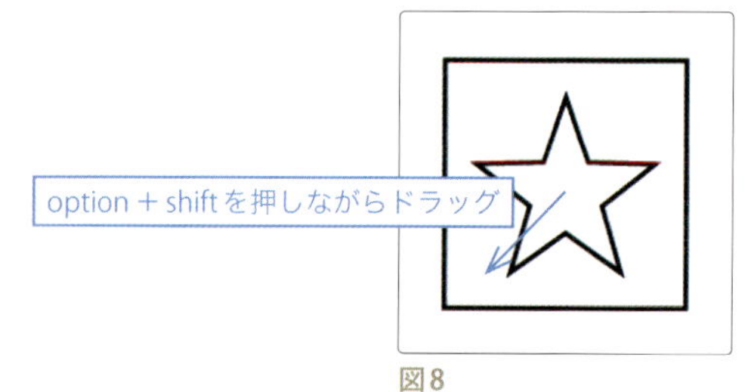

図8

❸ 電圧切替スイッチの図を描く

［ 楕円形 ］ツール【 図9 】で［ shift ］キーを押しながらドラッグして正円を描きます【 図10 】。
［ 長方形 ］ツールで、正円の中心にポインターを合わせて［ option(Alt) ］キーを押しながらドラッグして中心から長方形を描きます【 図11 】。

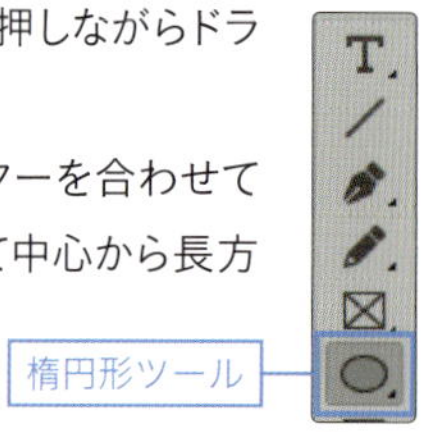

楕円形ツール

図9

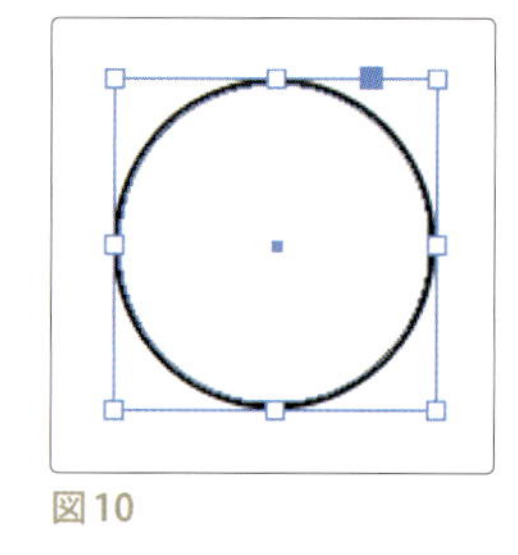
図10

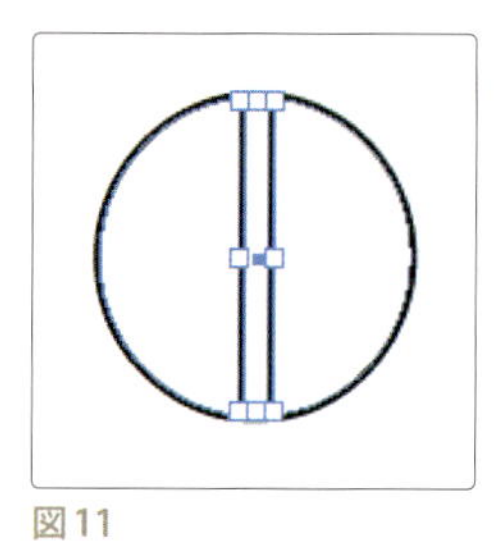
図11

［ 選択 ］ツールに持ち替えて、長方形の境界線ボックス角の外に、ポインターを置きます。ポインターが「矢印」に変化したら【 図12 】、オブジェクトが目的の回転角度になるまでドラッグして完成です【 図13 】。

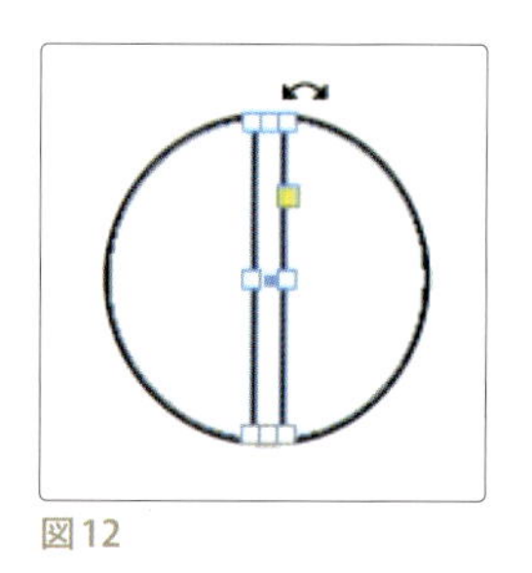
図12

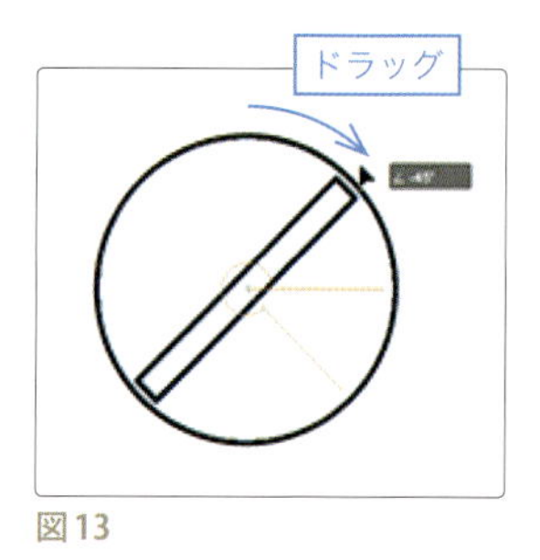

図13

完成したスイッチをコピーしてもう片方のスイッチを作成します。
コピーしたオブジェクトを選択して、［ コントロール ］パネルの［ 水平方向に反転 ］をクリックして向きを反転させます【 図14 】【 図15 】。

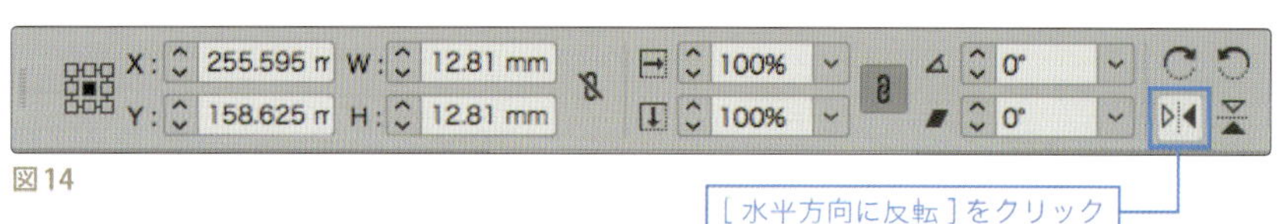

図14

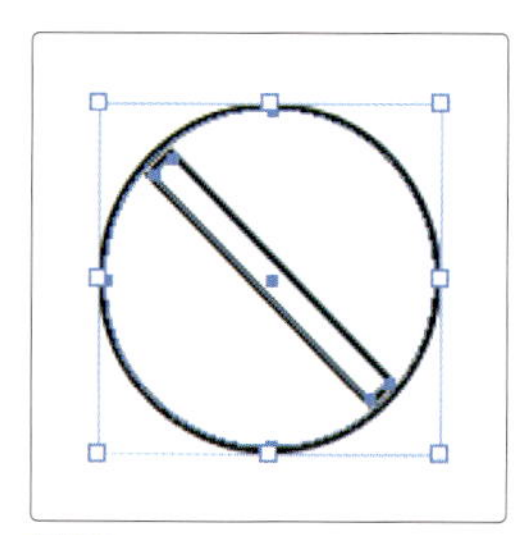
図15

最後に、完成したスイッチの図をそれぞれ【 図16 】のように配置して、テキストを入力します。

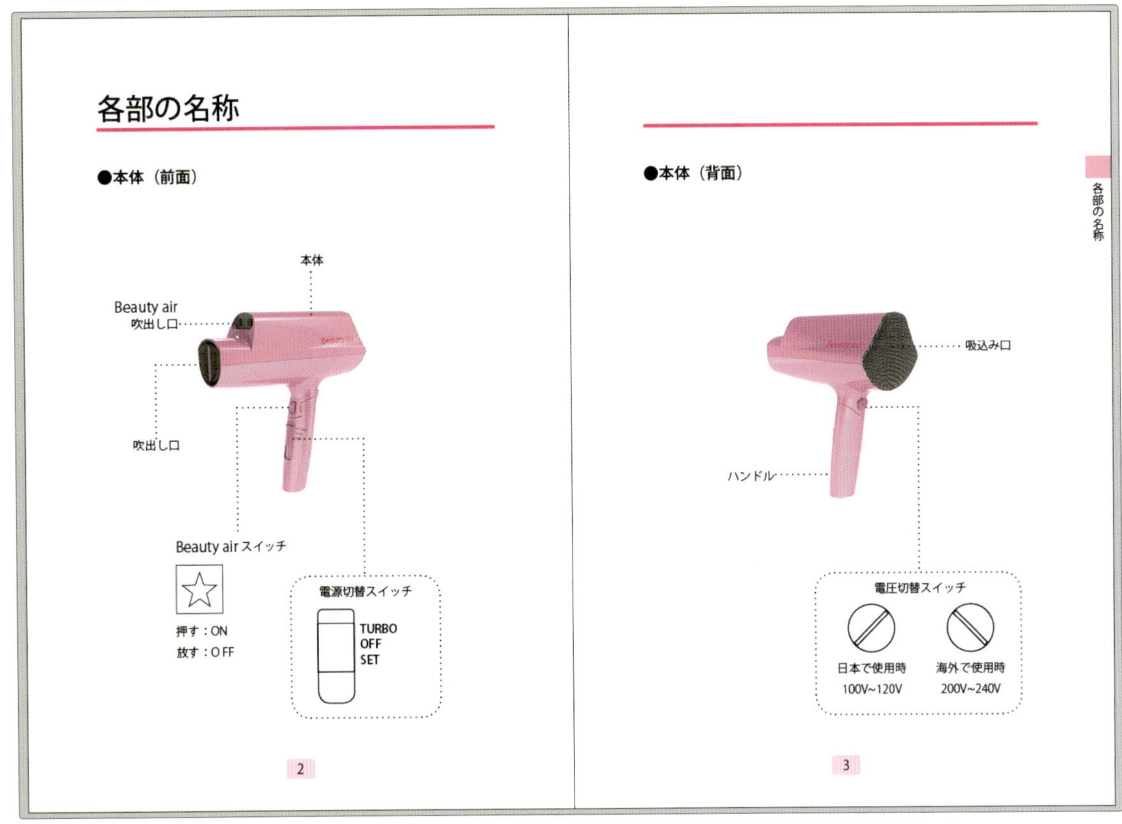

図16

6-3_オブジェクトを整列させる

オブジェクトを水平方向または垂直方向に整列したり、均等に配置するには、［整列］パネルを使用します。
ここでは、6ページの2つのテキストフレームと三角形を、高さの中心で揃え横に均等に配置します。
また、内容によってテキストが増えることを考慮して、テキストフレームには［自動サイズ調整］を設定します。

① テキストフレームの設定をする

［ページ］パネルの「6-7」の文字の上をダブルクリックして、「6」ページを開きます。［選択］ツールで【図1】のように2つのテキストフレームを選択して［コントロール］パネルで、［線幅］を「0.25mm」に設定します【図2】。

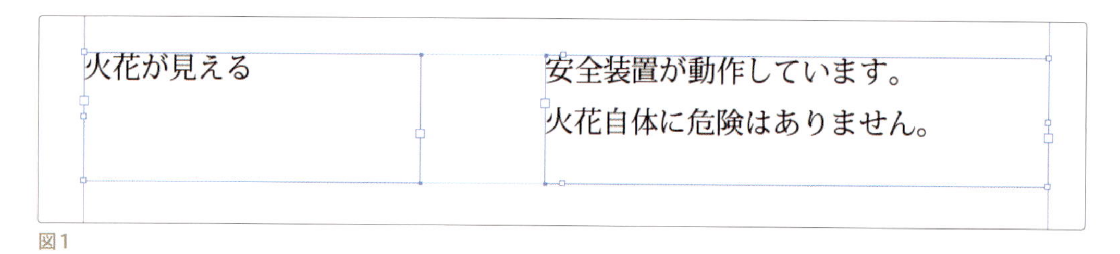

図1

図2

テキストフレームの上で右クリックして、コンテキストメニューから［テキストフレーム設定...］を選択します【図3】。
［フレーム内マージン］の［上:］［下:］［左:］［右:］すべて「2mm」にして、［テキストの配置］を「中央」に設定します【図4】。

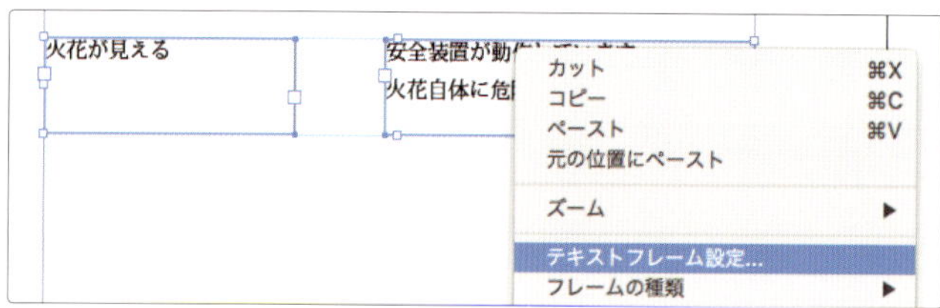

図3

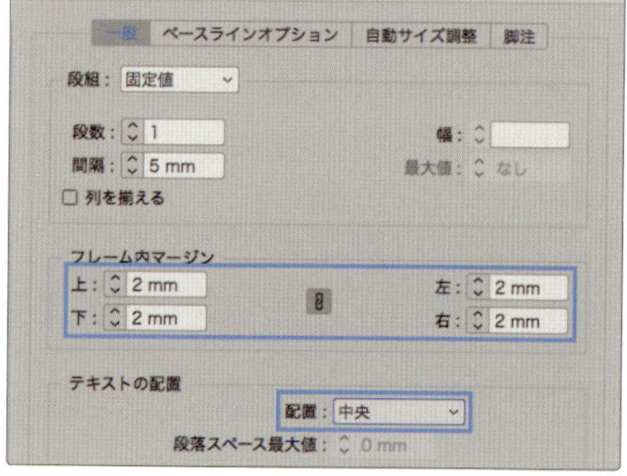

図4

続いて［自動サイズ調整］をクリックし、次のように設定して［OK］をクリックします【図5】。

自動サイズ調整：高さのみ
基準点：中上
制約：高さの最小値：14mm

図5

「火花が見える」のテキストフレームは1行ですが、高さの最小値を設定しているため、フレームの高さは「14mm」を保ちます【図6】。

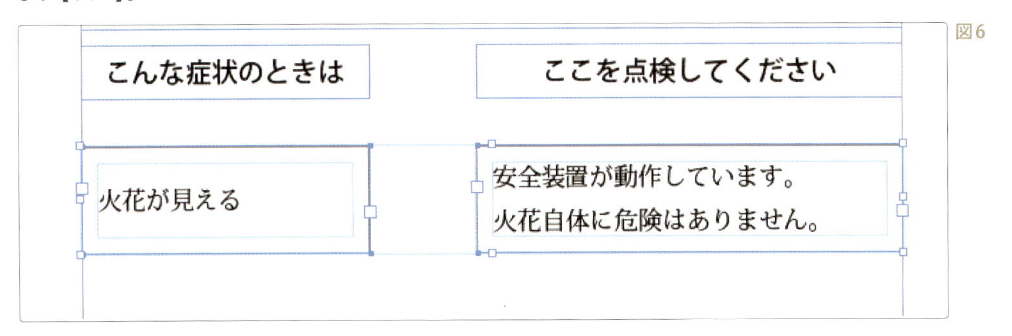

図6

② 三角形を描く

[多角形] ツールの上でダブルクリックして [多角形の設定] ダイアログボックスを表示し、[頂点の数:] を「3」、[星型の比率 :] を「0%」と設定します【図7】。

[多角形] ツールで [shift] キーを押しながらドラッグして正三角形を描きます【図8】。

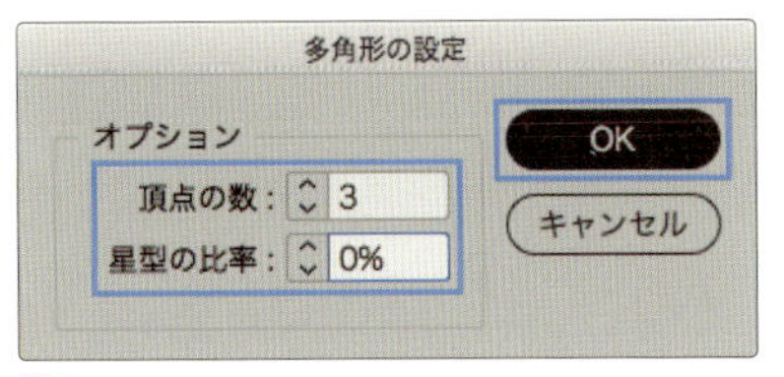

図7

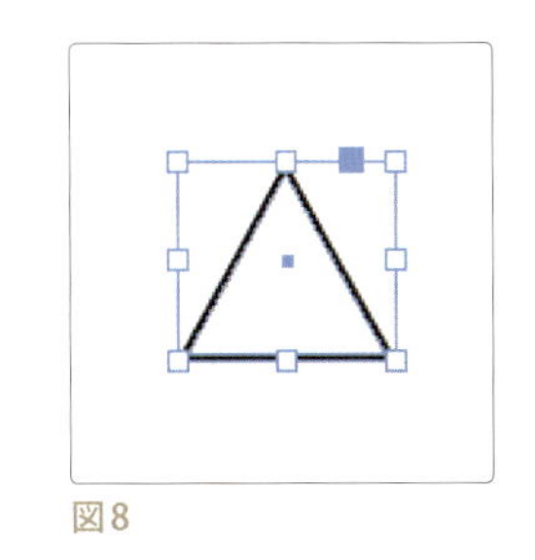
図8

[コントロール] パネルの [回転角度] を「-90°」に設定して【図9】、三角形の向きを変更します【図10】。

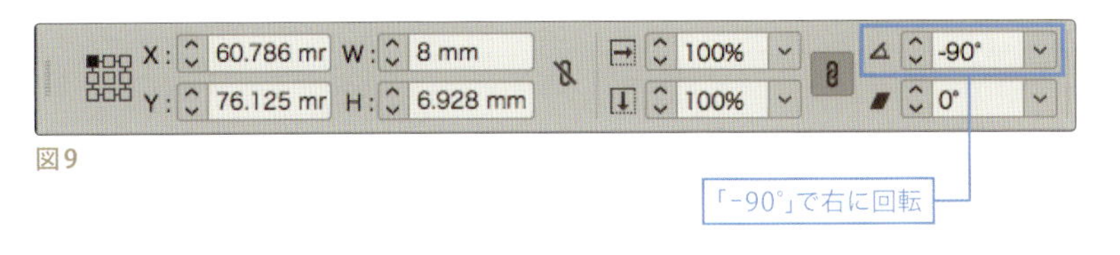

図9

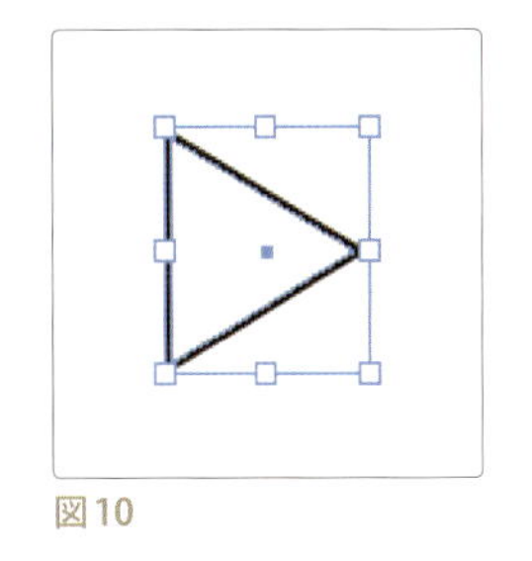
図10

③ [整列] パネルを表示する

[ウィンドウ ▶ オブジェクトとレイアウト] で [整列] パネルを表示します【図11】。

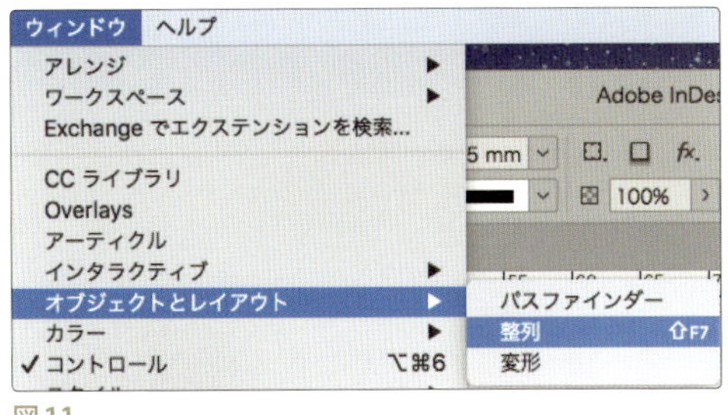

図11

❹ 3つのオブジェクトを揃える

[選択] ツールで [shift] キーを押しながら「火花・・・」、「安全装置・・・」のテキストフレーム、「三角形」を選択します【 図12 】。

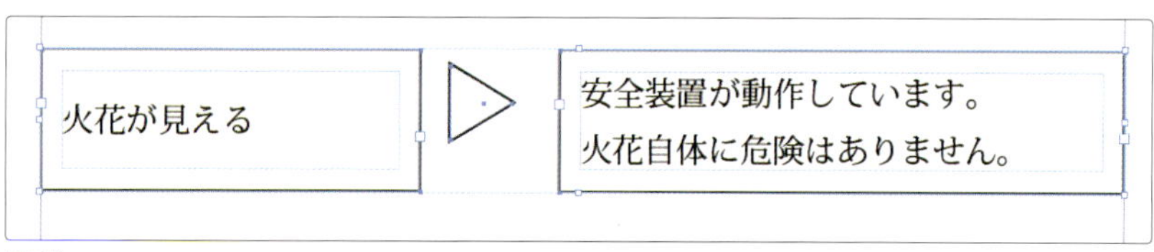

図12

[整列] パネルの [オブジェクトの整列 :] の「垂直方向中央揃え」をクリックして [等間隔に分布 :] の「水平方向に等間隔に分布」をクリックします【 図13 】。

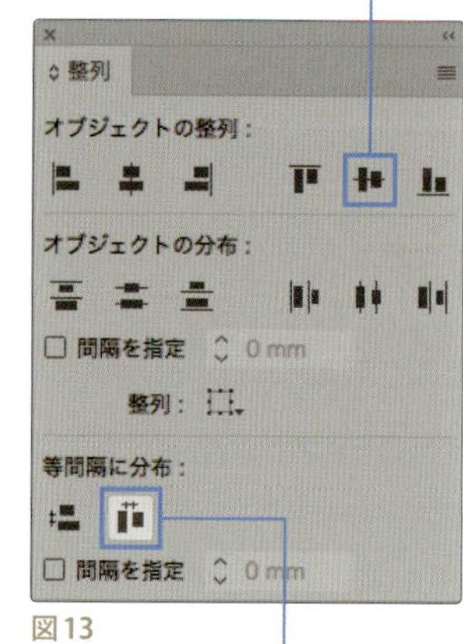

図13

3つのオブジェクトが高さの中心で揃い、左右の間隔が等間隔になります【 図14 】。

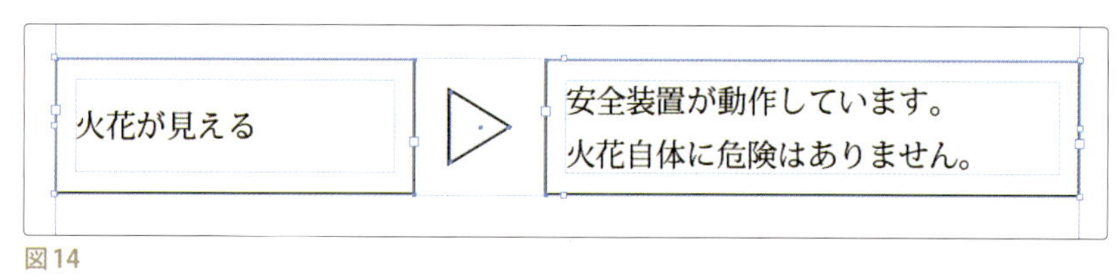

図14

項目を増やす場合は、この3つのオブジェクトをコピーして作成します。
テキストの増加に伴なってテキストフレームが下に拡がります【 図15 】。

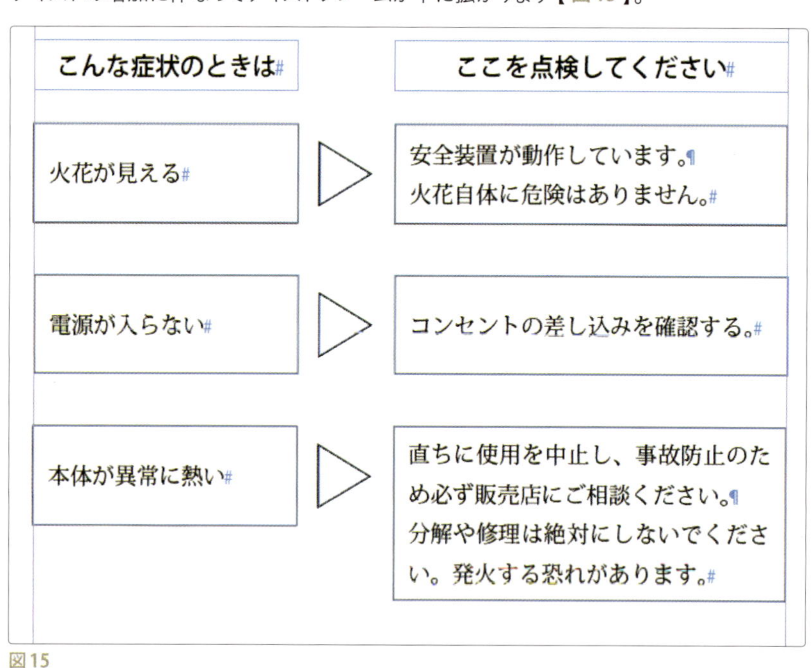

図15

6-4_パステキストを作成する

パステキストとは、オブジェクトの線に沿って、流し込まれたテキストをいいます。
テキストはパス（線や図形）に沿って移動させたり、パスの反対側に移動させることもできます。ここでは、表紙（1ページ）の画像の下に、曲線に沿ったパステキストを作成します。

❶ ペンツールで曲線を描く

［ページ］パネルの「1」をダブルクリックして、1ページを開きます。
パスはドライヤーの画像の下に描きますが、描いてから位置を調整しても構いません。
［ペン］ツールを線の始点となる位置におき、右斜め上に向かってドラッグします【図1】。

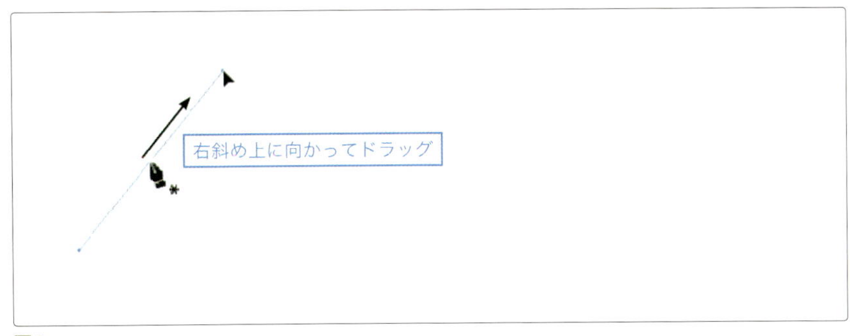

図1

一旦マウスから手を放し、少し右に移動した地点で、斜め下に向かってドラッグします【図2】。

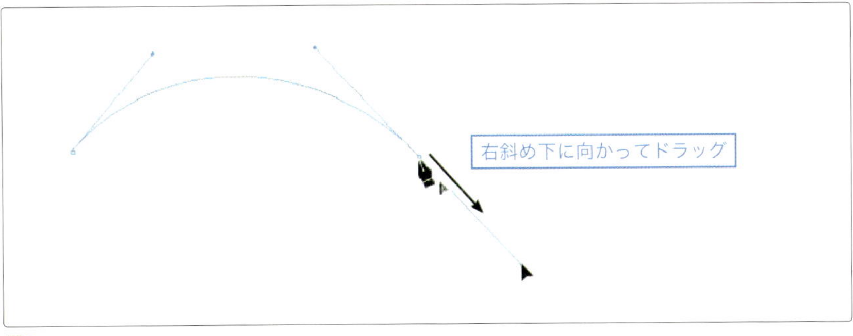

図2

再び少し右に移動した地点で、斜め右上に向かってドラッグし、［enter］キーを押します【図3】。
連続した曲線が描けます。

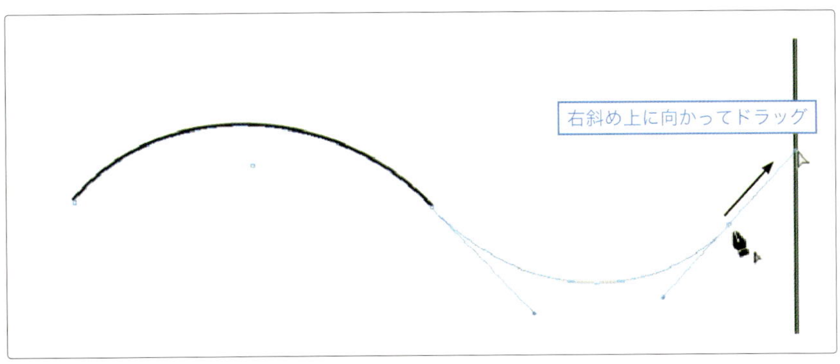

図3

【memo】 描画を終了する場合は、［ツール］パネルで別のツールを選択するか、［enter］キーを押します。
また、曲線の編集は、［ダイレクト選択］ツール【図4】で、線やアンカーポイントをドラッグして行います【図5】。

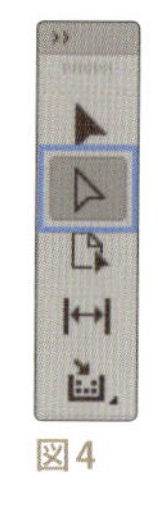
図4

図5 ［ダイレクト選択］ツールでアンカーポイントをドラッグ

❷ テキストを入力する

［横組みパス］ツール【図6】を選択して、パス（曲線）上にカーソルを置いて、ポインターの横に小さいプラス記号が表示されたらクリックします【図7】。

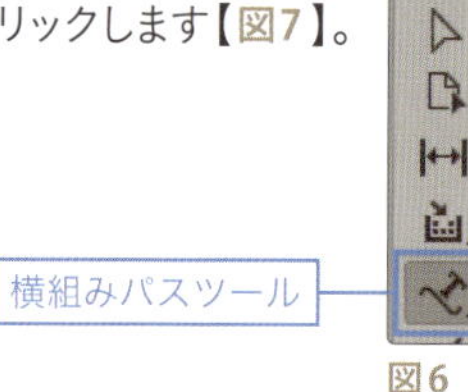

図6

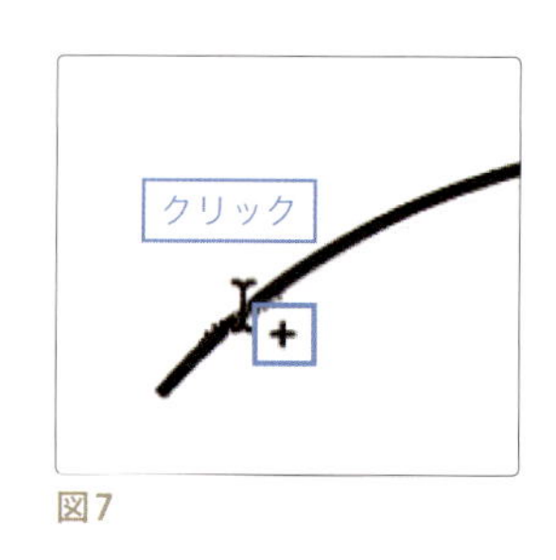

図7

カーソルが点滅をしたら「ビューティエアーで髪サラサラ～」と入力して、［字：コントロール］パネルで「小塚ゴシック Pro M　9pt」に設定します【図8】【図9】。

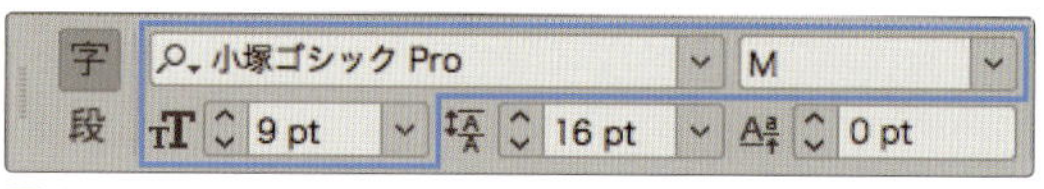

図8

図9

❸ テキストを移動する

［選択］ツールでパステキストを選択すると表示されるパステキストの始点のブラケット上にポインターを乗せます。ポインターの横に小さいアイコンが表示されたら、パスに沿って右にドラッグします【図10】。
左右にドラッグして、位置を調整します。

図10

【point】
ブラケットのインポートやアウトポート（□のマーク）にポインターを置かないように注意します【図11】。

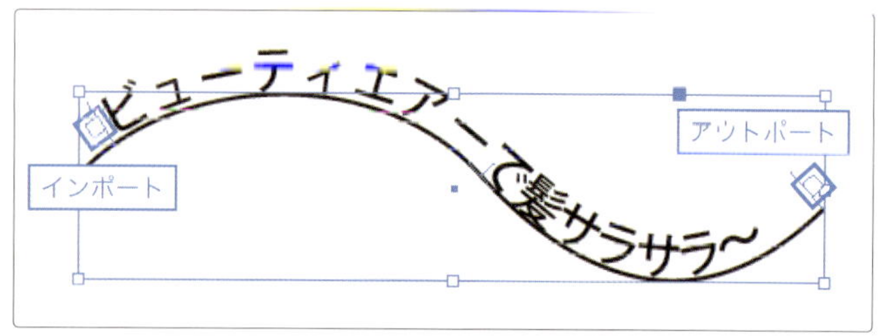

図11

❹ 字間を調整する

[横組み文字] ツールで「ビューティエアー」を選択して [コントロール] パネルで [トラッキング] を「-50」に設定し、字間を狭めます【 図12 】。

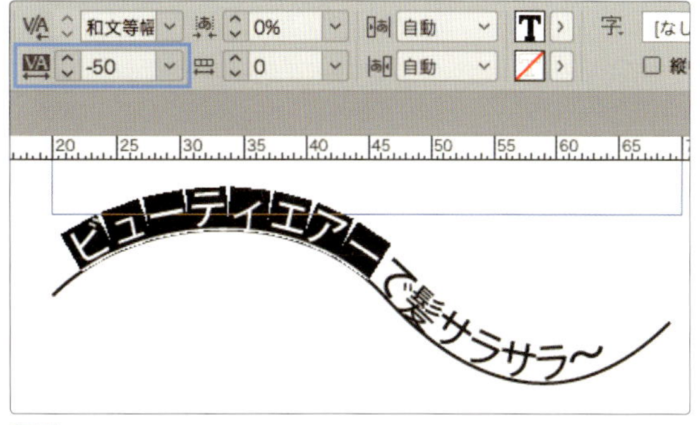

図12

続いて「で髪サラサラ〜」を選択して [トラッキング] を「200」に設定し、字間を広げます【 図13 】。

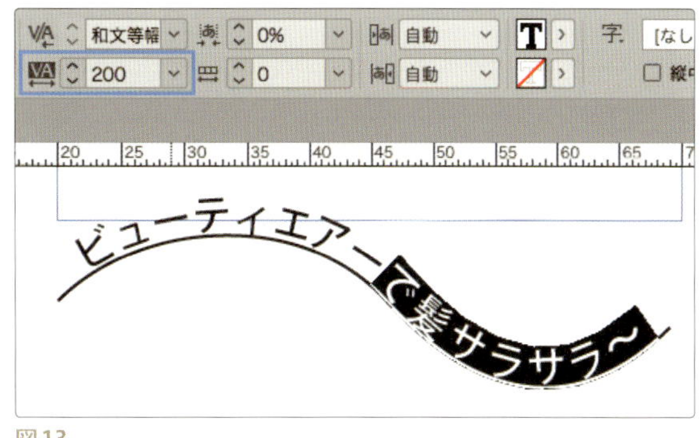

図13

❺ 線を非表示にする

[選択] ツールで曲線をクリックします【 図14 】。

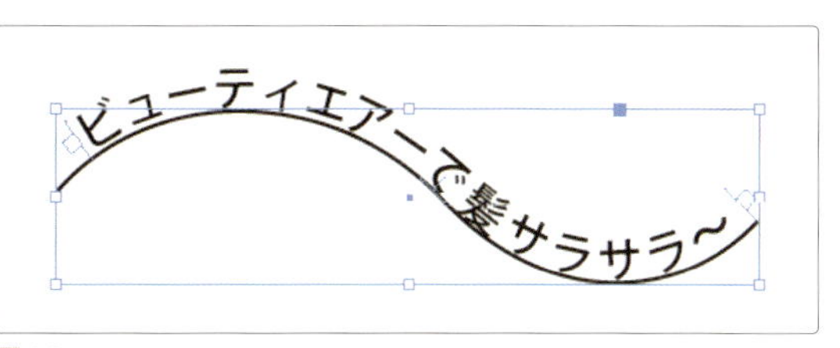

図14

[コントロール] パネルで [線] の設定を「なし」に設定します【 図15 】。

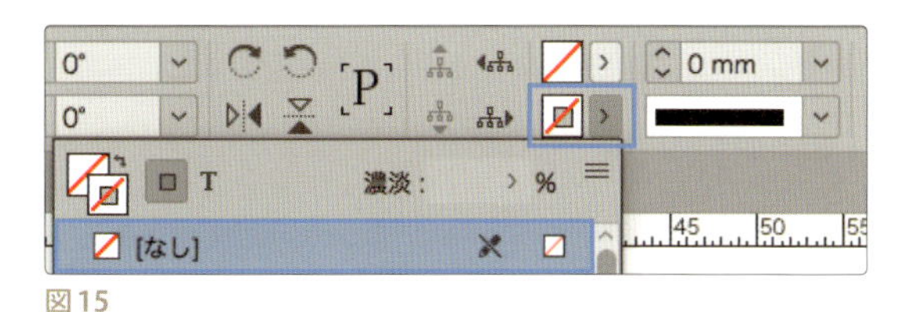

図15

パス (曲線) が消え、テキストの表示だけになります【 図16 】。

図16

❻ 印刷イメージを確認する

最後に［表示モード］を「プレゼンテーション」にして、すべてのページを確認したら終了です【図17】。

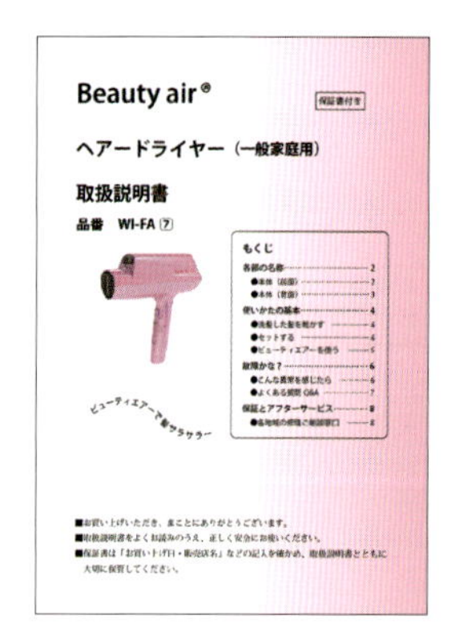

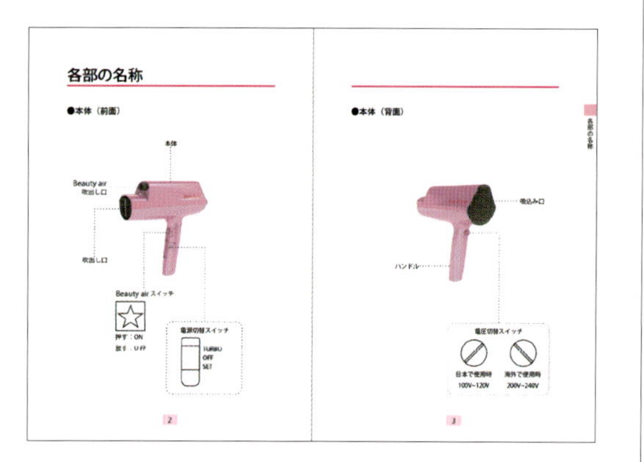

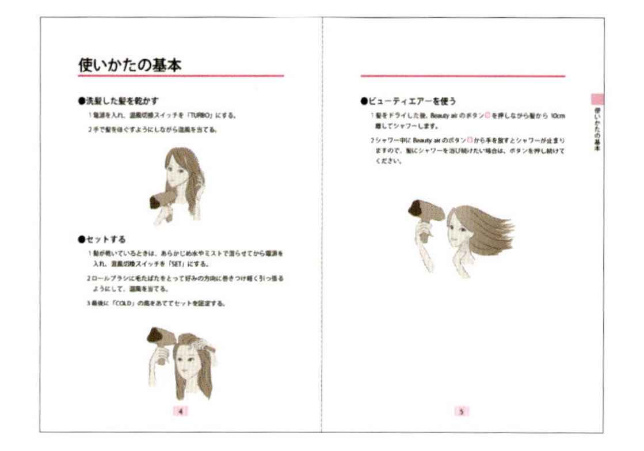

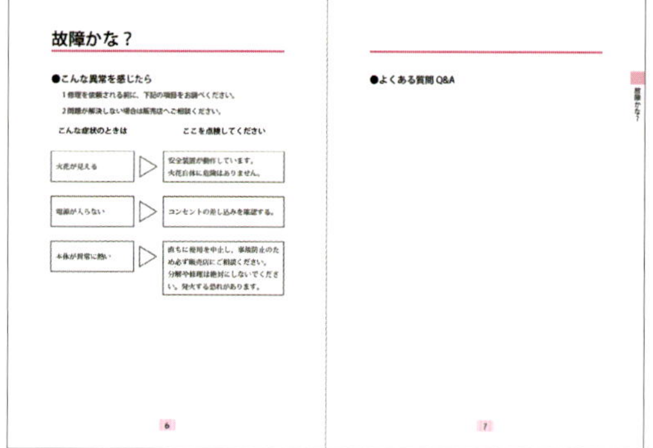

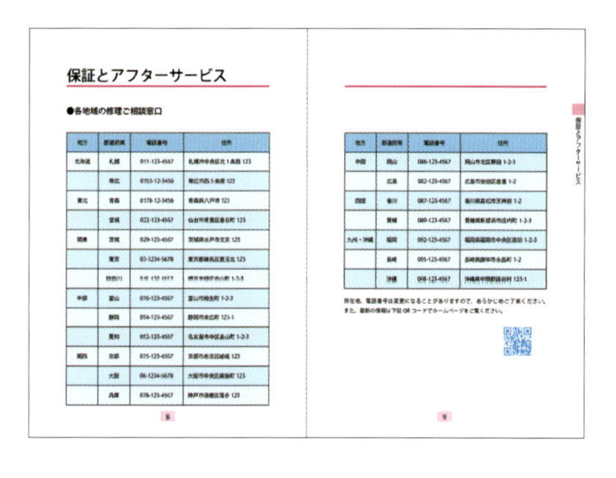

図17

STEP UP 1

表スタイルを作成して、同じスタイルの表を素早く作る

InDesignでは表やセルの属性をスタイルとして登録しておくことができます。
セルスタイルにはセルの属性を、
表スタイルには行や列に対する罫線、塗り指定など表の属性を登録できます。
表やセルの属性をスタイル定義しておくことで、
同じスタイルのセルや表を簡単に作成することができます。

1_セルスタイルを登録する

ここでは、第六章で作成したヘッダーセルの書式設定を新しいスタイルとして定義します。
第六章で作成したファイル、または練習ファイルの「c6_06finish.indd」を開きます。

1 セルスタイルパネルを開く

［ウィンドウ ▶ スタイル］で［セルスタイル］を選択して［セルスタイル］パネルを開きます【図1】。

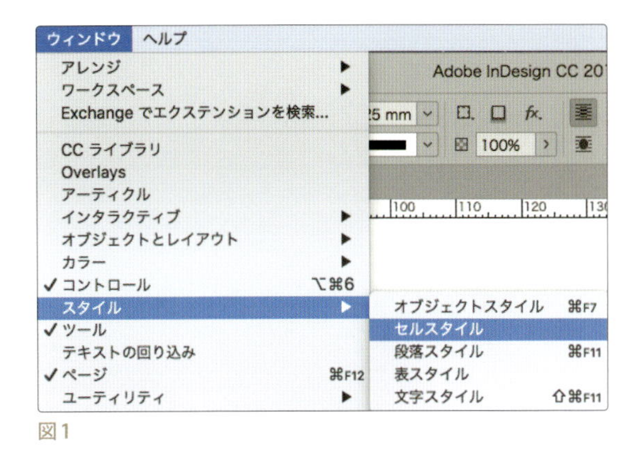

図1

2 セルを選択する

［横組み文字］ツールで、表のヘッダーのセル内をクリックしてカーソルを挿入し【図2】、［セルスタイル］パネルメニューから［新規セルスタイル...］を選択します【図3】。

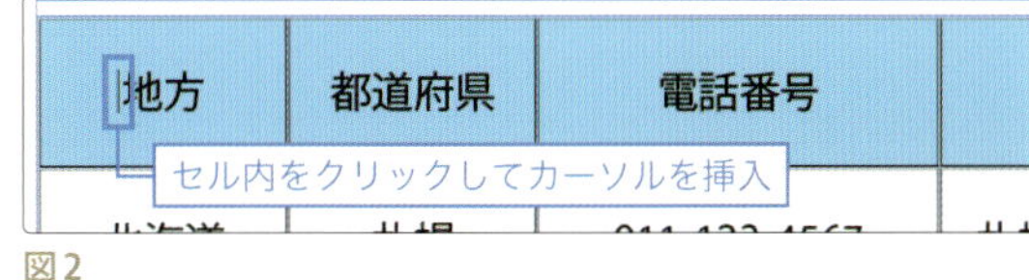

図2

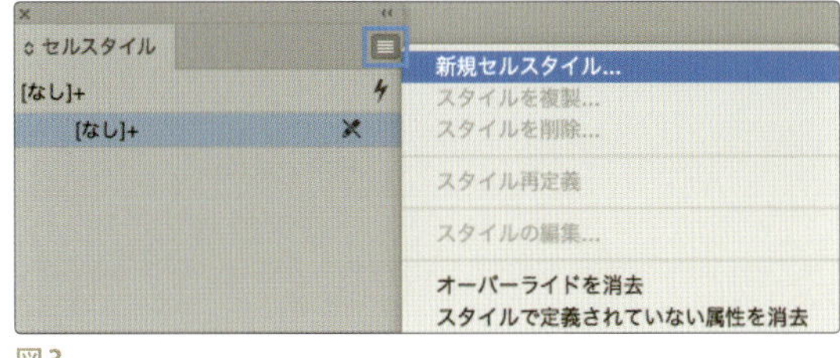

図3

3 セルスタイルに名前をつける

［新規セルスタイル］ダイアログが表示されたら、スタイル名に「ヘッダー」と入力して［OK］をクリックします【図4】。

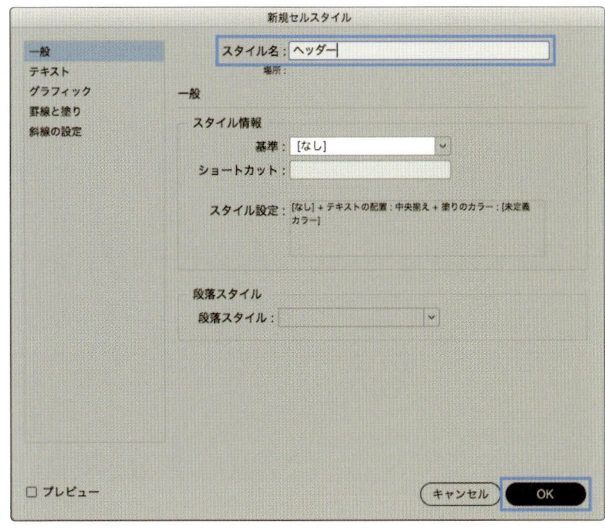

図4

2_表スタイルを登録する

❶ 表スタイルパネルを開く

［ウィンドウ ▶ スタイル］【図1】で［表スタイル］を選択して、［表スタイル］パネルを開きます【図2】。

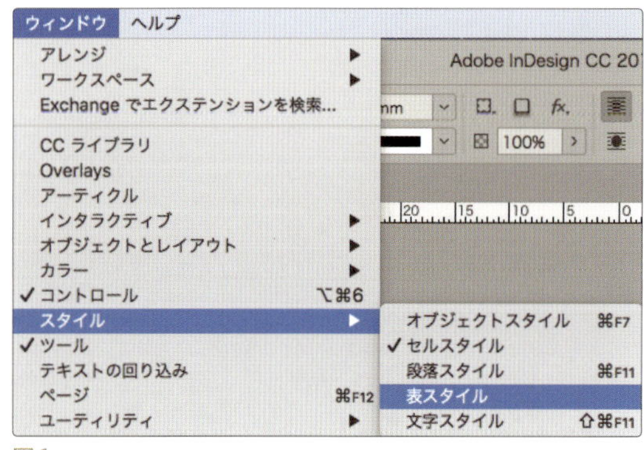

図1

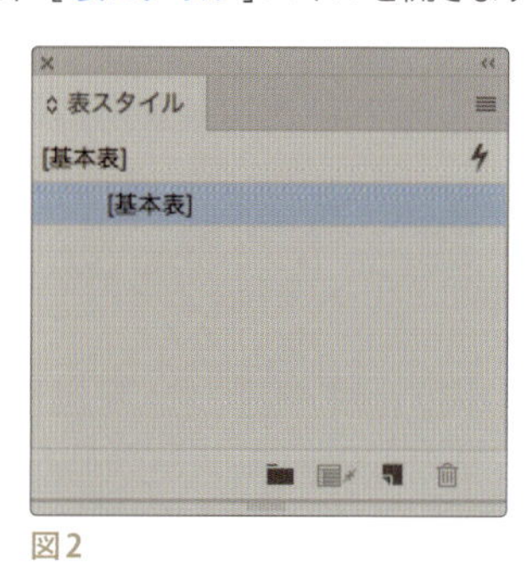

図2

❷ 表を選択する

［横組み文字］ツールで、表全体を選択して、［表スタイル］パネルメニューから［新規表スタイル...］を選択します【図3】。

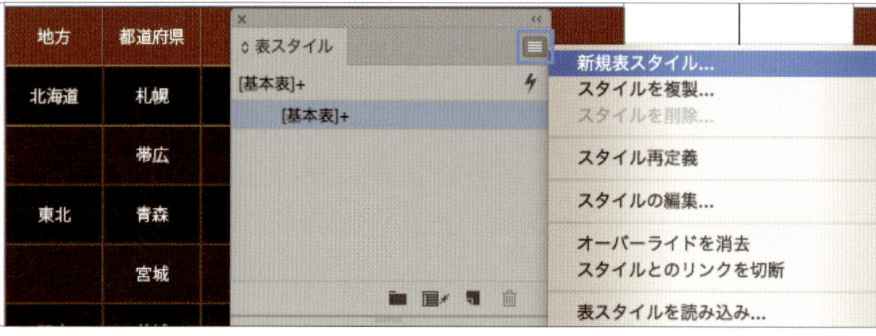

図3

❸ 表スタイルに名前をつける

［新規表スタイル］ダイアログが表示されたら、スタイル名を入力します。
次に左のリストから［塗りのスタイル］をクリックして、設定内容を確認します【図4】。

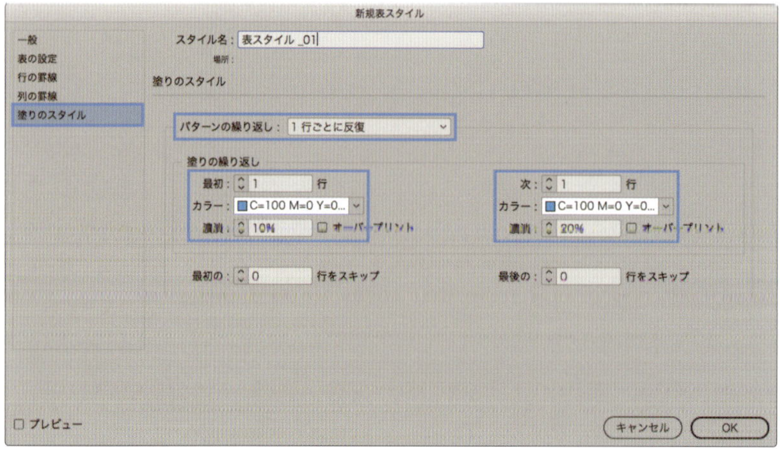

図4

④ 表スタイルを編集する

続いて左のリストから［ 一般 ］をクリックして［ セルスタイル ］の［ ヘッダー行: ］に、先ほど登録した「ヘッダー」を設定して［ OK ］をクリックします【 図5 】。
［ 表スタイル ］パネルに新しい表スタイルが登録されます【 図6 】。

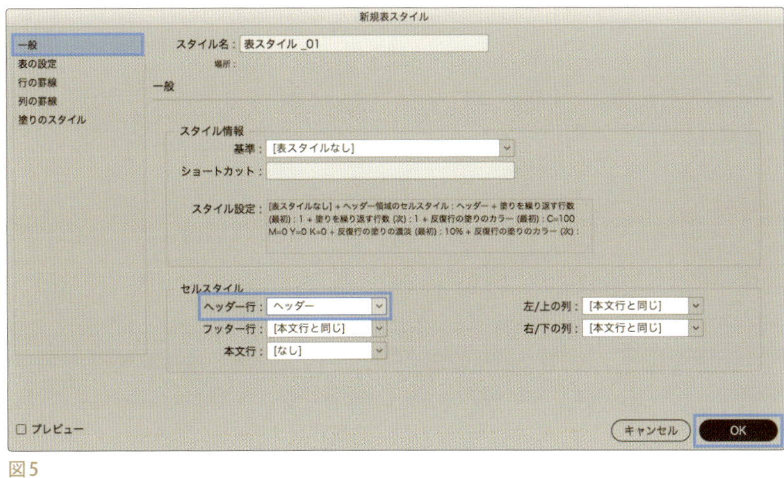

図5

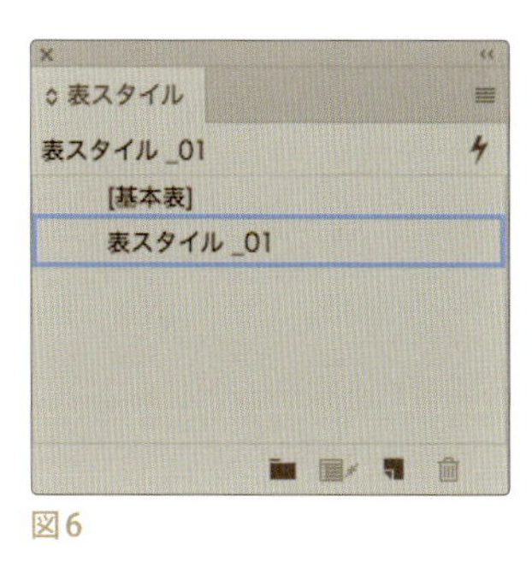

図6

3_表スタイルを適用する

新規で表を作成して登録した表スタイルを適用してみましょう。

① 表を作成する

［ 横組み文字 ］ツールをドラッグして表を配置するテキストフレームを作成します【 図1 】。

図1

［ 表 ▶ 表を挿入… ］をクリックして【 図2 】、［ 表を挿入 ］ダイアログを表示し、【 図3 】のように設定して［ OK ］をクリックします。

図2

本文行：5
列：4
ヘッダー行：1

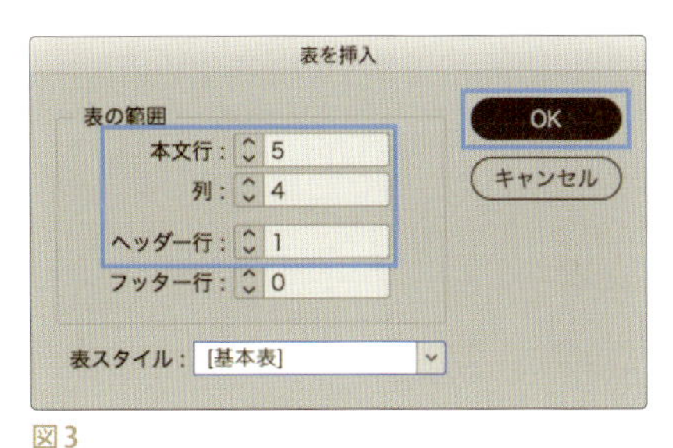

図3

4列5行の表が作成されます【 図4 】。

図4

❷ 既存の表に表スタイルを適用する

［横組み文字］ツールで、表全体を選択します【図5】。
［表スタイル］パネルの［表スタイル_01］をクリックします【図6】。
表スタイルが適用され、第六章で作成した表と同じ体裁になります【図7】。

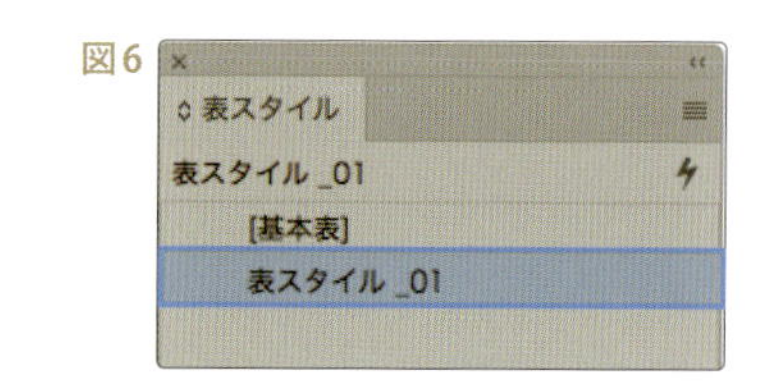

図6

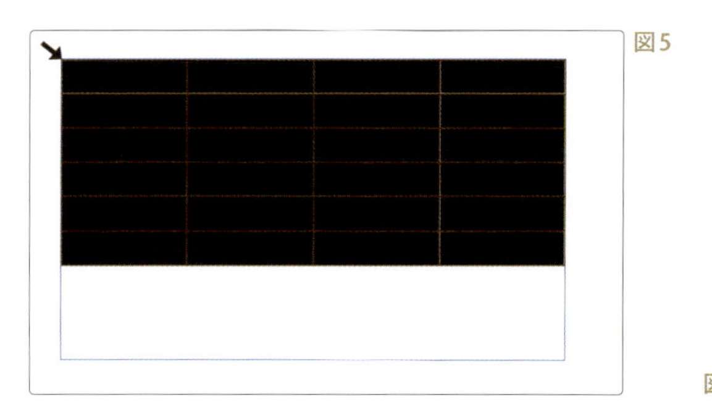
図5

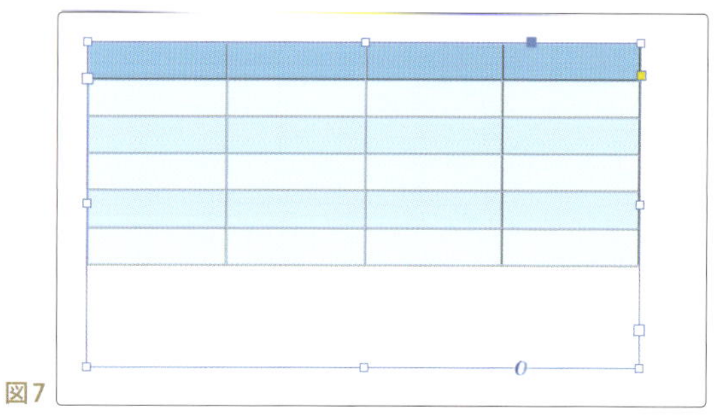
図7

❸ スタイルを選択して表を作成する場合

新規で表を作成する場合、あらかじめ任意のスタイルを適用した表を作成することができます。
表を配置するテキストフレームを作成して、［表 ▶ 表を挿入...］【図8】で、［表を挿入］ダイアログを表示し、［表スタイル：］に適用するスタイルを選択します【図9】。
スタイルの適用された表が作成されます【図10】。

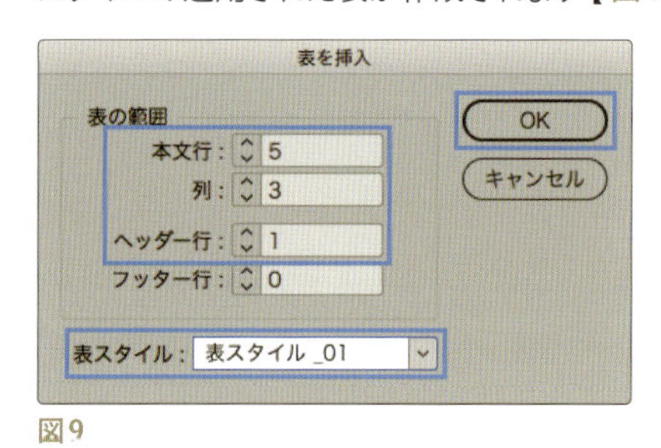

図9

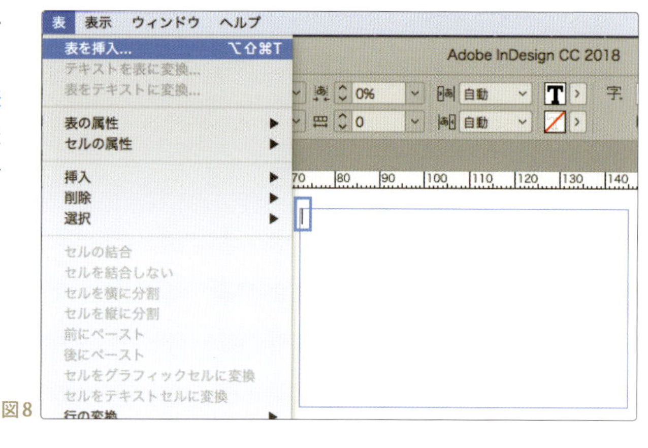

図8

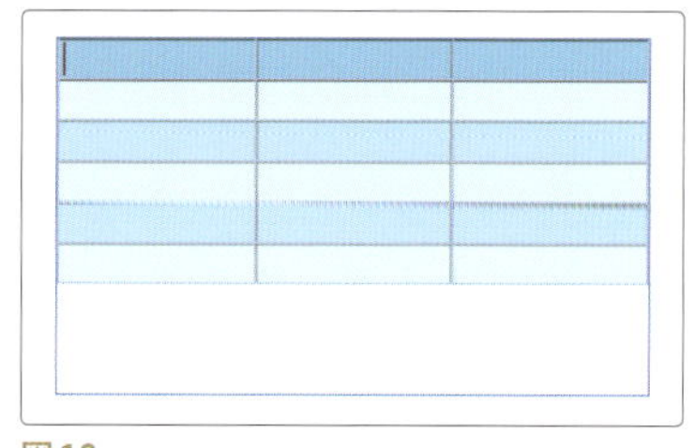
図10

【point】
表やセルのスタイルを適用した表は、スタイルの変更が反映されます。連動を切断したい場合は、表を選択した状態で［表スタイル］パネルメニューから［スタイルとのリンクを切断］を選択します。

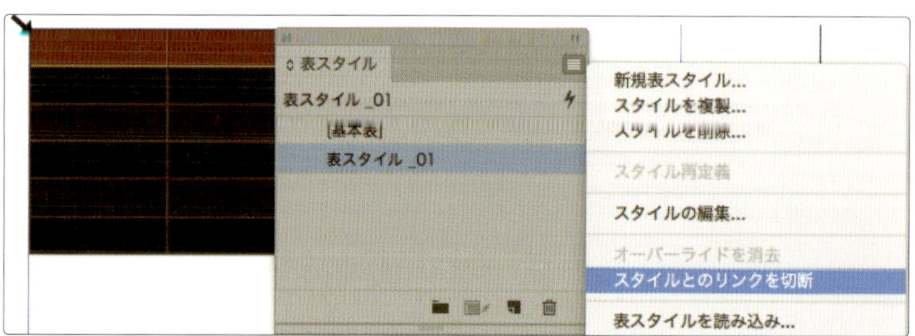

図11

STEP UP 2

オブジェクトスタイルでタイトルロゴを素早く作る

InDesignでは、オブジェクトに設定した塗りや線など、
さまざまな属性をオブジェクトスタイルとして登録することができます。
オブジェクトスタイルには、段落スタイルを含めることもできます。
ここでは、フチ文字にドロップシャドウを適用したオブジェクトを作成します。
さらに作成したオブジェクトをオブジェクトスタイルに登録し、
他のオブジェクトに適用します。

1_段落スタイルを登録する

はじめにオブジェクトスタイルに含める段落スタイルを作成します。

❶ テキストの設定をする

[横組み文字] ツールで「各部のなまえ」と入力し【 図1 】、「ヒラギノ丸ゴ Pro W4」「36pt」「中央揃え」に設定します（フォントは何でも構いません）【 図2 】。

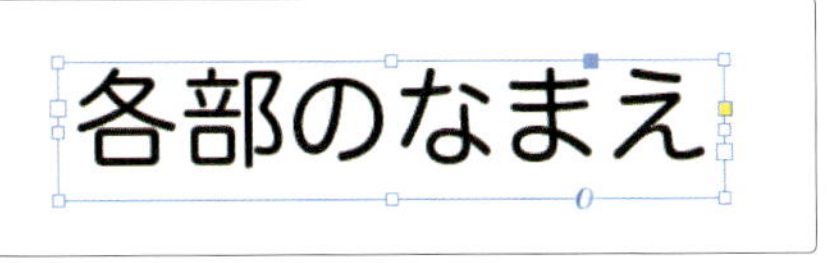

図1

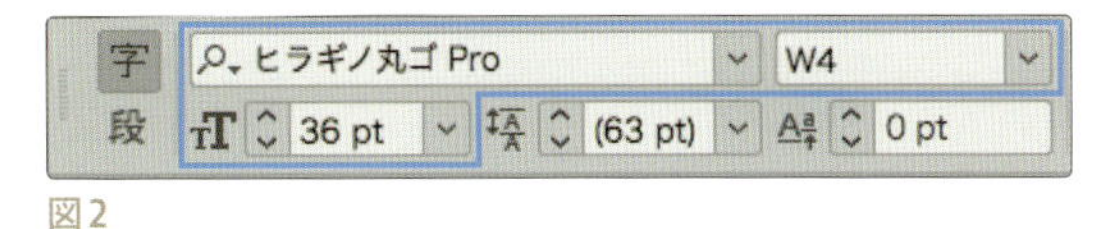

図2

❷ テキストに色を設定する

[横組み文字] ツールでテキストを選択して【 図3 】、[カラー] パネルで「塗り：M：50」にします【 図4 】。
続いて [カラー] パネルの [線] のアイコンをクリックして「M：80、K：10」と設定します【 図5 】。

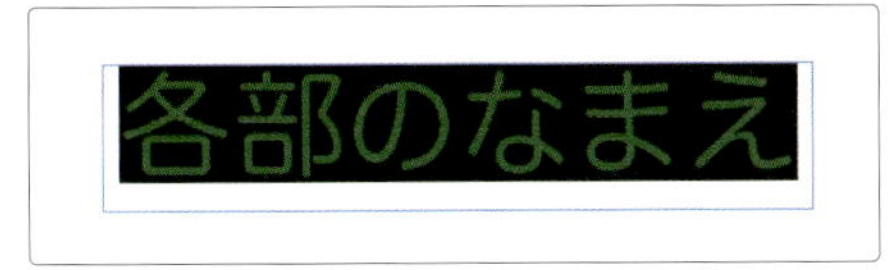

図3

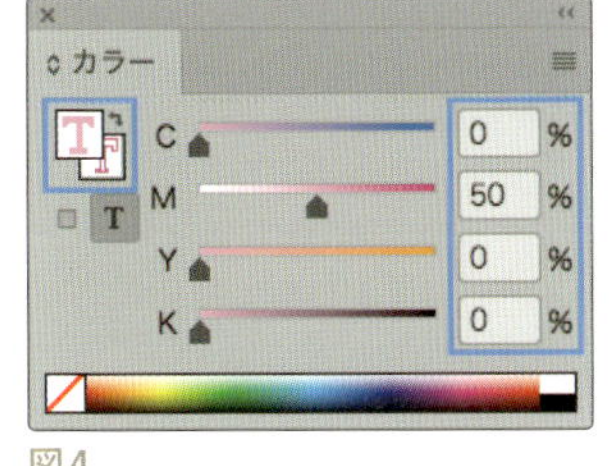

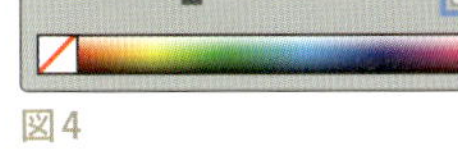

図4

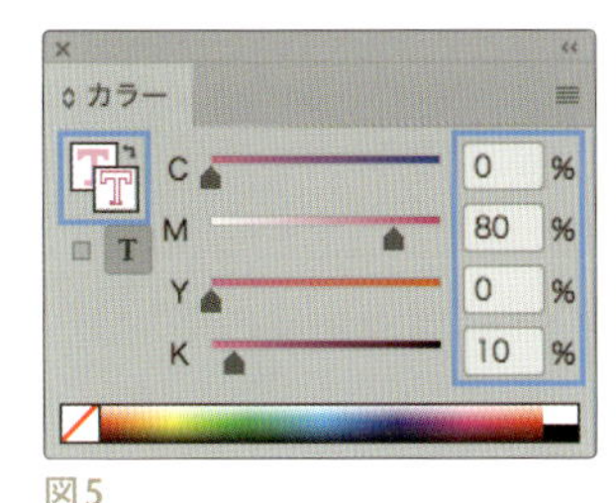

図5

❸ テキストに線の設定をする

テキストを選択したままの状態で [線] パネルで「線幅：0.5mm」「線の位置：線を外側に揃える」に設定します【 図6 】。
フチ文字が完成します【 図7 】。

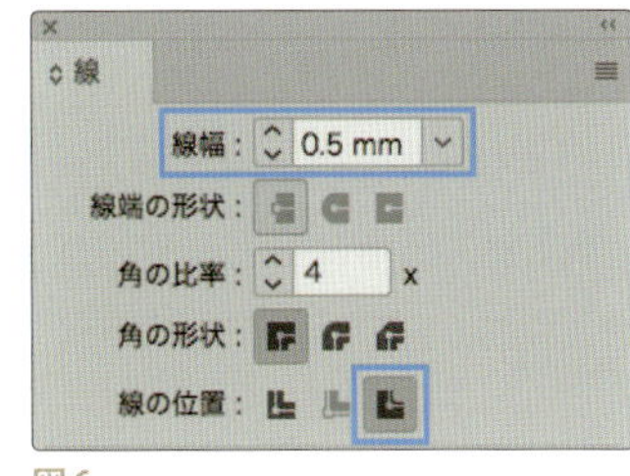

図6

図7

4 段落スタイルに登録する

[横組み文字] ツールでテキストを選択して、[段落スタイル] パネルの [新規スタイル作成] を [option(Alt)] キーを押しながらクリックします【 図8 】。

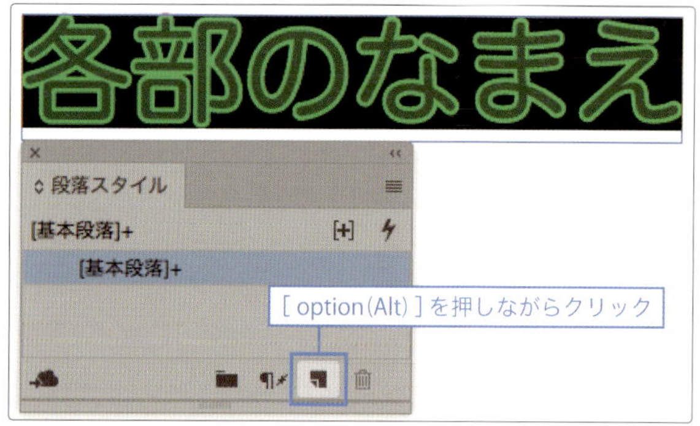

図8

ダイアログの [スタイル名] に「フチ文字」と入力して [OK] をクリックします【 図9 】。
[段落スタイル] パネルにスタイル「フチ文字」が登録されます【 図10 】。

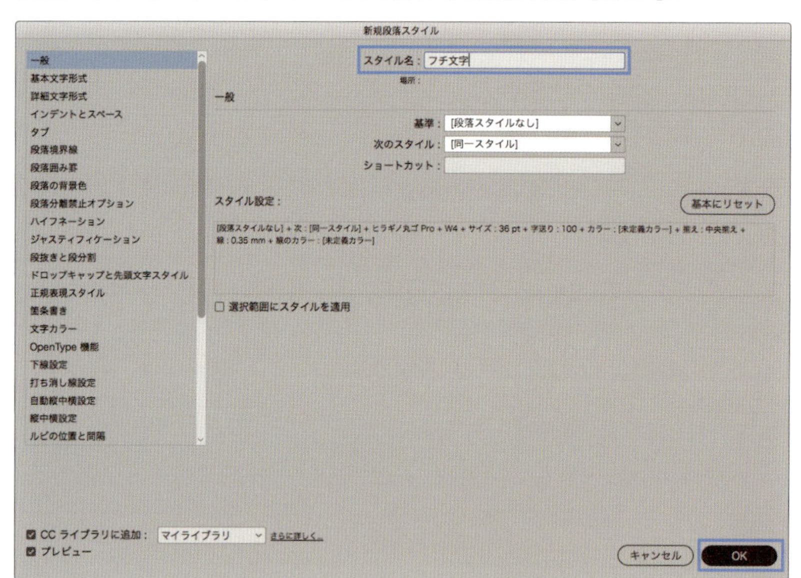

図9

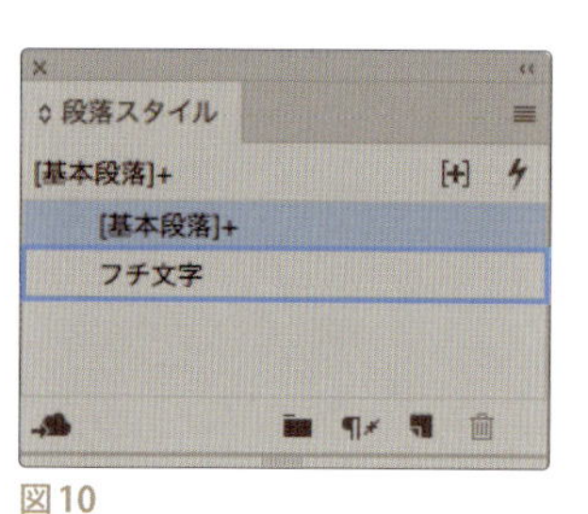

図10

2_テキストフレームの設定をする

1 テキストフレームの設定をする

テキストフレームの上で右クリックして、コンテキストメニューから [テキストフレーム設定…] を選択します【 図1 】。

図1

［テキストフレーム設定］ダイアログを次のように設定して［OK］をクリックします【図2】【図3】。

［一般］

テキストの配置「配置：中央」

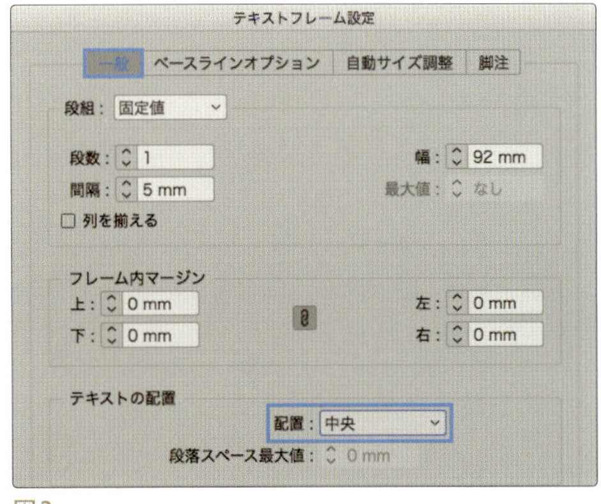

図2

［自動サイズ調整］

自動サイズ調整「高さと幅（縦横比を固定）」

基準点：左上

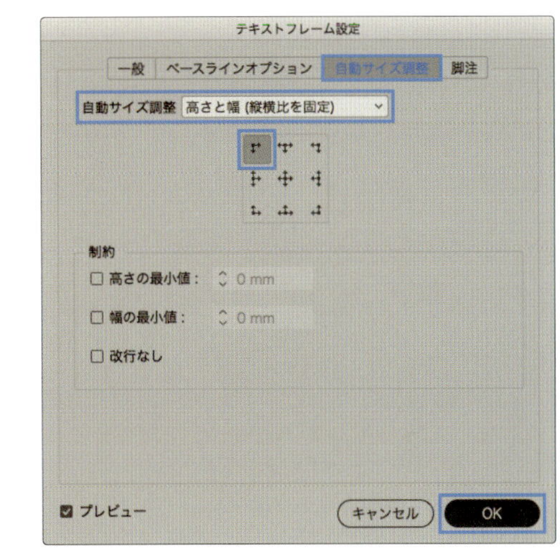

図3

❷ テキストフレームに影を設定する

［選択］ツールでテキストフレームを選択して［オブジェクト ▶ 効果 ▶ ドロップシャドウ］を選択します【図4】。

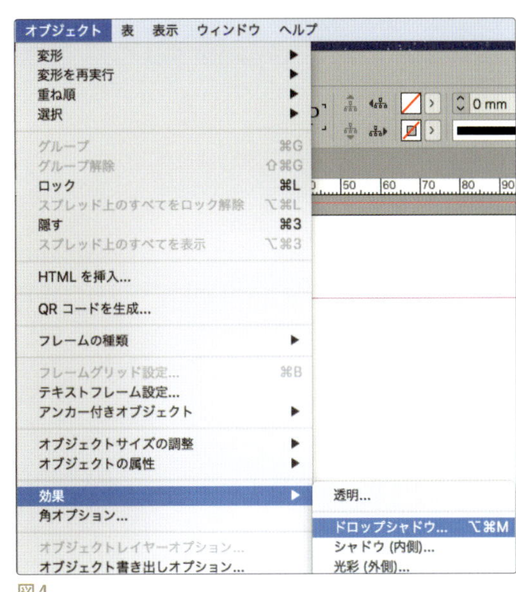

図4

［効果］ダイアログで［描画モード］に［不透明度：50%］、［位置］に［距離：2mm］を設定します【図5】。

テキストに影が付きます。

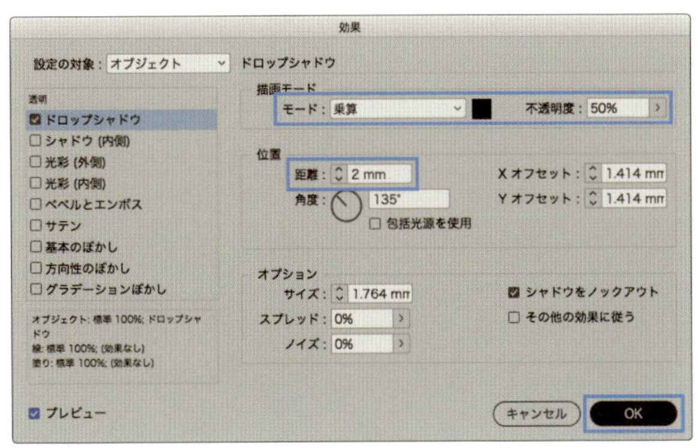

図5

3_オブジェクトスタイルを登録する

❶ [オブジェクトスタイル]パネルを表示する

[ウィンドウ ▶ スタイル]で[オブジェクトスタイル]を選択して[オブジェクトスタイル]パネルを開きます【図1】。

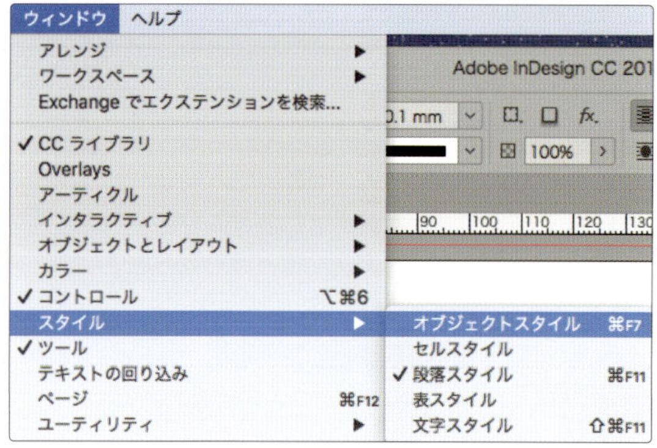

図1

❷ オブジェクトを登録する

テキストフレームを選択して、[オブジェクトスタイル]パネルの[新規スタイル作成]を[option(Alt)]キーを押しながらクリックします【図2】。

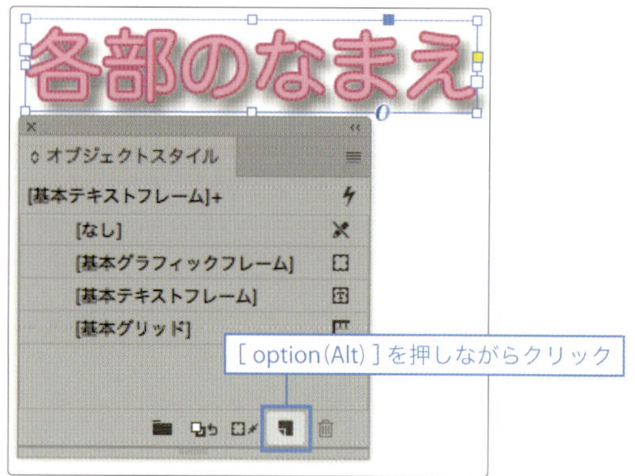

図2

❸ オブジェクトスタイルを設定する

[新規オブジェクトスタイル]ダイアログが表示されたら、スタイル名に「タイトル文字」と入力します。

ダイアログ左の[基本属性]リストの[段落スタイル]を選択して、チェックを入れます。

右の[段落スタイル:]に「フチ文字」を設定して[OK]をクリックします【図3】。

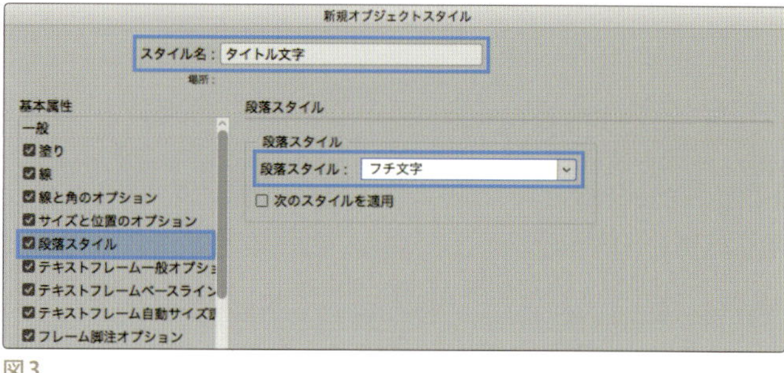

図3

❹ 別のオブジェクトに適用する

[横組み文字]ツールで「使いかたの基本」と入力します（フォント、サイズは何でも構いません）。

[選択]ツールでフレームを選択して【図4】、[オブジェクトスタイル]パネルの[タイトル文字]をクリックします【図5】。

テキストが一瞬で「タイトル文字」になります【図6】。

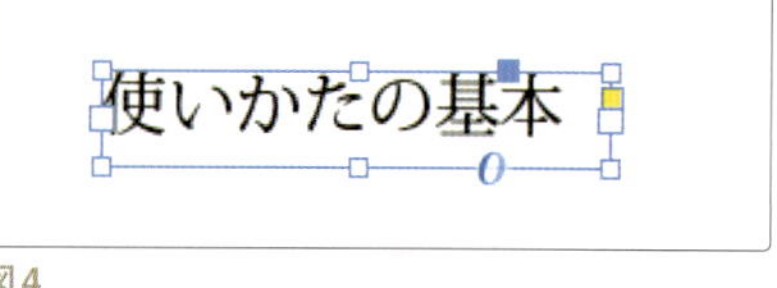

図4

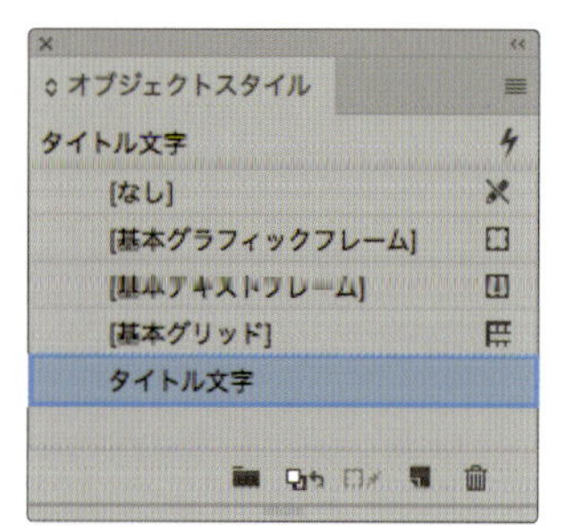

図5

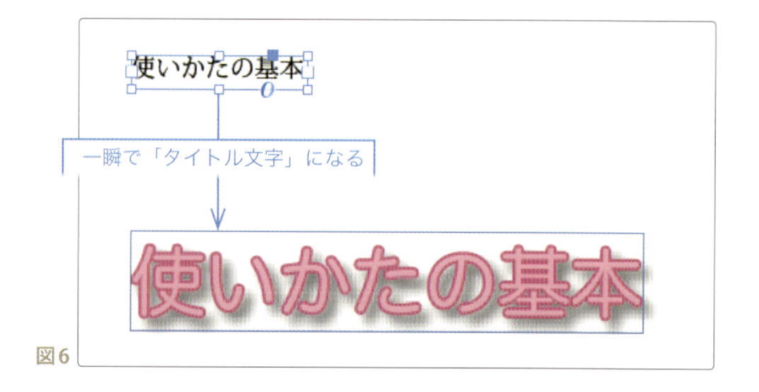

図6

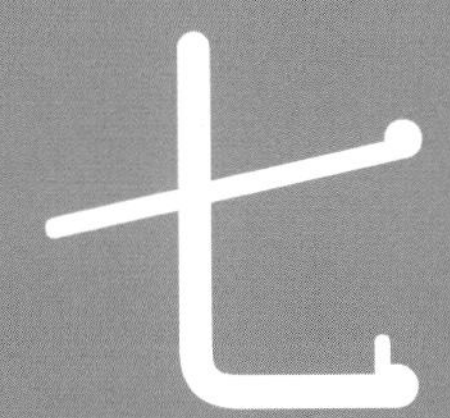

第七章

実践！
効率の良いデータ作りをしよう

この章ではInDesignの作業を効率よく行うための
「効率化、自動化」機能を学びます。

STEP 1　正規表現スタイルで、特定の文字列にスタイルを適用しよう
STEP 2　検索・置換機能を活用しよう
STEP 3　別のドキュメントのスタイルを活用しよう
STEP 4　ライブラリ機能でオブジェクトを効率よく使おう
STEP 5　ブック機能で複数のドキュメントを1つにまとめよう
STEP 6　データ結合機能で大量の定型ものを効率よく作成しよう

STEP 1

正規表現スタイルで、特定の文字列にスタイルを適用しよう

正規表現とは、文字列の集合を1つの形式で表現するための表現方法です。正規表現を構成する特殊文字のことをメタ文字といいます。
例えば、行頭を表すメタ文字「^」を使って「^春」とすれば、行の先頭に「春」がくる文字列を指します。
そして、正規表現で表された文字列に対して、任意の文字スタイルを適用する機能が「正規表現スタイル」です。正規表現スタイルを使って【 】で括られた文字列だけに、文字スタイルを適用します。

練習フォルダ：chapter7 > c7_step1

1-1_正規表現スタイルを設定する

練習フォルダから「c7_01.indd」を開きます。

❶ 文字スタイルの作成

はじめに適用する文字スタイルを作成します。
新規で文字スタイルを作成し、スタイル名を「図No」、文字カラーを「C=0 M=100 Y=0 K=0」に設定します【図1】。

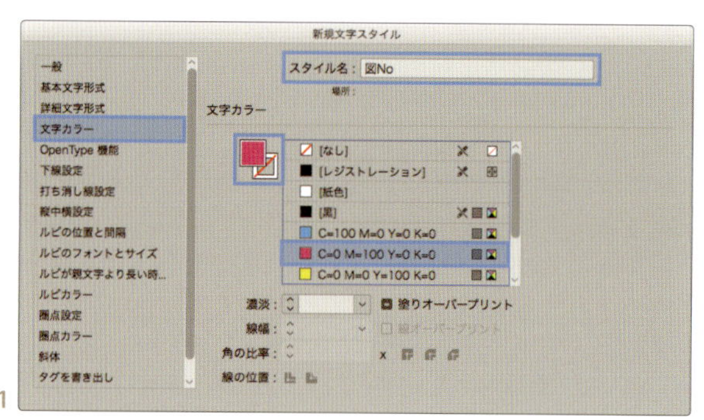

図1

❷ 新規正規表現スタイルに文字スタイルを指定する

正規表現スタイルを設定する段落スタイル（ここでは「本文」）をダブルクリックして、[段落スタイルの編集]ダイアログを開きます。
次に、ダイアログのリストから[正規表現スタイル]を選択し、[新規正規表現スタイル]ボタンをクリックします【図2】。

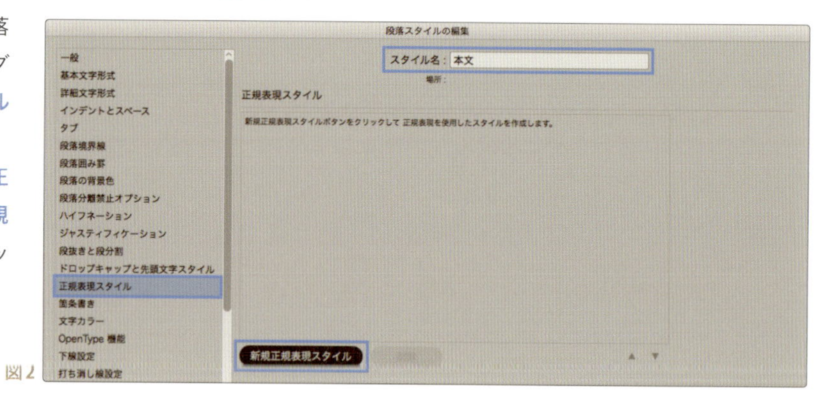

図2

[スタイルを適用:]に「図No」を選択します【図3】。

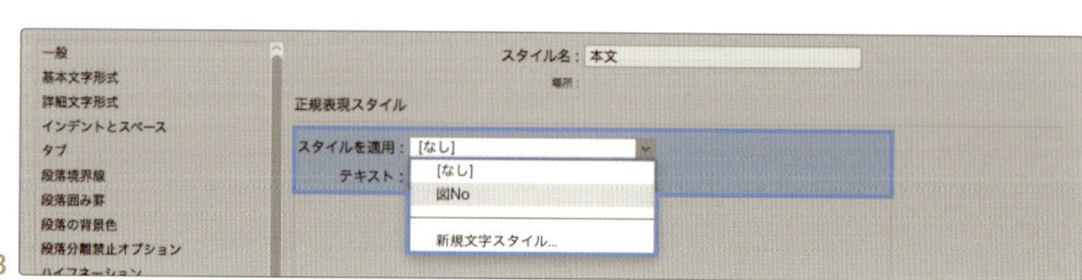

図3

❸ 正規表現スタイルを設定する

［テキスト：］に「【図】」と入力して「図」の後ろにカーソルを挿入し、右の「@」のメニューから［ワイルドカード ▶ 数字］を選択します【図4】。

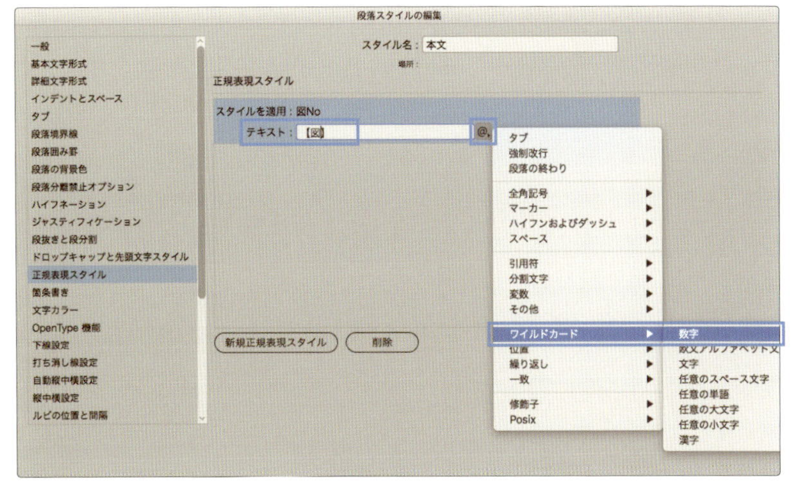

図4

続けて「@」のメニューから［繰り返し ▶ 1回以上］を選択します【図5】。

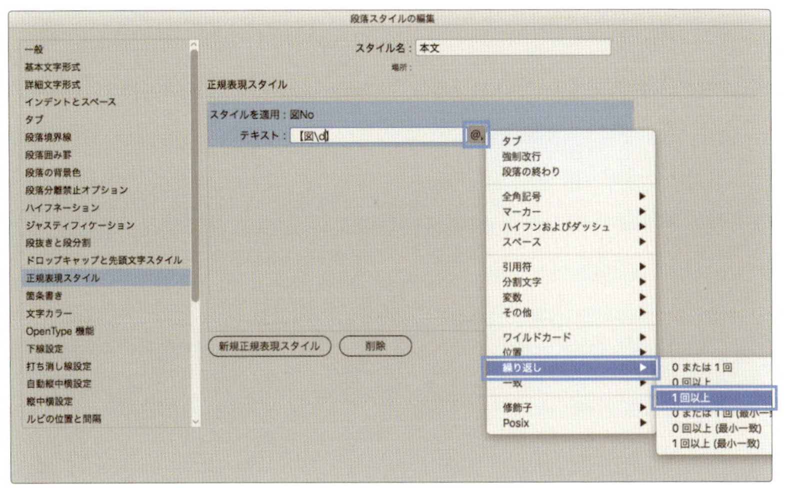

図5

設定が終わったら［OK］をクリックします【図6】。

【 】の中に『図と1文字以上の数字があれば「図No」の文字スタイルを適用する』と定義しました。

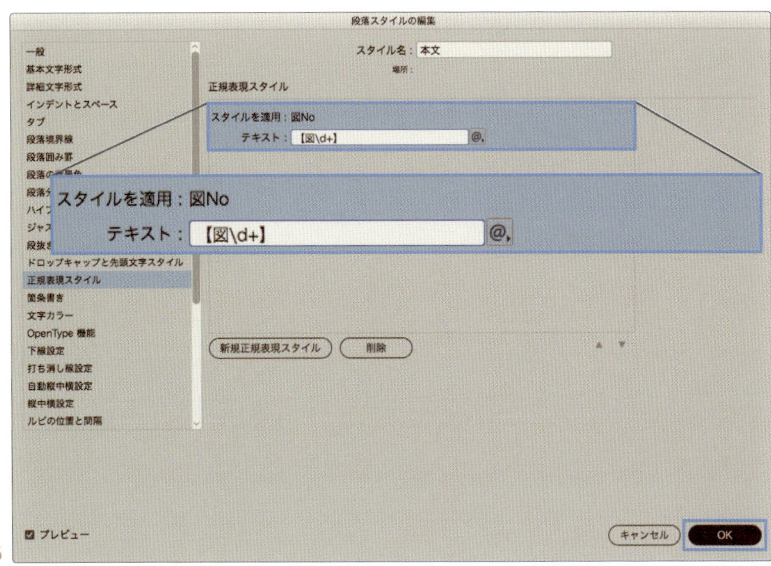

図6

1-2_ 正規表現スタイルを適用する

正規表現スタイルを設定した段落スタイル「本文」を適用します。

1 段落スタイル「本文」を適用する

スタイルを適用する文字列【図1】を選択して、[段落スタイル]パネルから「本文」をクリックします。

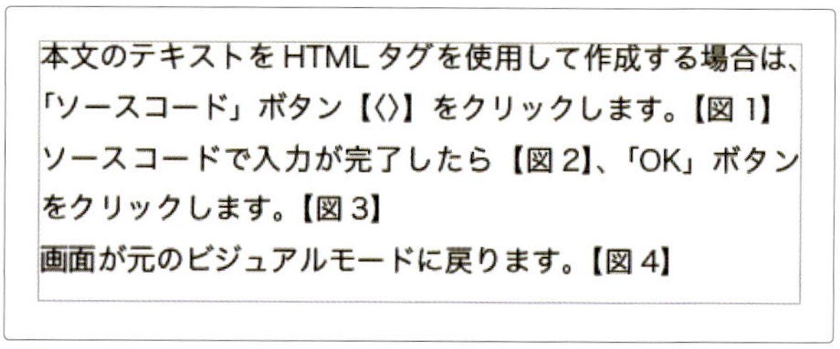

本文のテキストをHTMLタグを使用して作成する場合は、「ソースコード」ボタン【〈〉】をクリックします。【図1】ソースコードで入力が完了したら【図2】、「OK」ボタンをクリックします。【図3】
画面が元のビジュアルモードに戻ります。【図4】

図1

正規表現に合致した文字列に文字スタイルが適用されます【図2】。

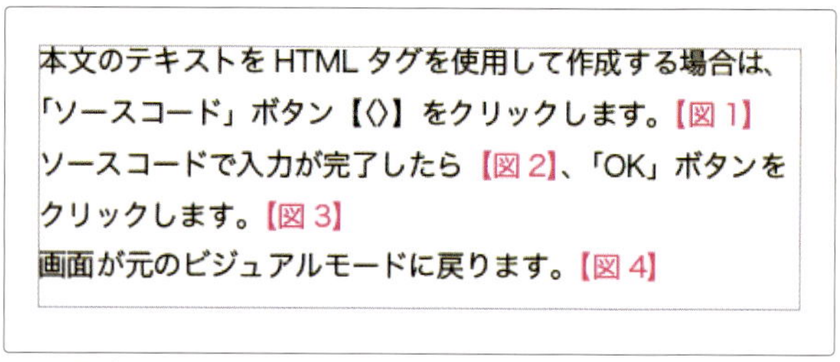

本文のテキストをHTMLタグを使用して作成する場合は、「ソースコード」ボタン【〈〉】をクリックします。【図1】ソースコードで入力が完了したら【図2】、「OK」ボタンをクリックします。【図3】
画面が元のビジュアルモードに戻ります。【図4】

図2　文字スタイルが適用された

STEP 2

検索・置換機能を活用しよう

検索と置換機能でドキュメント内の特定の文字を検索して、
他の文字に置き換えることができます。
InDesignでは文字のほかに、
文字列やスタイルの検索、文字を検索して画像に置き換え、文字種の変換など
さまざまな検索と置換ができます。

練習フォルダ：chapter7 > c7_step2

2-1_文字種の検索・置換をする

「文字種変換」を使って、全角英数字を半角英数字へ置き換えます。練習フォルダから「c7_02a.indd」を開きます。

❶ 検索と置換ダイアログを表示する

[編集 ▶ 検索と置き換え]で[検索と置換]ダイアログを表示します【図1】。

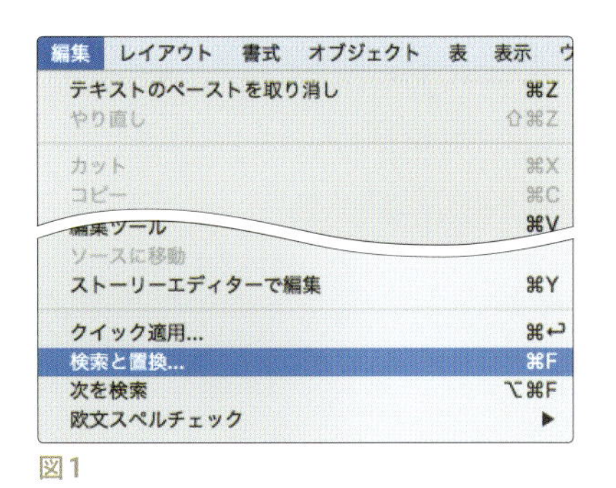

図1

❷ 検索文字種と置き換え文字種を設定する

「文字種変換」をクリックし、次のように設定します【図2】。

検索文字列：全角英数字
置換文字列：半角英数字
検索：ドキュメント

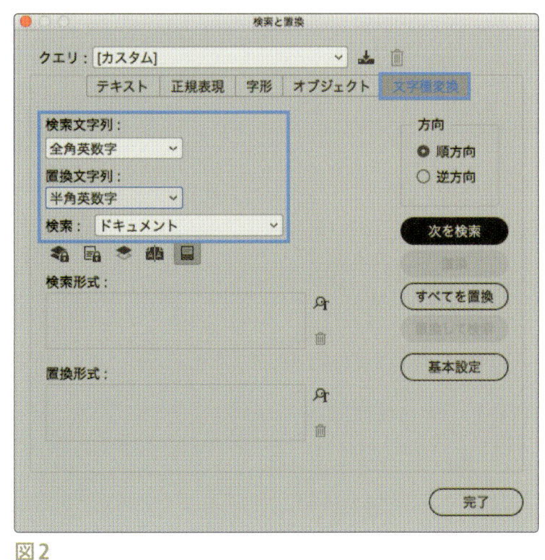

図2

【point】
「検索:」では、検索の対象を選択することができます。
[ドキュメント]を選択すると現在作業中のドキュメントを対象とします。
[ストーリー]は、現在カーソルのあるテキストフレーム全体を、[すべてのドキュメント]は開いているドキュメントすべてを対象とします。

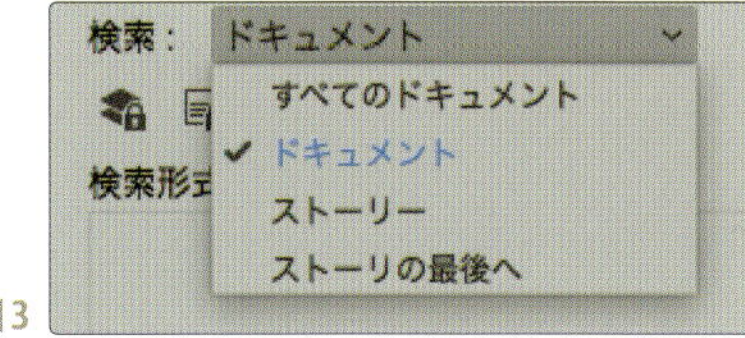

図3

❸ 検索をする

[次を検索] ボタンを押すと、全角の「2000」が選択されます【 図4 】。

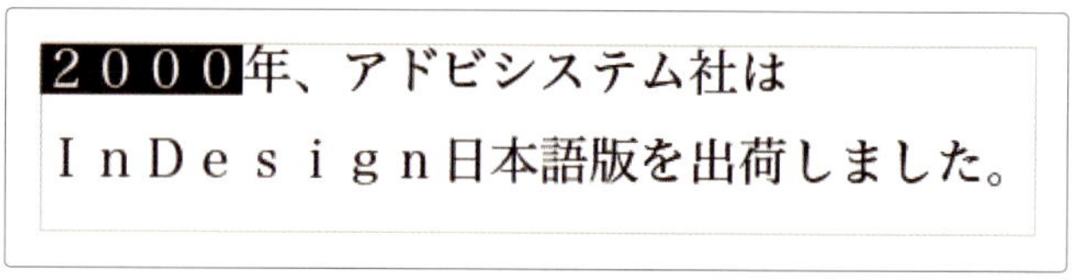

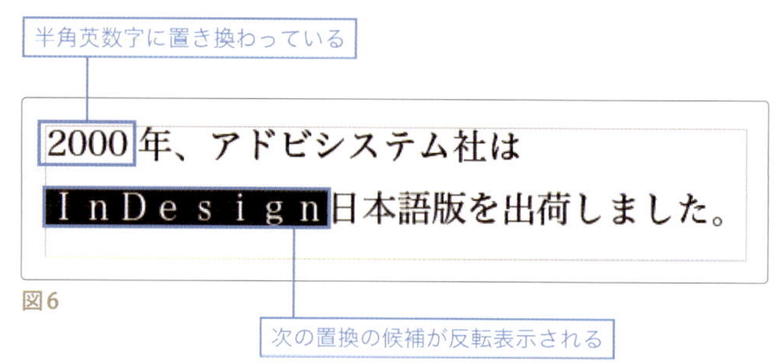

図4

❹ 置き換えをする

[置換して検索] ボタンをクリックすると【 図5 】、全角の「2000」を、半角の「2000」に置き換えて次の文字を検索します【 図6 】。

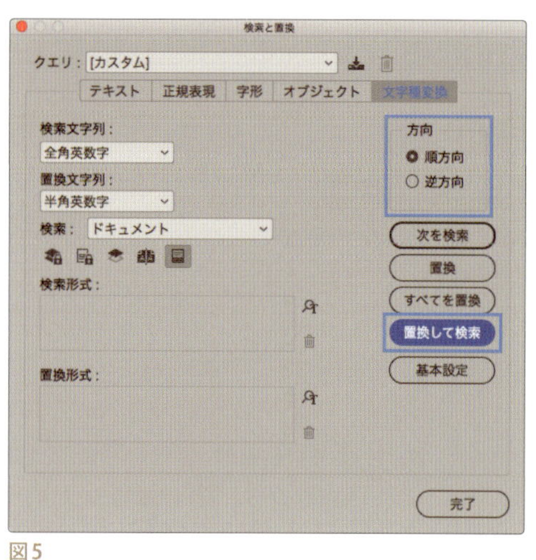

図5

半角英数字に置き換わっている

2000年、アドビシステム社は
ＩｎＤｅｓｉｇｎ日本語版を出荷しました。

次の置換の候補が反転表示される

図6

【 検索の方向 】

テキストが入力された順番に検索されます。
逆から検索する場合は[逆方向]をオンにします。

[すべてを置換] ボタンをクリックすると、ドキュメント中のすべての「全角英数字」が、「半角英数字」に置き換わります。

2-2_テキストをグラフィックに置き換える

検索・置換でテキスト内の特定の文字を検索し、一気にグラフィックに置き換えます。
練習フォルダから「c7_02b.indd」を開きます。

❶ 検索用の記号を付ける

画像を挿入する文字列の先頭に「■」を付けておきます【 図1 】。

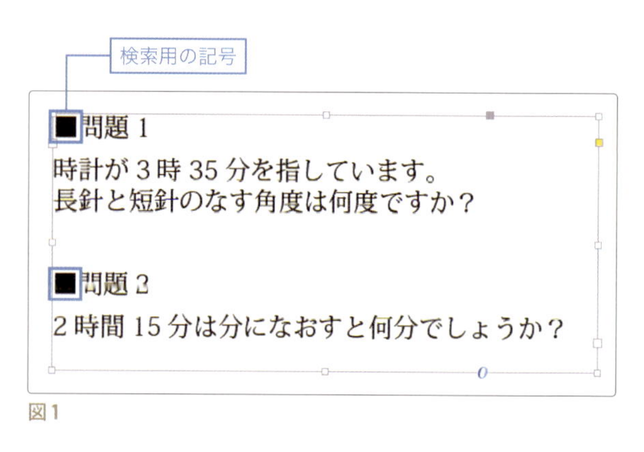

図1

❷ 画像をコピーする

置き換える画像【 図2 】をコピーします。

図2

❸ 検索文字列と置換文字列を設定する

[検索と置換] ダイアログの「テキスト」タブをクリックし、以下のように設定します【 図3 】。

検索文字列：■

置換文字列：右の「@」メニューから [その他] → [クリップボードの内容（書式設定なし）] を選択

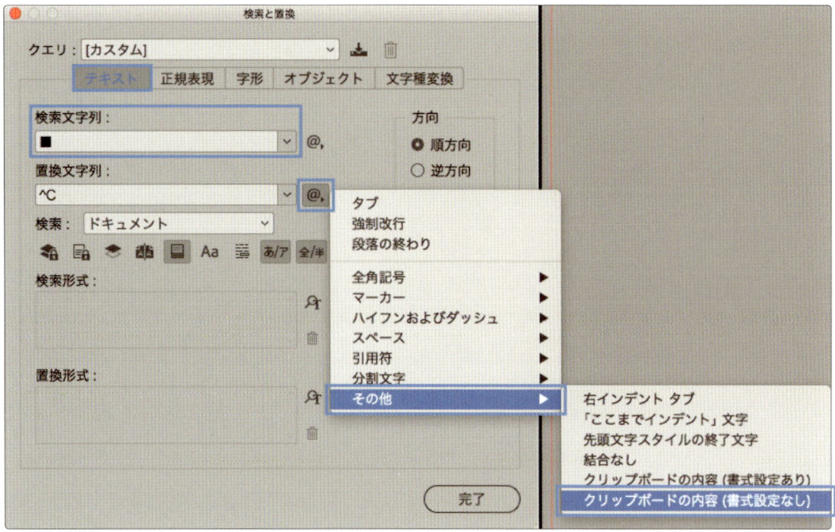

図3

❹ 検索と置き換えをする

[次を検索] ボタンを押すと「■」が選択されます【 図4 】。

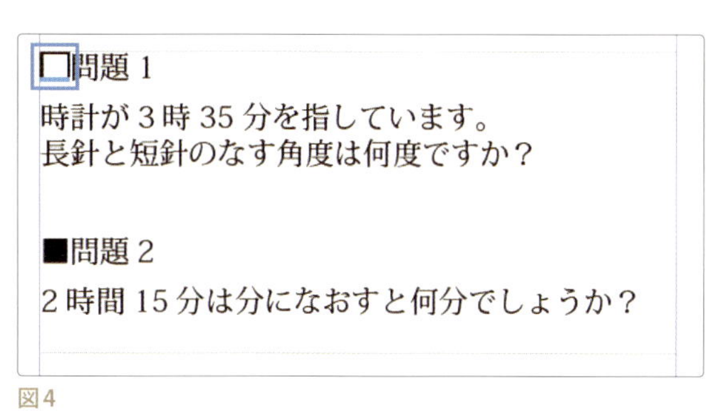

■問題 1

時計が 3 時 35 分を指しています。
長針と短針のなす角度は何度ですか？

■問題 2

2 時間 15 分は分になおすと何分でしょうか？

図4

[すべてを置換] ボタンをクリックすると、検索終了の画面【 図5 】が表示され、ドキュメント中のすべての「■」が画像に置き換わります【 図6 】。

図5

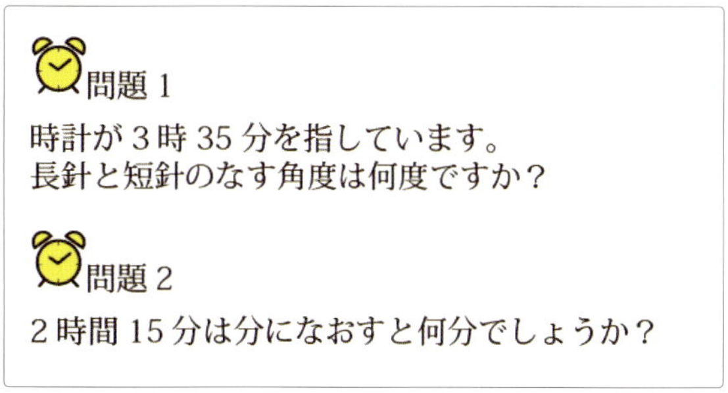

問題 1

時計が 3 時 35 分を指しています。
長針と短針のなす角度は何度ですか？

問題 2

2 時間 15 分は分になおすと何分でしょうか？

図6

【 memo 】 置き換えた画像はインライングラフィックとして配置されます。
サイズを調整した場合、その画像を文字ツールで選択して、別の文字列にコピー&ペーストすることができます。

別のドキュメントのスタイルを活用しよう

InDesignでは、別のドキュメントの段落スタイルや文字スタイルを、
現在のドキュメントに読み込むことができます。
また、読み込む際には、どのスタイルを読み込むかを決めることができます。
定期的に発行する決まった書式の広報誌、冊子などを作成する場合、
先月号などの既存のドキュメントから必要なスタイルを読み込むと
作業を効率化できます。

3-1_既存ドキュメントの段落スタイルを読み込む

はじめにスタイルを読み込む側のドキュメントを開いておきます。

1 読み込むドキュメントを選択する

[段落スタイル] パネルメニューから、[段落スタイルの読み込み...] を選択します【 図1 】。

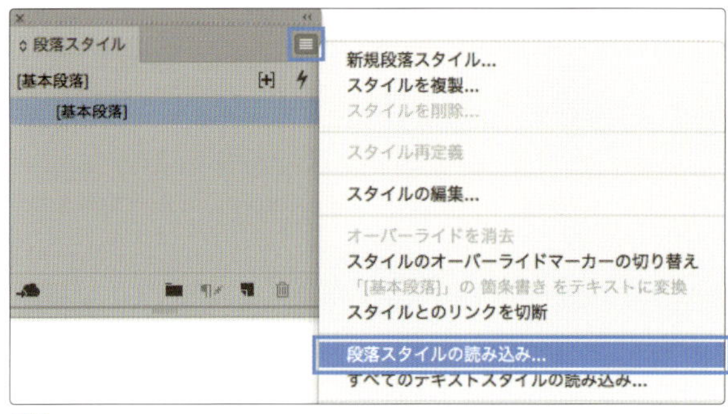

図1

読み込みたいスタイルを含むInDesignドキュメントを選択して [開く] をクリックします【 図2 】。

図2

❷ 読み込みたいスタイルを選択する

［スタイルを読み込み］ダイアログボックスが開いたら、読み込まないスタイルのチェックを外して、読み込みたいスタイルだけにチェックマークがついた状態にして、「OK」をクリックします【図3】。

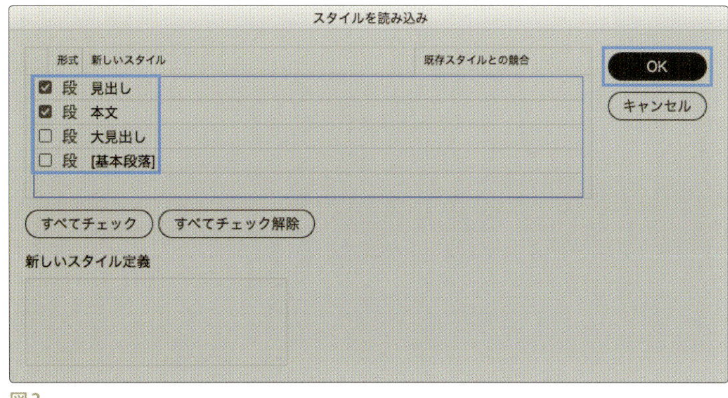

図3

［段落スタイル］パネルにスタイルが読み込まれています【図4】。
読み込んだスタイルは、通常のスタイルと同様に使用できます。

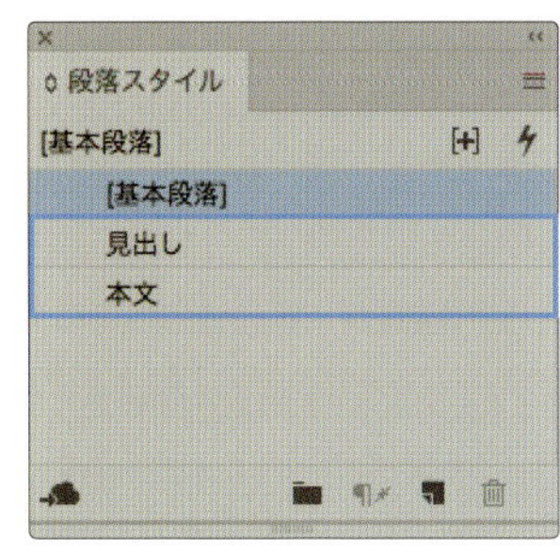

図4

【memo】
現在のドキュメントに読み込むスタイルと同じ名前のスタイルが存在していた場合、［既存スタイルとの競合］の欄に［新しい定義を使用］と表示されるので、クリックして次のいずれかのオプションを選択します【図5】。

［新しい定義を使用］：既存のスタイルを読み込んだスタイルで上書きします。その際、新しい属性が現在のドキュメントのすべてのテキストに適用されるため注意が必要です。
［自動名前変更］：読み込んだスタイルの名前を変更します。例えば、両方のドキュメントに「本文」というスタイルがある場合、現在のドキュメントに読み込まれるスタイルは「本文のコピー」という名前に変更されます【図6】。

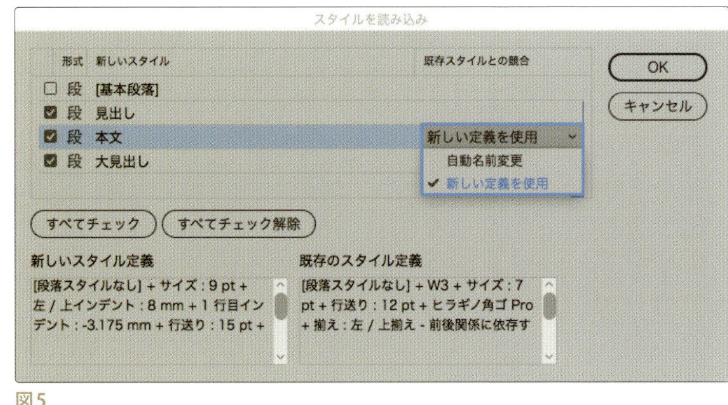

図5

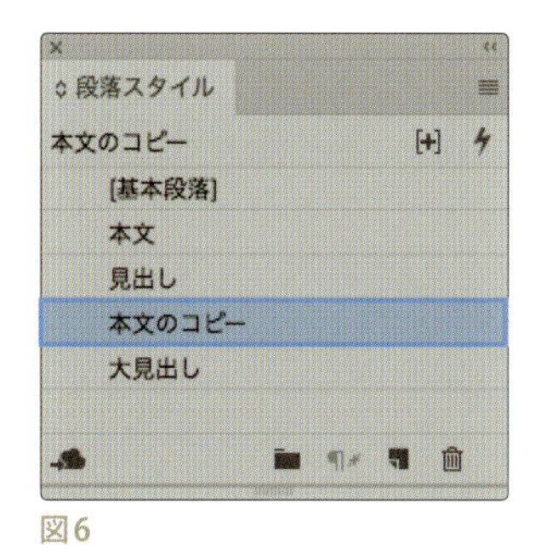

図6

【memo】 他のドキュメントから、同じ名前のスタイルを設定したテキストフレームをコピーして配置した場合、現在のドキュメントのスタイルに置き換わるので注意しましょう。

STEP 4

ライブラリ機能で オブジェクトを効率よく使おう

InDesignには、グラフィックやテキストなどを再利用する方法として
ライブラリ機能があります。
ライブラリは、頻繁に使用するグラフィック、テキスト、
およびページを保管しておくツールです。
描画図形、グループ化された画像やテキスト、さらにはページ上の全アイテムを
まとめてライブラリに保管することができます。
ライブラリはいくつも作成できるので、
プロジェクトやクライアントごとに作成しておくことができます。

4-1_ライブラリにオブジェクトを登録する

1 ライブラリを作成する

[ファイル ▶ 新規 ▶ ライブラリ...]を選択します。
[新規ライブラリ]ダイアログが表示されたら、「名前」を入力し、ライブラリを保存する「場所」を指定して[保存]をクリックします【図1】。

図1

[ライブラリ]パネルが表示されます。パネルタブの名前が指定した名前になっています【図2】。
ライブラリはドキュメントとは別の、単独のファイルとして保存されます【図3】。

図2

図3

2 オブジェクトを登録する

[選択]ツールで目的のオブジェクトをドラッグして、[ライブラリ]パネルに登録します【図4】。オブジェクトを複数選択して、まとめて登録することもできます。

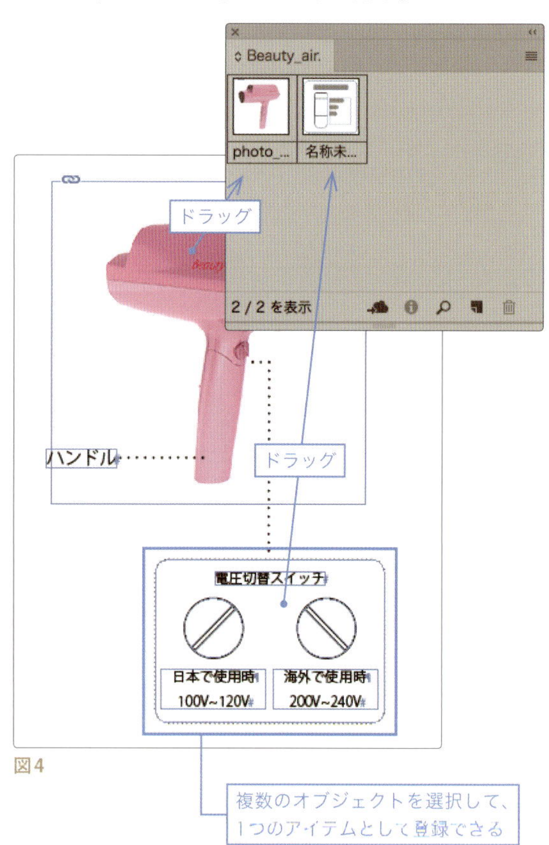

図4

【memo】
複数のオブジェクトはグループ化してから登録すると、取り出したときにバラけずにすみます。

4-2_ライブラリのアイテムを使用する

ライブラリに登録されたオブジェクトのことをアイテムと呼びます。アイテムは、削除するまで何度でも使用できます。

❶ ライブラリファイルを開く

[ファイル ▶ 開く...] で目的の「ライブラリファイル」を選択して [開く] をクリックし【図1】、[ライブラリ] パネルを表示します。

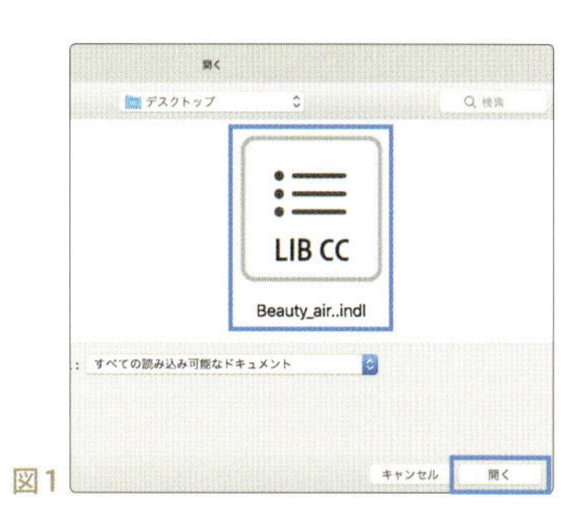

図1

❷ アイテムを使用する

目的のアイテムを、[ライブラリ] パネルからドキュメント上にドラッグします【図2】【図3】。
アイテムがドキュメント上にコピーされます。

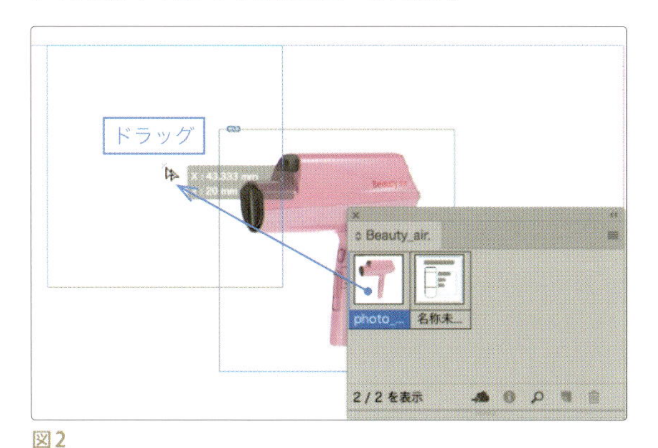

図2

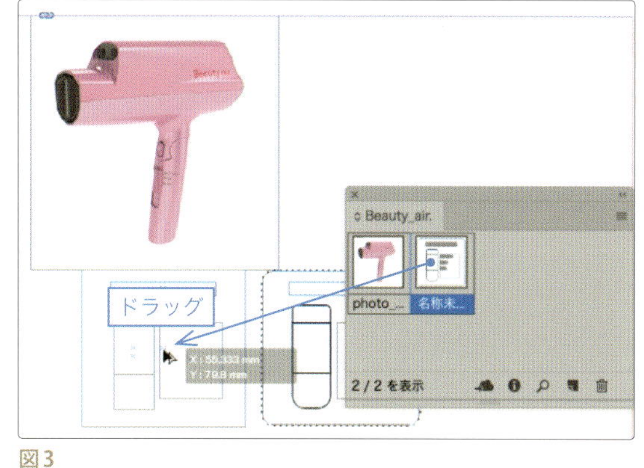

図3

❸ ライブラリからアイテムを削除する

[ライブラリ] パネルで削除したいアイテムを選択し、[ライブラリ] パネルの右下部 [ライブラリアイテムを削除] アイコンをクリックします【図4】。

図4

【memo】
[ライブラリ]パネルのアイテムをダブルクリックすると、アイテムに名前を付けることができます【図5】。

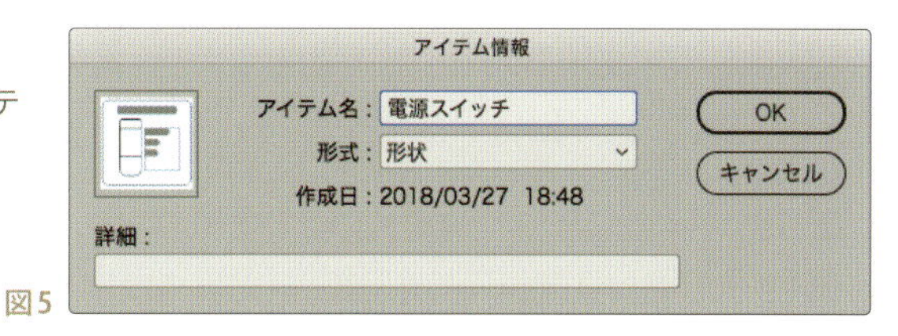

図5

STEP 5

ブック機能で 複数のドキュメントを1つにまとめよう

ブックとは、複数のInDesignドキュメントを、
一冊の本のようにまとめて扱うことができる機能です。
一般的にページ数の多い書籍や雑誌は、章ごと、内容ごとに分けて作成します。
それら別々に作成したドキュメントに
一貫性をもたせるために便利な機能がブックです。
複数のドキュメントをブックに登録すると、
連続したページ番号を自動設定したり、スタイルを同期させたり、
まとめて出力することができます。

5-1_ブックを作成する

1 新規ブックを作成する

[ファイル ▶ 新規 ▶ ブック...] を選択します【 図1 】。

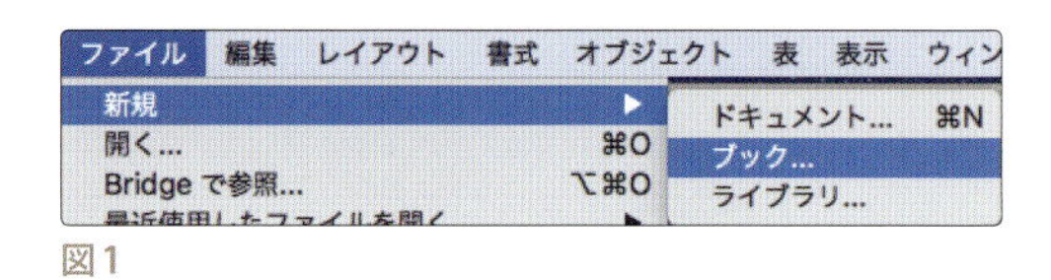

図1

2 [ブック] パネルを表示する

[新規ブック] ダイアログが開いたら、ブック名を入力し、場所を指定して [保存] をクリックします【 図2 】。
[ブック] パネルが表示されます。

図2

保存場所にはブックファイルが保存されています【 図3 】。

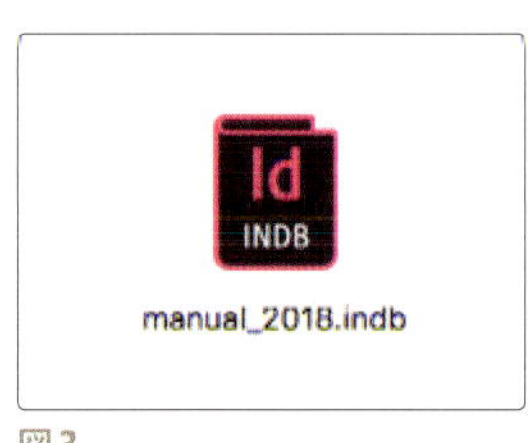

図3

❸ ドキュメントを追加する

［ブック］パネル下部の「＋」をクリックします【図4】。

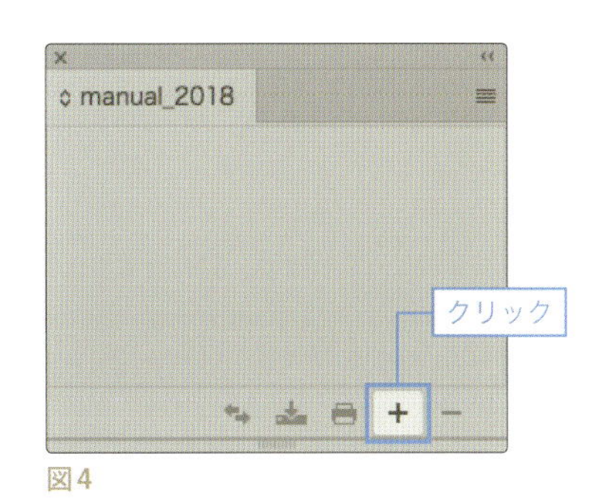

図4

［ドキュメントを追加］ダイアログが表示されたら、追加するドキュメントを選択して、［開く］をクリックします【図5】。

図5

［ブック］パネルにドキュメントが追加され、自動的に連続したページ番号が設定されています【図6】。

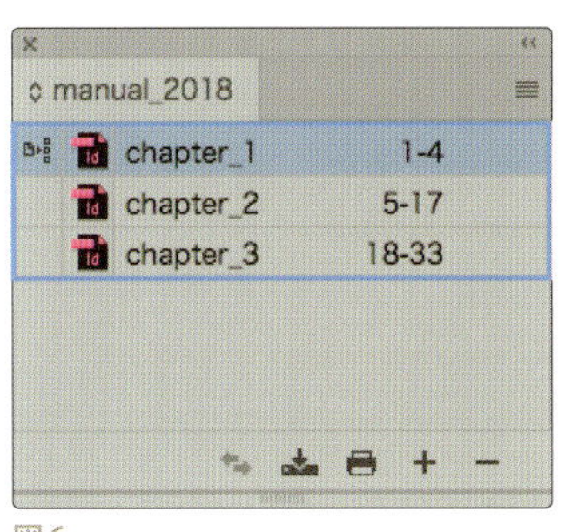

図6

【memo】
追加するドキュメントに、旧バージョンのInDesignで作成されたドキュメントが含まれている場合は、［別名で保存］のダイアログが表示されるので別名保存します。

❹ ドキュメントを開く

［ブック］パネルの「chapter_1」のドキュメントの上でダブルクリックすると、ドキュメントが開き［ブック］パネルの「chapter_1」の右に「●」のマークが表示されます【図7】。

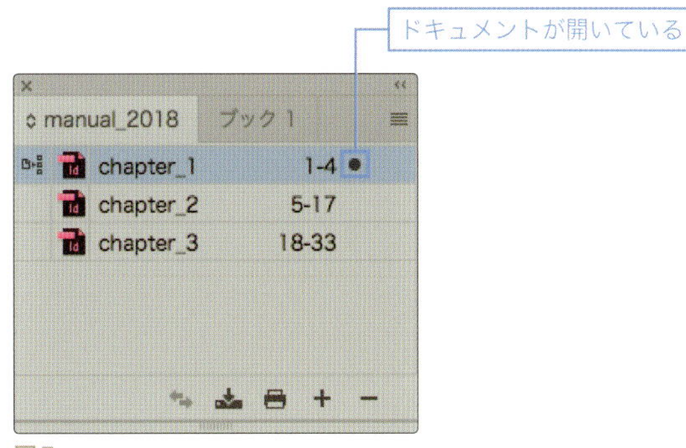

図7

❺ ドキュメントの順番を入れ替える

ドキュメントを移動させたい位置までドラッグして、黒い線が表示されたら手を放します【図8】。

ドキュメントの順番が変更し、それに伴ってページ番号が修正されます【図9】。

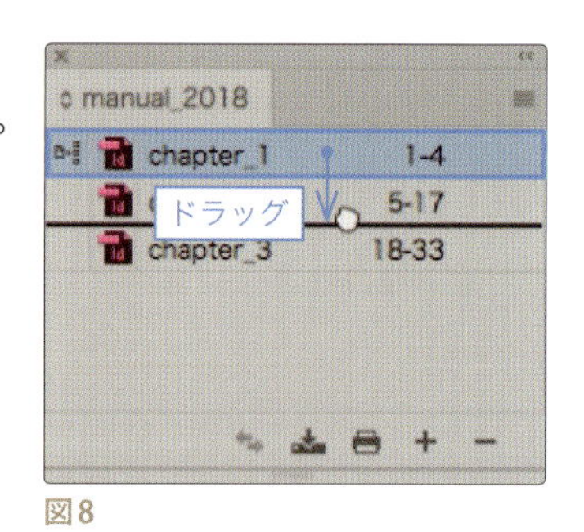

図8

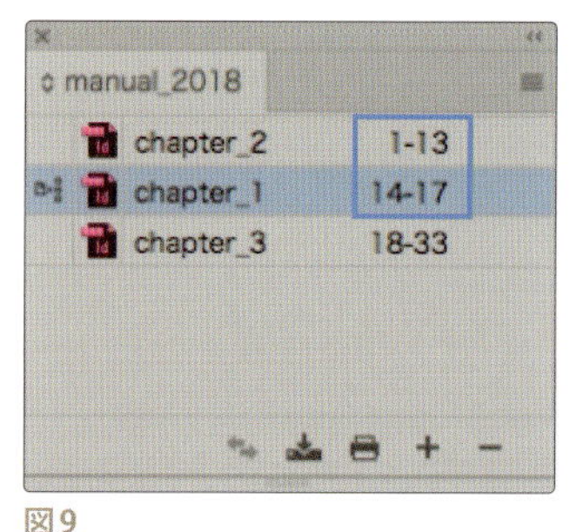

図9

5-2_ブックを同期する

ブックのドキュメントを同期させると、基準としたドキュメントのスタイルやスウォッチなどが、その他のドキュメントにコピーされ、同じ名前のアイテムは上書きされます。
「chapter_1」のドキュメントを基準（スタイルソース）としてその他のドキュメントを同期します。

❶ スタイルソースを指定する

「chapter_1」の名前の横でクリックします。スタイルソースアイコンが表示されます【図1】。

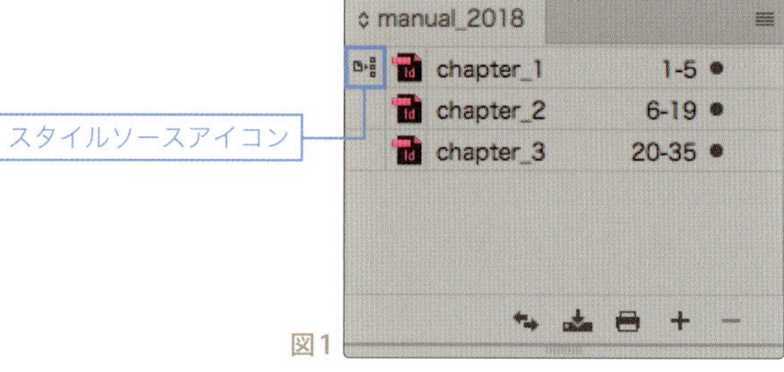

図1

❷ 同期するドキュメントを選択

［ブック］パネルで、同期するドキュメントを選択して、パネルメニューから［ブックを同期］を選択します【図2】。

または、［ブック］パネル下部の［スタイルとスウォッチをスタイルソースと一致］ボタンをクリックします。

ドキュメントを選択していない場合は、すべてのブックが同期されます。

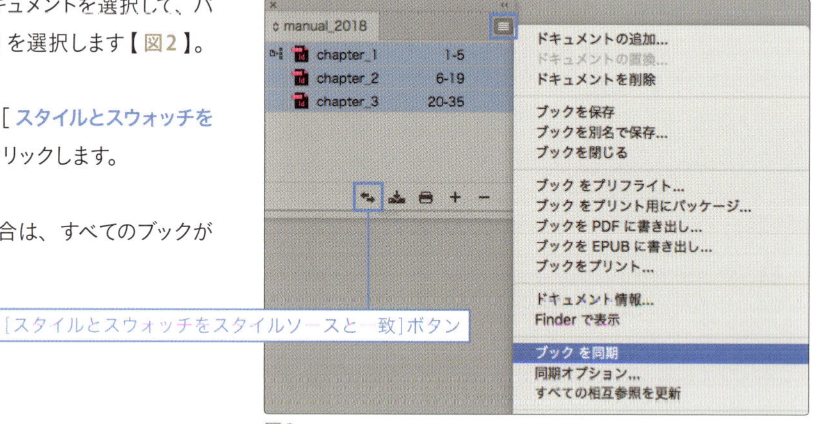

図2

③ 同期する

ブックの同期が終了したことを表すメッセージが表示されたら、［ OK ］をクリックします【 図3 】。

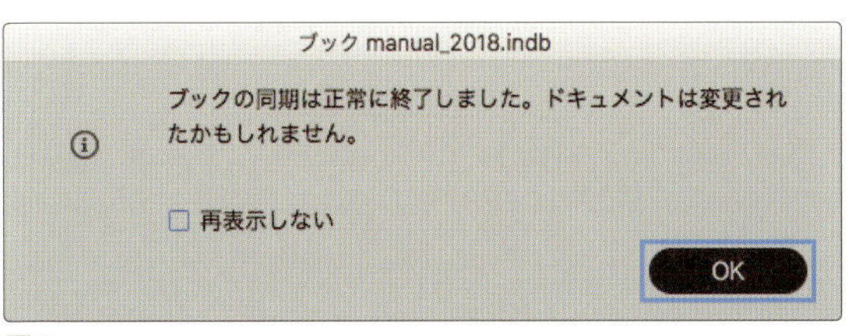

図3

【 memo 】
同期する項目を詳細に設定する場合は、［ブック］パネルから［同期オプション］を選択して、［同期オプション］ダイアログで設定します【 図4 】。

ブックのドキュメントを閉じた状態で行った同期に関しては、取り消しコマンドが効きません。同期には細心の注意を払いましょう。

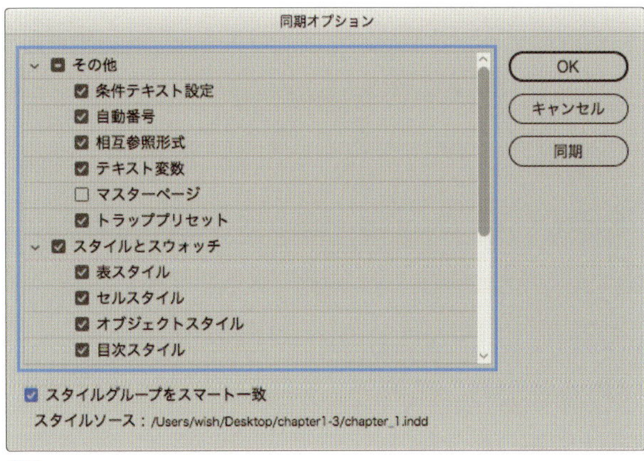

図4

5-3_ブックを出力する

ブック全体または選択したブックドキュメントを出力（プリント、プリフライト、パッケージ、PDF に書き出し）します。

① ブックを PDF 書き出しする

［ ブック ］パネルで、印刷するドキュメントを選択します。ここではすべてのドキュメントを選択し、［ ブック ］パネルから［ ブックをPDFに書き出し... ］を選択します【 図1 】。

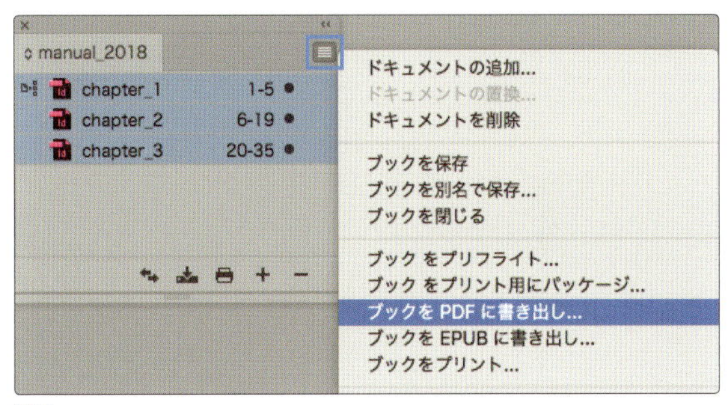

図1

ブックに登録したドキュメントのすべてがPDF書き出しされます【 図2 】。

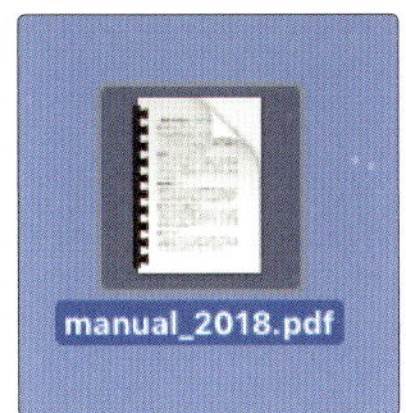

図2

第七章 実践！ 効率の良いデータ作りをしよう

データ結合機能で
大量の定型ものを効率よく作成しよう

InDesign の「データ結合」機能を使って、レイアウトデータを一気に作成します。
データ結合とは、Excelなどで作成したソースデータを、InDesign 上のレイアウトデータと結合して、複数のページを自動的に作成する機能です。
この機能を使って、名刺や商品カタログなど効率よく作成することができます。
ここでは、アートフラワーの商品カタログを作成します。
商品の情報を記述したExcelのソースデータを、InDesignのレイアウトデータに取り込んで、テキストと画像を自動レイアウトします。

練習フォルダ：chapter7 > c7_step6

6-1_ソースデータとレイアウトデータを準備する

素材の情報を記述したExcelデータと素材のレイアウト位置を指定するInDesignデータを用意します。

サンプルデータ
ソースデータ：art_flower.csv
レイアウトデータ：c7_06.indd

❶ ソースデータを作成する

Excelで画像ファイル名、商品名、価格などを記述したCSV形式のデータ（コンマ区切り）を用意します。

① 1行目には「name」のようなフィールド名を記述しておきます。
② 画像ファイルのフィールド名の頭には「@」を入力します。
③ 画像のファイル名は拡張子を含めた正確な名称を入れておきます。
④ ソースデータは、画像ファイルと同じフォルダに入れておきます。

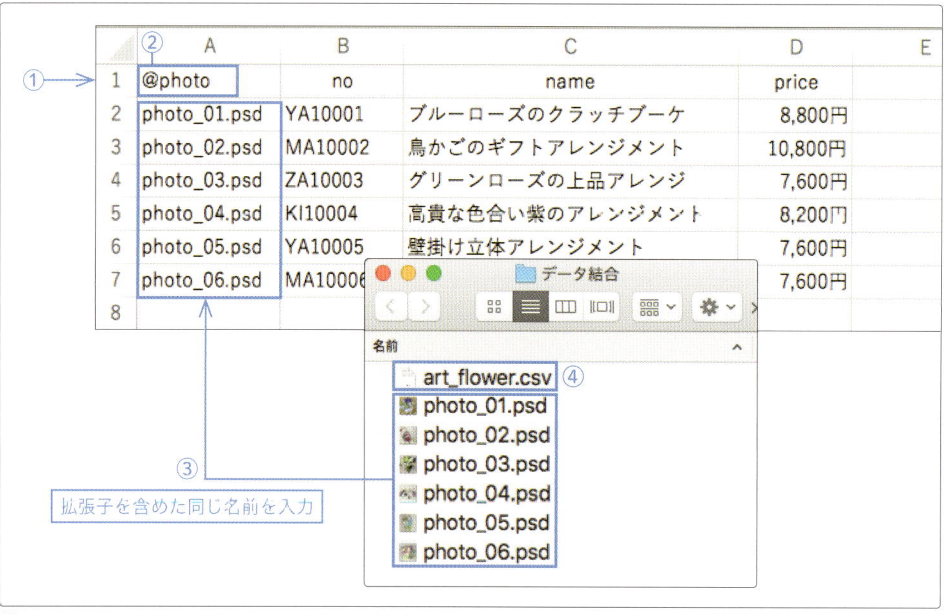

図1

【memo】 「@」記号を入力したときにエラーメッセージが表示されたら、@記号の前に半角の「'」を入力します。

❷ レイアウトデータを作成する

InDesignで【図2】のような素材を配置するレイアウトのドキュメントを作成します。
画像フレーム、テキストフレームを作成し、さらにソース（画像やテキスト）の配置位置や、文字の大きさなどを設定しておきます。

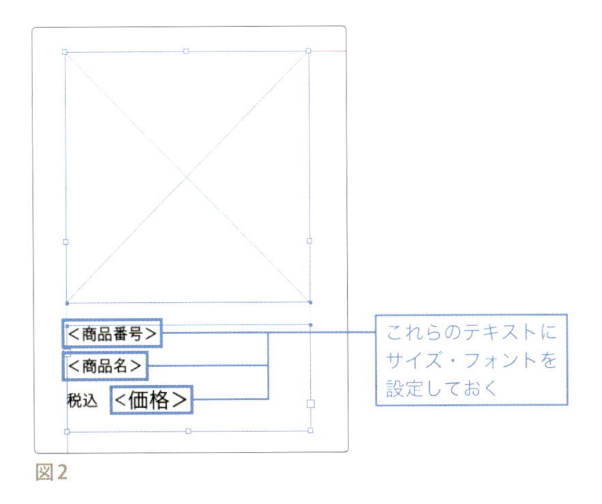

図2

6-2_データ結合をする

❶「データ結合」パネルを表示する

ウィンドウメニューから［ユーティリティ ▶ データ結合］で［データ結合］パネルを表示します【図1】。

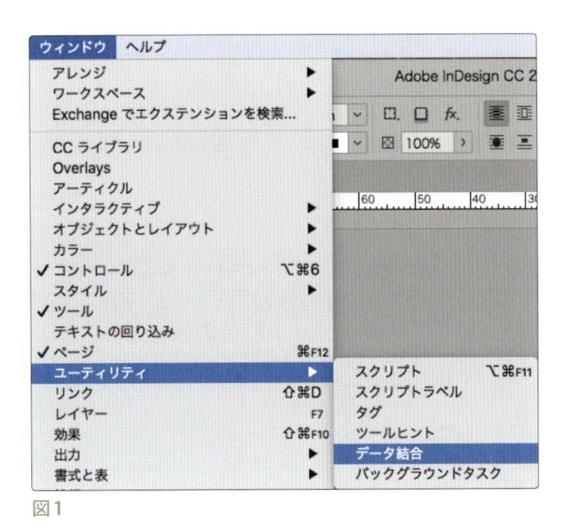

図1

❷ データソースを選択する

［データ結合］パネルメニューから［データソースを選択...］を選択します【図2】。

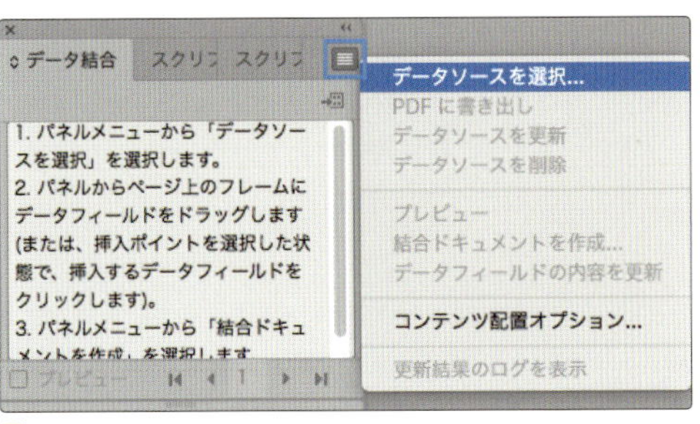

図2

[データソースを選択] ダイアログが表示されたら、データソースファイル [art_flower.csv] を選択します【 図3 】。ソースデータが読み込まれて [データ結合] パネルに、項目名が表示されます【 図4 】。

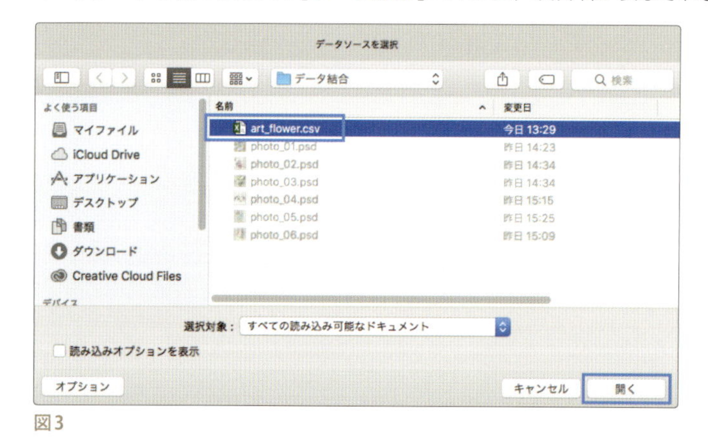

図3

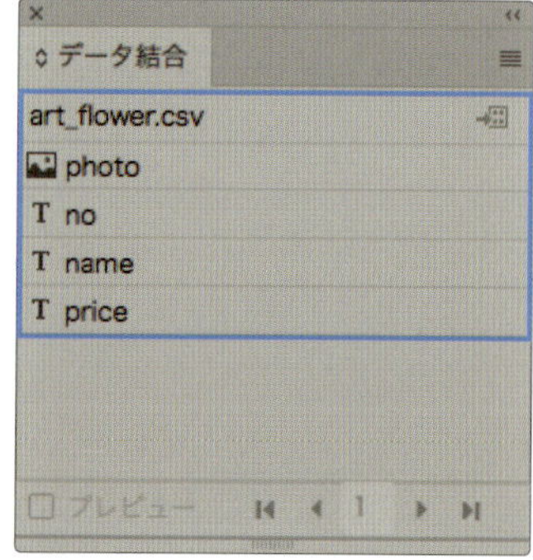

図4

❸ フィールドを定義する

[データ結合] パネルの各項目を、レイアウト側の対応させたいフレームに割り当てていきます。「photo」の項目名を画像フレームにドラッグ＆ドロップします【 図5 】。

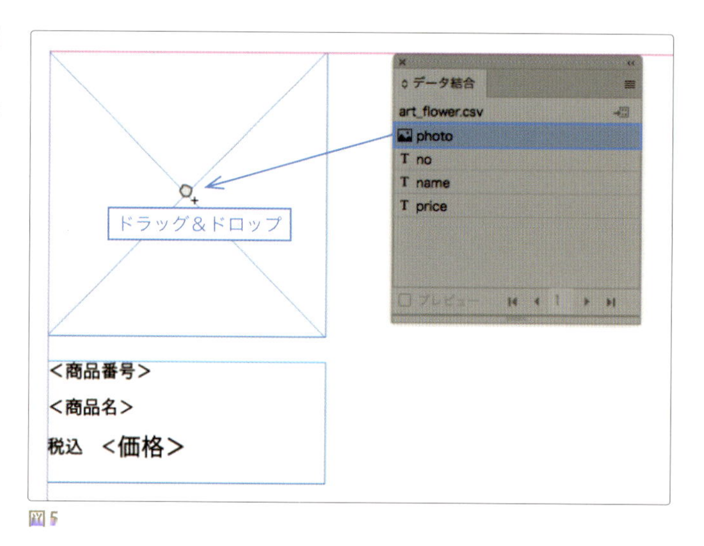

図5

次にレイアウト側の「商品番号」のテキストをドラッグして選択し、「no」の項目名をクリックします【 図6 】。

同様の手順で、レイアウト側の「商品名」のテキストをドラッグして選択し、「name」の項目名をクリックします。

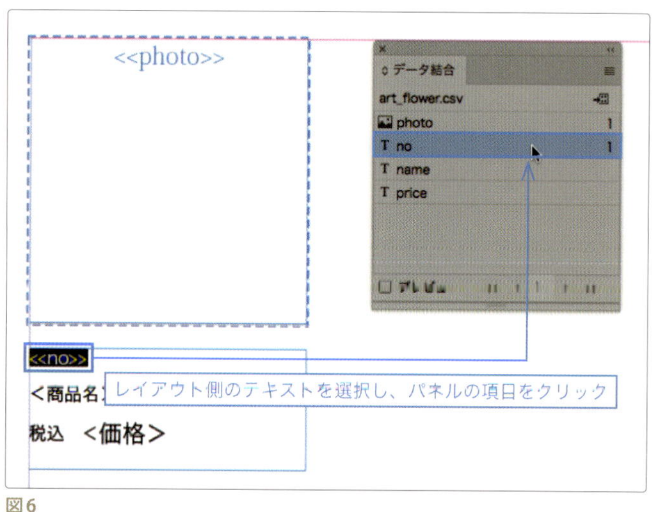

図6

同様に「価格」のテキストをドラッグして選択し、「price」の項目名をクリックし、最後に［データ結合］パネルの［プレビュー］ボタンをクリックします【図7】。

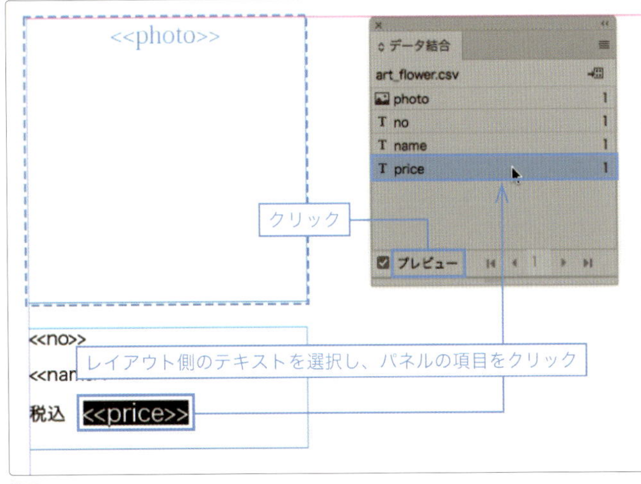

図7

どのように組版されるかがプレビューされます【図8】。

図8

❹ 結合ドキュメントを作成する

［データ結合］パネルメニューから［結合ドキュメントを作成...］を選択します【図9】。

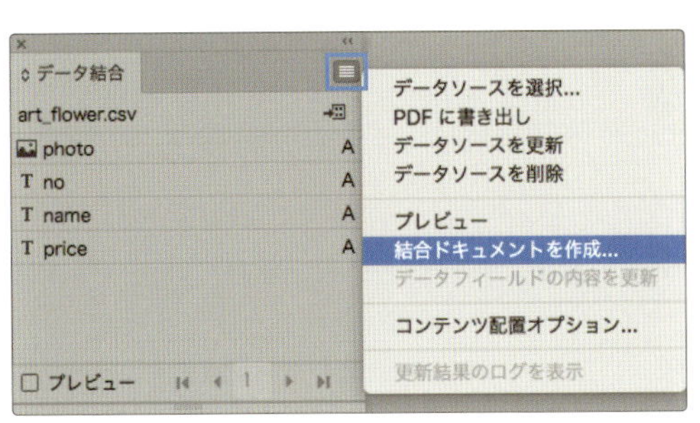

図9

⑤ レコードを設定する

[結合ドキュメントを作成] ダイアログが表示されたら、次のように設定します【 図10 】。

結合するレコード：すべてのレコード
ドキュメントページあたりのレコード：複数レコード

続いて、[複数レコードレイアウトをプレビュー] をクリックします。

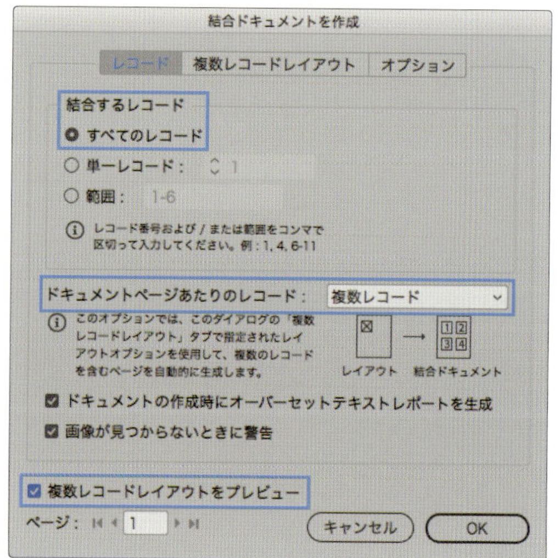

図10

複数のレコードが、どのように組版されるかがプレビューされます【 図11 】。

図11

⑥ 複数レコードレイアウトを設定する

続いて、ダイアログ上部の [複数レコードレイアウト] をクリックして、レイアウトの配置位置や複数レコードの間隔などを設定し、[OK] をクリックします【 図12 】。

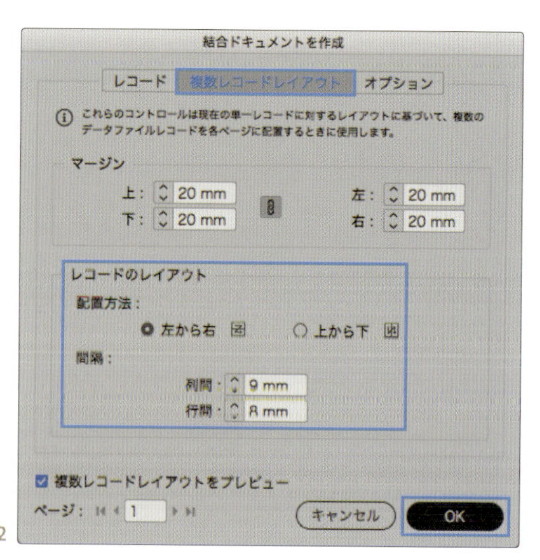

図12

「レコードの結合時にオーバーセットテキストは生成されませんでした。」のダイアログが表示されたら［ OK ］をクリックします【 図13 】。

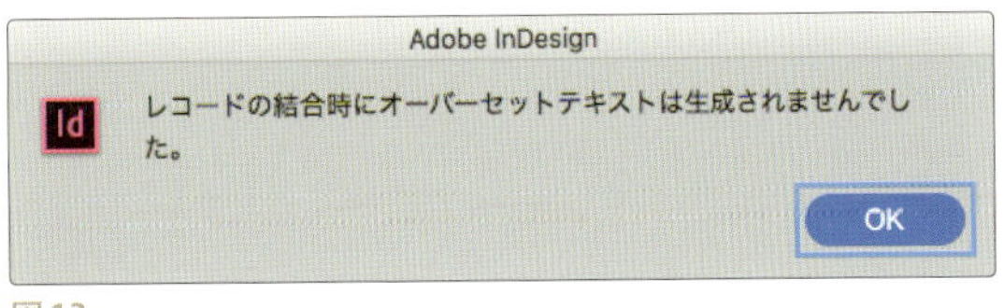

図13

結合ドキュメントが作成され、複数のソースがレイアウトに従って自動的に配置されます【 図14 】。

図14 データ結合完成

自動生成されたドキュメントは、レイアウトドキュメントとは別に作成されます。
最後にデータを保存して終了です。

INDEX

● 数字

● 欧文

● あ行

● か行

●さ行

●た行

●な行

●は行

● ま行

● や行

● ら行

● わ行

瀧野 福子 たきの ふくこ

株式会社ウイッシュ 代表取締役

IT関連のショーでMacintoshのナレーションを担当したことがきっかけで、DTPセミナーの講師をすることになる。以来、印刷、デザイン、広告業界向けセミナーの講師を経て、2000年に独立しDTPスクールを開講する。2006年にWebの企画・デザイン、DTP制作を主とする「株式会社ウイッシュ」を設立する。現在は、DTPセミナー業務全般とWebのディレクションを担当。

著書に『よくわかるInDesignの教科書【CS6対応版】』(マイナビ出版)。

ホームページアドレス:http://www.wishweb.org/

ブックデザイン:岩本 美奈子

サンプル制作協力:株式会社ウイッシュ

DTP:AP_Planning

編集:角竹 輝紀

InDesign(インデザイン)クリエイター養成講座(ヨウセイコウザ)

2018年4月27日 初版第1刷発行

2021年4月27日 第2刷発行

著者 瀧野 福子

発行者 滝口 直樹

発行所 株式会社 マイナビ出版

〒101−0003 東京都千代田区一ツ橋2−6−3 一ツ橋ビル 2F

☎0480−38−6872(注文専用ダイヤル)

☎03−3556−2731(販売)

☎03−3556−2736(編集)

E-Mail:pc-books@mynavi.jp

URL:https://book.mynavi.jp

印刷・製本 株式会社ルナテック

ISBN 978 4 8399 6532 7